浙江省新型重點專業智庫
寧波大學東海戰略研究院資助成果

漢唐海洋文獻輯錄

Ancient Literature of Marine History of Han and Tang Dynasties

（上）

尚永琪 編著

中國社會科學出版社

圖書在版編目（CIP）數據

漢唐海洋文獻輯録：全二册／尚永琪編著.—北京：中國社會科學出版社，
2023.3

ISBN 978 – 7 – 5227 – 1256 – 7

Ⅰ.①漢… Ⅱ.①尚… Ⅲ.①海洋學—文獻—匯編—中國—漢代—唐代
Ⅳ.①P7

中國國家版本館 CIP 數據核字（2023）第 024290 號

出 版 人	趙劍英
責任編輯	宋燕鵬
責任校對	李　碩
責任印製	李寡寡

出　　　版	中國社會科學出版社
社　　　址	北京鼓樓西大街甲 158 號
郵　　　編	100720
網　　　址	http://www.csspw.cn
發 行 部	010 – 84083685
門 市 部	010 – 84029450
經　　　銷	新華書店及其他書店

印　　　刷	北京君昇印刷有限公司
裝　　　訂	廊坊市廣陽區廣增裝訂廠
版　　　次	2023 年 3 月第 1 版
印　　　次	2023 年 3 月第 1 次印刷

開　　　本	710 × 1000　1/16
印　　　張	60.5
字　　　數	871 千字
定　　　價	328.00 元（全二册）

總 目 録

中編　兩晉南北朝文獻中的海洋記述

下編　隋唐五代文獻中的海洋記述

附　　錄

目　録

（上册）

中編　兩晉南北朝文獻中的海洋記述

下編　隋唐五代文獻中的海洋記述

編撰說明

　　《漢唐海洋文獻輯錄》是一部海洋歷史文化資料集，它以正史文獻為中心，輯錄了漢唐史部、子部和集部等文獻中關於海洋的記載。

　　正史以《史記》為起點，以《新五代史》為終結。實質上不僅僅止於兩漢魏晉南北朝至隋唐的海洋記載，也有一小部分先秦、秦代和五代十國的資料，這當然是由漢唐文獻本身的記錄體系所決定的。秦之於漢、唐之於五代，文獻紹接密切，記載息息相關。

　　書中收錄的海洋資料來自正史、雜史、類書、總集、文集、筆記小說等不同的文獻部類，內容既有求實度很高的歷史性記載，也包含部分文學性描寫作品。因此在排列上正史在前，雜史、僧傳、集部和筆記小說依次在後。

　　唐代之前的海洋知識體系，一個重要的組成部分就是神仙類、博物類或異物類的記載，尤其是秦漢時期的海洋記載，這種特點更為明顯。因此子部文獻中的筆記小說是關於海洋描述不可或缺的重要記載。這些資料雖然有傳說或文學性描述，但卻是中國古代關於海洋探索的知識體系部分，它滲透到了中國的海洋地理、海洋風俗等各個方面，是理解古代海洋文化的重要窗口。

　　本書資料的搜集以東海、南海、渤海為中心，以活動在海洋之上的人、發生在海域之內的事及海外交往、海洋物產為重點，力求每一條史料的摘抄都有相對清晰的時間節點、人物面貌和事件脈絡，使讀者在閱讀條目時就能基本了解史事概貌。

　　為把握每條史料的主旨，本書為每一條摘錄的史料都擬了一個小標題。這些小標題或概括段落主旨、或列出關鍵詞語。每一個標題不一定都能做到文從字順，但力求為讀者迅速了解資料的核心內容所在，提供方便。

資料的排列以原始文獻本身的卷帙順序為次，沒有做刻意的歸類調整。這樣雖然看起來沒有按類歸屬的資料那樣系統整齊，但保持了文獻原本的類型歸屬和時空狀態，便於閱讀者根據自己的需要判斷史料價值的高低，歸類使用。

收入本書中的海洋物產，主要以海洋生物魚類、貝類和海藻等為中心，但也摘錄了海洋貢物和“海藥”，其中海藥只選取了明確是產自海洋中或海島等濱海地區的動植物藥材。

附錄提供了《引用書目版本》，便於核對史料。

漢代文獻記載中有很多關於先秦海洋問題的記載，而宋代類書和筆記中也有很多關於漢唐時期海洋問題的記載，但考慮到本書文獻來源的時段限制和篇幅大小，因而只收錄了《吳越春秋》和《南部新書》、《北夢瑣言》、《宋高僧傳》等四種。前者有利於理解秦漢時期的海洋情況，因而附在上編兩漢時段，後者主要摘錄了其中唐代的史料，因而放在下編隋唐五代時段。《建康實錄》雖然是唐人所撰，但所記載的是六朝史事，所以綴之於中編。

上　編
兩漢三國文獻中的海洋記述

《史記》

始皇東行刻石琅邪臺

二十八年，始皇東行郡縣，上鄒嶧山。……於是乃並勃海以東，過黃、腄，窮成山，登之罘，立石頌秦德焉而去。南登琅邪，大樂之，留三月。乃徙黔首三萬戶琅邪臺下，復十二歲。作琅邪臺，立石刻，頌秦德，明得意。曰：

"維二十八年，皇帝作始。端平法度，萬物之紀。以明人事，合同父子。聖智仁義，顯白道理。東撫東土，以省卒士。事已大畢，乃臨于海。皇帝之功，勤勞本事。上農除末，黔首是富。普天之下，摶心揖志。器械一量，同書文字。日月所照，舟輿所載。皆終其命，莫不得意。應時動事，是維皇帝。匡飭異俗，陵水經地。憂恤黔首，朝夕不懈。除疑定法，咸知所辟。方伯分職，諸治經易。舉錯必當，莫不如畫。皇帝之明，臨察四方。尊卑貴賤，不踰次行。姦邪不容，皆務貞良。細大盡力，莫敢怠荒。遠邇辟隱，專務肅莊。端直敦忠，事業有常。皇帝之德，存定四極。誅亂除害，興利致福。節事以時，諸產繁殖。黔首安寧，不用兵革。六親相保，終無寇賊。驩欣奉教，盡知法式。六合之內，皇帝之土。西涉流沙，南盡北戶。東有東海，北過大夏。人迹所至，無不臣者。功蓋五帝，澤及牛馬。莫不受德，各安其宇。"

——《史记》卷6《秦始皇本紀第六》，第243—246頁。

始皇帝与列侯議政於海上

二十八年，始皇東行郡縣……維秦王兼有天下，立名爲皇帝，乃撫東土，至于琅邪。列侯武城侯王離、列侯通武侯王賁、倫侯建成侯趙亥、倫侯昌武侯成、倫侯武信侯馮毋擇、丞相隗林、丞相王綰、卿李斯、卿王戊、五大夫趙嬰、五大夫楊樛從，與議於海上。曰："古之帝者，地不過千里，諸侯各守其封域，或朝或否，相侵暴亂，殘伐不止，猶刻金石，以自爲紀。古之五帝三王，知教不同，法度不明，假威鬼神，以欺遠方，實不稱名，故不久長。其身未歿，諸侯倍叛，法令不行。今皇帝并一海內，以爲郡縣，天下和平。昭明宗廟，體道行德，尊號大成。羣臣相與誦皇帝功德，刻于金石，以爲表經。"

——《史記》卷6《秦始皇本紀第六》，第246頁。

徐市入海求僊人

二十八年，始皇東行郡縣……秦王兼有天下，立名爲皇帝，乃撫東土，至于琅邪……既已，齊人徐市等上書，言海中有三神山，名曰蓬萊、方丈、瀛洲，僊人居之。請得齋戒，與童男女求之。於是遣徐市發童男女數千人，入海求僊人。

——《史记》卷6《秦始皇本紀第六》，第246頁。

始皇登之罘東觀于海

二十九年，始皇東游。至陽武博狼沙中，爲盜所驚。求弗得，乃令天下大索十日。登之罘，刻石。其辭曰："維二十九年，時在中春，陽和方起。皇帝東游，巡登之罘，臨照于海。從臣嘉觀，原念休烈，追誦本始。大聖作治，建定法度，顯箸綱紀。外教諸侯，光施文惠，明以義理。六國回辟，貪戾無厭，虐殺不已。皇帝哀衆，遂發討師，奮揚武德。義誅信行，威燀旁達，莫不賓服。烹滅彊暴，振救黔首，周定四極。普施明法，經緯天下，永爲儀則。大矣哉！宇縣之中，承順聖意。羣臣誦功，請刻于石，表垂于常式。"

其東觀曰："維二十九年，皇帝春游，覽省遠方。逮于海隅，遂登之罘，昭臨朝陽。觀望廣麗，從臣咸念，原道至明。聖法初興，清理疆內，外誅暴彊。武威旁暢，振動四極，禽滅六王。闡并天下，甾害絕息，永偃戎兵。皇帝明德，經理宇內，視聽不怠。作立大義，昭設備器，咸有章旗。職臣遵分，各知所行，事無嫌疑。黔首改化，遠邇同度，臨古絕尤。常職既定，後嗣循業，長承聖治。羣臣嘉德，祗誦聖烈，請刻之罘。"

——《史记》卷 6《秦始皇本紀第六》，第 249—250 頁。

燕人盧生入海獲圖書

三十二年，始皇之碣石，使燕人盧生求羨門、高誓。刻碣石門。壞城郭，決通隄防。其辭曰：

"遂興師旅，誅戮無道，爲逆滅息。武殄暴逆，文復無罪，庶心咸服。惠論功勞，賞及牛馬，恩肥土域。皇帝奮威，德并諸侯，初一泰平。墮壞城郭，決通川防，夷去險阻。地勢既定，黎庶無繇，天下咸撫。男樂其疇，女修其業，事各有序。惠被諸產，久並來田，莫不安所。羣臣誦烈，請刻此石，垂著儀矩。"

因使韓終、侯公、石生求仙人不死之藥。始皇巡北邊，從上郡入。燕人盧生使入海還，以鬼神事，因奏錄圖書，曰"亡秦者胡也"。始皇乃使將軍蒙恬發兵三十萬人北擊胡，略取河南地。

——《史记》卷 6《秦始皇本紀第六》，第 251—252 頁。

置桂林、象郡、南海

三十三年，發諸嘗逋亡人、贅壻、賈人略取陸梁地，爲桂林、象郡、南海，以適遣戍。西北斥逐匈奴。自榆中並河以東，屬之陰山，以爲〔四〕十四縣，城河上爲塞。又使蒙恬渡河取高闕、〔陽〕山、北假中，築亭障以逐戎人。徙謫，實之初縣。禁不得祠。明星出西方。三十四年，適治獄吏不直者，築長城及南越地。

——《史记》卷6《秦始皇本紀第六》，第253頁。

立石東海上朐界中以爲秦東門

三十五年，除道，道九原抵雲陽，塹山堙谷，直通之。於是始皇以爲咸陽人多，先王之宮廷小，吾聞周文王都豐，武王都鎬，豐鎬之閒，帝王之都也。乃營作朝宮渭南上林苑中。先作前殿阿房，東西五百步，南北五十丈，上可以坐萬人，下可以建五丈旗。周馳爲閣道，自殿下直抵南山。表南山之顛以爲闕。爲復道，自阿房渡渭，屬之咸陽，以象天極閣道絕漢抵營室也。阿房宮未成；成，欲更擇令名名之。作宮阿房，故天下謂之阿房宮。隱宮徒刑者七十餘萬人，乃分作阿房宮，或作麗山。發北山石椁，乃寫蜀、荆地材皆至。關中計宮三百，關外四百餘。於是立石東海上朐界中，以爲秦東門。因徙三萬家麗邑，五萬家雲陽，皆復不事十歲。

——《史记》卷6《秦始皇本紀第六》，第256頁。

始皇上會稽望南海

三十七年十月癸丑，始皇出游。左丞相斯從，右丞相去疾守。少子胡亥愛慕請從，上許之。十一月，行至雲夢，望祀虞舜於九疑山。浮江下，觀籍柯，渡海渚。過丹陽，至錢唐。臨浙江，水波惡，乃西百二十里從狹中渡。上會稽，祭大禹，望于南海，而立石刻頌秦德。其文曰：

“皇帝休烈，平一宇内，德惠脩長。三十有七年，親巡天下，周覽遠方。遂登會稽，宣省習俗，黔首齋莊。羣臣誦功，本原事迹，追首高明。秦聖臨國，始定刑名，顯陳舊章。初平法式，審別職任，以立恆常。六王專倍，貪戾傲猛，率衆自彊。暴虐恣行，負力而驕，數動甲兵。陰通閒使，以事合從，行爲辟方。内飾詐謀，外來侵邊，遂起禍殃。義威誅之，殄熄暴悖，亂賊滅亡。聖德廣密，六合之中，被澤無疆。皇帝并宇，兼聽萬事，遠近畢清。運理羣物，考驗事實，各載其名。貴賤並通，善否陳前，靡有隱情。飾省宣義，有子而嫁，倍死不貞。防隔内外，禁止淫泆，男女絜誠。夫爲寄豭，殺之無罪，男秉義程。妻爲逃嫁，子不得母，咸化廉清。大治濯俗，天下承風，蒙被休經。皆遵度軌，和安敦勉，莫不順令。黔首脩絜，人樂同則，嘉保太平。後敬奉法，常治無極，輿舟不傾。從臣誦烈，請刻此石，光垂休銘。"

——《史记》卷 6《秦始皇本紀第六》，第 260—262 頁。

始皇夢與海神戰

三十七年十月癸丑，始皇出游……還過吳，從江乘渡。並海上，北至琅邪。方士徐巿等入海求神藥，數歲不得，費多，恐譴，乃詐曰："蓬萊藥可得，然常爲大鮫魚所苦，故不得至，願請善射與俱，見則以連弩射之。"始皇夢與海神戰，如人狀。問占夢，博士曰："水神不可見，以大魚蛟龍爲候。今上禱祠備謹，而有此惡神，當除去，而善神可致。"乃令入海者齎捕巨魚具，而自以連弩候大魚出射之。自琅邪北至榮成山，弗見。至之罘，見巨魚，射殺一魚。遂並海西。

——《史记》卷 6《秦始皇本紀第六》，第 263 頁。

秦二世巡行東海

二世皇帝元年，年二十一。……二世與趙高謀曰："朕年少，初卽位，黔首未集附。先帝巡行郡縣，以示彊，威服海内。今晏然不巡行，即見弱，毋以臣畜天下。"春，二世東行郡縣，李斯從。到碣石，並海，南至會稽，而盡刻始皇所立刻石，石旁著大臣從者名，以章先帝成功盛德焉。

——《史记》卷 6《秦始皇本紀第六》，第 267 頁。

漢武帝遣方士入海求僊

孝景十六年崩，太子即位，爲孝武皇帝。孝武皇帝初即位，尤敬鬼神之祀。……是時而李少君亦以祠竈、穀道、卻老方見上，上尊之。……少君言於上曰："祠竈則致物，致物而丹沙可化爲黃金，黃金成以爲飲食器則益壽，益壽而海中蓬萊僊者可見，見之以封禪則不死，黃帝是也。臣嘗游海上，見安期生，食臣棗，大如瓜。安期生僊者，通蓬萊中，合則見人，不合則隱。"於是天子始親祠竈，而遣方士入海求蓬萊安期生之屬，而事化丹沙諸藥齊爲黃金矣。居久之，李少君病死。天子以爲化去不死也，而使黃錘史寬舒受其方。求蓬萊安期生莫能得，而海上燕齊怪迂之方士多相效，更言神事矣。

——《史记》卷 12《孝武本紀第十二》，第 451—455 頁。

五利將軍不敢入海

欒大，膠東宮人，故嘗與文成將軍同師，已而爲膠東王尚方。……大爲人長美，言多方略，而敢爲大言，處之不疑。大言曰："臣嘗往來海中，見安期、羨門之屬。顧以爲臣賤，不信臣。又以爲康王諸侯耳，不足予方。臣數言康王，康王又不用臣。臣之師曰：'黃金可成，而河決可塞，不死之藥可得，僊人可致也。'臣恐效文成，則方士皆掩口，惡敢言方哉！"上曰："文成食馬肝死耳。子誠能脩其方，我何愛乎！"大曰："臣師非有求人，人者求之。陛下必欲致之，則貴其使者，令有親屬，以客禮待之，勿卑，使各佩其信印，乃可使通言於神人。神人尚肯邪不邪。致尊其使，然后可致也。"於是上使先驗小方，鬭旗，旗自相觸擊。

是時上方憂河決，而黃金不就，乃拜大爲五利將軍。……於是五利常夜祠其家，欲以下神。神未至而百鬼集矣，然頗能使之。其後治裝行，東入海，求其師云。大見數月，佩六印，貴振天下，而海上燕齊之間，莫不搤捥而自言有禁方，能神僊矣。……入海求蓬萊者，言蓬萊不遠，而不能至者，殆不見其氣。上乃遣望氣佐候其氣云。……而五利將軍使不敢入海，之泰山祠。上使人微隨驗，實無所見。五利妄言見其師，其方盡，多不讎。上乃誅五利。

——《史記》卷 12《孝武本紀第十二》，第 462—471 頁。

漢武帝東巡海上

上遂東巡海上，行禮祠八神。齊人之上疏言神怪奇方者以萬數，然無驗者。乃益發船，令言海中神山者數千人求蓬萊神人。公孫卿持節常先行候名山，至東萊，言夜見一人，長數丈，就之則不見，見其跡甚大，類禽獸云。羣臣有言見一老父牽狗，言“吾欲見巨公”，已忽不見。上既見大跡，未信，及羣臣有言老父，則大以爲僊人也。宿留海上，與方士傳車及間使求僊人以千數。……

天子既已封禪泰山，無風雨菑，而方士更言蓬萊諸神山若將可得，於是上欣然庶幾遇之，乃復東至海上望，冀遇蓬萊焉。奉車子侯暴病，一日死。上乃遂去，並海上，北至碣石，巡自遼西，歷北邊至九原。五月，返至甘泉。有司言寶鼎出爲元鼎，以今年爲元封元年。……

其明年冬，上巡南郡，至江陵而東。登禮潛之天柱山，號曰南嶽。浮江，自尋陽出樅陽，過彭蠡，祀其名山川。北至琅邪，並海上。……

其後二歲，十一月甲子朔旦冬至，推曆者以本統。天子親至泰山，以十一月甲子朔旦冬至日祠上帝明堂，每脩封禪。其贊饗曰：“天增授皇帝泰元神筴，周而復始。皇帝敬拜泰一。”東至海上，考入海及方士求神者，莫驗，然益遣，冀遇之。十一月乙酉，柏梁災。十二月甲午朔，上親禪高里，祠后土。臨渤海，將以望祠蓬萊之屬，冀至殊庭焉。……

夏，漢改曆，以正月爲歲首，而色上黃，官名更印章以五字，因爲太初元年。……其明年，有司言雍五畤無牢熟具，芬芳不備。……其明年，東巡海上，考神僊之屬，未有驗者。方士有言"黃帝時爲五城十二樓，以候神人於執期，命曰迎年"。上許作之如方，名曰明年。上親禮祠上帝，衣上黃焉。

——《史记》卷 12《孝武本紀第十二》，第 474—487 頁。

丙丁江淮海岱也

月蝕歲星，其宿地，饑若亡。熒惑也亂，填星也下犯上，太白也彊國以戰敗，辰星也女亂。〔蝕〕大角，主命者惡之；心，則爲內賊亂也；列星，其宿地憂。

月食始日，五月者六，六月者五，五月復六，六月者一，而五月者五，凡百一十三月而復始。故月蝕，常也；日蝕，爲不臧也。甲、乙，四海之外，日月不占。丙、丁，江、淮、海岱也。戊、己，中州、河、濟也。庚、辛，華山以西。壬、癸，恆山以北。日蝕，國君；月蝕，將相當之。

——《史记》卷 27《天官書第五》，第 1332—1333 頁。

海旁蜄氣象樓臺

自華以南，氣下黑上赤。嵩高、三河之郊，氣正赤。恆山之北，氣下黑上青。勃、碣、海、岱之閒，氣皆黑。江、淮之閒，氣皆白。……

故北夷之氣如羣畜穹閭，南夷之氣類舟船幡旗。大水處，敗軍場，破國之虛，下有積錢，金寶之上，皆有氣，不可不察。海旁蜄氣象樓臺；廣野氣成宮闕然。雲氣各象其山川人民所聚積。

——《史记》卷 27《天官書第五》，第 1337—1338 頁。

始皇海上禮祠八神

始皇遂東遊海上，行禮祠名山大川及八神，求僊人羨門之屬。八神將自古而有之，或曰太公以來作之。齊所以爲齊，以天齊也。其祀絕莫知起時。八神：一曰天主，祠天齊。天齊淵水，居臨菑南郊山下者。二曰地主，祠泰山梁父。蓋天好陰，祠之必於高山之下，小山之上，命曰"畤"；地貴陽，祭之必於澤中圜丘云。三曰兵主，祠蚩尤。蚩尤在東平陸監鄉，齊之西境也。四曰陰主，祠三山。五曰陽主，祠之罘。六曰月主，祠之萊山。皆在齊北，並勃海。七曰日主，祠成山。成山斗入海，最居齊東北隅，以迎日出云。八曰四時主，祠琅邪。琅邪在齊東方，蓋歲之所始。皆各用一牢具祠，而巫祝所損益，珪幣雜異焉。

——《史记》卷 28《封禪書第六》，第 1367—1368 頁。

海中三神山

自威、宣、燕昭使人入海求蓬萊、方丈、瀛洲。此三神山者，其傅在勃海中，去人不遠；患且至，則船風引而去。蓋嘗有至者，諸僊人及不死之藥皆在焉。其物禽獸盡白，而黃金銀爲宮闕。未至，望之如雲；及到，三神山反居水下。臨之，風輒引去，終莫能至云。世主莫不甘心焉。及至秦始皇并天下，至海上，則方士言之不可勝數。始皇自以爲至海上而恐不及矣，使人乃齎童男女入海求之。船交海中，皆以風爲解，曰未能至，望見之焉。其明年，始皇復游海上，至琅邪，過恆山，從上黨歸。後三年，游碣石，考入海方士，從上郡歸。後五年，始皇南至湘山，遂登會稽，並海上，冀遇海中三神山之奇藥。不得，還至沙丘崩。

——《史记》卷 28《封禪書第六》，第 1369—1370 頁。

蓬萊僊者安期生食巨棗

　　是時李少君亦以祠竈、穀道、卻老方見上，上尊之。……少君言上曰："祠竈則致物，致物而丹沙可化爲黃金，黃金成以爲飲食器則益壽，益壽而海中蓬萊僊者乃可見，見之以封禪則不死，黃帝是也。臣嘗游海上，見安期生，安期生食巨棗，大如瓜。安期生僊者，通蓬萊中，合則見人，不合則隱。"於是天子始親祠竈，遣方士入海求蓬萊安期生之屬，而事化丹沙諸藥齊爲黃金矣。居久之，李少君病死。天子以爲化去不死，而使黃錘史寬舒受其方。求蓬萊安期生莫能得，而海上燕齊怪迂之方士多更來言神事矣。

　　　　　　　　　——《史记》卷 28《封禪書第六》，第 1385—1386 頁。

九河入于勃海

　　夏書曰：禹抑洪水十三年，過家不入門。陸行載車，水行載舟，泥行蹈毳，山行卽橋。以別九州，隨山浚川，任土作貢。通九道，陂九澤，度九山。然河菑衍溢，害中國也尤甚。唯是爲務。故道河自積石歷龍門，南到華陰，東下砥柱，及孟津、雒汭，至于大邳。於是禹以爲河所從來者高，水湍悍，難以行平地，數爲敗，乃厮二渠以引其河。北載之高地，過降水，至于大陸，播爲九河，同爲逆河，入于勃海。九川既疏，九澤既灑，諸夏艾安，功施于三代。

　　　　　　　　　——《史记》卷 29《河渠書第七》，第 1405 頁。

武帝置滄海之郡

　　至今上卽位數歲，漢興七十餘年之閒，國家無事，非遇水旱之災，民則人給家足，都鄙廩庾皆滿，而府庫餘貨財。……自是之後，嚴助、朱買臣等招來東甌，事兩越，江淮之閒蕭然煩費矣。唐蒙、司馬相如開路西南夷，鑿山通道千餘里，以廣巴蜀，巴蜀之民罷焉。彭吳賈滅朝鮮，置滄海之郡，則燕齊之閒靡然發動。及王恢設謀馬邑，匈奴絕和親，侵擾北邊，兵連而不解，天下苦其勞，而干戈日滋。行者齎，居者送，中外騷擾而相奉，百姓抏獘以巧法，財賂衰耗而不贍。入物者補官，出貨者除罪，選舉陵遲，廉恥相冒，武力進用，法嚴令具。興利之臣自此始也。……當是時，漢通西南夷道，作者數萬人，千里負擔饋糧，率十餘鍾致一石，散幣於邛僰以集之。數歲道不通，蠻夷因以數攻，吏發兵誅之。悉巴蜀租賦不足以更之，乃募豪民田南夷，入粟縣官，而內受錢於都內。東至滄海之郡，人徒之費擬於南夷。

——《史记》卷 30《平準書第八》，第 1420—1421 頁。

周樂歌齊表東海泱泱乎大風

王餘祭三年，齊相慶封有罪，自齊來犇吳。吳予慶封朱方之縣，以爲奉邑，以女妻之，富於在齊。四年，吳使季札聘於魯，請觀周樂。爲歌周南、召南，曰：“美哉，始基之矣，猶未也。然勤而不怨。”歌邶、鄘、衛，曰：“美哉，淵乎，憂而不困者也。吾聞衛康叔、武公之德如是，是其衛風乎？”歌王，曰：“美哉，思而不懼，其周之東乎？”歌鄭，曰：“其細已甚，民不堪也，是其先亡乎？”歌齊，曰：“美哉，泱泱乎大風也哉。表東海者，其太公乎？國未可量也。”

——《史记》卷 31《吳太伯世家第一》，第 1452 頁。

東海上人太公望

太公望呂尚者，東海上人。其先祖嘗爲四嶽，佐禹平水土甚有功。虞夏之際封於呂，或封於申，姓姜氏。夏商之時，申、呂或封枝庶子孫，或爲庶人，尚其後苗裔也。本姓姜氏，從其封姓，故曰呂尚。呂尚蓋嘗窮困，年老矣，以漁釣奸周西伯。西伯將出獵，卜之，曰“所獲非龍非彲，非虎非羆；所獲霸王之輔”。於是周西伯獵，果遇太公於渭之陽，與語大説，曰：“自吾先君太公曰‘當有聖人適周，周以興’。子真是邪？吾太公望子久矣。”故號之曰“太公望”，載與俱歸，立爲師。或曰，太公博聞，嘗事紂。紂無道，去之。游説諸侯，無所遇，而卒西歸周西伯。或曰，呂尚處士，隱海濱。

　　——《史记》卷 32《齊太公世家第二》，第 1477—1478 頁。

齊立國魚鹽之利

　　於是武王已平商而王天下，封師尚父於齊營丘。東就國，道宿行遲。逆旅之人曰：“吾聞時難得而易失。客寢甚安，殆非就國者也。”太公聞之，夜衣而行，犂明至國。萊侯來伐，與之爭營丘。營丘邊萊。萊人，夷也，會紂之亂而周初定，未能集遠方，是以與太公爭國。太公至國，脩政，因其俗，簡其禮，通商工之業，便魚鹽之利，而人民多歸齊，齊爲大國。及周成王少時，管蔡作亂，淮夷畔周，乃使召康公命太公曰：“東至海，西至河，南至穆陵，北至無棣，五侯九伯，實得征之。”齊由此得征伐，爲大國。都營丘。……

　　太史公曰：吾適齊，自泰山屬之琅邪，北被于海，膏壤二千里，其民闊達多匿知，其天性也。以太公之聖，建國本，桓公之盛，修善政，以爲諸侯會盟，稱伯，不亦宜乎？洋洋哉，固大國之風也！

　　——《史记》卷 32《齊太公世家第二》，第 1480—1513 頁。

范蠡浮海出齊

　　范蠡事越王句踐，既苦身勠力，與句踐深謀二十餘年，竟滅吳，報會稽之恥，北渡兵於淮以臨齊、晉，號令中國，以尊周室，句踐以霸，而范蠡稱上將軍。還反國，范蠡以爲大名之下，難以久居，且句踐爲人可與同患，難與處安，爲書辭句踐曰：

"臣聞主憂臣勞，主辱臣死。昔者君王辱於會稽，所以不死，爲此事也。今既以雪恥，臣請從會稽之誅。"句踐曰："孤將與子分國而有之。不然，將加誅于子。"范蠡曰："君行令，臣行意。"乃裝其輕寶珠玉，自與其私徒屬乘舟浮海以行，終不反。於是句踐表會稽山以爲范蠡奉邑。

范蠡浮海出齊，變姓名，自謂鴟夷子皮，耕于海畔，苦身戮力，父子治産。居無幾何，致産數十萬。齊人聞其賢，以爲相。范蠡喟然嘆曰："居家則致千金，居官則至卿相，此布衣之極也。久受尊名，不祥。"乃歸相印，盡散其財，以分與知友鄉黨，而懷其重寶，閒行以去，止于陶，以爲此天下之中，交易有無之路通，爲生可以致富矣。於是自謂陶朱公。復約要父子耕畜，廢居，候時轉物，逐什一之利。居無何，則致貲累巨萬。天下稱陶朱公。

——《史记》卷41《越王句踐世家第十一》，第1750—1753頁。

遷康公於海上

宣公卒，子康公貸立。貸立十四年，淫於酒、婦人，不聽政。太公乃遷康公於海上，食一城，以奉其先祀。明年，魯敗齊平陸。

——《史记》卷46《田敬仲完世家第十六》，第1886頁。

齊東負海而城郭大

王夫人者，趙人也，與衛夫人並幸武帝，而生子閎。閎且立爲王時，其母病，武帝自臨問之。曰："子當爲王，欲安所置之?"王夫人曰："陛下在，妾又何等可言者。"帝曰："雖然，意所欲，欲於何所王之?"王夫人曰："願置之雒陽。"武帝曰："雒陽有武庫敖倉，天下衝阨，漢國之大都也。先帝以來，無子王於雒陽者。去雒陽，餘盡可。"王夫人不應。武帝曰："關東之國無大於齊者。齊東負海而城郭大，古時獨臨菑中十萬户，天下膏腴地莫盛於齊者矣。"王夫人以手擊頭，謝曰："幸甚。"王夫人死而帝痛之，使使者拜之曰："皇帝謹使使太中大夫明奉璧一，賜夫人爲齊王太后。"子閎王齊，年少，無有子，立，不幸早死，國絶，爲郡。天下稱齊不宜王云。

——《史记》卷60《三王世家第三十》，第2115頁。

齊在海濱通貨積財

管仲既任政相齊，以區區之齊在海濱，通貨積財，富國彊兵，與俗同好惡。故其稱曰："倉廩實而知禮節，衣食足而知榮辱，上服度則六親固。四維不張，國乃滅亡。下令如流水之原，令順民心。"故論卑而易行。俗之所欲，因而予之；俗之所否，因而去之。

——《史记》卷62《管晏列傳第二》，第2132頁。

騶衍論大瀛海環九州

齊有三騶子。其前騶忌，以鼓琴干威王，因及國政，封爲成侯而受相印，先孟子。

其次騶衍，後孟子。騶衍睹有國者益淫侈，不能尚德，若大雅整之於身，施及黎庶矣。乃深觀陰陽消息而作怪迂之變，終始、大聖之篇十餘萬言。其語閎大不經，必先驗小物，推而大之，至於無垠。先序今以上至黃帝，學者所共術，大並世盛衰，因載其機祥度制，推而遠之，至天地未生，窈冥不可考而原也。先列中國名山大川，通谷禽獸，水土所殖，物類所珍，因而推之，及海外人之所不能睹。稱引天地剖判以來，五德轉移，治各有宜，而符應若茲。以爲儒者所謂中國者，於天下乃八十一分居其一分耳。中國名曰赤縣神州。赤縣神州內自有九州，禹之序九州是也，不得爲州數。中國外如赤縣神州者九，乃所謂九州也。於是有裨海環之，人民禽獸莫能相通者，如一區中者，乃爲一州。如此者九，乃有大瀛海環其外，天地之際焉。其術皆此類也。然要其歸，必止乎仁義節儉，君臣上下六親之施始也濫耳。

王公大人初見其術，懼然顧化，其後不能行之。

——《史記》卷74《孟子荀卿列傳第十四》，第2344頁。

魯仲連逃隱於海上

魯仲連者，齊人也。好奇偉俶儻之畫策，而不肯仕宦任職，好持高節。游於趙。……魯連見新垣衍而無言。新垣衍曰："吾視居此圍城之中者，皆有求於平原君者也；今吾觀先生之玉貌，非有求於平原君者也，曷爲久居此圍城之中而不去？"魯仲連曰："世以鮑焦爲無從頌而死者，皆非也。衆人不知，則爲一身。彼秦者，弃禮義而上首功之國也，權使其士，虜使其民。彼即肆然而爲帝，過而爲政於天下，則連有蹈東海而死耳，吾不忍爲之民也。所爲見將軍者，欲以助趙也。"……於是新垣衍起，再拜謝曰："始以先生爲庸人，吾乃今日知先生爲天下之士也。吾請出，不敢復言帝秦。"秦將聞之，爲卻軍五十里。適會魏公子無忌奪晉鄙軍以救趙，擊秦軍，秦軍遂引而去。……其後二十餘年，燕將攻下聊城，聊城人或讒之燕，燕將懼誅，因保守聊城，不敢歸。齊田單攻聊城歲餘，士卒多死而聊城不下。魯連乃爲書，約之矢以射城中，遺燕將。……燕將見魯連書，泣三日，猶豫不能自決。欲歸燕，已有隙，恐誅；欲降齊，所殺虜於齊甚衆，恐已降而後見辱。喟然歎曰："與人刃我，寧自刃。"乃自殺。聊城亂，田單遂屠聊城。歸而言魯連，欲爵之。魯連逃隱於海上，曰："吾與富貴而詘於人，寧貧賤而輕世肆志焉。"

——《史記》卷83《魯仲連鄒陽列傳第二十三》，第2459—2469頁。

徐衍負石入海

故女無美惡，入宮見妒；士無賢不肖，入朝見嫉。昔者司馬喜髕腳於宋，卒相中山；范睢摺脅折齒於魏，卒爲應侯。此二人者，皆信必然之畫，捐朋黨之私，挾孤獨之位，故不能自免於嫉妒之人也。是以申徒狄自沈於河，徐衍負石入海。不容於世，義不苟取，比周於朝，以移主上之心。

——《史记》卷 83《魯仲連鄒陽列傳第二十三》，第 2473 頁。

田橫與其徒屬五百餘人入海

田儋者，狄人也，故齊王田氏族也。儋從弟田榮，榮弟田橫，皆豪，宗彊，能得人。……

橫定齊三年，漢王使酈生往説下齊王廣及其相國橫。橫以爲然，解其歷下軍。漢將韓信引兵且東擊齊。齊初使華無傷、田解軍於歷下以距漢，漢使至，迺罷守戰備，縱酒，且遣使與漢平。漢將韓信已平趙、燕，用蒯通計，度平原，襲破齊歷下軍，因入臨淄。齊王廣、相橫怒，以酈生賣己，而亨酈生。……

後歲餘，漢滅項籍，漢王立爲皇帝，以彭越爲梁王。田橫懼誅，而與其徒屬五百餘人入海，居島中。高帝聞之，以爲田橫兄弟本定齊，齊人賢者多附焉，今在海中不收，後恐爲亂，迺使使赦田橫罪而召之。田橫因謝曰："臣亨陛下之使酈生，今聞其弟酈商爲漢將而賢，臣恐懼，不敢奉詔，請爲庶人，守海島中。"使還報，高皇帝迺詔衛尉酈商曰："齊王田橫卽至，人馬從者敢動搖者致族夷！"迺復使使持節具告以詔商狀，曰："田橫來，大者王，小者迺侯耳；不來，且舉兵加誅焉。"田橫迺與其客二人乘傳詣雒陽。

未至三十里，至尸鄉廄置，橫謝使者曰："人臣見天子當洗沐。"止留。謂其客曰："橫始與漢王俱南面稱孤，今漢王爲天子，而橫迺爲亡虜而北面事之，其恥固已甚矣。且吾亨人之兄，與其弟並肩而事其主，縱彼畏天子之詔，不敢動我，我獨不愧於心乎？且陛下所以欲見我者，不過欲一見吾面貌耳。今陛下在洛陽，今斬吾頭，馳三十里間，形容尚未能敗，猶可觀也。"遂自剄，令客奉其頭，從使者馳奏之高帝。高帝曰："嗟乎，有以也夫！起自布衣，兄弟三人更王，豈不賢乎哉！"爲之流涕，而拜其二客爲都尉，發卒二千人，以王者禮葬田横。

既葬，二客穿其冢旁孔，皆自剄，下從之。高帝聞之，迺大驚，以田横之客皆賢。吾聞其餘尚五百人在海中，使使召之。至則聞田横死，亦皆自殺。於是迺知田横兄弟能得士也。

——《史記》卷 94《田儋列傳第三十四》，第 2643—2649 頁。

吴王濞煮海水爲鹽

吴王濞者，高帝兄劉仲之子也。……會孝惠、高后時，天下初定，郡國諸侯各務自拊循其民。吴有豫章郡銅山，濞則招致天下亡命者〔盗〕鑄錢，煮海水爲鹽，以故無賦，國用富饒。……

及孝景帝卽位，錯爲御史大夫，説上曰："昔高帝初定天下，昆弟少，諸子弱，大封同姓，故王孽子悼惠王王齊七十餘城，庶弟元王王楚四十餘城，兄子濞王吴五十餘城：封三庶孽，分天下半。今吴王前有太子之郤，詐稱病不朝，於古法當誅，文帝弗忍，因賜几杖。德至厚，當改過自新。乃益驕溢，卽山鑄錢，煮海水爲鹽，誘天下亡人，謀作亂。今削之亦反，不削之亦反。削之，其反亟，禍小；不削，反遲，禍大。"三年冬，楚王朝，鼂錯因言楚王戊往年爲薄太后服，私姦服舍，請誅之。詔赦，罰削東海郡。因削吴之豫章郡、會稽郡。及前二年趙王有罪，削其河間郡。膠西王卬以賣爵有姦，削其六縣。

——《史記》卷 106《吴王濞列傳第四十六》，第 2821 頁。

公孫弘牧豕海上

丞相公孫弘者，齊菑川國薛縣人也，字季。少時爲薛獄吏，有罪，免。家貧，牧豕海上。年四十餘，乃學春秋雜説。養後母孝謹。

——《史記》卷 112《平津侯主父列傳第五十二》，第 2949 頁。

東置滄海郡

元朔三年，張歐免，以弘爲御史大夫。是時通西南夷，東置滄海，北築朔方之郡。弘數諫，以爲罷敝中國以奉無用之地，願罷之。於是天子乃使朱買臣等難弘置朔方之便。發十策，弘不得一。弘迺謝曰：“山東鄙人，不知其便若是，願罷西南夷、滄海而專奉朔方。”上乃許之。

　　——《史记》卷 112《平津侯主父列傳第五十二》，第 2950 頁。

趙陀阻南海自立

南越王尉佗者，真定人也，姓趙氏。秦時已并天下，略定楊越，置桂林、南海、象郡，以謫徙民，與越雜處十三歲。佗，秦時用爲南海龍川令。至二世時，南海尉任囂病且死，召龍川令趙佗語曰：“聞陳勝等作亂，秦爲無道，天下苦之，項羽、劉季、陳勝、吳廣等州郡各共興軍聚衆，虎爭天下，中國擾亂，未知所安，豪傑畔秦相立。南海僻遠，吾恐盜兵侵地至此，吾欲興兵絶新道，自備，待諸侯變，會病甚。且番禺負山險，阻南海，東西數千里，頗有中國人相輔，此亦一州之主也，可以立國。郡中長吏無足與言者，故召公告之。”即被佗書，行南海尉事。囂死，佗即移檄告橫浦、陽山、湟谿關曰：“盜兵且至，急絶道聚兵自守！”因稍以法誅秦所置長吏，以其黨爲假守。秦已破滅，佗即擊并桂林、象郡，自立爲南越武王。高帝已定天下，爲中國勞苦，故釋佗弗誅。漢十一年，遣陸賈因立佗爲南越王，與剖符通使，和集百越，毋爲南邊患害，與長沙接境。

　　——《史记》卷 113《南越列傳第五十三》，第 2967—2968 頁。

樓船十萬師往討呂嘉

（元鼎四年），天子遣千秋與王太后弟樛樂將二千人往，入越境。呂嘉等乃遂反……於是天子曰："韓千秋雖無成功，亦軍鋒之冠。"封其子延年爲成安侯。樛樂，其姊爲王太后，首願屬漢，封其子廣德爲龍亢侯。乃下赦曰："天子微，諸侯力政，譏臣不討賊。今呂嘉、建德等反，自立晏如，令罪人及江淮以南樓船十萬師往討之。"

元鼎六年冬，樓船將軍將精卒先陷尋陝，破石門，得越船粟，因推而前，挫越鋒，以數萬人待伏波。伏波將軍將罪人，道遠，會期後，與樓船會乃有千餘人，遂俱進。樓船居前，至番禺。建德、嘉皆城守。樓船自擇便處，居東南面；伏波居西北面。會暮，樓船攻敗越人，縱火燒城。越素聞伏波名，日暮，不知其兵多少。伏波乃爲營，遣使者招降者，賜印，復縱令相招。樓船力攻燒敵，反驅而入伏波營中。犁旦，城中皆降伏波。呂嘉、建德已夜與其屬數百人亡入海，以船西去。伏波又因問所得降者貴人，以知呂嘉所之，遣人追之。以其故校尉司馬蘇弘得建德，封爲海常侯；越郎都稽得嘉，封爲臨蔡侯。

——《史记》卷 113《南越列傳第五十三》，第 2974—2976 頁。

東越列傳

閩越王無諸及越東海王搖者，其先皆越王句踐之後也，姓騶氏。秦已并天下，皆廢爲君長，以其地爲閩中郡。及諸侯畔秦，無諸、搖率越歸鄱陽令吳芮，所謂鄱君者也，從諸侯滅秦。當是之時，項籍主命，弗王，以故不附楚。漢擊項籍，無諸、搖率越人佐漢。漢五年，復立無諸爲閩越王，王閩中故地，都東冶。孝惠三年，舉高帝時越功，曰閩君搖功多，其民便附，乃立搖爲東海王，都東甌，世俗號爲東甌王。

後數世，至孝景三年，吳王濞反，欲從閩越，閩越未肯行，獨東甌從吳。及吳破，東甌受漢購，殺吳王丹徒，以故皆得不誅，歸國。

吳王子子駒亡走閩越，怨東甌殺其父，常勸閩越擊東甌。至建元三年，閩越發兵圍東甌。東甌食盡，困，且降，乃使人告急天子。天子問太尉田蚡，蚡對曰："越人相攻擊，固其常，又數反覆，不足以煩中國往救也。自秦時弃弗屬。"於是中大夫莊助詰蚡曰："特患力弗能救，德弗能覆；誠能，何故弃之？且秦舉咸陽而弃之，何乃越也！今小國以窮困來告急天子，天子弗振，彼當安所告愬？又何以子萬國乎？"上曰："太尉未足與計。吾初卽位，不欲出虎符發兵郡國。"乃遣莊助以節發兵會稽。會稽太守欲距不爲發兵，助乃斬一司馬，諭意指，遂發兵浮海救東甌。未至，閩越引兵而去。東甌請舉國徙中國，乃悉舉衆來，處江淮之間。

至建元六年，閩越擊南越。南越守天子約，不敢擅發兵擊而以聞。上遣大行王恢出豫章，大農韓安國出會稽，皆爲將軍。兵未踰嶺，閩越王郢發兵距險。其弟餘善乃與相、宗族謀曰："王以擅發兵擊南越，不請，故天子兵來誅。今漢兵衆彊，今卽幸勝之，後來益多，終滅國而止。今殺王以謝天子。天子聽，罷兵，固一國完；不聽，乃力戰；不勝，卽亡入海。"皆曰"善"。卽鏦殺王，使使奉其頭致大行。大行曰："所爲來者誅王。今王頭至，謝罪，不戰而耘，利莫大焉。"乃以便宜案兵告大農軍，而使使奉王頭馳報天子。詔罷兩將兵，曰："郢等首惡，獨無諸孫繇君丑不與謀焉。"乃使郎中將立丑爲越繇王，奉閩越先祭祀。

餘善已殺郢，威行於國，國民多屬，竊自立爲王。繇王不能矯其衆持正。天子聞之，爲餘善不足復興師，曰："餘善數與郢謀亂，而後首誅郢，師得不勞。"因立餘善爲東越王，與繇王並處。

至元鼎五年，南越反，東越王餘善上書，請以卒八千人從樓船將軍擊呂嘉等。兵至揭揚，以海風波爲解，不行，持兩端，陰使南越。及漢破番禺，不至。是時樓船將軍楊僕使使上書，願便引兵擊東越。上曰士卒勞倦，不許，罷兵，令諸校屯豫章梅領待命。

元鼎六年秋，餘善聞樓船請誅之，漢兵臨境，且往，乃遂反，發兵距漢道。號將軍騶力等爲"吞漢將軍",入白沙、武林、梅嶺,殺漢三校尉。是時漢使大農張成、故山州侯齒將屯,弗敢擊,卻就便處,皆坐畏懦誅。

餘善刻"武帝"璽自立,詐其民,爲妄言。天子遣橫海將軍韓説出句章,浮海從東方往;樓船將軍楊僕出武林;中尉王温舒出梅嶺;越侯爲戈船、下瀬將軍,出若邪、白沙。元封元年冬,咸入東越。東越素發兵距險,使徇北將軍守武林,敗樓船軍數校尉,殺長吏。樓船將軍率錢唐轅終古斬徇北將軍,爲禦兒侯。自兵未往。

故越衍侯吳陽前在漢,漢使歸諭餘善,餘善弗聽。及橫海將軍先至,越衍侯吳陽以其邑七百人反,攻越軍於漢陽。從建成侯敖,與其率,從繇王居股謀曰:"餘善首惡,劫守吾屬。今漢兵至,衆彊,計殺餘善,自歸諸將,儻幸得脱。"乃遂俱殺餘善,以其衆降橫海將軍,故封繇王居股爲東成侯,萬户;封建成侯敖爲開陵侯;封越衍侯吳陽爲北石侯;封橫海將軍説爲案道侯;封橫海校尉福爲繚縈侯。福者,成陽共王子,故爲海常侯,坐法失侯。舊從軍無功,以宗室故侯。諸將皆無成功,莫封。東越將多軍,漢兵至,弃其軍降,封爲無錫侯。

於是天子曰東越狹多阻,閩越悍,數反覆,詔軍吏皆將其民徙處江淮間。東越地遂虚。

太史公曰:越雖蠻夷,其先豈嘗有大功德於民哉,何其久也!歷數代常爲君王,句踐一稱伯。然餘善至大逆,滅國遷衆,其先苗裔繇王居股等猶尚封爲萬户侯,由此知越世世爲公侯矣。蓋禹之餘烈也。

——《史记》卷114《東越列傳第五十四》,第2979—2984頁。

樓船將軍浮渤海擊朝鮮

元封二年,漢使涉何譙諭右渠,終不肯奉詔。何去至界上,臨浿水,使御刺殺送何者朝鮮裨王長,即渡,馳入塞,遂歸報天子曰"殺朝鮮將"。上爲其名美,即不詰,拜何爲遼東東部都尉。朝鮮怨何，發兵襲攻殺何。天子募罪人擊朝鮮。其秋，遣樓船將軍楊僕從齊浮渤海；兵五萬人，左將軍荀彘出遼東：討右渠。右渠發兵距險。左將軍卒正多率遼東兵先縱，敗散，多還走，坐法斬。樓船將軍將齊兵七千人先至王險。右渠城守，窺知樓船軍少，卽出城擊樓船，樓船軍敗散走。將軍楊僕失其衆，遁山中十餘日，稍求收散卒，復聚。左將軍擊朝鮮浿水西軍，未能破自前。……

　　左將軍素侍中，幸，將燕代卒，悍，乘勝，軍多驕。樓船將齊卒，入海，固已多敗亡；其先與右渠戰，困辱亡卒，卒皆恐，將心慙，其圍右渠，常持和節。左將軍急擊之，朝鮮大臣乃陰閒使人私約降樓船，往來言，尚未肯決。左將軍數與樓船期戰，樓船欲急就其約，不會；左將軍亦使人求閒郤降下朝鮮，朝鮮不肯，心附樓船：以故兩將不相能。左將軍心意樓船前有失軍罪，今與朝鮮私善而又不降，疑其有反計，未敢發。天子曰將率不能，前〔乃〕使衛山諭降右渠，右渠遣太子，山使不能剸決，與左將軍計相誤，卒沮約。今兩將圍城，又乖異，以故久不決。使濟南太守公孫遂往〔正〕之，有便宜得以從事。遂至，左將軍曰：“朝鮮當下久矣，不下者有狀。”言樓船數朝不會，具以素所意告遂，曰：“今如此不取，恐爲大害，非獨樓船，又且與朝鮮共滅吾軍。”遂亦以爲然，而以節召樓船將軍入左將軍營計事，卽命左將軍麾下執捕樓船將軍，并其軍，以報天子。天子誅遂。

　　——《史记》卷 115《朝鮮列傳第五十五》，第 2986—2988 頁。

司馬相如《子虛賦》中的海物

　　烏有先生曰：“是何言之過也！足下不遠千里，來況齊國，王悉發境内之士，而備車騎之衆，以出田，乃欲勠力致獲，以娱左右也，何名爲夸哉！問楚地之有無者，願聞大國之風烈，先生之餘論也。今足下不稱楚王之德厚，而盛推雲夢以爲高，奢言淫樂而顯侈靡，竊爲足下不取也。必若所言，固非楚國之美也。有而言之，是章君之惡；無而言之，是害足下之信。章君之惡而傷私義，二者無一可，而先生

行之,必且輕於齊而累於楚矣。且齊東陼巨海,南有琅邪,觀乎成
山,射乎之罘,浮勃澥,游孟諸,邪與肅慎爲鄰,右以湯谷爲界,秋
田乎青丘,傍偟乎海外,吞若雲夢者八九,其於胸中曾不蒂芥。若乃
俶儻瑰偉,異方殊類,珍怪鳥獸,萬端鱗萃,充仞其中者,不可勝
記,禹不能名,契不能計。然在諸侯之位,不敢言游戲之樂,苑囿之
大;先生又見客,是以王辭而不復,何爲無用應哉!"

——《史记》卷 117《司馬相如列傳第五十七》,第 3014—3015 頁。

徐福入海見海中大神

昔秦絕聖人之道,殺術士,燔詩書,弃禮義,尚詐力,任刑罰,
轉負海之粟致之西河。當是之時,男子疾耕不足於糟穅,女子紡績不
足於蓋形。遣蒙恬築長城,東西數千里,暴兵露師常數十萬,死者不
可勝數,僵尸千里,流血頃畝,百姓力竭,欲爲亂者十家而五。又使
徐福入海求神異物,還爲僞辭曰:'臣見海中大神,言曰:"汝西皇
之使邪?"臣答曰:"然。""汝何求?"曰:"願請延年益壽藥。"神
曰:"汝秦王之禮薄,得觀而不得取。"卽從臣東南至蓬萊山,見芝
成宮闕,有使者銅色而龍形,光上照天。於是臣再拜問曰:"宜何資
以獻?"海神曰:"以令名男子若振女與百工之事,卽得之矣。""秦
皇帝大説,遣振男女三千人,資之五穀種種百工而行。徐福得平原廣
澤,止王不來。於是百姓悲痛相思,欲爲亂者十家而六。

——《史记》卷 118《淮南衡山列傳第五十八》,第 3086 頁。

地不足東南以海爲池

司馬季主者,楚人也。卜於長安東市。……司馬季主復理前語,
分別天地之終始,日月星辰之紀,差次仁義之際,列吉凶之符,語數
千言,莫不順理。……"莊子曰:'君子内無飢寒之患,外無劫奪之
憂,居上而敬,居下不爲害,君子之道也。'今夫卜筮者之爲業也,

積之無委聚，藏之不用府庫，徙之不用輜車，負裝之不重，止而用之無盡索之時。持不盡索之物，游於無窮之世，雖莊氏之行未能增於是也，子何故而云不可卜哉？天不足西北，星辰西北移；地不足東南，以海爲池；日中必移，月滿必虧；先王之道，乍存乍亡。公責卜者言必信，不亦惑乎！

——《史记》卷 127《日者列傳第六十七》，第 3216—3219 頁。

東有海鹽之饒

周書曰："農不出則乏其食，工不出則乏其事，商不出則三寶絕，虞不出則財匱少。"財匱少而山澤不辟矣。此四者，民所衣食之原也。原大則饒，原小則鮮。上則富國，下則富家。貧富之道，莫之奪予，而巧者有餘，拙者不足。故太公望封於營丘，地潟鹵，人民寡，於是太公勸其女功，極技巧，通魚鹽，則人物歸之，繈至而輻湊。故齊冠帶衣履天下，海岱之間斂袂而往朝焉。其後齊中衰，管子修之，設輕重九府，則桓公以霸，九合諸侯，一匡天下；而管氏亦有三歸，位在陪臣，富於列國之君。是以齊富彊至於威、宣也。……

漢興，海內爲一……齊帶山海，膏壤千里，宜桑麻，人民多文綵布帛魚鹽。臨菑亦海岱之間一都會也。其俗寬緩闊達，而足智，好議論，地重，難動搖，怯於眾鬥，勇於持刺，故多劫人者，大國之風也。其中具五民。……

彭城以東，東海、吳、廣陵，此東楚也。其俗類徐、僮。朐、繒以北，俗則齊。浙江南則越。夫吳自闔廬、春申、王濞三人招致天下之喜游子弟，東有海鹽之饒，章山之銅，三江、五湖之利，亦江東一都會也。……

番禺亦其一都會也，珠璣、犀、瑇瑁、果、布之湊。

——《史记》卷 129《貨殖列傳第六十九》，第 3255—3268 頁。

越欲與漢用船戰

初，大農筦鹽鐵官布多，置水衡，欲以主鹽鐵；及楊可告緡錢，上林財物衆，乃令水衡主上林。上林既充滿，益廣。是時越欲與漢用船戰逐，乃大修昆明池，列觀環之。治樓船，高十餘丈，旗幟加其上，甚壯。於是天子感之，乃作柏梁臺，高數十丈。宮室之修，由此日麗。……

其明年，南越反，西羌侵邊爲桀。於是天子爲山東不贍，赦天下〔囚〕，因南方樓船卒二十餘萬人擊南越，數萬人發三河以西騎擊西羌，又數萬人度河築令居。……

齊相卜式上書曰："臣聞主憂臣辱。南越反，臣願父子與齊習船者往死之。"天子下詔曰："卜式雖躬耕牧，不以爲利，有餘輒助縣官之用。今天下不幸有急，而式奮願父子死之，雖未戰，可謂義形於內。賜爵關內侯，金六十斤，田十頃。"布告天下，天下莫應。……

式既在位，見郡國多不便縣官作鹽鐵，鐵器苦惡，賈貴，或彊令民賣買之。而船有算，商者少，物貴，乃因孔僅言船算事。上由是不悅卜式。

——《史记》卷 30《平準書第八》，第 1436—1440 頁。

《漢書》

秦始皇東遊海上

始皇之上泰山，中阪遇暴風雨，休於大樹下。諸儒既黜，不得與封禪，聞始皇遇風雨，卽譏之。

於是始皇遂東遊海上，行禮祠名山川及八神，〔求〕仙人羨門之屬。八神將自古而有之；或曰太公以來作之。齊所以爲齊，以天齊也。其祀絕，莫知起時。八神，一曰天主，祠天齊。天齊淵水，居臨菑南郊山下下者。二曰地主，祠泰山梁父。蓋天好陰，祠之必於高山之下時，命曰"時"；地貴陽，祭之必於澤中圜丘云。三曰兵主，祠蚩尤。蚩尤在東平陸監鄉，齊之西竟也。四曰陰主，祠三山；五曰陽主，祠之罘山；六曰月主，祠萊山：皆在齊北，並勃海。七曰日主，祠盛山。盛山斗入海，最居齊東北陽，以迎日出云。八曰四時主，祠琅邪。琅邪在齊東北，蓋歲之所始。皆各用牢具祠，而巫祝所損益，圭幣雜異焉。

自齊威、宣時，騶子之徒論著終始五德之運，及秦帝而齊人奏之，故始皇采用之。而宋毋忌、正伯僑、元尚、羨門高最後，皆燕人，爲方仙道，形解銷化，依於鬼神之事。騶衍以陰陽主運顯於諸侯，而燕齊海上之方士傳其術不能通，然則怪迂阿諛苟合之徒自此興，不可勝數也。

——《漢書》卷 25 上《郊祀志第五上》，第 1202—1204 頁。

船交海中皆以風爲解

自威、宣、燕昭使人入海求蓬萊、方丈、瀛洲。此三神山者，其傳在勃海中，去人不遠。蓋嘗有至者，諸仙人及不死之藥皆在焉。其物禽獸盡白，而黃金銀爲宮闕。未至，望之如雲；及到，三神山反居水下，水臨之。患且至，則風輒引船而去，終莫能至云。世主莫不甘心焉。及秦始皇至海上，則方士爭言之。始皇如恐弗及，使人齎童男女入海求之。船交海中，皆以風爲解，曰未能至，望見之焉。其明年，始皇復游海上，至琅邪，過恆山，從上黨歸。後三年，游碣石，考入海方士，從上郡歸。後五年，始皇南至湘山，遂登會稽，並海上，幾遇海中三神山之奇藥。不得，還到沙丘崩。

二世元年，東巡碣石，並海，南歷泰山，至會稽，皆禮祠之，而刻勒始皇所立石書旁，以章始皇之功德。其秋，諸侯叛秦。三年而二世弒死。

——《漢書》卷 25 上《郊祀志第五上》，第 1204—1205 頁。

武帝遣方士入海求蓬萊僊者

是時，李少君亦以祠竈、穀道、卻老方見上，上尊之。少君者，故深澤侯人，主方。匿其年及所生長。常自謂七十，能使物，卻老。其游以方徧諸侯。無妻子。人聞其能使物及不死，更饋遺之，常餘金錢衣食。人皆以爲不治產業而饒給，又不知其何所人，愈信，爭事之。少君資好方，善爲巧發奇中。常從武安侯宴，坐中有年九十餘老人，少君乃言與其大父游射處，老人爲兒從其大父，識其處，一坐盡驚。少君見上，上有故銅器，問少君。少君曰："此器齊桓公十年陳於柏寢。"已而按其刻，果齊桓公器。一宮盡駭，以爲少君神，數百歲人也。少君言上："祠竈皆可致物，致物而丹沙可化爲黃金，黃金成以爲飲食器則益壽，益壽而海中蓬萊僊者乃可見之，以封禪則不死，黃帝是也。臣嘗游海上，見安期生，安期生食臣棗，大如瓜。安期生僊者，通蓬萊中，合則見人，不合則隱。"於是天子始親祠竈，遣方士入海求蓬萊安期生之屬，而事化丹沙諸藥齊爲黃金矣。久之，少君病死。天子以爲化去不死也，使黃錘史寬舒受其方，而海上燕齊怪迂之方士多更來言神事矣。

——《漢書》卷 25 上《郊祀志第五上》，第 1216—1217 頁。

五利將軍言常往來海中見僊者

其春，樂成侯上書言樂大。樂大，膠東宮人，故嘗與文成將軍同師，已而爲膠東王尙方。而樂成侯姊爲康王后，無子。王死，它姬子立爲王，而康后有淫行，與王不相中，相危以法。康后聞文成死，而欲自媚於上，乃遣樂大入，因樂成侯求見言方。天子既誅文成，後悔其方不盡，及見樂大，大說。大爲人長美，言多方略，而敢爲大言，處之不疑。大言曰："臣常往來海中，見安期、羨門之屬，顧以臣爲賤，不信臣。又以爲康王諸侯耳，不足與方。臣數以言康王，康王又不用臣。臣之師曰：'黃金可成，而河決可塞，不死之藥可得，僊人可致也。'然臣恐效文成，則方士皆掩口，惡敢言方哉！"上曰："文成食馬肝死耳。子誠能修其方，我何愛乎！"大曰："臣師非有求人，人者求之。陛下必欲致之，則貴其使者，令爲親屬，以客禮待之，勿卑，使各佩其信印，乃可使通言於神人。神人尙肯邪不邪，尊其使然後可致也。"於是上使驗小方，鬬棊，棊自相觸擊。

是時，上方憂河決而黃金不就，乃拜大爲五利將軍。居月餘，得四印；得天士將軍、地士將軍、大通將軍印。制詔御史："昔禹疏九河，決四瀆。間者，河溢皋陸，隄繇不息。朕臨天下二十有八年，天若遺朕士而大通焉。乾稱'飛龍'，'鴻漸于般'，朕意庶幾與焉。其以二千戶封地士將軍大爲樂通侯。"賜列侯甲第，童千人。乘輿斥車馬帷帳器物以充其家。又以衛長公主妻之，齎金十萬斤，更名其邑曰當利公主。天子親如五利之弟，使者存問共給，相屬於道。自大主將相以下，皆置酒其家，獻遺之。天子又刻玉印曰"天道將軍"，使使衣羽衣，夜立白茅上，五利將軍亦衣羽衣，立白茅上受印，以視不臣也。而佩"天道"者，且爲天子道天神也。於是五利常夜祠其家，欲以下神。後裝治行，東入海求其師云。大見數月，佩六印，貴震天下，而海上燕齊之間，莫不搤擎而自言有禁方能神僊矣。……

入海求蓬萊者，言蓬萊不遠，而不能至者，殆不見其氣。上乃遣望氣佐候其氣云。……

而五利將軍使不敢入海，之泰山祠。上使人隨驗，實無所見。五利妄言見其師，其方盡，多不讎。上乃誅五利。

其冬，公孫卿候神河南，言見僊人迹緱氏城上，有物如雉，往來城上。天子親幸緱氏視迹，問卿："得毋效文成、五利乎？"卿曰："僊者非有求人主，人主者求之。其道非少寬暇，神不來。言神事，如迂誕，積以歲，乃可致。"於是郡國各除道，繕治宮館名山神祠所，以望幸矣。

——《漢書》卷25上《郊祀志第五上》，第1222—1232頁。

武帝東巡留宿海上

上遂東巡海上，行禮祠八神。齊人之上疏言神怪奇方者以萬數，乃益發船，令言海中神山者數千人求蓬萊神人。公孫卿持節常先行候名山，至東萊，言夜見大人，長數丈，就之則不見，見其迹甚大，類禽獸云。羣臣有言見一老父牽狗，言"吾欲見鉅公"，已忽不見。上既見大迹，未信，及羣臣又言老父，則大以爲僊人也。宿留海上，與方士傳車及間使求神僊人以千數。

——《漢書》卷25上《郊祀志第五上》，第1234—1235頁。

武帝復東至海上望焉

天子既已封泰山，無風雨，而方士更言蓬萊諸神若將可得，於是上欣然庶幾遇之，復東至海上望焉。奉車子侯暴病，一日死。上乃遂去，並海上，北至碣石，巡自遼西，歷北邊至九原。五月，乃至甘泉，周萬八千里云。

——《漢書》卷 25 上《郊祀志第五上》，第 1236 頁。

武帝北至琅邪並海上

明年冬，上巡南郡，至江陵而東。登禮灊之天柱山，號曰南嶽。浮江，自尋陽出樅陽，過彭蠡，禮其名山川。北至琅邪，並海上。四月，至奉高修封焉。

——《漢書》卷 25 下《郊祀志第五下》，第 1243 頁。

武帝考入海及方士求神者

明年，幸泰山，以十一月甲子朔旦冬至日祀上帝於明堂，〔毋〕修封。其贊饗曰："天增授皇帝泰元神策，周而復始。皇帝敬拜泰一。"東至海上，考入海及方士求神者，莫驗，然益遣，幾遇之。乙酉，柏梁災。十二月甲午朔，上親禪高里，祠后土。臨勃海，將以望祀蓬萊之屬，幾至殊庭焉。

——《漢書》卷 25 下《郊祀志第五下》，第 1244 頁。

武帝東巡海上考神僊之屬

明年，東巡海上，考神僊之屬，未有驗者。方士有言黃帝時爲五城十二樓，以候神人於執期，名曰迎年。上許作之如方，名曰明年。上親禮祠，上犢黃焉。

——《漢書》卷 25 下《郊祀志第五下》，第 1246 頁。

武帝登之罘浮大海

後五年，復至泰山修封。東幸琅邪，禮日成山，登之罘，浮大海，用事八神延年。又祠神人於交門宮，若有鄉坐拜者云。

——《漢書》卷 25 下《郊祀志第五下》，第 1247 頁。

武帝東游東萊臨大海

後五年，上復修封於泰山。東游東萊，臨大海。是歲，雍縣無雲如靁者三，或如虹氣蒼黃，若飛鳥集械陽宮南，聲聞四百里。隕石二，黑如黳，有司以爲美祥，以薦宗廟。而方士之候神人海求蓬萊者終無驗，公孫卿猶以大人之迹爲解。天子猶羈縻不絕，幾遇其眞。

——《漢書》卷 25 下《郊祀志第五下》，第 1247 頁。

以四時祠江海雒水祈豐年

明年正月，上始幸甘泉，郊見泰時，數有美祥。修武帝故事，盛車服，敬齊祠之禮，頗作詩歌。其三月，幸河東，祠后土，有神爵集，改元爲神爵。制詔太常：“夫江海，百川之大者也，今闕焉無祠。其令祠官以禮爲歲事，以四時祠江海雒水，祈爲天下豐年焉。”自是五嶽、四瀆皆有常禮。東嶽泰山於博，中嶽泰室於嵩高，南嶽灊山於灊，西嶽華山於華陰，北嶽常山於上曲陽，河於臨晉，江於江都，淮於平氏，濟於臨邑界中，皆使者持節侍祠。唯泰山與河歲五祠，江水四，餘皆一禱而三祠云。

——《漢書》卷 25 下《郊祀志第五下》，第 1249 頁。

言有神僊祭祀致福之術者以萬數

　　成帝末年頗好鬼神，亦以無繼嗣故，多上書言祭祀方術者，皆得待詔，祠祭上林苑中長安城旁，費用甚多，然無大貴盛者。谷永說上曰："臣聞明於天地之性，不可或以神怪；知萬物之情，不可罔以非類。諸背仁義之正道，不遵五經之法言，而盛稱奇怪鬼神，廣崇祭祀之方，求報無福之祠，及言世有僊人，服食不終之藥，遙興輕舉，登遐倒景，覽觀縣圃，浮游蓬萊，耕耘五德，朝種暮穫，與山石無極，黃冶變化，堅冰淖溺，化色五倉之術者，皆姦人惑衆，挾左道，懷詐僞，以欺罔世主。聽其言，洋洋滿耳，若將可遇；求之，盪盪如係風捕景，終不可得。是以明王距而不聽，聖人絕而不語。昔周史萇弘欲以鬼神之術輔尊靈王會朝諸侯，而周室愈微，諸侯愈叛。楚懷王隆祭祀，事鬼神，欲以獲福助，卻秦師，而兵挫地削，身辱國危。秦始皇初并天下，甘心於神僊之道，遣徐福、韓終之屬多齎童男童女入海求神采藥，因逃不還，天下怨恨。漢興，新垣平、齊人少翁、公孫卿、欒大等，皆以僊人、黃冶、祭祠、事鬼使物、入海求神采藥貴幸，賞賜累千金。大尤尊盛，至妻公主，爵位重絫，震動海內。元鼎、元封之際，燕齊之間方士瞋目扼捥，言有神僊祭祀致福之術者以萬數。其後，平等皆以術窮詐得，誅夷伏辜。至初元中，有天淵玉女、鉅鹿神人、轑陽侯師張宗之姦，紛紛復起。夫周秦之末，三五之隆，已嘗專意散財，厚爵祿，竦精神，舉天下以求之矣。曠日經年，靡有毫氂之驗，足以揆今。經曰：'享多儀，儀不及物，惟曰不享。'論語說曰：'子不語怪神。'唯陛下距絕此類，毋令姦人有以窺朝者。"上善其言。

　　　　　　　　　　——《漢書》卷25下《郊祀志第五下》，第 1260 頁。

星守三淵海魚出

凡以宿星通下之變者，維星散，句星信，則地動。有星守三淵，天下大水，地動，海魚出。

——《漢書》卷26《天文志第六》，第1288頁。

勃碣海岱之間氣皆黑

凡望雲氣，仰而望之，三四百里；平望，在桑榆上，千餘里，二千里；登高而望之，下屬地者居三千里。雲氣有〔獸〕居上者，勝。自華以南，氣下黑上赤。嵩高、三河之郊，氣正赤。常山以北，氣下黑上青。勃、碣、海、岱之間，氣皆黑。江、淮之間，氣皆白。

——《漢書》卷26《天文志第六》，第1297頁。

海旁蜃氣象樓臺

故北夷之氣如羣畜穹閭，南夷之氣類舟船幡旗。大水處，敗軍場，破國之虛，下有積泉，金寶上，皆有氣，不可不察。海旁蜃氣象樓臺，廣壄氣成宮闕然。雲氣各象其山川人民所聚積。故候息秏者，入國邑，視封畺田疇之整治，城郭室屋門戶之潤澤，次至車服畜產精華。實息者吉，虛秏者凶。

——《漢書》卷26《天文志第六》，第1298頁。

勃海水大溢

元帝初元元年四月，客星大如瓜，色青白，在南斗第二星東可四尺。占曰：“爲水飢。”其五月，勃海水大溢。六月，關東大飢，民多餓死，琅邪郡人相食。

　　——《漢書》卷 26《天文志第六》，第 1309 頁。

北海、東萊出大魚

　　成帝鴻嘉四年秋，雨魚于信都，長五寸以下。成帝永始元年春，北海出大魚，長六丈，高一丈，四枚。哀帝建平三年，東萊平度出大魚，長八丈，高丈一尺，七枚，皆死。京房易傳曰："海數見巨魚，邪人進，賢人疎。"

　　——《漢書》卷 27 中之下《五行志第七中之下》，第 1431 頁。

宿在漢中負海之國水澤地

　　文帝後七年九月，有星孛于西方，其本直尾、箕，末指虛、危，長丈餘，及天漢，十六日不見。劉向以爲尾宋地，今楚彭城也。箕爲燕，又爲吳、越、齊。宿在漢中，負海之國水澤地也。是時景帝新立，信用鼂錯，將誅正諸侯王，其象先見。後三年，吳、楚、四齊與趙七國舉兵反，皆誅滅云。

　　——《漢書》卷 27 下之下《五行志第七下之下》，第 1516—1517 頁。

海岱貢鹽絺海物惟錯

　　海、岱惟青州。嵎夷既略，惟、甾其道。厥土白墳，海瀕廣潟。田上下，賦中上。貢鹽、絺，海物惟錯，岱畎絲、枲、鈆、松、怪石，萊夷作牧，厥棐檿絲。浮于汶，達于泲。海、岱及淮惟徐州。淮、沂其乂，蒙、羽其藝。大壄既豬，東原底平。厥土赤埴墳，草木漸包。田上中，賦中中。貢土五色，羽畎夏狄，嶧陽孤桐，泗瀕浮磬，淮夷蠙珠臮魚，厥棐玄纖縞。浮于淮、泗，達于河。

　　——《漢書》卷 28 上《地理志第八上》，第 1526 頁。

道水東入于海

道汧及岐，至于荆山，逾于河；壺口、雷首，至于大嶽；底柱、析城，至于王屋；太行、恆山，至于碣石，入于海。……道弱水，至于合藜，餘波入于流沙。道黑水，至于三危，入于南海。道河積石，至于龍門，南至于華陰，東至于底柱，又東至于盟津，東過洛汭，至于大伾，北過降水，至于大陸，又北播爲九河，同爲逆河，入于海。嶓冢道漾，東流爲漢，又東爲滄浪之水，過三澨，至于大別，南入于江，東匯澤爲彭蠡，東爲北江，入于海。岷山道江，東別爲沱，又東至于醴，過九江，至于東陵，東迆北會于匯，東爲中江，入于海。道沇水，東流爲泲，入于河，軼爲滎，東出于陶丘北，又東至于荷，又東北會於汶，又北東入于海。道淮自桐柏，東會于泗、沂，東入于海。

——《漢書》卷 28 上《地理志第八上》，第 1534 頁。

樂浪海中有倭人分爲百餘國

玄菟、樂浪，武帝時置，皆朝鮮、濊貉、句驪蠻夷。殷道衰，箕子去之朝鮮，敎其民以禮義，田蠶織作。樂浪朝鮮民犯禁八條：相殺以當時償殺；相傷以穀償；相盜者男沒入爲其家奴，女子爲婢，欲自贖者，人五十萬。雖免爲民，俗猶羞之，嫁取無所讎，是以其民終不相盜，無門戶之閉，婦人貞信不淫辟。其田民飲食以籩豆，都邑頗放效吏及内郡賈人，往往以杯器食。郡初取吏於遼東，吏見民無閉臧，及賈人往者，夜則爲盜，俗稍益薄。今於犯禁寖多，至六十餘條。可貴哉，仁賢之化也！然東夷天性柔順，異於三方之外，故孔子悼道不行，設浮於海，欲居九夷，有以也夫！樂浪海中有倭人，分爲百餘國，以歲時來獻見云。

——《漢書》卷 28 下《地理志第八下》，第 1658 頁。

齊地負海舄鹵通魚鹽之利

古有分土，亡分民。太公以齊地負海舄鹵，少五穀而人民寡，乃勸以女工之業，通魚鹽之利，而人物輻湊。後十四世，桓公用管仲，設輕重以富國，合諸侯成伯功，身在陪臣而取三歸。故其俗彌侈，織作冰紈綺繡純麗之物，號爲冠帶衣履天下。

——《漢書》卷 28 下《地理志第八下》，第 1660 頁。

吳東有海鹽章山之銅

吳東有海鹽章山之銅，三江五湖之利，亦江東之一都會也。豫章出黃金，然堇堇物之所有，取之不足以更費。江南卑溼，丈夫多夭。

——《漢書》卷 28 下《地理志第八下》，第 1668 頁。

會稽海外有東鯷人

會稽海外有東鯷人，分爲二十餘國，以歲時來獻見云。

——《漢書》卷 28 下《地理志第八下》，第 1669 頁。

南海物產與海上諸國航程

粵地，牽牛、婺女之分壄也。今之蒼梧、鬱林、合浦、交阯、九眞、南海、日南，皆粵分也。……秦南海尉趙佗亦自王，傳國至武帝時，盡滅以爲郡云。

處近海，多犀、象、毒冒、珠璣、銀、銅、果、布之湊，中國往商賈者多取富焉。番禺，其一都會也。自合浦徐聞南入海，得大州，東西南北方千里，武帝元封元年略以爲儋耳、珠厓郡。民皆服布如單被，穿中央爲貫頭。男子耕農，種禾稻紵麻，女子桑蠶織績。亡馬與

虎，民有五畜，山多麈麖。兵則矛、盾、刀，木弓弩，竹矢，或骨爲
鏃。自初爲郡縣，吏卒中國人多侵陵之，故率數歲壹反。元帝時，遂
罷棄之。

自日南障塞、徐聞、合浦船行可五月，有都元國；又船行可四
月，有邑盧沒國；又船行可二十餘日，有諶離國；步行可十餘日，有
夫甘都盧國。自夫甘都盧國船行可二月餘，有黃支國，民俗略與珠厓
相類。其州廣大，戶口多，多異物，自武帝以來皆獻見。有譯長，屬
黃門，與應募者俱入海市明珠、璧流離、奇石異物，齎黃金雜繒而
往。所至國皆稟食爲耦，蠻夷賈船，轉送致之。亦利交易，剽殺人。
又苦逢風波溺死，不者數年來還。大珠至圍二寸以下。平帝元始中，
王莽輔政，欲燿威德，厚遺黃支王，令遣使獻生犀牛。自黃支船行可
八月，到皮宗；船行可月，到日南、象林界云。黃支之南，有已程不
國，漢之譯使自此還矣。

——《漢書》卷28下《地理志第八下》，第1671頁。

河出昆侖經中國注勃海

是時方事匈奴，興功利，言便宜者甚衆。齊人延年上書言："河
出昆侖，經中國，注勃海，是其地勢西北高而東南下也。可案圖書，
觀地形，令水工準高下，開大河上領，出之胡中，東注之海。如此，
關東長無水災，北邊不憂匈奴，可以省隄防備塞，士卒轉輸，胡寇侵
盜，覆軍殺將，暴骨原野之患。天下常備匈奴而不憂百越者，以其水
絕壤斷也。此功壹成，萬世大利。"書奏，上壯之，報曰："延年計
議甚深。然河乃大禹之所道也，聖人作事，爲萬世功，通於神明，恐
難改更。"自塞宣房後，河復北決於館陶，分爲屯氏河，東北經魏
郡、清河、信都、勃海入海，廣深與大河等，故因其自然，不隄塞
也。此開通後，館陶東北四五郡雖時小被水害，而兗州以南六郡無水
憂。宣帝地節中，光祿大夫郭昌使行河。北曲三所水流之勢皆邪直貝
丘縣。恐水盛，隄防不能禁，乃各更穿渠，直東，經東郡界中，不令

北曲。渠通利，百姓安之。元帝永光五年，河決清河靈鳴犢口，而屯氏河絕。

——《漢書》卷 29《溝洫志第九》，第 1686—1687 頁。

海水溢九河之地已爲海所漸

王莽時，徵能治河者以百數，其大略異者，長水校尉平陵關並言：“河決率常於平原、東郡左右，其地形下而土疏惡。聞禹治河時，本空此地，以爲水猥，盛則放溢，少稍自索，雖時易處，猶不能離此。上古難識，近察秦漢以來，河決曹、衛之域，其南北不過百八十里者，可空此地，勿以爲官亭民室而已。”大司馬史長安張戎言：“水性就下，行疾則自刮除成空而稍深。河水重濁，號爲一石水而六斗泥。今西方諸郡，以至京師東行，民皆引河、渭山川水溉田。春夏乾燥，少水時也，故使河流遲，貯淤而稍淺；雨多水暴至，則溢決。而國家數隄塞之，稍益高於平地，猶築垣而居水也。可各順從其性，毋復灌溉，則百川流行，水道自利，無溢決之害矣。”御史臨淮韓牧以爲“可略於禹貢九河處穿之，縱不能爲九，但爲四五，宜有益。”大司空掾王橫言：“河入勃海，勃海地高於韓牧所欲穿處。往者天嘗連雨，東北風，海水溢，西南出，浸數百里，九河之地已爲海所漸矣。禹之行河水，本隨西山下東北去。周譜云定王五年河徙，則今所行非禹之所穿也。又秦攻魏，決河灌其都，決處遂大，不可復補。宜卻徙完平處，更開空，使緣西山足乘高地而東北入海，乃無水災。”沛郡桓譚爲司空掾，典其議，爲甄豐言：“凡此數者，必有一是。宜詳考驗，皆可豫見，計定然後舉事，費不過數億萬，亦可以事諸浮食無產業民。空居與行役，同當衣食；衣食縣官，而爲之作，乃兩便，可以上繼禹功，下除民疾。”王莽時，但崇空語，無施行者。

——《漢書》卷 29《溝洫志第九》，第 1697 頁。

《海中星占驗》等書

《海中星占驗》十二卷。

《海中五星經雜事》二十二卷。

《海中五星順逆》二十八卷。

《海中二十八宿國分》二十八卷。

《海中二十八宿臣分》二十八卷。

《海中日月彗虹雜占》十八卷。

右天文二十一家，四百四十五卷。

天文者，序二十八宿，步五星日月，以紀吉凶之象，聖王所以參政也。易曰："觀乎天文，以察時變。"然星事殞悍，非湛密者弗能由也。夫觀景以譴形，非明王亦不能服聽也。以不能由之臣，諫不能聽之王，此所以兩有患也。

——《漢書》卷30《藝文志第十》，第1764—1765頁。

田橫五百人在海中

田儋，狄人也，故齊王田氏之族也。儋從弟榮，榮弟橫，皆豪桀，宗彊，能得人。……定齊三年，聞漢將韓信引兵且東擊齊，齊使華毋傷、田解軍歷下以距漢。會漢使酈食其往說王廣及相橫，與連和。橫然之，乃罷歷下守備，縱酒，且遣使與漢平。韓信乃渡平原，襲破齊歷下軍，因入臨菑。王廣、相橫以酈生為賣己而亨之。……

漢滅項籍，漢王立為皇帝，彭越為梁王。橫懼誅，而與其徒屬五百餘人入海，居隝中。高帝聞之，以橫兄弟本定齊，齊人賢者多附焉，今在海中不收，後恐有亂，乃使使赦橫罪而召之。橫謝曰："臣亨陛下之使酈食其，今聞其弟商為漢將而賢，臣恐懼，不敢奉詔，請為庶人，守海隝中。"使還報，高帝乃詔衛尉酈商曰："齊王橫即至，人馬從者敢動搖者致族夷！"乃復使使持節具告以詔意，曰："橫來，大者王，小者乃侯耳；不來，且發兵加誅。"橫乃與其客二人乘傳詣雒陽。

　　至尸鄉廄置，橫謝使者曰："人臣見天子，當洗沐。"止留。謂其客曰："橫始與漢王俱南面稱孤，今漢王爲天子，而橫乃爲亡虜，北面事之，其愧固已甚矣。又吾亨人之兄，與其弟併肩而事主，縱彼畏天子之詔，不敢動搖，我獨不愧於心乎？且陛下所以欲見我，不過欲壹見我面貌耳。陛下在雒陽，今斬吾頭，馳三十里間，形容尚未能敗，猶可知也。"遂自剄，令客奉其頭，從使者馳奏之高帝。高帝曰："嗟乎，有以！起布衣，兄弟三人更王，豈非賢哉！"爲之流涕，而拜其二客爲都尉，發卒二千，以王者禮葬橫。既葬，二客穿其冢旁，皆自剄從之。高帝聞而大驚，以橫之客皆賢者，"吾聞其餘尚五百人在海中"，使使召至，聞橫死，亦皆自殺。於是乃知田橫兄弟能得士也。

——《漢書》卷 33《魏豹田儋韓王信傳第三·田儋》，
第 1850—1852 頁。

田橫與賓客亡入海

　　初，田橫歸彭越。項羽已滅，橫懼誅，與賓客亡入海。上恐其久爲亂，遣使者赦橫，曰："橫來，大者王，小者侯；不來，且發兵加誅。"橫懼，乘傳詣雒陽，未至三十里，自殺。上壯其節，爲流涕，發卒二千人，以王禮葬焉。

——《漢書》卷 1 下《高帝紀第一下》，第 57 頁。

齊北有勃海之利

　　田肯賀上曰："甚善，陛下得韓信，又治秦中。秦，形勝之國也，帶河阻山，縣隔千里，持戟百萬，秦得百二焉。地勢便利，其以下兵於諸侯，譬猶居高屋之上建瓴水也。夫齊，東有琅邪、卽墨之

饒，南有泰山之固，西有濁河之限，北有勃海之利，地方二千里，持
戟百萬，縣隔千里之外，齊得十二焉。此東西秦也。非親子弟，莫可
使王齊者。"上曰："善。"賜金五百斤。上還至雒陽，赦韓信，封爲
淮陰侯。

——《漢書》卷 1 下《高帝紀第一下》，第 59 頁。

發會稽兵浮海救東甌

建元三年秋七月，有星孛于西北。濟川王明坐殺太傅、中傅廢遷
防陵。閩越圍東甌，東甌告急。遣中大夫嚴助持節發會稽兵，浮海救
之。未至，閩越走，兵還。

——《漢書》卷 6《武帝紀第六》，第 158 頁。

河水徙從頓丘入勃海

元光三年春，河水徙，從頓丘東南流入勃海。

——《漢書》卷 6《武帝紀第六》，第 163 頁。

武帝東巡海上至碣石

元封元年春正月，行幸緱氏。詔曰："朕用事華山，至於中嶽，
獲駮麃，見夏后啓母石。翌日親登嵩高，御史乘屬、在廟旁吏卒咸聞
呼萬歲者三。登禮罔不答。其令祠官加增太室祠，禁無伐其草木。以
山下戶三百爲之奉邑，名曰崇高，獨給祠，復亡所與。"行，遂東巡
海上。……夏四月癸卯，上還，登封泰山，降坐明堂。……行自泰
山，復東巡海上，至碣石。自遼西歷北邊九原，歸于甘泉。

——《漢書》卷 6《武帝紀第六》，第 190 頁。

武帝東封泰山巡海上

元封元年，卜式貶爲太子太傅。而桑弘羊爲治粟都尉，領大農，盡代僅斡天下鹽鐵。弘羊以諸官各自市相爭，物以故騰躍，而天下賦輸或不償其僦費，乃請置大農部丞數十人，分部主郡國，各往往置均輸鹽鐵官，令遠方各以其物如異時商賈所轉〔販〕者爲賦，而相灌輸。置平準於京師，都受天下委輸。召工官治車諸器，皆仰給大農。大農諸官盡籠天下之貨物，貴則賣之，賤則買之。如此，富商大賈亡所牟大利，則反本，而萬物不得騰躍。故抑天下之物，名曰"平準"。天子以爲然而許之。於是天子北至朔方，東封泰山，巡海上，旁北邊以歸。所過賞賜，用帛百餘萬匹，錢金以鉅萬計，皆取足大農。

——《漢書》卷 24 下《食貨志第四下》，第 1174—1175 頁。

武帝至琅邪並海會大海氣

元封五年冬，行南巡狩，至于盛唐，望祀虞舜于九嶷。登灊天柱山，自尋陽浮江，親射蛟江中，獲之。舳艫千里，薄樅陽而出，作盛唐樅陽之歌。遂北至琅邪，並海，所過禮祠其名山大川。春三月，還至泰山，增封。甲子，祠高祖于明堂，以配上帝，因朝諸侯王列侯，受郡國計。夏四月，詔曰："朕巡荆揚，輯江淮物，會大海氣，以合泰山。上天見象，增修封禪。其赦天下。所幸縣毋出今年租賦，賜鰥寡孤獨帛，貧窮者粟。"還幸甘泉，郊泰畤。

——《漢書》卷 6《武帝紀第六》，第 196 頁。

武帝東臨勃海望祠蓬萊

太初元年十二月，禮高里，祠后土。東臨勃海，望祠蓬萊。春還，受計于甘泉。

——《漢書》卷6《武帝紀第六》，第199頁。

武帝東巡海上

太初三年春正月，行東巡海上。夏四月，還，修封泰山，禪石閭。

——《漢書》卷6《武帝紀第六》，第201頁。

武帝行幸東海

天漢二年春，行幸東海。還幸回中。

——《漢書》卷6《武帝紀第六》，第203頁。

武帝登之罘浮大海

太始三年春二月，令天下大酺五日。行幸東海，獲赤鴈，作《朱鴈之歌》。幸琅邪，禮日成山。登之罘，浮大海。山稱萬歲。冬，賜行所過戶五千錢，鰥寡孤獨帛人一匹。

——《漢書》卷6《武帝紀第六》，第206—207頁。

武帝行幸東萊臨大海

征和四年春正月，行幸東萊，臨大海。

——《漢書》卷6《武帝紀第六》，第210頁。

置少府海丞主海稅

天下女徒已論，歸家，顧山錢月三百。復貞婦，鄉一人。置少府海丞、果丞各一人；大司農部丞十三人，人部一州，勸農桑。（師古曰："海丞，主海稅也。果丞，掌諸果實也。"）

——《漢書》卷12《平帝紀第十二》，第351頁。

東萊加海租而魚不出

時大司農中丞耿壽昌以善爲算能商功利得幸於上，五鳳中奏言："故事，歲漕關東穀四百萬斛以給京師，用卒六萬人。宜糴三輔、弘農、河東、上黨、太原郡穀足供京師，可以省關東漕卒過半。"又白增海租三倍，天子皆從其計。御史大夫蕭望之奏言："故御史屬徐宮家在東萊，言往年加海租，魚不出。長老皆言武帝時縣官嘗自漁，海魚不出，後復予民，魚乃出。夫陰陽之感，物類相應，萬事盡然。今壽昌欲近糴漕關內之穀，築倉治船，費直二萬萬餘，有動眾之功，恐生旱氣，民被其災。壽昌習於商功分銖之事，其深計遠慮，誠未足任，宜且如故。"上不聽。

——《漢書》卷24上《食貨志第四上》，第1141頁。

吳王濞東煑海水爲鹽

吳王濞，高帝兄仲之子也。高帝立仲爲代王。……上患吳會稽輕悍，無壯王塡之，諸子少，乃立濞於沛，爲吳王，王三郡五十三城。……會孝惠、高后時天下初定，郡國諸侯各務自拊循其民。吳有豫章郡銅山，卽招致天下亡命者盜鑄錢，東煑海水爲鹽，以故無賦，國用饒足。

朝錯爲太子家令，得幸皇太子，數從容言吳過可削。數上書說之，文帝寬，不忍罰，以此吳王日益橫。及景帝卽位，錯爲御史大夫，說上曰："昔高帝初定天下，昆弟少，諸子弱，大封同姓，故孽子悼惠王王齊七十二城，庶弟元王王楚四十城，兄子王吳五十餘城。封三庶孽，分天下半。今吳王前有太子之隙，詐稱病不朝，於古法當誅。文帝不忍，因賜几杖，德至厚也。不改過自新，乃益驕恣，公卽山鑄錢，煮海爲鹽，誘天下亡人謀作亂逆。今削之亦反，不削亦反。削之，其反亟，禍小；不削之，其反遲，禍大。"三年冬，楚王來朝，錯因言楚王戊往年爲薄太后服，私姦服舍，請誅之。詔赦，削東海郡。及前二年，趙王有罪，削其常山郡。膠西王卬以賣爵事有姦，削其六縣。……

諸侯既新削罰，震恐，多怨錯。及削吳會稽、豫章郡書至，則吳王先起兵，誅漢吏二千石以下。膠西、膠東、菑川、濟南、楚、趙亦皆反，發兵西。……

贊曰：荆王王也，由漢初定，天下未集，故雖疏屬，以策爲王，鎮江淮之間。劉澤發於田生，權激呂氏，然卒南面稱孤者三世。事發相重，豈不危哉！吳王擅山海之利，能薄斂以使其衆，逆亂之萌，自其子興。古者諸侯不過百里，山海不以封，蓋防此矣。

——《漢書》卷 35《荆燕吳傳第五·吳王劉濞》，
第 1903—1906、1909、1918 頁。

张良東見倉海君

張良字子房，其先韓人也。……良嘗學禮淮陽，東見倉海君，得力士，爲鐵椎重百二十斤。秦皇帝東游，至博狼沙中，良與客狙擊秦皇帝，誤中副車。秦皇帝大怒，大索天下，求賊急甚。良乃更名姓，亡匿下邳。（倉海君，晉灼曰："海神也。"如淳曰："東夷君長也。"師古曰："二說並非。蓋當時賢者之號也。良既見之，因而求得力士。"）

——《漢書》卷 40《張陳王周傳第十·張良》，第 2023 頁。

歷山濱海問民疾苦

元封四年，關東流民二百萬口，無名數者四十萬，公卿議欲請徙流民於邊以適之。……上報曰："間者，河水滔陸，泛濫十餘郡，隄防勤勞，弗能陻塞，朕甚憂之。是故巡方州，禮嵩嶽，通八神，以合宣房。濟淮江，歷山濱海，問百年民所疾苦。惟吏多私，徵求無已，去者便，居者擾，故爲流民法，以禁重賦。乃者封泰山，皇天嘉況，神物並見。朕方答氣應，未能承意，是以切比閭里，知吏姦邪。委任有司，然則官曠民愁，盜賊公行。往年觀明堂，赦殊死，無禁錮，咸自新，與更始。今流民愈多，計文不改，君不繩責長吏，而請以興徒四十萬口，搖蕩百姓，孤兒幼年未滿十歲，無罪而坐率，朕失望焉。今君上書言倉庫城郭不充實，民多貧，盜賊衆，請入粟爲庶人。夫懷知民貧而請益賦，動危之而辭位，欲安歸難乎？君其反室！"（師古曰："濱海者，循海涯而行也。濱音賓，又音頻。"）

　　——《漢書》卷46《萬石衞直周張傳第十六·石奮》，第2198頁。

瀕海之觀畢至

　　賈山，潁川人也。……孝文時，言治亂之道，借秦爲諭，名曰至言。其辭曰："臣聞爲人臣者，盡忠竭愚，以直諫主……夫布衣韋帶之士，修身於內，成名於外，而使後世不絕息。至秦則不然。貴爲天子，富有天下，賦斂重數，百姓任罷，赭衣半道，羣盜滿山，使天下之人戴目而視，傾耳而聽。一夫大謼，天下嚮應者，陳勝是也。秦非徒如此也，起咸陽而西至雍，離宮三百，鍾鼓帷帳，不移而具。又爲阿房之殿，殿高數十仞，東西五里，南北千步，從車羅騎，四馬騖馳，旌旗不橈。爲宮室之麗至於此，使其後世曾不得聚廬而託處焉。爲馳道於天下，東窮燕齊，南極吳楚，江湖之上，瀕海之觀畢至。道廣五十步，三丈而樹，厚築其外，隱以金椎，樹以青松。爲馳道之麗至於此，使其後世曾不得邪徑而託足焉。

　　——《漢書》卷51《賈鄒枚路傳第二十一·賈山》，

第2327—2328頁。

徐衍負石入海

故女無美惡，入宮見妒；士無賢不肖，入朝見嫉。昔司馬喜臏腳於宋，卒相中山；范睢拉脅折齒於魏，卒爲應侯。此二人者，皆信必然之畫，捐朋黨之私，挾孤獨之交，故不能自免於嫉妒之人也。是以申徒狄蹈雍之河，徐衍負石入海。不容於世，義不苟取比周於朝以移主上之心。

——《漢書》卷51《賈鄒枚路傳第二十一·鄒陽》，第2346頁。

齊東陼鉅海南有琅邪

烏有先生曰："是何言之過也！足下不遠千里，來況齊國，王悉境內之士，備車騎之衆，與使者出田，乃欲戮力致獲，以娛左右也，何名爲夸哉！問楚地之有無者，願聞大國之風烈，先生之餘論也。今足下不稱楚王之德厚，而盛推雲夢以爲驕，奢言淫樂而顯侈靡，竊爲足下不取也。必若所言，固非楚國之美也。有而言之，是章君之惡也；無而言之，是害足下之信也。章君惡，傷私義，二者無一可，而先生行之，必且輕於齊而累於楚矣。且齊東陼鉅海，南有琅邪，觀乎成山，射乎之罘，浮勃澥，游孟諸，邪與肅慎爲鄰，右以湯谷爲界。秋田乎青丘，仿偟乎海外，吞若雲夢者八九，其於匈中曾不蔕芥。若乃俶儻瑰瑋，異方殊類，珍怪鳥獸，萬端鱗崒，充仞其中者，不可勝記，禹不能名，离不能計。然在諸侯之位，不敢言游戲之樂，苑囿之大；先生又見客，是以王辭不復，何爲無以應哉！"

——《漢書》卷57上《司馬相如傳第二十七上》，第2545頁。

嚴助發兵浮海救東甌

嚴助，會稽吳人，嚴夫子子也，或言族家子也。郡舉賢良，對策百餘人，武帝善助對，繇是獨擢助爲中大夫。……建元三年，閩越舉兵圍東甌，東甌告急於漢。時武帝年未二十，以問太尉田蚡。蚡以爲越人相攻擊，其常事，又數反覆，不足煩中國往救也，自秦時棄不屬。於是助詰蚡曰："特患力不能救，德不能覆，誠能，何故棄之？且秦舉咸陽而棄之，何但越也！今小國以窮困來告急，天子不振，尚安所愬，又何以子萬國乎？"上曰："太尉不足與計。吾新卽位，不欲出虎符發兵郡國。"乃遣助以節發兵會稽。會稽守欲距法，不爲發。助乃斬一司馬，諭意指，遂發兵浮海救東甌。未至，閩越引兵罷。

——《漢書》卷 64 上《嚴朱吾丘主父徐嚴終王賈傳
第三十四上·嚴助》，第 2776 頁。

朱買臣發兵浮海伐東越

朱買臣字翁子，吳人也。……拜買臣爲中大夫，與嚴助俱侍中。是時方築朔方，公孫弘諫，以爲罷敝中國。上使買臣難詘弘，語在弘傳。後買臣坐事免，久之，召待詔。是時，東越數反覆，買臣因言："故東越王居保泉山，一人守險，千人不得上。今聞東越王更徙處南行，去泉山五百里，居大澤中。今發兵浮海，直指泉山，陳舟列兵，席卷南行，可破滅也。"上拜買臣會稽太守。上謂買臣曰："富貴不歸故鄉，如衣繡夜行，今子何如？"買臣頓首辭謝。詔買臣到郡，治樓船，備糧食、水戰具，須詔書到，軍與俱進……居歲餘，買臣受詔將兵，與橫海將軍韓說等俱擊破東越，有功。徵入爲主爵都尉，列於九卿。

——《漢書》卷 64 上《嚴朱吾丘主父徐嚴終王賈傳
第三十四上·朱買臣》，第 2791—2794 頁。

珠厓有珠犀瑇瑁棄之不足惜

賈捐之字君房，賈誼之曾孫也。元帝初即位，上疏言得失，召待詔金馬門。

初，武帝征南越，元封元年立儋耳、珠厓郡，皆在南方海中洲居，廣袤可千里，合十六縣，戶二萬三千餘。其民暴惡，自以阻絕，數犯吏禁，吏亦酷之，率數年壹反，殺吏，漢輒發兵擊定之。自初爲郡至昭帝始元元年，二十餘年間，凡六反叛。至其五年，罷儋耳郡并屬珠厓。至宣帝神爵三年，珠厓三縣復反。反後七年，甘露元年，九縣反，輒發兵擊定之。元帝初元元年，珠厓又反，發兵擊之。諸縣更叛，連年不定。……

上使侍中駙馬都尉樂昌侯王商詰問捐之曰："珠厓內屬爲郡久矣，今背畔逆節，而云不當擊，長蠻夷之亂，虧先帝功德，經義何以處之？"捐之對曰："臣幸得遭明盛之朝，蒙危言之策，無忌諱之患，敢昧死竭卷卷。……今陛下不忍悁悁之忿，欲驅士衆擠之大海之中，快心幽冥之地，非所以救助飢饉，保全元元也。詩云"蠢爾蠻荊，大邦爲讎"，言聖人起則後服，中國衰則先畔，動爲國家難，自古而患之久矣，何況乃復其南方萬里之蠻乎！駱越之人父子同川而浴，相習以鼻飲，與禽獸無異，本不足郡縣置也。顓顓獨居一海之中，霧露氣溼，多毒草蟲蛇水土之害，人未見虜，戰士自死。又非獨珠厓有珠犀瑇瑁也，棄之不足惜，不擊不損威。其民譬猶魚鼈，何足貪也！"

——《漢書》卷 64 下《嚴朱吾丘主父徐嚴終王賈傳第三十四下·賈捐之》，第 2830—2834 頁。

應符瑞海效鉅魚

宣帝初即位，欲褒先帝，詔丞相御史曰："朕以眇身，蒙遺德，承聖業，奉宗廟，夙夜惟念。孝武皇帝躬仁誼，厲威武，北征匈奴，單于遠遁，南平氏羌、昆明、甌駱兩越，東定薉、貉、朝鮮，廓地斥境，立郡縣，百蠻率服，款塞自至，珍貢陳於宗廟；協音律，造樂歌，薦上帝，封太山，立明堂，改正朔，易服色；明開聖緒，尊賢顯功，興滅繼絕，襃周之後；備天地之禮，廣道術之路。上天報況，符瑞並應，寶鼎出，白麟獲，海效鉅魚，神人並見，山稱萬歲。功德茂盛，不能盡宣，而廟樂未稱，朕甚悼焉。其與列侯、二千石、博士議。"於是羣臣大議廷中，皆曰："宜如詔書。"

——《漢書》卷 75《眭兩夏侯京翼李傳第四十五·
夏侯勝》，第 3156 頁。

鮐鮆千斤

諺曰："以貧求富，農不如工，工不如商，刺繡文不如倚市門。"此言末業，貧者之資也。通邑大都酤一歲千釀，醯醬千瓨，漿千儋，屠牛羊彘千皮，穀糴千鍾，薪稾千車，船長千丈，木千章，竹竿萬个，軺車百乘，牛車千兩；木器髤者千枚，銅器千鈞，素木鐵器若卮茜千石，馬蹄噭千，牛千足，羊彘千雙，僮手指千，筋角丹沙千斤，其帛絮細布千鈞，文采千匹，荅布皮革千石，漆千大斗，糵麴鹽豉千合，鮐鮆千斤，鮿鮑千鈞，棗栗千石者三之，狐貂裘千皮，羔羊裘千石，旃席千具，它果采千種，子貸金錢千貫，節馹儈，貪賈三之，廉賈五之，亦比千乘之家，此其大率也。（師古曰："鮐，海魚也。鮆，刀魚也，飲而不食者。鮐音胎，又音落。鮆音薺，又音才爾反。而說者妄讀鮐爲夷，非唯失於訓物，亦不知音矣。"）

——《漢書》卷 91《貨殖傳第六十一·巴寡婦清》，第 3687 頁。

呂嘉夜與其屬數百人亡入海

元鼎五年秋，衛尉路博德爲伏波將軍，出桂陽，下湟水；主爵都尉楊僕爲樓船將軍，出豫章，下橫浦；故歸義粵侯二人爲戈船、下瀨將軍，出零陵，或下離水，或抵蒼梧；使馳義侯因巴蜀罪人，發夜郎兵，下牂柯江：咸會番禺。

六年冬，樓船將軍將精卒先陷尋陿，破石門，得粵船粟，因推而前，挫粵鋒，以粵數萬人待伏波將軍。伏波將軍將罪人，道遠後期，與樓船會乃有千餘人，遂俱進。樓船居前，至番禺，建德、嘉皆城守。樓船自擇便處，居東南面，伏波居西北面。會暮，樓船攻敗粵人，縱火燒城。粵素聞伏波，莫，不知其兵多少。伏波乃爲營，遣使招降者，賜印綬，復縱令相招。樓船力攻燒敵，反歐而入伏波營中。遲旦，城中皆降伏波。呂嘉、建德以夜與其屬數百人亡入海。伏波又問降者，知嘉所之，遣人追。故其校司馬蘇弘得建德，爲海常侯；粵郎都稽得嘉，爲臨蔡侯。

——《漢書》卷95《西南夷兩粵朝鮮傳第六十五·南粵》，第3857—3858頁。

樓船軍擊呂嘉以海風波爲解

閩粵王無諸及粵東海王搖，其先皆粵王句踐之後也，姓騶氏。秦并天下，廢爲君長，以其地爲閩中郡。及諸侯畔秦，無諸、搖率粵歸番陽令吳芮，所謂番君者也，從諸侯滅秦。當是時，項羽主命，不王也，以故不佐楚。漢擊項籍，無諸、搖帥粵人佐漢。漢五年，復立無諸爲閩粵王，王閩中故地，都冶。孝惠三年，舉高帝時粵功，曰閩君搖功多，其民便附，乃立搖爲東海王，都東甌，世號曰東甌王。

后數世，孝景三年，吳王濞反，欲從閩粵，閩粵未肯行，獨東甌從。及吳破，東甌受漢購，殺吳王丹徒，以故得不誅。吳王子駒亡走閩粵，怨東甌殺其父，常勸閩粵擊東甌。建元三年，閩粵發兵圍東甌，東甌使人告急天子。天子問太尉田蚡，蚡對曰："粵人相攻擊，固其常，不足以煩中國往救也。"中大夫嚴助詰蚡，言當救。天子遣助發會稽郡兵浮海救之，語具在助傳。漢兵未至，閩粵引兵去。東粵請舉國徙中國，乃悉與眾處江淮之間。

六年，閩粵擊南粵，南粵守天子約，不敢擅發兵，而以聞。上遣大行王恢出豫章，大司農韓安國出會稽，皆爲將軍。兵未隃領，閩粵王郢發兵距險。其弟餘善與宗族謀曰："王以擅發兵，不請，故天子兵來誅。漢兵衆强，卽幸勝之，後來益多，滅國乃止。今殺王以謝天子，天子罷兵，固國完。不聽乃力戰，不勝卽亡入海。"皆曰："善。"卽鏦殺王，使使奉其頭致大行。大行曰："所爲來者，誅王。王頭至，不戰而殞，利莫大焉。"乃以便宜案兵告大司農軍，而使使奉王頭馳報天子。詔罷兩將軍兵，曰："郢等首惡，獨無諸孫繇君丑不與謀。"乃使郎中將立丑爲粵繇王，奉閩粵祭祀。餘善以殺郢，威行國中，民多屬，竊自立爲王，繇王不能制。上聞之，爲餘善不足復興師，曰："餘善首誅郢，師得不勞。"因立餘善爲東粵王，與繇王並處。

至元鼎五年，南粵反，餘善上書請以卒八〔千〕從樓船擊呂嘉等。兵至揭陽，以海風波爲解，不行，持兩端，陰使南粵。及漢破番禺，樓船將軍僕上書願請引兵擊東粵。上以士卒勞倦，不許。罷兵，令諸校留屯豫章梅領待命。明年秋，餘善聞樓船請誅之，漢兵留境，且往，乃遂發兵距漢道，號將軍騶力等爲"吞漢將軍"，入白沙、武林、梅領，殺漢三校尉。是時，漢使大司農張成、故山州侯齒將屯，不敢擊，卻就便處，皆坐畏懦誅。餘善刻"武帝"璽自立，詐其民，爲妄言。上遣橫海將軍韓說出句章，浮海從東方往；樓船將軍僕出武林，中尉王溫舒出梅領，粵侯爲戈船、下瀨將軍出如邪、白沙，元封元年冬，咸入東粵。東粵素發兵距嶮，使徇北將軍守武林，敗樓船軍數校尉，殺長史。樓船軍卒錢唐榱終古斬徇北將軍，爲語兒侯。自兵未往。

故粵衍侯吳陽前在漢，漢使歸諭餘善，不聽。及橫海軍至，陽以其邑七百人反，攻粵軍於漢陽。及故粵建成侯敖與繇王居股謀，俱殺餘善，以其衆降橫海軍。封居股爲東成侯，萬戶；封敖爲開陵侯；封陽爲卯石侯，橫海將軍說爲按道侯，橫海校尉福爲繚嫈侯。福者，城陽王子，故爲海常侯，坐法失爵，從軍亡功，以宗室故侯。及東粵將多軍，漢兵至，棄軍降，封爲無錫侯。故甌駱將左黃同斬西于王，封爲下酈侯。於是天子曰"東粵陿多阻，閩粵悍，數反覆"，詔軍吏皆將其民徙處江淮之間。東粵地遂虚。

——《漢書》卷95《西南夷兩粵朝鮮傳第六十五·
南粵》，第 3862—3863 頁。

樓船將軍楊僕從齊浮勃海

天子募罪人擊朝鮮。其秋，遣樓船將軍楊僕從齊浮勃海，兵五萬，左將軍荀彘出遼東，誅右渠。右渠發兵距險。左將軍卒多率遼東士兵先縱，敗散。多還走，坐法斬。樓船將齊兵七千人先至王險。右渠城守，窺知樓船軍少，卽出擊樓船，樓船軍敗走。將軍僕失其衆，遁山中十餘日，稍求收散卒，復聚。左將軍擊朝鮮浿水西軍，未能破。……左將軍素侍中，幸，將燕代卒，悍，乘勝，軍多驕。樓船將齊卒，入海已多敗亡……

——《漢書》卷95《西南夷兩粵朝鮮傳第六十五·
朝鮮》，第 3866 頁。

呂母引兵入海

臨淮瓜田儀等爲盜賊，依阻會稽長州，琅邪女子呂母亦起。初，呂母子爲縣吏，爲宰所冤殺。母散家財，以酤酒買兵弩，陰厚貧窮少年，得百餘人，遂攻海曲縣，殺其宰以祭子墓。引兵入海，其衆浸多，後皆萬數。莽遣使者卽赦盜賊，還言"盜賊解，輒復合。問其故，皆曰愁法禁煩苛，不得舉手。力作所得，不足以給貢稅。閉門自守，又坐鄰伍鑄錢挾銅，姦吏因以愁民。民窮，悉起爲盜賊。"莽大怒，免之。其或順指，言"民驕黠當誅"，及言"時運適然，且滅不久"，莽說，輒遷之。

——《漢書》卷99下《王莽傳第六十九下》，第 4150—4151 頁。

《後漢書》

海賊張伯路等寇略緣海九郡

　　永初三年秋七月，海賊張伯路等寇略緣海九郡，遣侍御史龐雄督州郡兵討破之。……（四年），海賊張伯路復與勃海、平原劇賊劉文河、周文光等攻厭次，殺縣令，遣御史中丞王宗督青州刺史法雄討破之。

　　　　　　　　——《後漢書》卷5《孝安帝紀第五》，第213、214頁。

張伯路乘船浮海深入遠島

　　永初三年，海賊張伯路等三千餘人，冠赤幘，服絳衣，自稱"將軍"，寇濱海九郡，殺二千石令長。初，遣侍御史龐雄督州郡兵擊之，伯路等乞降，尋復屯聚。明年，伯路復與平原劉文河等三百餘人稱"使者"，攻厭次城，殺長吏，轉入高唐，燒官寺，出繫囚，渠帥皆稱"將軍"，共朝謁伯路。伯路冠五梁冠，佩印綬，黨衆浸盛。乃遣御史中丞王宗持節發幽、冀諸郡兵，合數萬人，乃徵雄爲青州刺史，與王宗并力討之。連戰破賊，斬首溺死者數百人，餘皆奔走，收器械財物甚衆。會赦詔到，賊猶以軍甲未解，不敢歸降。於是王宗召刺史太守共議，皆以爲當遂擊之。雄曰："不然。兵，凶器；戰，危事。勇不可恃，勝不可必。賊若乘船浮海，深入遠島，攻之未易也。及有赦令，可且罷兵，以慰誘其心，埶必解散，然後圖之，可不戰而定也。"宗善其言，卽罷兵。賊聞大喜，乃還所略人。而東萊郡兵獨未解甲，賊復驚恐，遁走遼東，止海島上。五年春，乏食，復抄東萊閒，雄率郡兵擊破之，賊逃還遼東，遼東人李久等共斬平之，於是州界清靜。

——《後漢書》卷38《張法滕馮度楊列傳第二十八·法雄》，第1277頁。

海賊曾旌等寇會稽

陽嘉元年二月，海賊曾旌等寇會稽，殺句章、鄞、鄮三縣長，攻會稽東部都尉。詔緣海縣各屯兵戍。

——《後漢書》卷6《孝順孝沖孝質帝紀第六·順帝》，第259頁。

勃海海水溢

本初元年五月庚寅，徙樂安王爲勃海王。海水溢。戊申，使謁者案行，收葬樂安、北海人爲水所漂沒死者，又稟給貧羸。

——《後漢書》卷6《孝順孝沖孝質帝紀第六·質帝》，第281頁。

勃海海溢

永康元年秋八月，魏郡言嘉禾生，甘露降。巴郡言黃龍見。六州大水，勃海海溢。詔州郡賜溺死者七歲以上錢，人二千；一家皆被害者，悉爲收斂；其亡失穀食，稟人三斛。

——《後漢書》卷7《孝桓帝紀第七》，第319頁。

地震海水溢

建寧四年春正月甲子，帝加元服，大赦天下。賜公卿以下各有差，唯黨人不赦。二月癸卯，地震，海水溢，河水清。

——《後漢書》卷 8《孝靈帝紀第八》，第 332 頁。

地震東萊北海海水溢

熹平二年六月，北海地震。東萊、北海海水溢。

——《後漢書》卷 8《孝靈帝紀第八》，第 335 頁。

猛虎勇士與呂母入海

天鳳元年，琅邪海曲有呂母者，子爲縣吏，犯小罪，宰論殺之。呂母怨宰，密聚客，規以報仇。母家素豐，貲產數百萬，乃益釀醇酒，買刀劍衣服。少年來酤者，皆賒與之，視其乏者，輒假衣裳，不問多少。數年，財用稍盡，少年欲相與償之。呂母垂泣曰："所以厚諸君者，非欲求利，徒以縣宰不道，枉殺吾子，欲爲報怨耳。諸君寧肯哀之乎！"少年壯其意，又素受恩，皆許諾。其中勇士自號猛虎，遂相聚得數十百人，因與呂母入海中，招合亡命，衆至數千。呂母自稱將軍，引兵還攻破海曲，執縣宰。諸吏叩頭爲宰請。母曰："吾子犯小罪，不當死，而爲宰所殺。殺人當死，又何請乎？"遂斬之，以其首祭子冢，復還海中。

——《後漢書》卷 10《劉玄劉盆子列傳第一·劉盆子》，第 477 頁。

張步欲乘船入海招故衆

張步字文公，琅邪不其人也。漢兵之起，步亦聚衆數千，轉攻傍

縣，下數城，自爲五威將軍，遂據本郡。……建武三年，光武遣光祿
大夫伏隆持節使齊，拜步爲東萊太守。劉永聞隆至劇，乃馳遣立步爲
齊王，步即殺隆而受永命。……八年夏，步將妻子逃奔臨淮，與弟
弘、藍欲招其故衆，乘船入海，琅邪太守陳俊追擊斬之。

———《後漢書》卷 12《王劉張李彭盧列傳第二·張步》，第 500 頁。

交阯七郡貢獻皆從東冶汎海

鄭弘字巨君，會稽山陰人也……出爲平原相，徵拜侍中。建初八
年，代鄭衆爲大司農。舊交阯七郡貢獻轉運，皆從東冶汎海而至，風
波艱阻，沈溺相係。弘奏開零陵、桂陽嶠道，於是夷通，至今遂爲常
路。在職二年，所息省三億萬計。時歲天下遭旱，邊方有警，人食不
足，而帑藏殷積。弘又奏宜省貢獻，減徭費，以利飢人。帝順其議。

———《後漢書》卷 33《朱馮虞鄭周列傳第二十三·
鄭弘》，第 1156 頁。

桓曄浮海客交阯

桓曄字文林，一名嚴，尤修志介。姑爲司空楊賜夫人。初鸞卒，
姑歸寧赴哀，將至，止於傳舍，整飾從者而後入，曄心非之。及姑勞
問，終無所言，號哭而已。賜遣吏奉祠，因縣發取祠具，曄拒不受。
後每至京師，未嘗舍宿楊氏。其貞忮若此。賓客從者，皆祇其志行，
一餐不受於人。仕爲郡功曹。後舉孝廉、有道、方正、茂才，三公並
辟，皆不應。初平中，天下亂，避地會稽，遂浮海客交阯，越人化其
節，至閭里不爭訟。爲凶人所誣，遂死于合浦獄。

———《後漢書》卷 37《桓榮丁鴻列傳第二十七·
桓曄》，第 1259—1260 頁。

袁忠等浮海南投交阯

袁忠字正甫，與同郡范滂爲友，俱證黨事得釋，語在滂傳。初平中，爲沛相，乘葦車到官，以清亮稱。及天下大亂，忠弃官客會稽上虞。一見太守王朗徒從整飾，心嫌之，遂稱病自絕。後孫策破會稽，忠等浮海南投交阯。獻帝都許，徵爲衛尉，未到，卒。

——《後漢書》卷 45《袁張韓周列傳第三十五·
袁閎》，第 1526 頁。

姜肱隱身遯命遠浮海濱

姜肱字伯淮，彭城廣戚人也。家世名族。肱與二弟仲海、季江，俱以孝行著聞……中常侍曹節等專執朝事，新誅太傅陳蕃、大將軍竇武，欲借寵賢德，以釋衆望，乃白徵肱爲太守。肱得詔，乃私告其友曰：“吾以虛獲實，遂藉聲價。明明在上，猶當固其本志，況今政在閹豎，夫何爲哉！”乃隱身遯命，遠浮海濱。再以玄纁聘，不就。即拜太中大夫，詔書至門，肱使家人對云“久病就醫”。遂羸服閒行，竄伏青州界中，賣卜給食。召命得斷，家亦不知其處，歷年乃還。年七十七，熹平二年終于家。

——《後漢書》卷 53《周黄徐姜申屠列傳第四十三·
姜肱》，第 1750 頁。

遭黨錮隱於海上

荀爽字慈明，一名諝。幼而好學，年十二，能通春秋、論語。……後遭黨錮，隱於海上，又南遁漢濱，積十餘年，以著述爲事，遂稱爲碩儒。黨禁解，五府並辟，司空袁逢舉有道，不應。及逢卒，爽制服三年，當世往往化以爲俗。時人多不行妻服，雖在親憂猶有弔問喪疾者，又私謚其君父及諸名士，爽皆引據大義，正之經典，雖不悉變，亦頗有改。

——《後漢書》卷 62《荀韓鍾陳列傳第五十二·
荀爽》，第 2056—2057 頁。

合浦海出珠寶去而復還

孟嘗字伯周，會稽上虞人也。其先三世爲郡吏，並伏節死難。嘗少脩操行，仕郡爲户曹史。……後策孝廉，舉茂才，拜徐令。州郡表其能，遷合浦太守。郡不產穀實，而海出珠寶，與交阯比境，常通商販，貿糴糧食。先時宰守並多貪穢，詭人採求，不知紀極，珠遂漸徙於交阯郡界。於是行旅不至，人物無資，貧者餓死於道。嘗到官，革易前敝，求民病利。曾未踰歲，去珠復還，百姓皆反其業，商貨流通，稱爲神明。以病自上，被徵當還，吏民攀車請之。嘗既不得進，乃載鄉民船夜遁去。隱處窮澤，身自耕傭。鄰縣士民慕其德，就居止者百餘家。

——《後漢書》卷 76《循吏列傳第六十六·孟嘗》，第 2473 頁。

自瑯琊浮海東奔樂浪山中

王景字仲通，樂浪䛁邯人也。八世祖仲，本琅邪不其人。好道術，明天文。諸呂作亂，齊哀王襄謀發兵，而數問於仲。及濟北王興居反，欲委兵師仲，仲懼禍及，乃浮海東奔樂浪山中，因而家焉。父閎，爲郡三老。更始敗，土人王調殺郡守劉憲，自稱大將軍、樂浪太守。建武六年，光武遣太守王遵將兵擊之。至遼東，閎與郡決曹史楊邑等共殺調迎遵，皆封爲列侯，閎獨讓爵。帝奇而徵之，道病卒。

——《後漢書》卷 76《循吏列傳第六十六·王景》，第 2464 頁。

逢萌浮海客於遼東

逢萌字子康，北海都昌人也。家貧，給事縣爲亭長。時尉行過亭，萌候迎拜謁，既而擲楯歎曰："大丈夫安能爲人役哉！"遂去之長安學，通春秋經。時王莽殺其子宇，萌謂友人曰："三綱絕矣！不去，禍將及人。"卽解冠挂東都城門，歸，將家屬浮海，客於遼東。萌素明陰陽，知莽將敗，有頃，乃首戴瓦盆，哭於市曰："新乎新乎！"因遂潛藏。及光武卽位，乃之琅邪勞山，養志脩道，人皆化其德。北海太守素聞其高，遣吏奉謁致禮，萌不荅。太守懷恨而使捕之。吏叩頭曰："子康大賢，天下共聞，所在之處，人敬如父，往必不獲，祇自毀辱。"太守怒，收之繫獄，更發它吏。行至勞山，人果相率以兵弩捍禦，吏被傷流血，奔而還。後詔書徵萌，託以老耄，迷路東西，語使者云："朝廷所以徵我者，以其有益於政，尚不知方面所在，安能濟時乎？"卽便駕歸。連徵不起，以壽終。

——《後漢書》卷 83《逸民列傳第七十三·逢萌》，第 2759 頁。

沃沮東濱大海

東沃沮在高句驪蓋馬大山之東，東濱大海；北與挹婁、夫餘，南與濊貊接。其地東西夾，南北長，可折方千里。土肥美，背山向海，宜五穀，善田種，有邑落長帥。人性質直彊勇，便持矛步戰。言語、食飲、居處、衣服有似句驪。其葬，作大木椁，長十餘丈，開一頭爲户，新死者先假埋之，令皮肉盡，乃取骨置椁中。家人皆共一椁，刻木如〔生〕，隨死者爲數焉。

——《後漢書》卷 85《東夷列傳第七十五·東沃沮》，第 2816 頁。

沃沮租税貂布魚鹽海中食物

武帝滅朝鮮，以沃沮地爲玄菟郡。後爲夷貊所侵，徙郡於高句驪西北，更以沃沮爲縣，屬樂浪東部都尉。至光武罷都尉官，後皆以封其渠帥，爲沃沮侯。其土迫小，介於大國之間，遂臣屬句驪。句驪復置其中大人爲使者，以相監領，〔責〕其租税，貂布魚鹽，海中食物，發美女爲婢妾焉。

——《後漢書》卷85《東夷列傳第七十五·東沃沮》，第2816頁。

挹婁人憙乘船寇抄

又有北沃沮，一名置溝婁，去南沃沮八百餘里。其俗皆與南同。界南接挹婁。挹婁人憙乘船寇抄，北沃沮畏之，每夏輒臧於巖穴，至冬船道不通，乃下居邑落。其耆老言，嘗於海中得一布衣，其形如中人衣，而兩袖長三丈。又於岸際見一人乘破船，頂中復有面，與語不通，不食而死。又説海中有女國，無男人。或傳其國有神井，闚之輒生子云。

——《後漢書》卷85《東夷列傳第七十五·
東沃沮》，第2816—2817頁。

蒼海郡海出班魚來獻

濊北與高句驪、沃沮，南與辰韓接，東窮大海，西至樂浪。濊及沃沮、句驪，本皆朝鮮之地也。……元朔元年，濊君南閭等畔右渠，率二十八萬口詣遼東内屬，武帝以其地爲蒼海郡，數年乃罷。至元封三年，滅朝鮮，分置樂浪、臨屯、玄菟、真番四〔郡〕。至昭帝始元五年，罷臨屯、真番，以并樂浪、玄菟。玄菟復徙居句驪。自單單大領已東，沃沮、濊貊悉屬樂浪。後以境土廣遠，復分領東七縣，置樂浪東部都尉。自内屬已後，風俗稍薄，法禁亦浸多，至有六十餘條。建武六年，省都尉官，遂棄領東地，悉封其渠帥爲縣侯，皆歲時朝賀。……

能步戰，作矛長三丈，或數人共持之。樂浪檀弓出其地。又多文豹，有果下馬，海出班魚，使來皆獻之。

——《後漢書》卷 85《東夷列傳第七十五·濊》，

第 2817—2818 頁。

三韓東西以海爲限

韓有三種：一曰馬韓，二曰辰韓，三曰弁辰。馬韓在西，有五十四國，其北與樂浪，南與倭接。辰韓在東，十有二國，其北與濊貊接。弁辰在辰韓之南，亦十有二國，其南亦與倭接。凡七十八國，伯濟是其一國焉。大者萬餘户，小者數千家，各在山海間，地合方四千餘里，東西以海爲限，皆古之辰國也。馬韓最大，共立其種爲辰王，都目支國，盡王三韓之地。其諸國王先皆是馬韓種人焉。

——《後漢書》卷 85《東夷列傳第七十五·三韓》，第 2818 頁。

朝鮮王將其餘衆數千人走入海

初，朝鮮王準爲衞滿所破，乃將其餘衆數千人走入海，攻馬韓，破之，自立爲韓王。準後滅絶，馬韓人復自立爲辰王。建武二十年，韓人廉斯人蘇馬諟等詣樂浪貢獻。光武封蘇馬諟爲漢廉斯邑君，使屬樂浪郡，四時朝謁。靈帝末，韓、濊並盛，郡縣不能制，百姓苦亂，多流亡入韓者。

——《後漢書》卷 85《東夷列傳第七十五·三韓》，第 2820 頁。

海島上有州胡國

馬韓之西，海島上有州胡國。其人短小，髡頭，衣韋衣，有上無下。好養牛豕。乘船往來貨市韓中。

——《後漢書》卷85《東夷列傳第七十五·三韓》，第2820頁。

倭在韓東南大海中島居

倭在韓東南大海中，依山島爲居，凡百餘國。自武帝滅朝鮮，使驛通於漢者三十許國，國皆稱王，世世傳統。其大倭王居邪馬臺國。樂浪郡徼，去其國萬二千里，去其西北界拘邪韓國七千餘里。其地大較在會稽東冶之東，與朱崖、儋耳相近，故其法俗多同。……建武中元二年，倭奴國奉貢朝賀，使人自稱大夫，倭國之極南界也。光武賜以印綬。安帝永初元年，倭國王帥升等獻生口百六十人，願請見。

——《後漢書》卷85《東夷列傳第七十五·倭》，

第2820—2821頁。

自女王國東度海行船航程

桓、靈閒，倭國大亂，更相攻伐，歷年無主。有一女子名曰卑彌呼，年長不嫁，事鬼神道，能以妖惑衆，於是共立爲王。侍婢千人，少有見者，唯有男子一人給飲食，傳辭語。居處宮室樓觀城柵，皆持兵守衛。法俗嚴峻。自女王國東度海千餘里至拘奴國，雖皆倭種，而不屬女王。自女王國南四千餘里至朱儒國，人長三四尺。自朱儒東南行船一年，至裸國、黑齒國，使驛所傳，極於此矣。

——《後漢書》卷85《東夷列傳第七十五·倭》，

第2821—2822頁。

會稽海外有東鯷

　　會稽海外有東鯷人，分爲二十餘國。又有夷洲及澶洲。傳言秦始皇遣方士徐福將童男女數千人入海，求蓬萊神仙不得，徐福畏誅不敢還，遂止此洲，世世相承，有數萬家。人民時至會稽市。會稽東冶縣人有入海行遭風，流移至澶洲者。所在絕遠，不可往來。

　　　　　　——《後漢書》卷85《東夷列傳第七十五·倭》，第2822頁。

海水廣大逢善風三月乃得度

　　安息國居和櫝城，去洛陽二萬五千里。北與康居接，南與烏弋山離接。地方數千里，小城數百，戶口勝兵最爲殷盛。其東界木鹿城，號爲小安息，去洛陽二萬里。章帝章和元年，遣使獻師子、符拔。符拔形似麟而無角。和帝永元九年，都護班超遣甘英使大秦，抵條支。臨大海欲度，而安息西界船人謂英曰："海水廣大，往來者逢善風三月乃得度，若遇遲風，亦有二歲者，故入海人皆齎三歲糧。海中善使人思土戀慕，數有死亡者。"英聞之乃止。十三年，安息王滿屈復獻師子及條支大鳥，時謂之安息雀。自安息西行三千四百里至阿蠻國。從阿蠻西行三千六百里至斯賓國。從斯賓南行度河，又西南至于羅國九百六十里，安息西界極矣。自此南乘海，乃通大秦。其土多海西珍奇異物焉。

　　　　　　——《後漢書》卷88《西域傳第七十八·安息》，第2918頁。

大秦與安息天竺交市於海中

　　大秦國一名犁鞬，以在海西，亦云海西國。……土多金銀奇寶，有夜光璧、明月珠、駭雞犀、珊瑚、虎魄、琉璃、琅玕、朱丹、青碧。刺金縷繡，織成金縷罽、雜色綾。作黃金塗、火浣布。又有細布，或言水羊毳，野蠶繭所作也。合會諸香，煎其汁以爲蘇合。凡外國諸珍異皆出焉。以金銀爲錢，銀錢十當金錢一。與安息、天竺交市於海中，利有十倍。

——《後漢書》卷88《西域傳第七十八·大秦》，第2919頁。

孝武帝東巡海上求僊人無所見而還

初，孝武帝欲求神仙，以扶方者言黃帝由封禪而後僊，於是欲封禪。封禪不常，時人莫知。元封元年，上以方士言作封禪器，以示群儒，多言不合古，於是罷諸儒不用。三月，上東上泰山，乃上石立之泰山顛。遂東巡海上，求僊人，無所見而還。四月，封泰山。恐所施用非是，乃祕其事。語在漢書郊祀志。

——《後漢書·志第七·祭祀上·封禪》，第3163頁。

北郊海四瀆共牛一頭

北郊在雒陽城北四里，爲方壇四陛。三十三年正月辛未，郊。別祀地祇，位南面西上，高皇后配，西面北上，皆在壇上，地理群神從食，皆在壇下，如元始中故事。中嶽在未，四嶽各在其方孟辰之地，中營内。海在東；四瀆河西，濟北，淮東，江南；他山川各如其方，皆在外營内。四陛醊及中外營門封神如南郊。地祇、高后用犢各一頭，五嶽共牛一頭，海、四瀆共牛一頭，群神共二頭。奏樂亦如南郊。既送神，瘞俎實于壇北。

——《後漢書·志第八·祭祀中·北郊》，第3181頁。

客星芒氣白爲兵應會稽海賊

永建六年四月，熒惑入太微中，犯左、右執法西北方六寸所。十月乙卯，太白晝見。十二月壬申，客星芒氣長二尺餘，西南指，色蒼白，在牽牛六度。客星芒氣白爲兵。牽牛爲吳、越。後一年，會稽海賊曾於等千餘人燒句章，殺長吏，又殺鄞、鄮長，取官兵，拘殺吏民，攻東部都尉；揚州六郡逆賊章何等稱將軍，犯四十九縣，大攻略吏民。

　　　　——《後漢書·志第十一·天文中·順二十三》，第 3244 頁。

渤海東萊北海海水溢出

　　質帝本初元年五月，海水溢樂安、北海，溺殺人物。是時帝幼，梁太后專政。……永康元年八月，六州大水，勃海海溢，沒殺人。是時桓帝奢侈淫祀，其十一月崩，無嗣。……熹平二年六月，東萊、北海海水溢出，漂沒人物。

　　　　——《後漢書·志第十五·五行三·水變色》，第 3310、3312 頁。

日有蝕之勃海海溢

　　永康元年五月壬子晦，日有蝕之，在輿鬼一度。儒説壬子淳水日，而陽不克，將有水害。其八月，六州大水，勃海〔海溢〕。

　　　　——《後漢書·志第十八·五行六·日蝕》，第 3369 頁。

東萊海出大魚二枚

　　靈帝熹平二年，東萊海出大魚二枚，長八九丈，高二丈餘。明年，中山王暢、任城王博並薨。

　　　　——《後漢書·志第十五·五行三·魚孽》，第 3317 頁。

《三國志》

孫權遣使浮海與高句驪通

景初元年秋七月丁卯，司徒陳矯薨。孫權遣將朱然等二萬人圍江夏郡，荊州刺史胡質等擊之，然退走。初，權遣使浮海與高句驪通，欲襲遼東。遣幽州刺史毌丘儉率諸軍及鮮卑、烏丸屯遼東南界，璽書徵公孫淵。淵發兵反，儉進軍討之，會連雨十日，遼水大漲，詔儉引軍還。右北平烏丸單于寇婁敦、遼西烏丸都督王護留等居遼東，率部衆隨儉內附。己卯，詔遼東將吏士民爲淵所脅略不得降者，一切赦之。辛卯，太白晝見。淵自儉還，遂自立爲燕王，置百官，稱紹漢元年。

——《三國志》卷3《魏書三·明帝紀第三》，第109頁。

青兗幽冀四州大作海船

景初元年秋七月詔青、兗、幽、冀四州大作海船。九月，冀、兗、徐、豫四州民遇水，遣侍御史循行沒溺死亡及失財產者，在所開倉振救之。庚辰，皇后毛氏卒。冬十月丁未，月犯熒惑。癸丑，葬悼毛后于愍陵。乙卯，營洛陽南委粟山爲圜丘。十二月壬子冬至，始祀。

——《三國志》卷3《魏書三·明帝紀第三》，第109—110頁。

遼東吏民渡海居齊郡界

景初三年夏六月，以遼東東沓縣吏民渡海居齊郡界，以故縱城爲新沓縣以居徙民。秋七月，上始親臨朝，聽公卿奏事。八月，大赦。冬十月，以鎮南將軍黃權爲車騎將軍。

——《三國志》卷4《魏書四·三少帝紀第四·齊王芳》，第118頁。

遼東民流徙渡海

正始元年春二月乙丑，加侍中中書監劉放、侍中中書令孫資爲左右光祿大夫。丙戌，以遼東汶、北豐縣民流徙渡海，規齊郡之西安、臨菑、昌國縣界爲新汶、南豐縣，以居流民。

——《三國志》卷4《魏書四·三少帝紀第四·齊王芳》，第119頁。

蔡邕亡命海濱

（張璠《漢紀》曰：初，蔡邕以言事見徙，名聞天下，義動志士。及還，內寵惡之。邕恐，乃亡命海濱，往來依太山羊氏，積十年。卓爲太尉，辟爲掾，以高第爲侍御史治書，三日中遂至尚書。後遷巴東太守，卓上留拜侍中，至長安爲左中郎將。卓重其才，厚遇之，每有朝廷事，常令邕具草。及允將殺邕，時名士多爲之言，允悔欲止，而邕已死。）

——《三國志》卷6《魏書六·董二袁劉傳第六》，第180頁。

海賊薛州之羣萬有餘戶

《先賢行狀》曰：登忠亮高爽，沈深有大略，少有扶世濟民之志。博覽載籍，雅有文藝，舊典文章，莫不貫綜。年二十五，舉孝廉，除東陽長，養耆育孤，視民如傷。是時，世荒民飢，州牧陶謙表登爲典農校尉，乃巡土田之宜，盡鑿溉之利，秔稻豐積。奉使到許，太祖以登爲廣陵太守，令陰合衆以圖呂布。登在廣陵，明審賞罰，威信宣布。海賊薛州之羣萬有餘戶，束手歸命。未及期年，功化以就，百姓畏而愛之。

——《三國志》卷7《魏書七·呂布（張邈）臧洪傳第七·陳登》，第230頁。

公孫度越海收東萊諸縣

公孫度字升濟，本遼東襄平人也。度父延，避吏居玄菟，任度爲郡吏。時玄菟太守公孫琙，子豹，年十八歲，早死。度少時名豹，又與琙子同年，琙見而親愛之，遣就師學，爲取妻。後舉有道，除尚書郎，稍遷冀州刺史，以謠言免。同郡徐榮爲董卓中郎將，薦度爲遼東太守。度起玄菟小吏，爲遼東郡所輕。先時，屬國公孫昭守襄平令，召度子康爲伍長。度到官，收昭，笞殺于襄平市。郡中名豪大姓田韶等宿遇無恩，皆以法誅，所夷滅百餘家，郡中震慄。東伐高句驪，西擊烏丸，威行海外。初平元年，度知中國擾攘，語所親吏柳毅、陽儀等曰：“漢祚將絕，當與諸卿圖王耳。”時襄平延里社生大石，長丈餘，下有三小石爲之足。或謂度曰：“此漢宣帝冠石之祥，而里名與先君同。社主土地，明當有土地，而三公爲輔也。”度益喜。故河內太守李敏，郡中知名，惡度所爲，恐爲所害，乃將家屬入于海。度大怒，掘其父冢，剖棺焚屍，誅其宗族。分遼東郡爲遼西中遼郡，置太守。越海收東萊諸縣，置營州刺史。自立爲遼東侯、平州牧，追封父延爲建義侯。立漢二祖廟，承制設壇墠於襄平城南，郊祀天地，藉田，治兵，乘鸞路，九旒，旄頭羽騎。太祖表度爲武威將軍，封永寧鄉侯，度曰："我王遼東，何永寧也！"藏印綬武庫。度死，子康嗣位，以永寧鄉侯封弟恭。是歲建安九年也。

——《三國志》卷 8《魏書八·二公孫陶四張傳第八·

公孫度》，第 252—253 頁。

吳遣將周賀浮海詣遼東

　　魏國既建，與太原孫資俱爲祕書郎。先是，資亦歷縣令，參丞相軍事。文帝即位，放、資轉爲左右丞。數月，放徙爲令。黄初初，改祕書爲中書，以放爲監，資爲令，各加給事中；放賜爵關內侯，資爲關中侯，遂掌機密。三年，放進爵魏壽亭侯，資關內侯。明帝即位，尤見寵任，同加散騎常侍；進放爵西鄉侯，資樂陽亭侯。太和末，吳遣將周賀浮海詣遼東，招誘公孫淵。帝欲邀討之，朝議多以爲不可。惟資決行策，果大破之，進爵左鄉侯。放善爲書檄，三祖詔命有所招喻，多放所爲。青龍初，孫權與諸葛亮連和，欲俱出爲寇。邊候得權書，放乃改易其辭，往往換其本文而傅合之，與征東將軍滿寵，若欲歸化，封以示亮。亮騰與吳大將步騭等，騭等以見權。權懼亮自疑，深自解說。是歲，俱加侍中、光祿大夫。景初二年，遼東平定，以參謀之功，各進爵，封本縣，放方城侯，資中都侯。

——《三國志》卷 14《魏書十四·孫資》，第 457 頁。

孫權遣船越海貿遼東名馬

　　（《魏略》曰：國家知淵兩端，而恐遼東吏民爲淵所誤。故公文下遼東，因赦之曰："告遼東、玄菟將校吏民：逆賊孫權遭遇亂階，因其先人劫略州郡，遂成羣凶，自擅江表，含垢藏疾。冀其可化，故割地王權，使南面稱孤，位以上將，禮以九命。權親叉手，北向稽顙。假人臣之寵，受人臣之榮，未有如權者也。狼子野心，告令難移，卒歸反覆，背恩叛主，滔天逆神，乃敢僭號。恃江湖之險阻，王誅未加。比年已來，復遠遣船，越渡大海，多持貨物，誑誘邊民。邊民無知，與之交關。長吏以下，莫肯禁止。至使周賀浮舟百艘，沈滯津岸，貿遷有無。既不疑拒，齎以名馬，又使宿舒隨賀通好。十室之邑，猶有忠信，陷君於惡，春秋所書也。今遼東、玄菟奉事國朝，紆青拖紫，以千百爲數，戴纚垂纓，咸佩印綬，曾無匡正納善之言。龜玉毀于匵，虎兕出于匣，是誰之過歟？國朝爲子大夫羞之！昔狐突有言：‘父教子貳，何以事君？策名委質，貳乃辟也。’今乃阿順邪謀，脅從姦惑，豈獨父兄之教不詳，子弟之舉習非而已哉！若苗穢害田，隨風烈火，芝艾俱焚，安能白別乎？且又此事固然易見，不及鑒古成敗，書傳所載也。江南海北有萬里之限，遼東君臣無怵惕之患，利則義所不利，貴則義所不貴，此爲厭安樂之居，求危亡之禍，賤忠貞之節，重背叛之名。蠻、貊之長，猶知愛禮，以此事人，亦難爲顏！且又宿舒無罪，擠使入吳，奉不義之使，始與家訣，涕泣而行。及至賀死之日，覆衆成山，舒雖脫死，魂魄離身。何所逼迫，乃至於此！今忠臣烈將，咸忿遼東反覆攜貳，皆欲乘桴浮海，期於肆意。朕爲天下父母，加念天下新定，既不欲勞動干戈，遠涉大川，費役如彼，又悼邊陲遺餘黎民，迷誤如此，故遣郎中衛慎、邵瑁等且先奉詔示意。若股肱忠良，能效節立信以輔時君，反邪就正以建大功，福莫大焉。儻恐自嫌已爲惡逆所見染汙，不敢倡言，永懷伊戚。其諸與賊使交通，皆赦除之，與之更始。”

《魏略》載淵表曰：“臣前遣校尉宿舒、郎中令孫綜，甘言厚禮，以誘吳賊。幸賴天道福助大魏，使此賊虜暗然迷惑，違戾羣下，不從衆諫，承信臣言，遠遣船使，多將士卒，來致封拜。臣之所執，得如本志，雖憂罪釁，私懷幸甚。賊衆本號萬人，舒、綜伺察，可七八千人，到沓津。僞使者張彌、許晏與中郎將萬泰、校尉裴潛將吏兵四百餘人，齎文書命服什物，下到臣郡。泰、潛別齎致遺貨物，欲因市馬。軍將賀達、虞咨領餘衆在船所。臣本欲須涼節乃取彌等，而彌等人兵衆多，見臣不便承受吳命，意有猜疑。懼其先作，變態妄生，卽進兵圍取，斬彌、晏、泰、潛等首級。其吏從兵衆，皆士伍小人，給使東西，不得自由，面縛乞降，不忍誅殺，輒聽納受，徙充邊城。別遣將韓起等率將三軍，馳行至沓。使領長史柳遠設賓主禮誘請達、咨，三軍潛伏以待其下，又驅羣馬貨物，欲與交市。達、咨懷疑不下，使諸市買者五六百人下，欲交市。起等金鼓始震，鋒矢亂發，斬首三百餘級，被創赴水沒溺者可二百餘人，其散走山谷，來歸降及藏竄飢餓死者，不在數中。得銀印、銅印、兵器、資貨，不可勝數。謹遣西曹掾公孫珩奉送賊權所假臣節、印綬、符策、九錫、什物，及彌等僞節、印綬、首級。"又曰："宿舒、孫綜前到吳，賊權問臣家內小大，舒、綜對臣有三息，脩別屬亡弟。權敢姦巧，便擅拜命。謹封送印綬、符策。臣雖無昔人洗耳之風，慚爲賊權汙損所加，既行天誅，猶有餘忿。"又曰："臣父康，昔殺權使，結爲讎隙。今乃譎欺，遣使誘致，令權傾心，虛國竭祿，遠命上卿，寵授極位，震動南土，備盡禮數。又權待舒、綜，契闊委曲，君臣上下，畢歡竭情。而令四使見殺，梟示萬里，士衆流離，屠戮津渚，慚恥遠布，痛辱彌天。權之怨疾，將刻肌骨。若天衰其業，使至喪隕，權將內傷憤激而死。若期運未訖，將播毒螫，必恐長虵來爲寇害。徐州諸屯及城陽諸郡，與相接近，如有船衆後年向海門，得其消息，乞速告臣，使得備豫。"又曰："臣門戶受恩，實深實重，自臣承攝卽事以來，連被榮寵，殊特無量，分當隕越，竭力致死。而臣狂愚，意計迷闇，不卽禽賊，以至見疑。前章表所陳情趣事勢，實但欲罷弊此賊，使困自絕，誠不敢背累世之恩，附僭盜之虜也。而後愛憎之人，緣事加誣，僞生節目，卒令明聽疑於市虎，移恩改愛，興動威怒，幾至沈沒，長爲負忝。幸賴慈恩，猶垂三宥，使得補過，解除愆責。如天威遠加，不見假借，早當麋碎，辱先廢祀，何緣自明，建此微功。臣既喜於事捷，得自申展，悲於疇昔，至此變故，餘怖踊躍，未敢便寧。唯陛下既崇春日生全之仁，除忿塞隙，抑弭纖介，推今亮往，察臣本心，長令抱戴，銜分三泉。"又曰："臣被服光榮，恩情未報，而以罪釁，自招譴怒，分當卽戮，爲衆社戒。所以越典詭常，偽通於吳，誠自念窮迫，報效未立，而爲天威督罰所加，長恐奄忽不得自洗。故敢自闕替廢於一年，遣使誘吳，知其必來。權之求郡，積有年歲，初無倡答一言之應，今權得使，來必不疑，至此一舉，果如所規，上卿大衆，翕赫豐盛，財貨賂遺，傾國極位，到見禽取，流離死亡，千有餘人，滅絕不反。此誠暴猾賊之鋒，摧矜夸之巧，昭示天下，破損其業，足以慚之矣。臣之懅懅念效於國，雖有非常之過，亦有非常之功，願陛下原其踰闕之愆，采其毫毛之善，使得國恩，保全終始矣。”）

——《三國志》卷8《魏書八·二公孫陶四張傳第八·公孫淵》，第255—257頁。

邴原將家屬入海住鬱洲山

邴原字根矩，北海朱虛人也。少與管寧俱以操尚稱，州府辟命皆不就。黃巾起，原將家屬入海，住鬱洲山中。時孔融爲北海相，舉原有道。原以黃巾方盛，遂至遼東，與同郡劉政俱有勇略雄氣。遼東太守公孫度畏惡欲殺之，盡收捕其家，政得脫。度告諸縣：“敢有藏政者與同罪。”政窘急，往投原，原匿之月餘，時東萊太史慈當歸，原因以政付之。旣而謂度曰：“將軍前日欲殺劉政，以其爲己害。今政已去，君之害豈不除哉！”度曰：“然。”原曰：“君之畏政者，以其有智也。今政已免，智將用矣，尙奚拘政之家？不若赦之，無重怨。”度乃出之。原又資送政家，皆得歸故郡。原在遼東，一年中往歸原居者數百家，游學之士，教授之聲，不絕。

——《三國志》卷11《魏書十一·袁張涼國田王邴管傳第十一·邴原》，第350頁。

管寧海中遇暴風船皆沒

中國少安，客人皆還，唯寧晏然若將終焉。黃初四年，詔公卿舉獨行君子，司徒華歆薦寧。文帝即位，徵寧，遂將家屬浮海還郡，公孫恭送之南郊，加贈服物。（傅子曰：是時康又已死，嫡子不立而立弟恭，恭懦弱，而康孼子淵有雋才。寧曰："廢嫡立庶，下有異心，亂之所由起也。"乃將家屬乘海即受徵。寧在遼東，積三十七年乃歸，其後淵果襲奪恭位，叛國家而南連吳，僭號稱王，明帝使相國宣文侯征滅之。遼東之死者以萬計，如寧所籌。寧之歸也，海中遇暴風，船皆沒，唯寧乘船自若。時夜風晦冥，船人盡惑，莫知所泊。望見有火光，輒趣之，得島。島無居人，又無火爐，行人咸異焉，以爲神光之祐也。皇甫謐曰："積善之應也。"）

—— 《三國志》卷 11 《魏書十一·袁張涼國田王邴管傳第十一·王烈》，第 358 頁。

海賊郭祖寇暴樂安濟南

是時太祖始制新科下州郡，又收租稅綿絹。夔以郡初立，近以師旅之後，不可卒繩以法，乃上言曰："自喪亂已來，民人失所，今雖小安，然服教日淺。所下新科，皆以明罰敕法，齊一大化也。所領六縣，疆域初定，加以饑饉，若一切齊以科禁，恐或有不從教者。有不從教者不得不誅，則非觀民設教隨時之意也。先王辨九服之賦以殊遠近，制三典之刑以平治亂，愚以爲此郡宜依遠域新邦之典，其民間小事，使長吏臨時隨宜，上不背正法，下以順百姓之心。比及三年，民安其業，然後齊之以法，則無所不至矣。"太祖從其言。徵還，參丞相軍事。海賊郭祖寇暴樂安、濟南界，州郡苦之。太祖以夔前在長廣有威信，拜樂安太守。到官數月，諸城悉平。

—— 《三國志》卷 12 《魏書十二·何夔》，第 380 頁。

王朗浮海欲走交州

王朗字景興，東海〔郯〕人也。以通經，拜郎中，除菑丘長。

師太尉楊賜，賜薨，棄官行服。舉孝廉，辟公府，不應。徐州刺史陶謙察朗茂才。時漢帝在長安，關東兵起，朗爲謙治中，與別駕趙昱等說謙曰："春秋之義，求諸侯莫如勤王。今天子越在西京，宜遣使奉承王命。"謙乃遣昱奉章至長安。天子嘉其意，拜謙安東將軍。以昱爲廣陵太守，朗會稽太守。孫策渡江略地。朗功曹虞翻以爲力不能拒，不如避之。朗自以身爲漢吏，宜保城邑，遂舉兵與策戰，敗績，浮海至東冶。策又追擊，大破之。朗乃詣策。策以朗儒雅，詰讓而不害。雖流移窮困，朝不謀夕，而收卹親舊，分多割少，行義甚著。（《獻帝春秋》曰：孫策率軍如閩、越討朗。朗泛舟浮海，欲走交州，爲兵所逼，遂詣軍降。）

—— 《三國志》卷 13《魏書十三·王朗》，第 406—407 頁。

平州刺史乘海渡攻遼東

（司馬彪《戰略》曰：太和六年，明帝遣平州刺史田豫乘海渡，幽州刺史王雄陸道，并攻遼東。蔣濟諫曰："凡非相吞之國，不侵叛之臣，不宜輕伐。伐之而不制，是驅使爲賊。故曰'虎狼當路，不治狐狸。先除大害，小害自已'。今海表之地，累世委質，歲選計考，不乏職貢。議者先之，正使一舉便克，得其民不足益國，得其財不足爲富；儻不如意，是爲結怨失信也。"帝不聽，豫行竟無成而還。）

—— 《三國志》卷 14《魏書十四·蔣濟》，第 453 頁。

管承兵敗逃入海島

樂進字文謙，陽平衛國人也。容貌短小，以膽烈從太祖，爲帳下吏。……太祖征管承，軍淳于，遣進與李典擊之。承破走，逃入海島，海濱平。荆州未服，遣屯陽翟。

—— 《三國志》卷 17《魏書十七·樂進》，第 521 頁。

孫權遣兵入海漂浪沉溺

傅嘏字蘭石，北地泥陽人，傅介子之後也。……後吳大將諸葛恪新破東關，乘勝揚聲欲向青、徐，朝廷將爲之備。嘏議以爲"淮海非賊輕行之路，又昔孫權遣兵入海，漂浪沉溺，略無孑遺，恪豈敢傾根竭本，寄命洪流，以徼乾沒乎？恪不過遣偏率小將素習水軍者，乘海泝淮，示動青、徐，恪自并兵來向淮南耳"。後恪果圖新城，不克而歸。

——《三國志》卷 21《魏書二十一·傅嘏》，第 622、625 頁。

公孫淵海船遇惡風觸山沈沒

太和末，公孫淵以遼東叛，帝欲征之而難其人，中領軍楊暨舉豫應選。乃使豫以本官督青州諸軍，假節，往討之。會吳賊遣使與淵相結，帝以賊衆多，又以渡海，詔豫使罷軍。豫度賊船垂還，歲晚風急，必畏漂浪，東隨無岸，當赴成山。成山無藏船之處，輒便循海，案行地勢，及諸山島，徼截險要，列兵屯守。自入成山，登漢武之觀。賊還，果遇惡風，船皆觸山沈沒，波蕩著岸，無所蒙竄，盡虜其衆。初，諸將皆笑於空地待賊，及賊破，競欲與謀，求入海鉤取浪船。豫懼窮虜死戰，皆不聽。初，豫以太守督青州，青州刺史程喜內懷不服，軍事之際，多相違錯。喜知帝寶愛明珠，乃密上："豫雖有戰功而禁令寬弛，所得器仗珠金甚多，放散皆不納官。"由是功不見列。

——《三國志》卷 26《魏書二十六·田豫》，第 728 頁。

唐咨作浮海大船將伐吳

鍾會字士季，潁川長社人，太傅繇小子也……文王以蜀大將姜維屢擾邊陲，料蜀國小民疲，資力單竭，欲大舉圖蜀。惟會亦以爲蜀可取，豫共籌度地形，考論事勢。景元三年冬，以會爲鎮西將軍、假節都督關中諸軍事。文王勑青、徐、兗、豫、荊、揚諸州，並使作船，又令唐咨作浮海大船，外爲將伐吳者。四年秋，乃下詔使鄧艾、諸葛緒各統諸軍三萬餘人，艾趣甘松、沓中連綴維，緒趣武街、橋頭絕維歸路。會統十餘萬眾，分從斜谷、駱谷入。

——《三國志》卷 28《魏書二十八·鍾會》，第 787 頁。

唐咨兵敗入海至吳

唐咨本利城人。黃初中，利城郡反，殺太守徐箕，推咨爲主。文帝遣諸軍討破之，咨走入海，遂亡至吳，官至左將軍，封侯、持節。誕、欽屠戮，咨亦生禽，三叛皆獲，天下快焉。拜咨安遠將軍，其餘裨將咸假號位，吳眾悅服。江東感之，皆不誅其家。其淮南將吏士民諸爲誕所脅略者，惟誅其首逆，餘皆赦之。聽鴦、虎收斂欽喪，給其車牛，致葬舊墓。

——《三國志》卷 28《魏書二十八·諸葛誕·唐咨》，第 774 頁。

北海王和平好道術及投金於海

華佗《別傳》曰：青黏者，一名地節，一名黃芝，主理五藏，益精氣。本出於迷入山者，見仙人服之，以告佗。佗以爲佳，輒語阿，阿又祕之。近者人見阿之壽而氣力彊盛，怪之，遂責阿所服，因醉亂誤道之。法一施，人多服者，皆有大驗。文帝典論論郤儉等事曰："潁川郤儉能辟穀，餌伏苓。甘陵甘始亦善行氣，老有少容。廬江左慈知補導之術。並爲軍吏。初，儉之至，市伏苓價暴數倍。議郎安平李覃學其辟穀，餐伏苓，飲寒水，中泄利，殆至隕命。後始來，眾人無不鴟視狼顧，呼吸吐納。軍謀祭酒弘農董芬爲之過差，氣閉不通，良久乃蘇。左慈到，又競受其補導之術，至寺人嚴峻，往從問受。闓豎眞無事於斯術也，人之逐聲，乃至於是。光和中，北海王和平亦好道術，自以當仙。濟南孫邕少事之，從至京師。會和平病死，邕因葬之東陶，有書百餘卷，藥數囊，悉以送之。後弟子夏榮言其尸解。邕至今恨不取其寶書仙藥。劉向惑於鴻寶之說，君游眩於子政之言，古今愚謬，豈唯一人哉！”東阿王作辯道論曰：“世有方士，吾王悉所招致，甘陵有甘始，廬江有左慈，陽城有郤儉。始能行氣導引，慈曉房中之術，儉善辟穀，悉號三百歲。卒所以集之於魏國者，誠恐斯人之徒，接姦宄以欺衆，行妖慝以惑民，豈復欲觀神仙於瀛洲，求安期於海島，釋金輅而履雲輿，棄六驥而美飛龍哉？自家王與太子及余兄弟咸以爲調笑，不信之矣。然始等知上遇之有恆，奉不過於員吏，賞不加於無功，海島難得而游，六駮難得而佩，終不敢進虛誕之言，出非常之語。余嘗試郤儉絕穀百日，躬與之寢處，行步起居自若也。夫人不食七日則死，而儉乃如是。然不必益壽，可以療疾而不憚饑饉焉。左慈善修房內之術，差可終命，然自非有志至精，莫能行也。甘始者，老而有少容，自諸術士咸共歸之。然始辭繁寡實，頗有怪言。余常辟左右，獨與之談，問其所行，溫顏以誘之，美辭以導之，始語余：‘吾本師姓韓字世雄，嘗與師於南海作金，前後數四，投數萬斤金於海。’又言：‘諸梁時，西域胡來獻香罽、腰帶、割玉刀，時悔不取也。’又言：‘車師之西國。兒生，擘背出脾，欲其食少而弩行也。’又言：‘取鯉魚五寸一雙，合其一煮藥，俱投沸膏中，有藥者奮尾鼓鰓，游行沉浮，有若處淵，其一者已熟而可噉。’余時問：‘言率可試不？’言：‘是藥去此逾萬里，當出塞；始不自行不能得也。’言不盡於此，頗難悉載，故粗舉其巨怪者。始若遭秦始皇、漢武帝，則復爲徐市、欒大之徒也。”

——《三國志》卷29《魏書二十九·方技傳第二十九·吳普·

樊阿》，第805—806頁。

潛軍浮海收樂浪帶方郡

景初中，大興師旅，誅淵，又潛軍浮海，收樂浪、帶方之郡，而後海表謐然，東夷屈服。其後高句麗背叛，又遣偏師致討，窮追極遠，踰烏丸、骨都，過沃沮，踐肅慎之庭，東臨大海。長老說有異面之人，近日之所出，遂周觀諸國，采其法俗，小大區別，各有名號，可得詳紀。雖夷狄之邦，而俎豆之象存。中國失禮，求之四夷，猶信。故撰次其國，列其同異，以接前史之所未備焉。

——《三國志》卷 30《魏書三十·烏丸鮮卑東夷傳第三十·東夷》，第 840—841 頁。

置溝婁俗常以童女沈海

北沃沮一名置溝婁，去南沃沮八百餘里，其俗南北皆同，與挹婁接。挹婁喜乘船寇鈔，北沃沮畏之，夏月恆在山巖深穴中爲守備，冬月冰凍，船道不通，乃下居村落。王頎別遣追討宮，盡其東界。問其耆老"海東復有人不"？耆老言國人嘗乘船捕魚，遭風見吹數十日，東得一島，上有人，言語不相曉，其俗常以七月取童女沈海。又言有一國亦在海中，純女無男。又說得一布衣，從海中浮出，其身如中（國）人衣，其兩袖長三丈。又得一破船，隨波出在海岸邊，有一人項中復有面，生得之，與語不相通，不食而死。其域皆在沃沮東大海中。

——《三國志》卷 30《魏書三十·烏丸鮮卑東夷傳第三十·東夷·東沃沮》，第 847 頁。

侯準將左右宮人入海自號韓王

韓在帶方之南，東西以海爲限，南與倭接，方可四千里……侯準既僭號稱王，爲燕亡人衛滿所攻奪，將其左右宮人走入海，居韓地，自號韓王。其後絕滅，今韓人猶有奉其祭祀者。漢時屬樂浪郡，四時朝謁。（《魏略》曰：昔箕子之後朝鮮侯，見周衰，燕自尊爲王，欲東略地，朝鮮侯亦自稱爲王，欲興兵逆擊燕以尊周室。其大夫禮諫之，乃止。使禮西說燕，燕止之，不攻。後子孫稍驕虐，燕乃遣將秦開攻其西方，取地二千餘里，至滿番汗爲界，朝鮮遂弱。及秦并天下，使蒙恬築長城，到遼東。時朝鮮王否立，畏秦襲之，略服屬秦，不肯朝會。否死，其子準立。二十餘年而陳、項起，天下亂，燕、齊、趙民愁苦，稍稍亡往準，準乃置之於西方。及漢以盧綰爲燕王，朝鮮與燕界於浿水。及綰反，入匈奴，燕人衛滿亡命，爲胡服，東度浿水，詣準降，說準求居西界，（故）〔收〕中國亡命爲朝鮮藩屏。準信寵之，拜爲博士，賜以圭，封之百里，令守西邊。滿誘亡黨，衆稍多，乃詐遣人告準，言漢兵十道至，求入宿衛，遂還攻準。準與滿戰，不敵也。《魏略》曰：其子及親留在國者，因冒姓韓氏。準王海中，不與朝鮮相往來。）

——《三國志》卷30《魏書三十·烏丸鮮卑東夷傳第三十·東夷·韓》，第849—850頁。

劉昕鮮于嗣越海定帶方樂浪二郡

　　桓、靈之末，韓濊彊盛，郡縣不能制，民多流入韓國。建安中，公孫康分屯有縣以南荒地爲帶方郡，遣公孫模、張敞等收集遺民，興兵伐韓濊，舊民稍出，是後倭韓遂屬帶方。景初中，明帝密遣帶方太守劉昕、樂浪太守鮮于嗣越海定二郡，諸韓國臣智加賜邑君印綬，其次與邑長。其俗好衣幘，下戶詣郡朝謁，皆假衣幘，自服印綬衣幘千有餘人。部從事吳林以樂浪本統韓國，分割辰韓八國以與樂浪，吏譯轉有異同，臣智激韓忿，攻帶方郡崎離營。時太守弓遵、樂浪太守劉茂興兵伐之，遵戰死，二郡遂滅韓。

——《三國志》卷30《魏書三十·烏丸鮮卑東夷傳第三十·東夷·韓》，第851頁。

州胡在馬韓之西海中大島上

又有州胡在馬韓之西海中大島上，其人差短小，言語不與韓同，皆髡頭如鮮卑，但衣韋，好養牛及豬。其衣有上無下，略如裸勢。乘船往來，市買韓中。

——《三國志》卷30《魏書三十・烏丸鮮卑東夷傳第三十・東夷・韓》，第852頁。

從帶方到東南大海倭等國航程

倭人在帶方東南大海之中，依山島爲國邑。舊百餘國，漢時有朝見者，今使譯所通三十國。從郡至倭，循海岸水行，歷韓國，乍南乍東，到其北岸狗邪韓國，七千餘里，始度一海，千餘里至對馬國。其大官曰卑狗，副曰卑奴母離。所居絕島，方可四百餘里，土地山險，多深林，道路如禽鹿徑。有千餘戶，無良田，食海物自活，乘船南北市糴。又南渡一海千餘里，名曰瀚海，至一大國，官亦曰卑狗，副曰卑奴母離。方可三百里，多竹木叢林，有三千許家，差有田地，耕田猶不足食，亦南北市糴。又渡一海，千餘里至末盧國，有四千餘戶，濱山海居，草木茂盛，行不見前人。好捕魚鰒，水無深淺，皆沈沒取之。東南陸行五百里，到伊都國，官曰爾支，副曰泄謨觚、柄渠觚。有千餘戶，世有王，皆統屬女王國，郡使往來常所駐。東南至奴國百里，官曰兕馬觚，副曰卑奴母離，有二萬餘戶。東行至不彌國百里，官曰多模，副曰卑奴母離，有千餘家。南至投馬國，水行二十日，官曰彌彌，副曰彌彌那利，可五萬餘戶。南至邪馬壹國，女王之所都，水行十日，陸行一月。官有伊支馬，次曰彌馬升，次曰彌馬獲支，次曰奴佳鞮，可七萬餘戶。自女王國以北，其戶數道里可得略載，其餘旁國遠絕，不可得詳。次有斯馬國，次有已百支國，次有伊邪國，次有都支國，次有彌奴國，次有好古都國，次有不呼國，次有姐奴國，次有對蘇國，次有蘇奴國，次有呼邑國，次有華奴蘇奴國，次有鬼國，次有爲吾國，次有鬼奴國，次有邪馬國，次有躬臣國，次有巴利國，次有支惟國，次有烏奴國，次有奴國，此女王境界所盡。其南有狗奴國，男子爲王，其官有狗古智卑狗，不屬女王。自郡至女王國萬二千餘里。

——《三國志》卷 30《魏書三十·烏丸鮮卑東夷傳第三十·

東夷·倭》，第 854—855 頁。

倭國使渡海詣中國

（倭）男子無大小皆黥面文身。自古以來，其使詣中國，皆自稱大夫。夏后少康之子封於會稽，斷髮文身以避蛟龍之害。今倭水人好沈沒捕魚蛤，文身亦以厭大魚水禽，後稍以爲飾。……其行來渡海詣中國，恆使一人，不梳頭，不去蟣蝨，衣服垢污，不食肉，不近婦人，如喪人，名之爲持衰。若行者吉善，共顧其生口財物；若有疾病，遭暴害，便欲殺之，謂其持衰不謹。出眞珠、青玉。

——《三國志》卷 30《魏書三十·烏丸鮮卑東夷傳第三十·

東夷·倭》，第 855 頁。

倭女王國東渡海至裸國黑齒國航程

其國本亦以男子爲王，住七八十年，倭國亂，相攻伐歷年，乃共立一女子爲王，名曰卑彌呼，事鬼道，能惑衆，年已長大，無夫壻，有男弟佐治國。自爲王以來，少有見者。以婢千人自侍，唯有男子一人給飲食，傳辭出入。居處宮室樓觀，城柵嚴設，常有人持兵守衛。女王國東渡海千餘里，復有國，皆倭種。又有侏儒國在其南，人長三四尺，去女王四千餘里。又有裸國、黑齒國復在其東南，船行一年可至。參問倭地，絕在海中洲島之上，或絕或連，周旋可五千餘里。

——《三國志》卷 30《魏書三十·烏丸鮮卑東夷傳第三十·

東夷·倭》，第 856 頁。

倭女王遣大夫難升米等詣郡

景初二年六月，倭女王遣大夫難升米等詣郡，求詣天子朝獻，太守劉夏遣吏將送詣京都。其年十二月，詔書報倭女王曰："制詔親魏倭王卑彌呼：帶方太守劉夏遣使送汝大夫難升米、次使都市牛利奉汝所獻男生口四人，女生口六人、班布二匹二丈，以到。汝所在踰遠，乃遣使貢獻，是汝之忠孝，我甚哀汝。今以汝爲親魏倭王，假金印紫綬，裝封付帶方太守假授汝。其綬撫種人，勉爲孝順。汝來使難升米、牛利涉遠，道路勤勞，今以難升米爲率善中郎將，牛利爲率善校尉，假銀印靑綬，引見勞賜遣還。今以絳地交龍錦五匹、絳地縐粟罽十張、蒨絳五十匹、紺靑五十匹，答汝所獻貢直。又特賜汝紺地句文錦三匹、細班華罽五張、白絹五十匹、金八兩、五尺刀二口、銅鏡百枚、眞珠、鉛丹各五十斤，皆裝封付難升米、牛利還到錄受。悉可以示汝國中人，使知國家哀汝，故鄭重賜汝好物也。"

——《三國志》卷30《魏書三十·烏丸鮮卑東夷傳第三十·東夷·倭》，第857頁。

建中校尉梯儁等奉詔詣倭國

正始元年，太守弓遵遣建中校尉梯儁等奉詔書印綬詣倭國，拜假倭王，幷齎詔賜金、帛、錦罽、刀、鏡、采物，倭王因使上表答謝恩詔。其四年，倭王復遣使大夫伊聲耆、掖邪狗等八人，上獻生口、倭錦、絳靑縑、緜衣、帛布、丹木、狪、短弓矢。掖邪狗等壹拜率善中郎將印綬。其六年，詔賜倭難升米黃幢，付郡假授。其八年，太守王頎到官。倭女王卑彌呼與狗奴國男王卑彌弓呼素不和，遣倭載斯、烏越等詣郡說相攻擊狀。遣塞曹掾史張政等因齎詔書、黃幢，拜假難升米爲檄告喻之。卑彌呼以死，大作冢，徑百餘步，狗葬者奴婢百餘人。更立男王，國中不服，更相誅殺，當時殺千餘人。復立卑彌呼宗女壹與，年十三爲王，國中遂定。政等以檄告喻壹與，壹與遣倭大夫率善中郎將掖邪狗等二十人送政等還，因詣臺，獻上男女生口三十人，貢白珠五千，孔青大句珠二枚，異文雜錦二十匹。

—— 《三國志》卷 30《魏書三十·烏丸鮮卑東夷傳第三十·東夷·倭》，第 857—858 頁。

許靖等浮涉滄海至交州

許靖字文休，汝南平輿人。少與從弟劭俱知名，並有人倫臧否之稱，而私情不協。劭爲郡功曹，排擯靖不得齒敍，以馬磨自給。……孫策東渡江，皆走交州以避其難，靖身坐岸邊，先載附從，疏親悉發，乃從後去，當時見者莫不歎息。既至交阯，交阯太守士燮厚加敬待。……靖與曹公書曰：

“世路戎夷，禍亂遂合，駑怯偷生，自竄蠻貊，成闊十年，吉凶禮廢。昔在會稽，得所貽書，辭旨款密，久要不忘。迫於袁術方命圮族，扇動羣逆，津塗四塞，雖縣心北風，欲行靡由。正禮師退，術兵前進，會稽傾覆，景興失據，三江五湖，皆爲虜庭。臨時困厄，無所控告。便與袁沛、鄧子孝等浮涉滄海，南至交州。經歷東甌、閩、越之國，行經萬里，不見漢地，漂薄風波，絕糧茹草，飢殍薦臻，死者大半。既濟南海，與領守兒孝德相見，知足下忠義奮發，整飭元戎，西迎大駕，巡省中嶽。承此休問，且悲且憙，即與袁沛及徐元賢復共嚴裝，欲北上荊州。會蒼梧諸縣夷、越蠭起，州府傾覆，道路阻絕，元賢被害，老弱並殺。靖尋循渚岸五千餘里，復遇疾癘，伯母隕命，幷及羣從，自諸妻子，一時略盡。復相扶侍，前到此郡，計爲兵害及病亡者，十遺一二。生民之艱，辛苦之甚，豈可具陳哉！懼卒顚仆，永爲亡虜，憂瘁慘慘，忘寢與食。欲附奉朝貢使，自獲濟通，歸死闕庭，而荊州水陸無津，交部驛使斷絕。欲上益州，復有峻防，故官長吏，一不得入。前令交阯太守士威彥，深相分託於益州兄弟，又靖亦自與書，辛苦懇惻，而復寂寞，未有報應。雖仰瞻光靈，延頸企踵，何由假翼自致哉?"

——《三國志》卷38《蜀書八·許麋孫簡伊秦傳第八·許靖》,第963—965頁。

錢唐海賊胡玉從匏里上掠取商人財物

孫堅字文臺,吳郡富春人,蓋孫武之後也。少爲縣吏。年十七,與父共載船至錢唐,會海賊胡玉等從匏里上掠取賈人財物,方於岸上分之,行旅皆住,船不敢進。堅謂父曰:"此賊可擊,請討之。"父曰:"非爾所圖也。"堅行操刀上岸,以手東西指麾,若分部人兵以羅遮賊狀。賊望見,以爲官兵捕之,即委財物散走。堅追,斬得一級以還;父大驚。由是顯聞,府召署假尉。

——《三國志》卷46《吳書一·孫破虜討逆傳第一·孫堅》,第1093頁。

魏將王稚浮海入句章

永安七年春正月,大赦。二月,鎮軍將軍陸抗、撫軍將軍步協、征西將軍留平、建平太守盛曼,率衆圍蜀巴東守將羅憲。夏四月,魏將新附督王稚浮海入句章,略長吏賫財及男女二百餘口。將軍孫越徼得一船,獲三十人。

——《三國志》卷48《吳書三·三嗣主傳第三·孫休》,第1161頁。

海賊破海鹽殺司鹽校尉

永安七年秋七月,海賊破海鹽,殺司鹽校尉駱秀。使中書郎劉川發兵廬陵。豫章民張節等爲亂,衆萬餘人。魏使將軍胡烈步騎二萬侵西陵,以救羅憲,陸抗等引軍退。復分交州置廣州。壬午,大赦。癸未，休薨，時年三十，諡曰景皇帝。

——《三國志》卷48《吳書三·三嗣主傳第三·孫休》，第 1161 頁。

從建安海道擊交阯

建衡元年春正月，立子瑾爲太子，及淮陽、東平王。冬十月，改年，大赦。十一月，左丞相陸凱卒。遣監軍虞汜、威南將軍薛珝、蒼梧太守陶璜由荊州，監軍李勖、督軍徐存從建安海道，皆就合浦擊交阯。

——《三國志》卷48《吳書三·三嗣主傳第三·
孫晧》，第 1167 頁。

建安作船及斷絕海道

鳳皇三年，會稽妖言章安侯奮當爲天子。臨海太守奚熙與會稽太守郭誕書，非論國政。誕但白熙書，不白妖言，送付建安作船。遣三郡督何植收熙，熙發兵自衛，斷絕海道。熙部曲殺熙，送首建業，夷三族。秋七月，遣使者二十五人分至州郡，科出亡叛。大司馬陸抗卒。自改年及是歲，連大疫。分鬱林爲桂林郡。

——《三國志》卷48《吳書三·三嗣主傳第三·
孫晧》，第 1170 頁。

越海南征到九眞

薛綜字敬文，沛郡竹邑人也。少依族人避地交州，從劉熙學。士燮既附孫權，召綜爲五官中郎〔將〕，除合浦、交阯太守。時交土始開，刺史呂岱率師討伐，綜與俱行，越海南征，及到九眞。事畢還都，守謁者僕射。

——《三國志》卷53《吳書八·張嚴程闞薛傳第八·
薛綜》，第 1250 頁。

交州刺史朱符侵虐百姓逃入海

呂岱從交州召出，綜懼繼岱者非其人，上疏曰："……珠崖之廢，起於長吏覩其好髮，髡取爲髲。及臣所見，南海黃蓋爲日南太守，下車以供設不豐，撾殺主簿，仍見驅逐。九眞太守儋萌爲妻父周京作主人，并請大吏，酒酣作樂，功曹番歆起舞屬京，京不肯起，歆猶迫彊，萌忿杖歆，亡於郡內。歆弟苗帥衆攻府，毒矢射萌，萌至物故。交阯太守士燮遣兵致討，卒不能克。又故刺史會稽朱符，多以鄉人虞褒、劉彥之徒分作長吏，侵虐百姓，彊賦於民，黃魚一枚收稻一斛，百姓怨叛，山賊並出，攻州突郡。符走入海，流離喪亡。"

——《三國志》卷53《吳書八·張嚴程闞薛傳第八·薛綜》，第1252頁。

交州刺史督兵三千晨夜浮海

呂岱字定公，廣陵海陵人也，爲郡縣吏，避亂南渡。孫權統事，岱詣幕府，出守吳丞……延康元年，代步騭爲交州刺史……交阯太守士燮卒，權以燮子徽爲安遠將軍，領九眞太守，以校尉陳時代燮。岱表分海南三郡爲交州，以將軍戴良爲刺史，海東四郡爲廣州，岱自爲刺史。遣良與時南入，而徽不承命，舉兵戍海口以拒良等。岱於是上疏請討徽罪，督兵三千人晨夜浮海。或謂岱曰："徽藉累世之恩，爲一州所附，未易輕也。"岱曰："今徽雖懷逆計，未虞吾之卒至，若我潛軍輕舉，掩其無備，破之必也。稽留不速，使得生心，嬰城固守，七郡百蠻，雲合響應，雖有智者，誰能圖之？"遂行，過合浦，與良俱進。徽聞岱至，果大震怖，不知所出，卽率兄弟六人肉袒迎岱。岱皆斬送其首。

——《三國志》卷60《吳書十五·賀全呂周鍾離傳第十五·呂岱》，第1382—1385頁。

陆胤儲淡水應對海流秋鹹

陆胤字敬宗……永安元年，徵爲西陵督，封都亭侯，後轉左虎林。中書丞華覈表薦胤曰："胤天姿聰朗，才通行絜，昔歷選曹，遺迹可紀。還在交州，奉宣朝恩，流民歸附，海隅肅清。蒼梧、南海，歲有暴風瘴氣之害，風則折木，飛砂轉石，氣則霧鬱，飛鳥不經。自胤至州，風氣絶息，商旅平行，民無疾疫，田稼豐稔。州治臨海，海流秋鹹，胤又畜水，民得甘食。惠風橫被，化感人神，遂憑天威，招合遺散。至被詔書當出，民感其恩，以忘戀土，負老攜幼，甘心景從，衆無攜貳，不煩兵衛。自諸將合衆，皆脅之以威，未有如胤結以恩信者也。銜命在州，十有餘年，賓帶殊俗，寶玩所生，而内無粉黛附珠之妾，家無文甲犀象之珍，方之今臣，實難多得。宜在輦轂，股肱王室，以贊唐虞康哉之頌。江邊任輕，不盡其才，虎林選督，堪之者衆。若召還都，寵以上司，則天工畢脩，庶績咸熙矣。"

——《三國志》卷61《吳書十六·潘濬陸凱傳第十六·陸胤》，第1409—1410頁。

海虜窺東縣離民地習海行

華覈字永先，吳郡武進人也……孫皓即位，封徐陵亭侯。寶鼎二年，皓更營新宮，制度弘廣，飾以珠玉，所費甚多。是時盛夏興工，農守並廢，覈上疏諫曰："……交州諸郡，國之南土，交阯、九眞二郡已沒，日南孤危，存亡難保，合浦以北，民皆搖動，因連避役，多有離叛，而備戍減少，威鎮轉輕，常恐呼吸復有變故。昔海虜窺覦東縣，多得離民，地習海行，狃於往年，鈔盗無日，今胸背有嫌，首尾多難，乃國朝之厄會也。誠宜住建立之役，先備豫之計，勉墾殖之業，爲饑乏之救。"

——《三國志》卷65《吳書二十·王樓賀韋華傳第二十·華覈》，第1465—1466頁。

《八家後漢書》

交阯漲海

交阯七郡貢獻，皆從漲海出入。

——《八家後漢書輯注》之《謝承後漢書》
卷 1《郡國志》，第 6 頁。

東海雙枯魚

東郡趙諮為東海相，人遺其雙枯魚，噉之，二歲不盡，以儉化俗。

——《八家後漢書輯注》之《謝承後漢書》
卷 3《趙諮傳》，第 55 頁。

持節到東海請雨

奚延轉議郎，徐州遭旱，延使持節到東海請雨，豐澤應澍雨，與京師同日俱霈。還拜五官中郎將。

——《八家後漢書輯注》之《謝承後漢書》
卷 3《奚延傳》，第 73 頁。

合浦珠還

孟嘗遷合浦太守。郡不產穀，而海出珠寶，舊采珠以易米食。宰守貪求，使民采珠，積以自入，不知紀極，珠遂漸徙於交阯。行旅不至，民皆饑死。嘗革易前弊，不逾歲而去珠皆還。上聞徵之，嘗歸，民吏攀車戀之也。

——《八家後漢書輯注》之《謝承後漢書》卷 5
《循吏傳》，第 152 頁。

海賊丁義

彭脩字子陽。海賊丁義欲向郡，郡內驚惶，莫敢捍禦。太守秘君聞脩義勇多謀，請守吳令。身與義相見，宣國威德，賊帥將解。民歌之曰："時歲倉卒，盜賊從橫，大戟強弩不可當，賴遇賢令彭子陽。"

——《八家後漢書輯注》之《謝承後漢書》卷 5
《獨行傳》，第 170 頁。

舊刺史行部不渡漲海

汝南陳茂，性永有異志，交阯刺史吳郡周敞辟為別駕從事。舊刺史行部，不渡漲海。敞欲到朱崖、儋耳，茂諫曰："不宜履險。"敞不服。涉海遇風，船欲顛覆。茂仗劍呵罵水神，風即止息得濟。

——《八家後漢書輯注》之《謝承後漢書》卷 6
《陳茂傳》，第 208 頁。

張意浮海討東甌

張意為驃騎將軍，討東甌賊。意畫策，各修水戰之具，浮海就攻，一戰大破，所向無敵。

——《八家後漢書輯注》之《謝承後漢書》卷6

《張意傳》，第222頁。

海濱土多珍玩

吳祐父恢，為南海太守，欲以殺青寫書。祐年十二，諫曰："海濱土多珍玩，此書若成，則載之兼兩。昔馬援以薏苡興謗，王陽以書囊邀名，疑惑之間，先賢所慎。"恢大喜。

——《八家後漢書輯注》之《張璠後漢紀·桓帝紀·

建和元年》，第699頁。

《東觀漢記》

呂母入海自稱將軍

　　海曲有呂母者，子為縣吏，犯小罪，宰論殺之。呂母怨宰，密聚客，規以報仇。母家素豐，貲產數百萬，乃益釀醇酒，買刀劍衣服。少年來沽者，皆賒與之，視其乏者，輒假衣裳，不問多少。少年欲相與償之，呂母泣曰：“縣宰枉殺吾子，欲為報怨耳，諸君寧肯哀之乎！”少年許諾，相聚得數十百人，因與呂母入海，自稱將軍，遂破海曲，執縣宰殺之，以祭其子冢也。

　　——《東觀漢記校注》卷21《載記·呂母》，第902—903頁。

蝗蟲飛入海化為魚蝦

　　馬棱，字伯威，為廣陵太守，郡界常有蝗蟲傷穀，穀價貴。棱有威德，奏罷鹽官，振貧羸，薄賦稅，蝗蟲飛入海，化為魚蝦。興復陂湖，增歲租十餘萬斛。馬棱為會稽太守，詔詰會稽車牛不務堅強，車皆以桃枝細箽。

　　——《東觀漢記校注》卷12《傳七·馬棱》，第455頁。

《鹽鐵論》

燕齊之魚鹽旃裘交庶物而便百姓

大夫曰："管子云：'國有沃野之饒而民不足於食者，器械不備也。有山海之貨而民不足於財者，商工不備也。'隴、蜀之丹漆旄羽，荆、揚之皮革骨象，江南之柟梓竹箭，燕、齊之魚鹽旃裘，兖、豫之漆絲絺紵，養生送終之具也，待商而通，待工而成。故聖人作爲舟楫之用，以通川谷，服牛駕馬，以達陵陸；致遠窮深，所以交庶物而便百姓。是以先帝建鐵官以贍農用，開均輸以足民財；鹽、鐵、均輸，萬民所載仰而取給者，罷之，不便也。"

文學曰："國有沃野之饒而民不足於食者，工商盛而本業荒也；有山海之貨而民不足於財者，不務民用而淫巧衆也。故川源不能實漏卮，山海不能贍溪壑。是以盤庚萃居，舜藏黄金，高帝禁商賈不得仕宦，所以遏貪鄙之俗，而醇至誠之風也。排困市井，防塞利門，而民猶爲非也，況上之爲利乎？傳曰：'諸侯好利則大夫鄙，大夫鄙則士貪，士貪則庶人盜。'是開利孔爲民罪梯也。"

——《鹽鐵論校注》卷1《本議第一》，第3—4頁。

璧玉珊瑚異物内流則國用饒

大夫曰："賢聖治家非一寶，富國非一道。昔管仲以權譎霸，而紀氏以强本亡。使治家養生必於農，則舜不甄陶而伊尹不爲庖。故善爲國者，天下之下我高，天下之輕我重。以末易其本，以虛蕩其實。今山澤之財，均輸之藏，所以御輕重而役諸侯也。汝、漢之金，纖微之貢，所以誘外國而釣胡、羌之寶也。夫中國一端之縵，得匈奴累金之物，而損敵國之用。是以贏驢馲駝，銜尾入塞，驒騱騵馬，盡爲我畜，鼲貂狐貉，采旄文罽，充於內府，而璧玉珊瑚瑠璃，咸爲國之寶。是則外國之物內流，而利不外泄也。異物內流則國用饒，利不外泄則民用給矣。詩曰：‘百室盈止，婦子寧止。’”

　　文學曰：“古者，商通物而不豫，工致牢而不僞。故君子耕稼田魚，其實一也。商則長詐，工則飾罵，內懷閼鬩而心不怍，是以薄夫欺而敦夫薄。昔桀女樂充宮室，文繡衣裳，故伊尹高逝遊薄，而女樂終廢其國。今贏驢之用，不中牛馬之功，鼲貂旃罽，不益錦綈之實。美玉珊瑚出於昆山，珠璣犀象出於桂林，此距漢萬有餘里。計耕桑之功，資財之費，是一物而售百倍其價也，一揖而中萬鍾之粟也。夫上好珍怪，則淫服下流，貴遠方之物，則貨財外充。是以王者不珍無用以節其民，不愛奇貨以富其國。故理民之道，在於節用尚本，分土井田而已。”

——《鹽鐵論校注》卷 1《力耕第二》，第 28—29 頁。

萊黃之鮐

　　大夫曰：“五行：東方木，而丹、章有金銅之山；南方火，而交趾有大海之川；西方金，而蜀、隴有名材之林；北方水，而幽都有積沙之地。此天地所以均有無而通萬物也。今吳、越之竹，隋、唐之材，不可勝用，而曹、衛、梁、宋，采棺轉尸；江、湖之魚；萊、黃之鮐，不可勝食，而鄒、魯、周、韓，藜藿蔬食。天地之利無不贍，而山海之貨無不富也；然百姓匱乏，財用不足，多寡不調，而天下財不散也。”

——《鹽鐵論校注》卷 1《通有第三》，第 42 頁。

徙邛笮之貨鬻東海朐鹵之鹽

文學曰："……是以遠方之物不交，而昆山之玉不至。今世俗壞而競於淫靡，女極纖微，工極技巧，雕素樸而尚珍怪，鑽山石而求金銀，没深淵求珠璣，設機陷求犀象，張網羅求翡翠，求蠻、貊之物以眩中國，徙邛、笮之貨，致之東海，交萬里之財，曠日費功，無益於用。是以褐夫匹婦，勞罷力屈，而衣食不足也。"

大夫曰："古者，宮室有度，輿服以庸；采椽茅茨，非先生之制也。君子節奢刺儉，儉則固。……管子曰：'不飾宮室，則材木不可勝用，不充庖厨，則禽獸不損其壽。無末利，則本業無所出，無鬴鬻，則女工不施。'故工商梓匠，邦國之用，器械之備也。自古有之，非獨於此。弦高販牛於周，五羖賃車入秦，公輸子以規矩，歐冶以鎔鑄。語曰：'百工居肆，以致其事。'農商交易，以利本末。山居澤處，蓬蒿墝埆，財物流通，有以均之。是以多者不獨衍，少者不獨饉。若各居其處，食其食，則是橘柚不鬻，朐鹵之鹽不出，旃罽不市，而吳、唐之材不用也。"

—— 《鹽鐵論校注》卷1《通有第三》，第42—43頁。

王者外不鄣海澤以便民用

大夫曰："文帝之時，縱民得鑄錢、冶鐵、煮鹽。吳王擅鄣海澤，鄧通專西山。山東奸猾，咸聚吳國，秦、雍、漢、蜀因鄧氏。吳、鄧錢布天下，故有鑄錢之禁。禁禦之法立而奸僞息，奸僞息則民不期於妄得而各務其職不反本何爲？故統一，則民不二也，幣由上，則下不疑也。"

文學曰："往古，幣衆財通而民樂。其後，稍去舊幣，更行白金龜龍，民多巧新幣。幣數易而民益疑。於是廢天下諸錢，而專命水衡三官作。吏匠侵利，或不中式，故有薄厚輕重。農人不習，物類比之，信故疑新，不知姦貞。商賈以美貿惡，以半易倍。買則失實，賣則失理，其疑或滋益甚。夫鑄僞金錢以有法，而錢之善惡無增損於故。擇錢則物稽滯，而用人尤被其苦。春秋曰：'算不及蠻、夷則不行。'故王者外不鄣海澤以便民用，内不禁刀幣以通民施。"

—— 《鹽鐵論校注》卷 1《錯幣第四》，第 57—58 頁。

煮海爲鹽一家聚衆

大夫曰："故扇水都尉彭祖寧歸，言：'鹽、鐵令品，令品甚明。卒徒衣食縣官，作鑄鐵器，給用甚衆，無妨於民。而吏或不良，禁令不行，故民煩苦之。'令意總一鹽、鐵，非獨爲利入也，將以建本抑末，離朋黨，禁淫侈，絶并兼之路也。古者，名山大澤不以封，爲下之專利也。山海之利，廣澤之畜，天地之藏也，皆宜屬少府；陛下不私，以屬大司農，以佐助百姓。浮食奇民，好欲擅山海之貨，以致富業，役利細民，故沮事議者衆。鐵器兵刃，天下之大用也，非衆庶所宜事也。往者，豪强大家，得管山海之利，采鐵石鼓鑄，煮海爲鹽。一家聚衆，或至千餘人，大抵盡收放流人民也。遠去鄉里，棄墳墓，依倚大家，聚深山窮澤之中，成姦僞之業，遂朋黨之權，其輕爲非亦大矣！今者，廣進賢之途，練擇守尉，不待去鹽、鐵而安民也。"

—— 《鹽鐵論校注》卷 1《復古第六》，第 78—79 頁。

齊專巨海之富而擅魚鹽之利

大夫曰："今夫越之具區，楚之雲夢，宋之鉅野，齊之孟諸，有國之富而霸王之資也。人君統而守之則强，不禁則亡。齊以其腸胃予人，家强而不制，枝大而折幹，以專巨海之富而擅魚鹽之利也。勢足以使衆，恩足以卹下，是以齊國内倍而外附。權移於臣，政墜於家，公室卑而田宗强，轉轂游海者蓋三千乘，失之於本而末不可救。今山川海澤之原，非獨雲夢、孟諸也。鼓鑄煮鹽，其勢必深居幽谷，而人民所罕至。姦猾交通山海之際，恐生大姦。乘利驕溢，散樸滋偽，則人之貴本者寡。大農鹽鐵丞咸陽、孔僅等上請：'願募民自給費，因縣官器，煮鹽予用，以杜浮偽之路。'由此觀之：令意所禁微，有司之慮亦遠矣。"

文學曰："有司之慮遠，而權家之利近；令意所禁微，而僭奢之道著。自利害之設，三業之起，貴人之家，雲行於塗，轂擊於道，攘公法，申私利，跨山澤，擅官市，非特巨海魚鹽也；執國家之柄，以行海內，非特田常之勢、陪臣之權也；威重於六卿，富累於陶、衛，輿服僭於王公，宮室溢於制度，並兼列宅，隔絕閭巷，閣道錯連，足以游觀，鑿池曲道，足以騁騖，臨淵釣魚，放犬走兔，隆豺鼎力，蹋鞠鬥雞，中山素女撫流徵於堂上，鳴鼓巴俞作於堂下，婦女被羅紈，婢妾曳絺紵，子孫連車列騎，田獵出入，畢弋捷健。是以耕者釋末而不勤，百姓冰釋而懈怠。何者？己為之而彼取之，僭侈相效，上升而不息，此百姓所以滋偽而罕歸本也。"

——《鹽鐵論校注》卷2《刺權第九》，第121頁。

橫海征南夷樓船戍東越

大夫曰："湯、武之伐，非好用兵也；周宣王辟國千里，非貪侵也；所以除寇賊而安百姓也。故無功之師，君子不行；無用之地，聖王不貪。先帝舉湯、武之師，定三垂之難，一面而制敵，匈奴遁逃，因河、山以為防，故去砂石鹹鹵不食之地，故割斗辟之縣，棄造陽之地以與胡，省曲塞，據河險，守要害，以寬徭役，保士民。由此觀之：聖主用心，非務廣地以勞眾而已矣。"

文學曰："秦之用兵，可謂極矣，蒙恬斥境，可謂遠矣。今踰蒙恬之塞，立郡縣寇虜之地，地彌遠而民滋勞。朔方以西，長安以北，新郡之功，外城之費，不可勝計。非徒是也，司馬、唐蒙鑿西南夷之塗，巴、蜀弊於邛、筰；橫海征南夷，樓船戍東越，荊、楚罷於甌、駱，左將伐朝鮮，開臨屯，燕、齊困於穢貉，張騫通殊遠，納無用，府庫之藏，流於外國；非特斗辟之費，造陽之役也。由此觀之，非人主用心，好事之臣爲縣官計過也。"

——《鹽鐵論校注》卷4《地廣第十六》，第208—209頁。

燕齊之士釋鋤耒而爭言神仙

古聖人勞躬養神，節欲適情，尊天敬地，履德行仁。是以上天歆焉，永其世而豐其年。故堯秀眉高彩，享國百載。及秦始皇覽怪迂，信機祥，使盧生求羨門高，徐市等入海求不死之藥。當此之時，燕、齊之士，釋鋤耒，爭言神仙。方士於是趣咸陽者以千數，言仙人食金飲珠，然後壽與天地相保。於是數巡狩五嶽、濱海之館，以求神仙蓬萊之屬。數幸之郡縣，富人以貲佐，貧者築道旁。其後，小者亡逃，大者藏匿；吏捕索掣頓，不以道理。名宮之旁，廬舍丘落，無生苗立樹；百姓離心，怨思者十有半。書曰："享多儀，儀不及物曰不享。"故聖人非仁義不載於己，非正道不御於前。是以先帝誅文成、五利等，宣帝建學官，親近忠良，欲以絕怪惡之端，而昭至德之塗也。

——《鹽鐵論校注》卷6《散不足第二十九》，第355—356頁。

東越越東海與匈奴不變業

大夫曰："往者，四夷俱强，並爲寇虐：朝鮮踰徼，劫燕之東地；東越越東海，略浙江之南；南越内侵，滑服令；氐、僰、冉、駹、嶲唐、昆明之屬，擾隴西、巴、蜀。今三垂已平，唯北邊未定。夫一舉則匈奴震懼，中外釋備，而何寡也？"

賢良曰："古者，君子立仁脩義，以綏其民，故邇者習善，遠者順之。是以孔子仕於魯，前仕三月及齊平，後仕三月及鄭平，務以德安近而綏遠。當此之時，魯無敵國之難，鄰境之患。強臣變節而忠順，故季桓墮其都城。大國畏義而合好，齊人來歸鄆、讙、龜陰之田。故爲政而以德，非獨辟害折衝也，所欲不求而自得。今百姓所以嚚嚚，中外不寧者，咎在匈奴。内無室宇之守，外無田疇之積，隨美草甘水而驅牧，匈奴不變業，而中國以騷動矣。風合而雲解，就之則亡，擊之則散，未可一世而舉也。"

——《鹽鐵論校注》卷7《備胡第三十八》，第445—446頁。

齊有泰山巨海而越有海崖

大夫曰："古者，爲國必察土地、山陵阻險、天時地利，然後可以王霸。故制地城郭，飭溝壘，以禦寇固國。春秋曰：'冬浚洙。'脩地利也。三軍順天時，以實擊虛，然困於阻險，敵於金城。楚莊之圍宋，秦師敗崤嶔釜，是也。故曰：'天時不如地利。'羌、胡固，近於邊，今不取，必爲四境長患。此季孫之所以憂顓臾，有句踐之變，而爲强吳之所悔也。"

文學曰："地利不如人和，武力不如文德。周之致遠，不以地利，以人和也。百世不奪，非以險，以德也。吳有三江、五湖之難，而兼於越。楚有汝淵、兩堂之固，而滅於秦。秦有隴阺、崤塞，而亡於諸侯。晉有河、華、九阿，而奪於六卿。齊有泰山、巨海，而脅於田常。桀、紂有天下，兼於滈亳。秦王以六合困於陳涉。非地利不固，無術以守之也。釋邇憂遠，猶吳不内定其國，而西絶淮水與齊、晉爭强也；越因其罷，擊其虛。使吳王用申胥，修德，無恃極其衆，則句踐不免爲藩臣海崖，何謀之敢慮也？"

——《鹽鐵論校注》卷9《險固第五十》，第525—526頁。

秦欲達瀛海而失其州縣

大夫曰："鄒子疾晚世之儒墨，不知天地之弘，昭曠之道，將一曲而欲道九折，守一隅而欲知萬方，猶無準平而欲知高下，無規矩而欲知方圓也。於是推大聖終始之運，以喻王公，先列中國名山通谷，以至海外。所謂中國者，天下八十一分之一，名曰赤縣神州，而分爲九州。絕陵陸不通，乃爲一州，有大瀛海圜其外。此所謂八極，而天地際焉。禹貢亦著山川高下原隰，而不知大道之徑。故秦欲達九州而方瀛海，牧胡而朝萬國。諸生守畦畝之慮，閭巷之固，未知天下之義也。”

　　文學曰：“堯使禹爲司空，平水土，隨山刊木，定高下而序九州。鄒衍非聖人，作怪誤，熒惑六國之君，以納其説。此春秋所謂‘匹夫熒惑諸侯’者也。孔子曰：‘未能事人，焉能事鬼神？’近者不達，焉能知瀛海？故無補於用者，君子不爲；無益於治者，君子不由。三王信經道，而德光於四海；戰國信嘉言，而破亡如丘山。昔秦始皇已吞天下，欲并萬國，亡其三十六郡；欲達瀛海，而失其州縣。知大義如斯，不如守小計也。”

　　——《鹽鐵論校注》卷9《論鄒第五十三》，第551—552頁。

《淮南子》

月虛而魚腦減

　　毛羽者，飛行之類也，故屬於陽；介鱗者，蟄伏之類也，故屬於陰。日者陽之主也，是故春夏則羣獸除，日至而麋鹿解，月者，陰之宗也，是以月虛而魚腦減，月死而嬴蜬膲。火上蕁，水下流，故鳥飛而高，魚動而下。

　　　　　　　　——《淮南子集釋》卷 3《天文訓》，第 171—172 頁。

《墜形訓》中的海洋與鳥魚

　　墜形之所載，六合之間，四極之内，照之以日月，經之以星辰，紀之以四時，要之以太歲。天地之間，九州八極，土有九山，山有九塞，澤有九藪，風有八等，水有六品。何謂九州？東南神州曰農土，正南次州曰沃土，西南戎州曰滔土，正西弇州曰并土，正中冀州曰中土，西北台州曰肥土，正北泲州曰成土，東北薄州曰隱土，正東陽州曰申土，何謂九山？會稽、泰山、王屋、首山、太華、岐山、太行、羊腸、孟門。何謂九塞？曰：太汾、澠阨、荆阮、方城、殽阪、井陘、令疵、句注、居庸。何謂九藪？曰：越之具區，楚之雲夢，秦之陽紆，晉之大陸，鄭之圃田，宋之孟諸，齊之海隅，趙之鉅鹿，燕之昭余。何謂八風？東北曰炎風，東方曰條風，東南曰景風，南方曰巨風，西南曰凉風，西方曰飂風，西北曰麗風，北方曰寒風何謂六水？

曰：河水、赤水、遼水、黑水、江水、淮水。闔四海之內，東西二萬八千里，南北二萬六千里，水道八千里，通谷其名川六百，陸徑三千里。……河水出昆侖東北陬，貫渤海，入禹所導積石山。赤水出其東南陬，西南注南海丹澤之東。赤水之東，弱水出自窮石，至于合黎，餘波入于流沙，絕流沙，南至南海。洋水出其西北陬，入于南海羽民之南。凡四水者，帝之神泉，以和百藥，以潤萬物。……

九州之大，純方千里。九州之外，乃有八殥，亦方千里。自東北方曰大澤，曰無通；東方曰大渚、曰少海；東南方曰具區、曰元澤；南方曰大夢、曰浩澤；西南方曰渚資、曰丹澤；西方曰九區、曰泉澤；西北方曰大夏、曰海澤；北方曰大冥、曰寒澤。八殥之外，而有八紘，亦方千里。……

鳥魚皆生於陰，陰屬於陽，故鳥魚皆卵生，魚游於水，鳥飛於雲。故立冬燕雀入海化爲蛤。萬物之生而各異類：蠶食而不飲，蟬飲而不食，蜉蝣不飲不食，介鱗者夏食而冬蟄。齕吞者八竅而卵生，嚼咽者九竅而胎生，四足者無羽翼，戴角者無上齒，無角者膏而無前，有角者指而無後。晝生者類父，夜生者似母。至陰生牝，至陽生牡。夫熊羆蟄藏，飛鳥時移。

——《淮南子集釋》卷4《墜形訓》，第311—350頁。

蛤蠏珠龜與月盛衰

凡地形東西爲緯，南北爲經，山爲積德，川爲積刑；高者爲生，下者爲死；邱陵爲牡，谿谷爲牝；水圓折者有珠，方折者有玉；清水有黃金，龍淵有玉英。土地各以其類生。是故山氣多男，澤氣多女，障氣多喑，風氣多聾，林氣多癃，木氣多傴，岸下氣多腫，石氣多力，險阻氣多癭，暑氣多夭，寒氣多壽，谷氣多痹，邱氣多狂，衍氣多仁，陵氣多貪，輕土多利，重土多遲，清水音小，濁水音大，湍水人輕，遲水人重，中土多聖人：皆象其氣，皆應其類。故南方有不死之草，北方有不釋之冰，東方有君子之國，西方有形殘之尸。寢居直

夢，人死爲鬼，磁石上飛，雲母來水，土龍致雨，燕鴈代飛，蛤蠏珠
龜，與月盛衰。是故堅土人剛，弱土人肥；壚土人大，沙土人細；息
土人美，耗土人醜。食水者善游能寒，食木者多力而，食草者善走而
愚，食葉者有絲而蛾，食肉者勇敢而悍，食氣者神明而壽，食穀者知
慧而夭，不食者不死而神。凡人民禽獸萬物貞蟲，各有以生。或奇或
偶，或飛或走，莫知其情，唯知通道者能原本之。

　　　　　　——《淮南子集釋》卷 4《墜形訓》，第 337—346 頁。

雉入大水爲蜃/祀四海大川名澤

　　季秋之月：招搖指戌，昏虛中，旦柳中。其位西方。其日庚辛。
其蟲毛。其音商。律中無射。其數九。其味辛。其臭腥。其祀門。祭
先肝。候鴈來。賓雀入大水爲蛤。……

　　孟冬之月：招搖指亥，昏危中，旦七星中。其位北方。其日壬癸。
盛德在水。其蟲介。其音羽。律中應鐘。其數六。其味鹹。其臭腐。其
祀井。祭先腎。水始冰。地始凍。雉入大水爲蜃。虹藏不見。……

　　仲冬之月：招搖指子，昏壁中，旦軫中。……天子乃命有司，祀
四海大川名澤。

　　　　　　——《淮南子集釋》卷 5《時則訓》，第 417—427 頁。

鯨魚死而彗星出

　　夫物類之相應，玄妙深微，知不能論，辯不能解。故東風至而酒
湛溢，蠶咡絲而商弦絕，或感之也；畫隨灰而月運闕，鯨魚死而彗星
出，或動之也。故聖人在位，懷道而不言，澤及萬民。君臣乖心，則
背譎見於天，神氣相應徵矣。故山雲草莽，水雲魚鱗，旱雲煙火，涔
雲波水，各象其形，類所以感之。

　　　　　　——《淮南子集釋》卷 6《覽冥訓》，第 450—453 頁。

蒙穀之上士倦龜殼而食蛤梨

　　盧敖游乎北海，經乎太陰，入乎玄闕，至於蒙穀之上。見一士焉，深目而玄鬢，淚注而鳶肩，豐上而殺下，軒軒然方迎風而舞。顧見盧敖，慢然下其臂，遯逃乎碑。盧敖就而視之，方倦龜殼而食蛤梨。盧敖與之語曰："唯敖爲背羣離黨，窮觀於六合之外者。非敖而已乎？敖幼而好游，至長不渝。周行四極，唯北陰之未闚。今卒睹夫子於是，子殆可與敖爲友乎？"若士者齤然而笑曰："嘻！子中州之民，寧肯而遠至此，此猶光乎日月而載列星，陰陽之所行，四時之所生。其比乎不名之地，猶突奧也。若我南游乎岡㝗之野，北息乎沉墨之鄉，西窮窅冥之黨，東開鴻濛之光。此其下無地而上無天，聽焉無聞，視焉無矚。此其外猶有汰沃之汜，其餘一舉而千萬里，吾猶未能之在。今子游始於此，乃語窮觀，豈不亦遠哉！然子處矣，吾與汗漫期於九垓之外，吾不可以久駐。"若士舉臂而竦身，遂入雲中。

　　——《淮南子集釋》卷12《道應訓》，第881—888頁。

有鳥有魚有獸謂之分物

　　洞同天地，渾沌爲樸，未造而成物，謂之太一。同出於一，所爲各異，有鳥、有魚、有獸，謂之分物。方以類別，物以羣分，性命不同，皆形於有。隔而不通，分而爲萬物，莫能及宗。故動而謂之生，死而謂之窮。皆爲物矣，非不物而物物者也，物物者亡乎萬物之中。稽古太初，人生於無，形於有，有形而制於物。能反其所生，若未有形，謂之真人。真人者，未始分於太一者也。聖人不爲名尸，不爲謀府，不爲事任，不爲智主。藏無形，行無迹，遊無朕。不爲福先，不爲禍始，保於虛無，動於不得已。欲福者或爲禍，欲利者或離害。故無爲而寧者，失其所以寧則危；無事而治者，失其所以治則亂。

　　——《淮南子集釋》卷14《詮言訓》，第991—992頁。

海大魚網弗能止也

靖郭君將城薛，賓客多止之，弗聽。靖郭君謂謁者曰："無爲賓通言。"齊人有請見者，曰："臣請道三言而已，過三言，請烹。"靖郭君聞而見之。賓趨而進，再拜而興，因稱曰："海大魚。"則反走。靖郭君止之曰："願聞其説。"賓曰："臣不敢以死爲戲。"靖郭君曰："先生不遠道而至此，爲寡人稱之。"賓曰："海大魚，網弗能止也，釣弗能牽也，蕩而失水，則螻蟻皆得志焉。今夫齊，君之淵也，君失齊，則薛能自存乎？"靖郭君曰："善。"乃止不城薛。此所謂虧於耳忤於心而得事實者也。夫以無城薛止城薛，其於以行説，乃不若"海大魚"。故物或遠之而近，或近之而遠。

——《淮南子集釋》卷18《人間訓》，第1260—1261頁。

形氣動於天海不溶波

天設日月，列星辰，調陰陽，張四時，日以暴之，夜以息之，風以乾之，雨露以濡之。其生物也，莫見其所養而物長；其殺物也，莫見其所喪而物亡：此之謂神明。聖人象之，故其起福也，不見其所由而福起；其除禍也，不見其所以而禍除。遠之則邇，延之則疎；稽之弗得，察之不虛；日計無算，歲計有餘。夫溼之至也，莫見其形而炭已重矣。風之至也，莫見其象而木已動矣。日之行也，不見其移，驥驪倍日而馳，草木爲之靡，縣烽未轉，而日在其前。故天之且風，草木未動而鳥已翔矣；其且雨也，陰曀未集而魚已噞矣：以陰陽之氣相動也。故寒暑燥溼，以類相從；聲響疾徐，以音相應。故易曰："鶴鳴在陰，其子和之。"高宗諒闇，三年不言，四海之内寂然無聲；一言聲然大動天下。是以天心呿唫者也。故一動其本而百枝皆應，若春雨之灌萬物也，渾然而流，沛然而施，無地而不澍，無物而不生。故聖人者懷天心，聲然能動化天下者也。故精誠感於内，形氣動於天，則景星見，黃龍下，祥鳳至，醴泉出，嘉穀生，河不滿溢，海不溶波。故詩云："懷柔百神，及河嶠嶽。"逆天暴物，則日月薄蝕，五星失行，四時干乖，晝冥宵光，山崩川涸，冬雷夏霜。詩曰："正月繁霜，我心憂傷。"天之與人，有以相通也。故國危亡而天文變，世惑亂而虹霓見，萬物有以相連，精祲有以相蕩也。

——《淮南子集釋》卷 20《泰族訓》，第 1373—1375 頁。

《爾雅》

齊有海隅海濱廣斥

江南曰楊州，（自江南至海）。……濟東曰徐州，（自濟東至海。）……齊曰營州。（自岱東至海，此蓋殷制。）……齊有海隅。（海濱廣斥。）

——《爾雅》卷中《釋地第九》，第127—128頁。

東方有比目魚焉謂之鰈

《九府》：東方有比目魚焉，不比不行，其名謂之鰈。（狀似牛脾，鱗細，紫黑色，一眼，兩片相合乃得行。今水中所在有之。江東又呼爲王餘魚。）南方有比翼鳥焉，不比不飛，其名謂之鶼鶼。西方有比肩獸焉，與邛邛岠虛比，爲邛邛岠虛齧甘草；即有難，邛邛岠虛負而走，其名謂之蟨。北方有比肩民焉，迭食而迭望。中有枳首蛇焉。此四方中國之異氣也。

——《爾雅》卷中《釋地第九》，第130—132頁。

尔雅·释鱼

鯉。鱣。（鱣，大魚，似鱏而短，鼻口在頷下，體有邪行甲，無鱗，肉黃，大者長二三丈。今江東呼爲黃魚。）鰋。鮧。鱧。鯇。

鲨，鮀。

魵，黑鰦。鰼，鰌。鰹，大鮦，小者鮵。魾，大鱯，小者鮡。鰝，大虾。鯤，鱼子。鱀，是鱁。鱦，小鱼。鮥，鮇鮪。鯦，当魱。（海魚也，似鯿而大鱗，肥美多鯁，今江東呼其最大長三尺者爲當魱。音胡。）鮤，鱴刀。（今之鮆魚也，亦呼爲魛魚。）

鱊鮬，鱖鯞。（小魚也，似鮒子而黑，俗呼爲魚婢，江東呼爲妾魚。）

鱼有力者鰴。魵，虾。鮅，鱒。魴，魾。鯬鯠。蜎，蠉。蛭，虮。科斗，活东。魁陆。（《本草》云："魁，狀如海蛤，員而厚，外有理縱横。"即今之蚶也。）

蝤蛑。鼁鼀，蟾诸，在水者黾。蜌，螷。蚌，含浆。

鳖三足，能；龟三足，贲。

蚹蠃，螔蝓。蠃，小者蜬。（螺大者如斗，出日南漲海中，可以爲酒杯。）

螖蠌，小者蟧。蜃，小者珧。

龟，俯者灵，仰者谢，前弇诸果，後弇诸猎，左倪不类，右倪不若。

贝，居陆贆，在水者蜬；大者魧，（《書大傳》曰："大貝如車渠。"車渠謂車輞，即魧屬。）小者鰿；（今細貝亦有紫色者，出日南。）玄贝，贻贝；余貾，黄白文；余泉，白黄文；蚆，博而頯；蜠，大而险；蟦，小而椭。

蝾螈，蜥蜴。蜥蜴，蝘蜓。蝘蜓，守宫也。蛈，蝁。螣，螣蛇。蟒，王蛇。

蝮虺，博三寸，首大如擘。

鲵，大者谓之虾。

鱼枕谓之丁，鱼肠谓之乙，鱼尾谓之丙。

一曰神龟，二曰灵龟，三曰摄龟，四曰宝龟，五曰文龟，六曰筮龟，七曰山龟，八曰泽龟，九曰水龟，十曰火龟。

——《爾雅》卷下《釋魚第十六》，第205—213頁。

《説文解字》

珊瑚色赤生於海

珊瑚，色赤，生於海，或生於山。从玉，删省聲。

——《説文解字》第一上，第11頁。

秩秩海雉

雉，有十四種：盧諸雉，喬雉，鳲雉，鷩雉，秩秩海雉，翟山雉，翰雉，卓雉，伊洛而南曰翬，江淮而南曰搖，南方曰𪇵，東方曰甾，北方曰稀，西方曰蹲。从隹，矢聲。

——《説文解字》第四上，第116頁。

海中大船曰橃

橃，海中大船。从木，發聲。楫，舟櫂也。从木，咠聲。

——《説文解字》第六上，第190頁。

貝是海介蟲

貝，海介蟲也。居陸名猋，在水名蜬。象形。古者貨貝而寶龜，周而有泉，至秦廢貝行錢。凡貝之屬皆从貝。

——《説文解字》第六下，第 199 頁。

船師称为舫人

舫，船師也。《明堂月令》曰："舫人。"習水者。从舟，方聲。

——《説文解字》第八下，第 273 頁。

海中有山可依止曰岛

岛，海中往往有山可依止曰岛。从山，鳥聲。讀若《詩》曰"蔦與女蘿"。

——《説文解字》第九下，第 294 頁。

入海诸江河水系

河水，出焞煌塞外昆侖山，發原注海。江水，出蜀湔氐徼外崏山，入海。淯水，出弘農盧氏山，東南入海，从水，育聲，或曰出酈山西。浿，沈也，東入于海，从水，巿聲。漸水，出丹陽黟南蠻中，東入海。淮，水，出南陽平氏桐柏大復山，東南入海。濕水，出東郡東武陽，入海，从水，㬎聲，桑欽云："出平原高唐。"溉水，出東海桑瀆覆甑山，東北入海，一曰灌注也。濰水，出琅邪箕屋山，東入海，徐州浸，《夏書》曰："濰、淄其道。"治水，出東萊曲城陽丘山，南入海。沽水，出漁陽塞外，東入海。沛水，出遼東番汗塞外，西南入海。浿水，出樂浪鏤方，東入海，从水，貝聲，一曰出浿水縣。灅水，出鴈門陰館累頭山，東入海，或曰治水也。泒水，起鴈門葰人戍夫山，東北入海。

——《説文解字》第十一上，第 350—356 頁。

海的定义：天池

澥，郭澥，海之別也。从水，解聲。一説：澥即澥谷也。海，天池也。以納百川者。从水，每聲。

——《説文解字》第十一上，第 357 頁。

海鱼鮞鮐鮊鰒鮫鱤

鮞，魚子也，一曰魚之美者，東海之鮞，从魚，而聲。鮐，海魚名，从魚，台聲。鮊，海魚名，从魚，白聲。鰒，海魚名，从魚，复聲。鮫，海魚，皮可飾刀，从魚，交聲。鱤，海大魚也，从魚，畺聲。《春秋傳》曰："取其鱤鯢。"

——《説文解字》第十一下《魚》，第 382 頁。

《釋名》

海的定义：晦也

　　天下大水四，謂之四瀆，江、河、淮、濟是也。瀆，獨也，各獨出其所而入海也。江，公也，小水流入其中公共也。淮，圍也，圍繞揚州北界，東至海也。河，下也，隨地下處而通流也。濟，濟也，源出河北濟河而南也。……海，晦也，主承穢濁，其水黑如晦也。……海中可居者曰島，島，到也，人所奔到也，亦言鳥也，物所赴如鳥之下也。

——《釋名》卷1《釋水第四》，第13—15頁。

《論衡》

河發崑崙流入乎東海

河發崑崙，江起岷山，水力盛多，滂沛之流，浸下益盛，不得廣岸低地，不能通流入乎東海。如岸狹地仰，溝洫決泆，散在丘墟矣。文儒之知，有似於此。

——《論衡校釋》卷13《效力篇》，第584頁。

東海水鹹流廣大也

大川旱不枯者，多所疏也；潢汙兼日不雨，泥輒見者，無所通也。是故大川相間，小川相屬，東流歸海，故海大也。海不通於百川，安得巨大之名？夫人含百家之言，猶海懷百川之流也，不謂之大者，是謂海小於百川也。夫海大於百川也，人皆知之，通者明於不通，莫之能別也。潤下作鹹，水之滋味也。東海水鹹，流廣大也；西州鹽井，源泉深也。人或無井而食，或穿井不得泉，有鹽井之利乎？不與賢聖通業，望有高世之名，難哉！

——《論衡校釋》卷13《別通篇》，第592頁。

東海之中生物衆多奇異

東海之中，可食之物，集糅非一，以其大也。夫水精氣渥盛，故其生物也衆多奇異。故夫大人之胸懷非一，才高知大，故其於道術無所不包。學士同門，高業之生，衆共宗之。何則？知經指深，曉師言多也。夫古今之事，百家之言，其爲深，多也，豈徒師門高業之生哉？

—— 《論衡校釋》卷 13《別通篇》，第 594—595 頁。

入東海者不曉南北

夜舉燈燭，光曜所及，可得度也；日照天下，遠近廣狹，難得量也。浮於淮、濟，皆知曲折；入東海者，不曉南北。故夫廣大，從橫難數；極深，揭厲難測。漢德酆廣，日光海外也。知者知之，不知者不知漢盛也。

—— 《論衡校釋》卷 20《須頌篇》，第 850—851 頁。

路畏入南海

藥生非一地，太伯辭之吴；鑄多非一工，世稱楚棠溪。溫氣天下有，路畏入南海。鴆鳥生於南，人飲鴆死。辰爲龍，巳爲蛇，辰、巳之位在東南。龍有毒，蛇有螫，故蝮有利牙，龍有逆鱗。木生火，火爲毒，故蒼龍之獸含火星。冶葛、巴豆皆有毒螫，故冶在東南，巴在西南。

—— 《論衡校釋》卷 23《言毒篇》，第 956—957 頁。

始皇臨浙江望南海

　　始皇三十七年十月癸丑出游，至雲夢，望祀虞舜於九嶷。浮江下，觀藉柯，度梅渚，過丹陽，至錢唐，臨浙江，濤惡，乃西百二十里，從陝中度，上會稽，祭大禹，立石刊頌，望于南海。還過，從江乘，旁海上，北至琅邪。自琅邪北至勞、成山，因至之罘，遂並海，西至平原津而病，崩於沙丘平臺。

　　——《論衡校釋》卷26《實知篇》，第1071—1072頁。

《曹操集》

東海有大魚如山如屋

《四時食制》：郫縣子魚，黄鱗赤尾，出稻田，可以爲醬。鱒，一名黄魚，大數百斤，骨軟可食，出江陽、犍爲。蒸鮎。東海有大魚如山，長五六里，謂之鯨鯢，次有如屋者。時死岸上，膏流九頃。其鬚長一丈。廣三尺，厚六寸，瞳子如三升碗，大骨可爲矛矜。海牛魚皮生毛，可以飾物，出揚州。望魚側如刀，可以刈草，出豫章明都澤。蕭拆魚，海之乾魚也。鮃鯆魚黑色，大如百斤豬，黄肥不可食，數枚相隨，一浮一沈。一名敷，常見首，出淮及五湖。蕃踰魚如鼈，大如箕，甲上邊有髯，無頭，口在腹下，尾長數尺有節，有毒螫人。髮魚帶髮如婦人，白肥無鱗，出滇池。蒲魚，其鱗如粥，出郫縣。疏齒魚，味如豬肉，出東海。斑魚，頭中有石如珠，出北海。鱣魚，大如五斗匳，長丈，口頷下。常三月中從河上；常于孟津捕之，黄肥，唯以作酢。淮水亦有。

——《曹操集》文集卷3《四時食制》，第66—67頁。

《諸葛亮集》

荆州利盡南海

自董卓已來，豪傑並起，跨州連郡者不可勝數。曹操比於袁紹，則名微而衆寡，然操遂能克紹，以弱爲彊者，非惟天時，抑亦人謀也。今操已擁百萬之衆，挾天子而令諸侯，此誠不可與爭鋒。孫權據有江東，已歷三世，國險而民附，賢能爲之用，此可以爲援而不可圖也。荆州北據漢、沔，利盡南海，東連吳會，西通巴、蜀，此用武之國，而其主不能守，此殆天所以資將軍，將軍豈有意乎？

——《諸葛亮集》文集卷1《草盧對》，第1頁。

海產奇貨故人貪而勇戰

南蠻多種，性不能教，連合朋黨，失意則相攻，居洞依山，或聚或散，西至崑崙，東至洋海，海產奇貨，故人貪而勇戰，春夏多疾疫，利在疾戰，不可久師也。

——《諸葛亮集》文集卷4《將苑·南蠻》，第102頁。

《神農本草經》

禹餘糧輕身延年

禹餘糧，味甘，主逆咳，寒熱煩滿，下痢赤白，血閉癥瘕，大熱。煉餌服之，不飢，輕身延年，生池澤及山島中。

——《神農本草經》卷1，第9頁。

牡蠣味咸平

牡蠣味咸平，主治傷寒寒熱，溫瘧灑灑，驚恚怒氣，除拘緩，鼠瘻，女子帶下赤白。久服強骨節，殺邪鬼，延年。一名蠣蛤，生池澤。……

——《神農本草經》卷1，第62頁。

海蛤味苦平

海蛤味苦平，主治咳逆上氣，喘息煩滿，胸痛寒熱。一名魁蛤，生池澤。文蛤，主治惡瘡，蝕五痔。……

——《神農本草經》卷1，第63頁。

海藻味苦寒

海藻味苦寒，主治癭瘤氣，頸下核，破散結氣，癰腫，症瘕堅氣，腹中上下鳴，下十二水腫。一名落首，生池澤。

——《神農本草經》卷2，第94頁。

烏賊魚骨味咸微溫

烏賊魚骨味咸微溫，主治女子漏下赤白經汁，血閉，陰蝕腫痛，寒熱，症瘕，無子。生池澤。

——《神農本草經》卷2，第114頁。

《太平經》

東海得其道而鯨魚出

作道治正當如天行，不與人相應，皆為逆天道。比若東海居下而好水，百川皆歸之。因得其道，鯨魚出其中，明月珠生焉，是其得道之效也。道人聚者，必得延年奇方出，大瑞應之。眾賢聚致治平，眾文聚則治小亂，五兵聚其治大敗。君宜守道，臣宜守德，道之與德，若衣之表裡。天不廣，不能包含萬物。萬物皆半好半惡，皆令忍之，人君象之，次皇后後宮之象也。此二者，慈愛父母之法也。故父母養子，善者愛之，惡者憐之，然後能和調家道。日象人君，月象大臣，星象百官，眾賢共照，萬物和生。故清者著天，濁者著地，中和著人。

——《太平經合校》卷18—34《太平經鈔乙部·以樂卻災法》，第14頁。

東海愛水因得為海

凡物自有精神，亦好人愛之，人愛之便來歸人。比若東海愛水，最居其下，天下之水悉往聚，因得為海。君子力而不息，因為委積財物之長，家遂富而無不有。先祖則得善食，子孫得肥澤，舉家共利。為力而不止，四方貧虛，莫不來受其功，因本已大成。施予不止，眾人大譽之，名聞遠方，功著天地。

——《太平經合校》卷67《六罪十治訣第一百三》，第260頁。

百川以江海為君長

天者以中極最高者為君長，地以昆侖墟為君長，日以王日為君長，月以大月為君長，星以中極一星為君長，眾山以五嶽為君長，五嶽以中極下泰山為君長，百川以江海為君長，有甲者以神龜為君長，有鱗之屬以龍為君長，飛有翼之屬以鳳凰為君長，獸有毛者以麒麟為君長，裸蟲者以人為君長，人以帝王為君長。

———《太平經合校》卷 93《方藥厭固相治訣第一百三十七》，第 396 頁。

山海諸通之水各有部界

天有四維，地有四維，故有日月相傳推。星有度數，照察是非，人有貴賤，壽命有長短，各稟命六甲。生有早晚，祿相當直，善惡異處，不失銖分。俗人不知，反謂無真，和合神靈，乃得稱人。得神靈腹心，乃可為人君。日時有應，分在所部。得天應者，天神舉之。得地應者，地神養之。得中和應者，人鬼佑之。得善應善，善自相稱舉，得惡應惡，惡自相從。皆有根本，上下周遍。山海諸通之水，各有部界，各各欲得性善不逆之人以為戶民。陸地之神，亦欲得善人。各施禁忌，上通於天，為惡犯之，自致不存。

———《太平經合校》卷 112《貪財色災及胞中誡第一百八十五》，第 582 頁。

《西京雜記》

武帝馬飾以南海白蜃爲珂

武帝時，身毒國獻連環羈，皆以白玉作之，馬瑙石爲勒，白光琉璃爲鞍。鞍在闇室中，常照十餘丈，如晝日。自是長安始盛飾鞍馬，競加雕鏤。或一馬之飾直百金，皆以南海白蜃爲珂，紫金爲華，以飾其上。猶以不鳴爲患，或加以鈴鑷，飾以流蘇，走則如撞鐘磬，若飛幡葆。後得貳師天馬，帝以玟瑰石爲鞍，鏤以金、銀、鍮石，以綠地五色錦爲蔽泥，後稍以熊羆皮爲之。熊羆毛有綠光，皆長二尺者，直百金。卓王孫有百餘雙，詔使獻二十枚。

——《西京雜記》卷 2《武帝馬飾之盛》，第 79—80 頁。

茂陵富人於北邙山養江鷗海鶴

茂陵富人袁廣漢，藏鏹巨萬，家僮八九百人。於北邙山下築園，東西四里，南北五里，激流水注其內。構石爲山，高十餘丈，連延數里。養白鸚鵡、紫鴛鴦、犛牛、青兕，奇獸怪禽，委積其間。積沙爲洲嶼，激水爲波潮，其中致江鷗海鶴，孕雛産鷇，延漫林池。奇樹異草，靡不具植。屋皆徘徊連屬，重閣脩廊，行之，移晷不能徧也。廣漢後有罪誅，沒入爲官園，鳥獸草木，皆移植上林苑中。

——《西京雜記》卷 3《袁廣漢園林之侈》，第 137 頁。

尉佗貢獻海鮫魚

尉佗貢獻尉佗獻高祖鮫魚、荔枝，高祖報以蒲桃錦四匹。

——《西京雜記》卷 3《尉佗貢獻》，第 137 頁。

昔人遊東海而以大魚为洲

李廣與兄弟共獵於冥山之北，見臥虎焉。射之，一矢即斃。斷其髑髏以爲枕，示服猛也。鑄銅象其形爲溲器，示厭辱之也。他日，復獵於冥山之陽，又見臥虎，射之，没矢飲羽。進而視之，乃石也，其形類虎。退而更射，鏃破簳折而石不傷。余嘗以問揚子雲，子雲曰："至誠則金石爲開。"余應之曰："昔人有遊東海者，旣而風惡，船漂不能制，船隨風浪，莫知所之。一日一夜，得至一孤洲，共侶歡然。下石植纜，登洲煮食。食未熟而洲没，在船者斫斷其纜，船復飄蕩。向者孤洲乃大魚，怒掉揚鬐，吸波吐浪而去，疾如風雲。在洲死者十餘人。又余所知陳縞，質木人也。入終南山採薪，還晚，趨舍未至，見張丞相墓前石馬，謂爲鹿也，卽以斧搥之，斧缺柯折，石馬不傷。此二者亦至誠也，卒有沉溺缺斧之事，何金石之所感偏乎？"子雲無以應余。

——《西京雜記》卷 5《金石感偏》，第 250—251 頁。

《海內十洲記》

漢武帝親問海內十洲所在

漢武帝既聞王母說八方巨海之中，有祖洲、瀛洲、玄洲、炎洲、長洲、元洲、流洲、生洲、鳳麟洲、聚窟洲。有此十洲，乃人跡所稀絕處。又始知東方朔非世常人，是以延之曲室，而親問十洲所在，所有之物名，故書記之。方朔云："臣學仙者耳，非得道之人。以國家之盛美，將招延儒墨於文教之內，抑絕俗之道，擯虛詭之跡。臣故韜隱逸而赴五庭，藏養生而侍朱闕，亦由尊上好道，且復欲抑絕其威儀也。曾隨師主履行，比至朱陵扶桑蜃海冥夜之丘，純陽之陵，始青之下，月宮之間，內遊七丘，中旋十洲。踐赤縣而遨五嶽，行陂澤而息名山。臣自少及今，周流六天，廣陟天光，極於是矣。未若凌虛之子，飛真之官，上下九天，洞視百萬。北極句陳而並華蓋，南翔太冊而棲大夏。東之通陽之霞，西薄寒穴之野。日月所不逮，星漢所不與。其上無復物，其下無復底。臣所識乃及於是，愧不足以酬廣訪矣。"

——《海內十洲記》，第64頁。

祖洲近在東海之中

祖洲近在東海之中，地方五百里，去西岸七萬里。上有不死之草，草形如菰，苗長三四尺，人已死三日者，以草覆之，皆當時活也。服之令人長生。昔秦始皇大苑中，多枉死者橫道，有鳥如烏狀，銜此草覆死人面，當時起坐而自活也。有司聞奏，始皇遣使者齎草以問北郭鬼谷先生。鬼谷先生云："臣嘗聞東海祖洲上有不死之草，生瓊田中，或名為養神芝，其葉似菰，苗叢生，一株可活一人。"始皇於是慨然言曰："可采得否？"乃使使者徐福發童男童女五百人，率攝樓船等入海尋祖洲，遂不返。福，道士也，字君房。後亦得道也。

——《海內十洲記》，第 64—65 頁。

瀛洲在東海中

瀛洲在東海中，地方四千里，大抵是對會稽，去西岸七十萬里。上生神芝仙草。又有玉石，高且千丈，出泉如酒，味甘，名之為玉醴泉，飲之數升輒醉，令人長生。洲上多仙家，風俗似吳人，山川如中國也。

——《海內十洲記》，第 65 頁。

玄洲在北海中

玄洲在北海之中，戌亥之地，方七千二百里，去南岸三十六萬里。上有太玄都，仙伯真公所治。多丘山，又有風山，聲響如雷電。對天西北門，上多太玄仙官宮室。宮室各異，饒金芝玉草。乃是三天君下治之處，甚蕭蕭也。

——《海內十洲記》，第 65 頁。

炎洲在南海中

炎洲在南海中，地方二千里，去北岸九萬里。上有風生獸，似豹，青色，大如狸，張網取之，積薪數車以燒之，薪盡而獸不然，灰中而立，毛亦不焦，斫刺不入，打之如灰囊，以鐵錘鍛其頭數十下乃死。而張口向風，須臾復活。以石上菖蒲塞其鼻，即死。取其腦和菊花服之，盡十斤，得壽五百年。又有火林山，山中有火光獸，大如鼠，毛長三四寸，或赤或白。山可三百里許，晦夜嘗見此山林，乃是此獸光照，狀如火光相似。取其獸毛以緝為布，時人號為火浣布，此是也。國人衣服垢汙，以灰汁浣之，終不潔淨。唯火燒此衣服，兩盤飯間，振擺之，其垢自落，潔白如雪。亦多仙家。

——《海內十洲記》，第 65 頁。

長洲在南海辰巳之地

長洲一名青丘，在南海辰巳之地，地方五千里，去岸二十五萬里。上饒山川，及多大樹，樹乃有二千圍者。一洲之上，專是林木，故一名青丘。又有仙草靈藥，甘液玉英。又有風山，山恒震聲。有紫府宮，天真仙女游于此地。

——《海內十洲記》，第 65—66 頁。

元洲在北海中

元洲在北海中，地方三千里，去南岸十萬里。上有五芝玄澗，澗水如蜜漿，飲之長生，與天地相畢。服此五芝，亦得長生不死。亦多仙家。

——《海內十洲記》，第 66 頁。

流洲在西海中

流洲在西海中，地方三千里，去東岸十九萬里。上多山川積石，名為昆吾。冶其石成鐵作劍，光明洞照如水精狀，割玉物如割泥。亦饒仙家。

——《海內十洲記》，第 66 頁。

生洲在東海丑寅之間

生洲在東海丑寅之間，接蓬萊十七萬里，地方二千五百里，去西岸二十三萬里。上有仙家數萬，天氣安和，芝草長生，地無寒暑，安養萬物。亦多山川，仙草眾芝。一洲之水，味如飴酪，至良洲者也。

——《海內十洲記》，第 66 頁。

鳳麟洲在西海之中央

鳳麟洲在西海之中央，地方一千五百里。洲四面有弱水繞之，鴻毛不浮，不可越也。洲上多鳳麟，數萬各為群。又有山川池澤，及神藥百種，亦多仙家。煮鳳喙及麟角合煎作膏，名之為續弦膠，或名連金泥。此膠能續弓弩已斷之弦，連刀劍斷折之金。更以膠連續之處，使力士掣之，他處乃斷，所續之際終無斷也。武帝天漢三年，帝幸北海，祠恒山。四月西國王使至，獻此膠四兩，及吉光毛裘。武帝受以付外庫，不知膠裘二物之妙用也。以為西國雖遠，而上貢者不奇，稽留使者未遣。久之，武帝幸華林園射虎，而弩弦斷。使者時從駕，又上膠一分，使口濡以續弩弦。帝驚曰：異物也！乃使武士數人，共對掣引之，終日不脫，如未續時也。膠色青如碧玉。吉光毛裘黃色，蓋神馬之類也。裘入水數日不沉，入火不焦。帝於是乃悟，厚謝使者而遣去。賜以牡桂乾薑等諸物，是西方國之所無者。又益思東方朔之遠見。周穆王時，西胡獻昆吾割玉刀及夜光常滿杯。刀長一尺，杯受三升。刀切玉如切泥，杯是白玉之精，光明夜照。冥夕出杯於中庭以向天，比明而水汁已滿於杯中也。汁甘而香美，斯實靈人之器。秦始皇時，西胡獻切玉刀，無複常滿杯耳。如此膠之所出，從鳳麟洲來，劍之所出，必從流洲來，並是西海中所有也。

——《海內十洲記》，第 66—67 頁。

聚窟洲在西海中申未之地

聚窟洲在西海中申未之地，地方三千里，北接昆侖二十六萬里，去東岸二十四萬里。上多真仙靈官，宮第比門，不可勝數。及有獅子辟邪鑿齒天鹿長牙銅頭鐵額之獸。洲上有大山，形似人鳥之象，因名之為人鳥山。山多大樹，與楓木相類，而花葉香聞數百里，名為反魂樹。扣其樹，亦能自作聲。聲如群牛吼，聞之者皆心震神駭。伐其木根，置於玉釜中煮取汁，更微火煎如黑餳狀，令可丸之，名曰驚精香，或名之為震靈丸，或名之為反生香，或名之為震檀香，或名之為人鳥精，或名之為卻死香。一種六名，斯靈物也。香氣聞數百里，死者在地，聞香氣乃卻活，不覆亡也。以香薰死人，更加神驗。征和三年，武帝幸安定，西胡月支國王遣使獻香四兩，大如雀卵，黑如桑椹，帝以香非中國所有，以付外庫。又獻猛獸一頭，形如五六十日犬子，大似狸而色黃。命國使將入呈，帝見之，使者抱之似犬，羸細禿悴，尤怪其貢之非也。問使者：此小物可弄，何謂猛獸？使者對曰：夫威加百禽者，不必計之以大小。是以神麟故為巨象之王，鸞鳳必為大鵬之宗。百足之蟲，制於螣蛇，亦不在於巨細也。臣國去此三十萬里，國有常占，東風入律，百旬不休，青雲幹呂，連月不散者，當知中國時有好道之君。我王固將賤百家而貴道儒，薄金玉而厚靈物也。故搜奇蘊而貢神香，步天林而請猛獸，乘毳車而濟弱淵，策驥足以度飛沙，契闊途遙，辛苦溪路，於今已十三年矣。神香起夭殘之死疾，猛獸卻百邪之魅鬼。夫此二物，實濟眾生之至要，助政化之升平。豈圖陛下反不知真乎，是臣國占風之謬矣！今日仰鑒天姿，亦乃非有道之君也。眼多視則貪色，口多言則犯難，身多動則淫賊，心多飾則奢侈。未有用此四者而成天下之治也。武帝忿然不平。又問使者猛獸何方而伏百禽，食啖何物，膂力何比，其所生何鄉耶？使者曰：猛獸所出，或生昆侖，或生玄圃，或生聚窟，或生天路，其壽不窮，食氣飲露，解人言語，仁慧忠恕。當其仁也，愛護蠢動，不犯虎豹以下。當

其威也，一聲叫發，千人伏息，牛馬恐駭，驚斷緪系，武士奄忽，失
其勢力。當其神也，立興風雲，吐嗽雨露，百邪逬走，蛟龍騰蛇，附
處於太上之廄，役禦獅子，名曰猛獸。蓋神化無常，能為大禽之宗
主，乃獲天之元王，辟邪之長帥者也。靈香雖少，斯更生之神丸也。
疫病災死者，將能起之。及聞氣者即活也。芳又特甚，故難歇也。於
是帝使使者令猛獸發聲試聽之。使者乃指獸命發一聲，獸舐唇良久，
忽叫如天大雷聲震霳，又兩目如磽磛之交光，光朗沖天，良久乃止。
帝登時顛蹶，掩耳震動，不能自止。侍者及武士虎賁，皆失仗伏地，
諸內外牛馬犬豕之屬，皆絕絆離系，驚駭放蕩，久許而定。帝忌之，
因以此獸付上林苑，令虎食之。於是虎聞獸來，乃相聚屈積如死虎
伏。獸入苑，徑上虎頭，溺虎口。去十步已來，顧視虎，虎輒閉目。
帝恨使者言不遜，欲收之。明日失使者及猛獸所在。遣四出尋討，不
知所止到。後元封元年，長安城內，病者數千，亡者大半。帝試取月
支神香燒之於城內，其死未三日者皆活。芳氣經三月不歇。於是信知
其神物也。乃更秘錄餘香，後一旦又失之，檢函封印如故，無複香
也。帝愈懊恨，恨不禮待于使者，益貴方朔之遺語，自愧求李少君之
不勤，慚衛叔卿之複去矣。明年，帝崩于五祚宮，已亡月支國人烏山
震檀卻死等香也。向使厚待使者。帝崩之時，何緣不得靈香之用耶？
自合命殞矣！

——《海內十洲記》，第 67—69 頁。

滄海島在北海中

　　滄海島在北海中，地方三千里，去岸二十一萬里。海四面繞島，
島各廣五千里，水皆蒼色，仙人謂之滄海也。島上俱是大山積石，有
名石、象八石、石腦石、桂英、流丹、黃子、石膽之輩百餘種，皆生
於島，服之神仙長生。島中有紫石宮室，九老仙都所治，仙官數萬人
居焉。

——《海內十洲記》，第 69 頁。

方丈洲在東海中心

方丈洲在東海中心，西南東北岸正等，方丈方面各五千里。上專是群龍所聚，有金玉琉璃之宮，三天司命所治之處。群仙不欲升天者，皆往來此洲，受太玄生籙，仙家數十萬，耕田種芝草課計頃畝如種稻狀。亦有玉石泉，上有九源丈人宮，主領天下水神及龍蛇巨鯨，陰精水獸之輩。

——《海內十洲記》，第 69 頁。

扶桑在東海之東岸

扶桑在東海之東岸，岸直陸行。登岸一萬里東複有碧海，海廣狹浩汗，與東海等，水既不鹹苦，正作碧色，甘香味美。扶桑在碧海之中，地方萬里。上有太帝宮，太真東王父所治處。地多林木，葉皆如桑，又有椹。樹長者數千丈，大二千餘圍。樹兩兩同根偶生，更相依倚，是以名為扶桑。仙人食其椹而一體皆作金光色，飛翔空立。其樹雖大，其葉椹故如中夏之桑也。但椹稀而色赤，九千歲一生實耳。味絕甘香美，地生紫金丸玉，如中夏之瓦石狀。真仙靈官，變化萬端，蓋無常形，亦有能分形為百身十丈者也。

——《海內十洲記》，第 69 頁。

蓬萊山對東海之東北岸

蓬丘，蓬萊山是也。對東海之東北岸，周回五千里，外別有圓海繞山。圓海水正黑，而謂之冥海也。無風而洪波百丈，不可得往來。上有九老丈人，九天真玉宮，蓋太上真人所居。唯飛仙有能到其處耳。

——《海內十洲記》，第 69 頁。

《列仙傳》

介子推賣扇東海邊

介子推者，姓王，名光，晉人也。隱而無名，悅趙成子，與遊。旦有黃雀在門上，晉公子重耳異之，與出，居外十餘年，勞苦不辭。及還介山，伯子常晨來，呼推曰："可去矣。"推辭母入山中，從伯子常遊。後文公遣數千人以玉帛禮之，不出。後三十年見東海邊，爲王俗賣扇。後數十年，莫知所在。

——《列仙傳校箋》卷上《介子推》，第 42 頁。

范蠡乘扁舟入海

范蠡，字少伯，徐人也。事周師太公望，好服桂飲水，爲越大夫，佐句踐破吳後，乘扁舟入海，變名姓，適齊爲鴟夷子更，後百餘年見於陶，爲陶朱君。財累億萬，號陶朱公。後棄之蘭陵賣藥。後人世世識見之云。

——《列仙傳校箋》卷上《范蠡》，第 58 頁。

安期先生賣藥於東海邊

安期先生者，瑯邪阜鄉人也。賣藥於東海邊，時人皆言千歲翁。秦始皇東遊，請見，與語三日三夜，賜金璧度數十萬。出於阜鄉亭，皆置去。畱書以赤玉舄一量爲報。曰：“後數年，求我於蓬萊山。”始皇卽遣使者徐市、盧生等數百人入海，未至蓬萊山，輒逢風波而還。立祠阜鄉亭海邊十數處云。

——《列仙傳校箋》卷上《安期先生》，第70頁。

服閭往來海邊諸祠中

服閭者，不知何所人也。常止莒，往來海邊諸祠中。有三仙人於祠中博，賭瓜。顧閭，令擔黃白瓜數十頭，教令瞑目。及覺，乃在方丈山，在蓬萊山南。後往來莒，取方丈山上珍寶珠玉賣之，久久。一旦，髡頭著赭衣，貌更老，人問之，言坐取廟中物云。後數年，貌更壯好，鬢髮如往日時矣。

——《列仙傳校箋》卷下《服閭》，第136頁。

《吴越春秋》

越王上棲會稽下守海濱

子貢東見越王，王聞之，除道郊迎，身御至舍，問曰："此僻狹之國，蠻夷之民，大夫何索然若不辱，乃至於此？"子貢曰："君處，故來。"越王勾踐再拜稽首，曰："孤聞禍與福爲鄰，今大夫之吊，孤之福矣。孤敢不問其説？"子貢曰："臣今者見吳王，告以救魯而伐齊，其心畏越。且夫無報人之志，而使人疑之，拙也。有報人之意，而使人知之，殆也。事未發而聞之者，危也。三者舉事之大忌也。"越王再拜，曰："孤少失前人，内不自量，與吳人戰，軍敗身辱遁逃，上棲會稽，下守海濱，唯魚鱉見矣。今大夫辱吊而身見之，又發玉聲以教孤，孤賴天之賜也，敢不承教？"

——《吳越春秋·夫差内傳第五》，第 67 頁。

越師屯海通江徙吳大舟

十四年，夫差既殺子胥，連年不熟，民多怨恨。吳王復伐齊。闕爲深溝，通於商、魯之間，北屬蘄，西屬濟，欲與魯、晉合攻於黃池之上。恐群臣復諫，乃令國中，曰："寡人伐齊，有敢諫者死。"……吳王不聽太子之諫，遂北伐齊。越王聞吳王伐齊，使范蠡、洩庸率師屯海通江，以絶吳路。敗太子友於始熊夷，通江、淮轉襲吳，遂入吳國，燒姑胥臺，徙其大舟。（即餘皇舟也。）

——《吳越春秋·夫差內傳第五》，第 77—78 頁。

東海人祭禹廟不用熊白及鼈爲膳

堯用治水，受命九載，功不成。帝怒曰："朕知不能也。"乃更求之，得舜。使攝行天子之政，巡狩。觀鯀之治水無有形狀，乃殛鯀于羽山。（《地志》：在東海郡祝其縣南，今海州朐山縣。）鯀投于水，化爲黄能，因爲羽淵之神。（《左傳·昭公七年》：晉侯有疾，夢黄熊入於寢門。子產曰："昔堯殛鯀於羽山，其神化爲黄熊，以入于羽淵。"杜預解："熊，音雄，獸名，亦作能，如字，一音奴來切，三足鼈也。"按《說文》及《字林》皆云："能，熊屬，足似鹿。"然則"能"既熊屬，又爲鼈類，作"能"者勝也。東海人祭禹廟，不用熊白及鼈爲膳，豈鯀化爲二物乎？）

——《吳越春秋·越王無余外傳第六》，第 96 頁。

怪山者琅琊東武海中山

於是范蠡乃觀天文，擬法於紫宫，築作小城，周千一百二十二步，一圓三方。西北立龍飛翼之樓，以象天門。東南伏漏石竇，以象地户。陵門四達，以象八風。外郭築城而缺西北，示服事吳也，不敢壅塞。内以取吳，故缺西北，而吳不知也。北向稱臣，委命吳國。左右易處，不得其位，明臣屬也。城既成，而怪山自生。怪山者，琅琊東武海中山也，一夕自來，百姓怪之，故名怪山。（即龜山也，在府東南二里。一名飛來，一名寶林，一名怪山。《越絶》曰："龜山，勾踐所起游臺也。"《寰宇記》："龜山即琅琊東武山，一夕移於此。"）范蠡曰："臣之築城也，其應天矣，崑崙之象存焉。"

——《吳越春秋·勾踐歸國外傳第八》，第 124 頁。

前潮水伍子胥後重水大夫種

　　越王遂賜文種屬盧之劍。種得劍，又歎曰："南陽之宰，而爲越王之擒。"自笑曰："後百世之末，忠臣必以吾爲喻矣。"遂伏劍而死。越王葬種於國之西山，樓船之卒三千餘人，造鼎足之羨，或入三峰之下。葬一年，伍子胥從海上穿山脅而持種去，與之俱浮於海。故前潮水潘候者，伍子胥也。後重水者，大夫種也。

　　　　　　——《吴越春秋·勾踐伐吴外傳第十》，第 168 頁。

越王從瑯邪起觀臺望東海/
越以船爲車以楫爲馬

　　越王既已誅忠臣，霸於關東，從瑯邪起觀臺，周七里，以望東海。死士八千人，戈船三百艘。居無幾，射求賢士。孔子聞之，從弟子奉先王雅琴禮樂奏於越。越王乃被唐夷之甲，帶步光之劍，杖屈盧之矛，出死士，以三百人爲陣關下。孔子有頃到，越王曰："唯唯，夫子何以教之?"孔子曰："丘能述五帝、三王之道，故奏雅琴，以獻之大王。"越王喟然歎曰："越性脆而愚，水行山處，以船爲車，以楫爲馬，往若飄然，去則難從，悦兵敢死，越之常也。夫子何説而欲教之?"孔子不答，因辭而去。

　　　　　　——《吴越春秋·勾踐伐吴外傳第十》，第 169 頁。

中 編

兩晉南北朝文獻中的海洋記述

《晉書》

永嘉郡海潮

太元十七年六月癸卯，京師地震。甲寅，濤水入石頭，毀大桁。永嘉郡潮水湧起，近海四縣人多死者。乙卯，大風，折木。戊午，梁王𬙻薨。慕容垂襲翟釗于黎陽，敗之，釗奔于慕容永。

——《晉書》卷9《帝紀第九·孝武帝》，第239頁。

海賊徐道期陷廣州

義熙十三年六月癸亥，林邑獻馴象、白鸚鵡。秋七月，劉裕克長安，執姚泓，收其彝器，歸諸京師。南海賊徐道期陷廣州，始興相劉謙之討平之。

——《晉書》卷10《帝紀第十·安帝》，第266頁。

天形穹隆接四海之表

成帝咸康中，會稽虞喜因宣夜之說作安天論，以爲"天高窮於無窮，地深測於不測。天確乎在上，有常安之形；地魄焉在下，有居靜之體。當相覆冒，方則俱方，員則俱員，無方員不同之義也。其光曜布列，各自運行，猶江海之有潮汐，萬品之有行藏也"。葛洪聞而譏之曰："苟辰宿不麗於天，天爲無用，便可言無，何必復云有之而不動乎？"由此而談，稚川可謂知言之選也。

虞喜族祖河間相聳又立穹天論云："天形穹隆如雞子，幕其際，周接四海之表，浮于元氣之上。譬如覆盆以抑水，而不沒者，氣充其中故也。日繞辰極，沒西而還東，不出入地中。天之有極，猶蓋之有斗也。天北下於地三十度，極之傾在地卯酉之北亦三十度，人在卯酉之南十餘萬里，故斗極之下不爲地中，當對天地卯酉之位耳。日行黃道繞極。極北去黃道百一十五度，南去黃道六十七度，二至之所舍以爲長短也。"……自虞喜、虞聳、姚信皆好奇徇異之說，非極數談天者也。至於渾天理妙，學者多疑。

——《晉書》卷 11《志第一·天文上·天體》，第 279—280 頁。

海旁蜄氣象樓臺

凡海旁蜄氣象樓臺，廣野氣成宮闕，北夷之氣如牛羊羣畜穹廬，南夷之氣類舟船幡旗。自華以南，氣下黑上赤；嵩高、三河之郊，氣正赤；恒山之北，氣青；勃碣海岱之間，氣皆正黑；江淮之間，氣皆白；東海氣如員簪；附漢河水，氣如引布；江漢氣勁如杼，濟水氣如黑狖，渭水氣如狼白尾，淮南氣如白羊，少室氣如白兔青尾，恒山氣如黑牛青尾。東夷氣如樹，西夷氣如室屋，南夷氣如闕臺，或類舟船。

——《晉書》卷 12《志第二·天文中·雜星氣·雜氣》，第 335 頁。

海賊寇抄運漕不繼

咸和五年，成帝始度百姓田，取十分之一，率畝稅米三升。六年，以海賊寇抄，運漕不繼，發王公以下餘丁，各運米六斛。是後頻年水災旱蝗，田收不至。咸康初，算度田稅米，空懸五十餘萬斛，尚書褚裒以下免官。穆帝之世，頻有大軍，糧運不繼，制王公以下十三戶共借一人，助度支運。升平初，荀羨爲北府都督，鎮下邳，起田于東陽之石鼈，公私利之。哀帝卽位，乃減田租，畝收二升。孝武太元二年，除度田收租之制，王公以下口稅三斛，唯蠲在役之身。八年，又增稅米，口五石。至於末年，天下無事，時和年豐，百姓樂業，穀帛殷阜，幾乎家給人足矣。

——《晉書》卷 26《志第十六·食貨》，第 792—793 頁。

永嘉郡海潮

孝武帝太元十七年六月甲寅，濤水入石頭，毀大航，漂船舫，有死者。京口西浦亦濤入殺人。永嘉郡潮水湧起，近海四縣人多死。後四年帝崩，而王恭再攻京師，京師亦發衆以禦之，兵役頻興，百姓愁怨之應也。

——《晉書》卷 27《志第十九·五行上》，第 817 頁。

吳江海涌溢

吳孫權太元元年八月朔，大風，江海涌溢，平地水深八尺，拔高陵樹二千株，石碑蹉動，吳城兩門飛落。案華覈對，役繁賦重，區霿不容之罰也。明年，權薨。

——《晉書》卷 29《志第十九·五行下·庶徵恒風》，第 885 頁。

裴秀《禹貢地域圖》

裴秀字季彥，河東聞喜人也。祖茂，漢尚書令。父潛，魏尚書令。秀少好學，有風操，八歲能屬文。……

秀儒學洽聞，且留心政事，當禪代之際，總納言之要，其所裁當，禮無違者。又以職在地官，以禹貢山川地名，從來久遠，多有變易。後世說者或強牽引，漸以闇昧。於是甄摘舊文，疑者則闕，古有名而今無者，皆隨事注列，作《禹貢地域圖》十八篇，奏之，藏於祕府。其序曰：

"圖書之設，由來尚矣。自古立象垂制，而賴其用。三代置其官，國史掌厥職。暨漢屠咸陽，丞相蕭何盡收秦之圖籍。今祕書既無古之地圖，又無蕭何所得，惟有漢氏輿地及括地諸雜圖。各不設分率，又不考正準望，亦不備載名山大川。雖有粗形，皆不精審，不可依據。或荒外迂誕之言，不合事實，於義無取。

大晉龍興，混一六合，以清宇宙，始於庸蜀，采入其岨。文皇帝乃命有司，撰訪吳蜀地圖。蜀土既定，六軍所經，地域遠近，山川險易，征路迂直，校驗圖記，罔或有差。今上考禹貢山海川流，原隰陂澤，古之九州，及今之十六州，郡國縣邑，疆界鄉陬，及古國盟會舊名，水陸徑路，爲地圖十八篇。

制圖之體有六焉。一曰分率，所以辨廣輪之度也。二曰準望，所以正彼此之體也。三曰道里，所以定所由之數也。四曰高下，五曰方邪，六曰迂直，此三者各因地而制宜，所以校夷險之異也。有圖象而無分率，則無以審遠近之差；有分率而無準望，雖得之於一隅，必失之於他方；有準望而無道里，則施於山海絕隔之地，不能以相通；有道里而無高下、方邪、迂直之校，則徑路之數必與遠近之實相違，失準望之正矣，故以此六者參而考之。然遠近之實定於分率，彼此之實定於道里，度數之實定於高下、方邪、迂直之算。故雖有峻山鉅海之隔，絕域殊方之迴，登降詭曲之因，皆可得舉而定者。準望之法既正，則曲直遠近無所隱其形也。"

秀創制朝儀，廣陳刑政，朝廷多遵用之，以爲故事。在位四載，爲當世名公。服寒食散，當飲熱酒而飲冷酒，泰始七年薨，時年四十八。

——《晉書》卷 35《列传第五·裴秀》，第第 1037—1040 頁。

東夷諸國依山帶海

張華字茂先，范陽方城人也。父平，魏漁陽郡守。華少孤貧，自牧羊，同郡盧欽見而器之。鄉人劉放亦奇其才，以女妻焉。華學業優博，辭藻溫麗，朗贍多通，圖緯方伎之書莫不詳覽。……華強記默識，四海之內，若指諸掌。武帝嘗問漢宮室制度及建章千門萬戶，華應對如流，聽者忘倦，畫地成圖，左右屬目。……

　　華名重一世，衆所推服，晉史及儀禮憲章並屬於華，多所損益，當時詔誥皆所草定，聲譽益盛，有台輔之望焉。……乃出華爲持節、都督幽州諸軍事、領護烏桓校尉、安北將軍。撫納新舊，戎夏懷之。東夷馬韓、新彌諸國依山帶海，去州四千餘里，歷世未附者二十餘國，並遣使朝獻。於是遠夷賓服，四境無虞，頻歲豐稔，士馬強盛。

　　惠帝中，人有得鳥毛長三丈，以示華。華見，慘然曰：“此謂海鳬毛也，出則天下亂矣。”陸機嘗餉華鮓，于時賓客滿座，華發器，便曰：“此龍肉也。”衆未之信，華曰：“試以苦酒濯之，必有異。”既而五色光起。機還問鮓主，果云：“園中茅積下得一白魚，質狀殊常，以作鮓，過美，故以相獻。”武庫封閉甚密，其中忽有雉雛。華曰：“此必蛇化爲雉也。”開視，雉側果有蛇蛻焉。吳郡臨平岸崩，出一石鼓，槌之無聲。帝以問華，華曰：“可取蜀中桐材，刻爲魚形，扣之則鳴矣。”於是如其言，果聲聞數里。

　　——《晉書》卷36《列傳第六·張華》，第第1070—1075頁。

青州有負海之險

　　王衍字夷甫，神情明秀，風姿詳雅。總角嘗造山濤，濤嗟歎良久，既去，目而送之曰：“何物老嫗，生寧馨兒！然誤天下蒼生者，未必非此人也。”……泰始八年，詔舉奇才可以安邊者，衍初好論從橫之術，故尚書盧欽舉爲遼東太守。不就，於是口不論世事，唯雅詠玄虛而已。嘗因宴集，爲族人所怒，舉樏擲其面。衍初無言，引王導共載而去。然心不能平，在車中攬鏡自照，謂導曰：“爾看吾目光乃在牛背上矣。”……

　　後歷北軍中候、中領軍、尚書令。……衍素輕趙王倫之爲人。及倫篡位，衍陽狂斫婢以自免。及倫誅，拜河南尹，轉尚書，又爲中書令。時齊王冏有匡復之功，而專權自恣，公卿皆爲之拜，衍獨長揖焉。以病去官。成都王穎以衍爲中軍師，累遷尚書僕射，領吏部，後拜尚書令、司空、司徒。衍雖居宰輔之重，不以經國爲念，而思自全之計。說東海王越曰："中國已亂，當賴方伯，宜得文武兼資以任之。"乃以弟澄爲荆州，族弟敦爲青州。因謂澄、敦曰："荆州有江漢之固，青州有負海之險，卿二人在外，而吾留此，足以爲三窟矣。"識者鄙之。

　　及石勒、王彌寇京師，以衍都督征討諸軍事、持節、假黃鉞以距之。衍使前將軍曹武、左衛將軍王景等擊賊，退之，獲其輜重。遷太尉，尚書令如故。封武陵侯，辭封不受。時洛陽危逼，多欲遷都以避其難，而衍獨賣車牛以安衆心。

　　——《晉書》卷43《列传第十三·王戎·王衍》，第 1235—1238 頁。

李敏父子輕舟浮滄海

　　李胤字宣伯，遼東襄平人也。祖敏，漢河內太守，去官還鄉里，遼東太守公孫度欲强用之，敏乘輕舟浮滄海，莫知所終。胤父信追求積年，浮海出塞，竟無所見，欲行喪制服，則疑父尚存，情若居喪而不聘娶。後有鄰居故人與其父同年者亡，因行喪制服。燕國徐邈與之同州里，以不孝莫大於無後，勸使娶妻。既生胤，遂絕房室，恒如居喪禮，不堪其憂，數年而卒。胤既幼孤，母又改行，有識之後，降食哀戚，亦以喪禮自居。又以祖不知存亡，設木主以事之。由是以孝聞。容貌質素，頹然若不足者，而知度沈邃，言必有則。

　　初仕郡上計掾，州辟部從事、治中，舉孝廉，參鎮北軍事。遷樂平侯相，政尚清簡。入爲尚書郎，遷中護軍司馬、吏部郎，銓綜廉平。賜爵關中侯，出補安豐太守。文帝引爲大將軍從事中郎，遷御史中丞，恭恪直繩，百官憚之。伐蜀之役，爲西中郎將、督關中諸軍事。後爲河南尹，封廣陸伯。

——《晉書》卷 44《列傳第十四·李胤》，第 1253 頁。

公孫氏乘桴滄海

孫楚字子荊，太原中都人也。祖資，魏驃騎將軍。父宏，南陽太守。楚才藻卓絕，爽邁不羣，多所陵傲，缺鄉曲之譽。年四十餘，始參鎮東軍事。文帝遣符劭、孫郁使吳，將軍石苞令楚作書遺孫晧曰：

"蓋見機而作，周易所貴；小不事大，春秋所誅。此乃吉凶之萌兆，榮辱所由生也。是故許鄭以銜璧全國，曹譚以無禮取滅。載籍既記其成敗，古今又著其愚智，不復廣引譬類，崇飾浮辭。苟以夸大爲名，更喪忠告之實。今粗論事要，以相覺悟。

昔炎精幽昧，曆數將終，桓靈失德，災釁並興，豺狼抗爪牙之毒，生靈罹塗炭之難。由是九州絕貫，王綱解紐，四海蕭條，非復漢有。太祖承運，神武應期，征討暴亂，克寧區夏；協建靈符，天命既集，遂廓弘基，奄有魏域。土則神州中嶽，器則九鼎猶存，世載淑美，重光相襲，故知四隩之攸同，帝者之壯觀也。昔公孫氏承藉父兄，世居東裔，擁帶燕胡，憑陵險遠，講武游盤，不供職貢，內傲帝命，外通南國，乘桴滄海，交酬貨賄，葛越布于朔土，貂馬延于吳會；自以控弦十萬，奔走之力，信能右折燕齊，左震扶桑，輮轢沙漠，南面稱王。宣王薄伐，猛銳長驅，師次遼陽，而城池不守；枹鼓暫鳴，而元凶折首。於是遠近疆場，列郡大荒，收離聚散，大安其居，眾庶悅服，殊俗款附。自茲以降，九野清泰，東夷獻其樂器，肅慎貢其楛矢，曠世不羈，應化而至，巍巍蕩蕩，想所具聞也。

吳之先祖，起自荊楚，遭時擾攘，潛播江表。劉備震懼，亦逃巴岷。遂因山陵積石之固，三江五湖浩汗無涯，假氣遊魂，迄茲四紀。兩邦合從，東西唱和，互相扇動，距捍中國。自謂三分鼎足之勢，可與泰山共相終始也。相國晉王輔相帝室，文武桓桓，志厲秋霜，廟勝之算，應變無窮，獨見之鑒，與眾絕慮。主上欽明，委以萬機，長轡遠御，妙略潛授，偏師同心，上下用力，陵威奮伐，深入其阻，并敵一向，奪其膽氣。小戰江由，則成都自潰；曜兵劍閣，則姜維面縛。開地六千，領郡三十。兵不踰時，梁益肅清，使竊號之雄，稽顙絳闕，球琳重錦，充於府庫。夫韓并魏徙，虢滅虞亡，此皆前鑒，後事之表。又南中呂興，深覩天命，蟬蛻內附，願爲臣妾。外失輔車脣齒之援，內有羽毛零落之漸，而徘徊危國，冀延日月，此由魏武侯卻指山河，自以爲强，殊不知物有興亡，則所美非其地也。

方今百僚濟濟，儁乂盈朝，武臣猛將，折衝萬里，國富兵强，六軍精練，思復翰飛，飲馬南海。自頃國家整修器械，興造舟楫，簡習水戰，樓船萬艘，千里相望，剗木已來，舟車之用未有如今之殷盛者也。驍勇百萬，畜力待時。役不再舉，今日之師也。然主相眷眷未便電發者，猶以爲愛人治國，道家所尚，崇城遂卑，文王退舍，故先開大信，喻以存亡，殷勤之指，往使所究也。若能審勢安危，自求多福，蹶然改容，祇承往錫，追慕南越，嬰齊入侍，北面稱臣，伏聽告策，則世祚江表，永爲魏藩，豐功顯報，隆於今日矣。若猶侮慢，未順王命，然後謀力雲合，指麾從風，雍梁二州，順流而東，青徐戰士，列江而西，荊揚克豫，爭驅八衝，征東甲卒，武步秣陵，爾乃王輿整駕，六戎徐征，羽校燭日，旌旗星流，龍游曜路，歌吹盈耳，士卒奔邁，其會如林，煙塵俱起，震天駭地，渴賞之士，鋒鏑爭先，忽然一旦，身首橫分，宗祀淪覆，取戒萬世，引領南望，良助寒心！夫療膏肓之疾者，必進苦口之藥；決狐疑之慮者，亦告逆耳之言。如其猶豫，迷而不反，恐俞附見其已死，扁鵲知其無功矣。勉思良圖，惟所去就。"

劭等至吳，不敢爲通。

——《晉書》卷56《列传第二十六·孫楚》，第 1539—1542 頁。

陶璜從海道徑至交阯

陶璜字世英，丹楊秣陵人也。父基，吳交州刺史。璜仕吳歷顯位。

孫晧時，交阯太守孫諝貪暴，爲百姓所患。會察戰鄧荀至，擅調孔雀三千頭，遣送秣陵，既苦遠役，咸思爲亂。郡吏呂興殺諝及荀，以郡內附。武帝拜興安南將軍、交阯太守。尋爲其功曹李統所殺，帝更以建寧爨谷爲交阯太守。谷又死，更遣巴西馬融代之。融病卒，南中監軍霍弋又遣犍爲楊稷代融，與將軍毛炅，九眞太守董元，牙門孟幹、孟通、李松、王業、爨能等，自蜀出交阯，破吳軍於古城，斬大都督脩則、交州刺史劉俊。吳遣虞汜爲監軍，薛珝爲威南將軍、大都督，璜爲蒼梧太守，距稷，戰于分水。璜敗，退保合浦，亡其二將。珝怒，謂璜曰："若自表討賊，而喪二帥，其責安在？"璜曰："下官不得行意，諸軍不相順，故致敗耳。"珝怒，欲引軍還。璜夜以數百兵襲董元，獲其寶物，船載而歸，珝乃謝之，以璜領交州，爲前部督。璜從海道出於不意，徑至交阯，元距之。諸將將戰，璜疑斷牆內有伏兵，列長戟於其後。兵纔接，元僞退，璜追之，伏兵果出，長戟逆之，大破元等。以前所得寶船上錦物數千匹遺扶嚴賊帥梁奇，奇將萬餘人助璜。元有勇將解系同在城內，璜誘其弟象，使爲書與系，又使象乘璜輜車，鼓吹導從而行。元等曰："象尚若此，系必有去志。"乃就殺之。珝、璜遂陷交阯。吳因用璜爲交州刺史。

璜有謀策，周窮好施，能得人心。滕脩數討南賊，不能制，璜曰："南岸仰吾鹽鐵，斷勿與市，皆壞爲田器。如此二年，可一戰而滅也。"脩從之，果破賊。

——《晉書》卷57《列傳第二十七·陶璜》，第1558—1559頁。

溫放之鎮南海

溫嶠字太眞，司徒羨弟之子也……（溫嶠卒），子放之嗣爵，少歷清官，累至給事黃門侍郎。以貧，求爲交州，朝廷許之。王述與會稽王牋曰："放之溫嶠之子，宜見優異，而投之嶺外，竊用愕然。願遠存周禮，近參人情，則望實惟允。"時竟不納。放之既至南海，甚有威惠。將征林邑，交阯太守杜寶、別駕阮朗並不從，放之以其沮衆，誅之，勒兵而進，遂破林邑而還。卒于官。

——《晉書》卷 67《列传第三十七·溫嶠》，第 1785—1796 頁。

劉徵浮海抄東南諸縣

郗鑒字道徽，高平金鄉人，漢御史大夫慮之玄孫也。少孤貧，博覽經籍，躬耕隴畝，吟詠不倦。以儒雅著名，不應州命。趙王倫辟爲掾，知倫有不臣之迹，稱疾去職。及倫篡，其黨皆至大官，而鑒閉門自守，不染逆節。惠帝反正，參司空軍事，累遷太子中舍人、中書侍郎。……

咸和初，領徐州刺史……及陶侃爲盟主，進鑒都督揚州八郡軍事。時撫軍將軍王舒、輔軍將軍虞潭皆受鑒節度，率衆渡江，與侃會于茄子浦。鑒築白石壘而據之。……會峻死，大業圍解。及蘇逸等走吳興，鑒遣參軍李閎追斬之，降男女萬餘口。拜司空，加侍中，解八郡都督，更封南昌縣公，以先爵封其子曇。

時賊帥劉徵聚衆數千，浮海抄東南諸縣。鑒遂城京口，加都督揚州之晉陵吳郡諸軍事，率衆討平之。進位太尉。

——《晉書》卷 67《列传第三十七·郗鑒》，第 1796—1800 頁。

聚衆海濱略漁人船

庾冰字季堅。兄亮以名德流訓，冰以雅素垂風，諸弟相率莫不好禮，爲世論所重，亮常以爲庾氏之寶。司徒辟，不就，徵祕書郎。預討華軼功，封都鄉侯。王導請爲司徒右長史，出補吳國內史。……

是時王導新喪，人情恦然。冰兄亮既固辭不入，衆望歸冰。既當重任，經綸時務，不捨夙夜，賓禮朝賢，升擢後進，由是朝野注心，咸曰賢相。……獻皇后臨朝，徵冰輔政，冰辭以疾篤。尋而卒，時年四十九。册贈侍中、司空，諡曰忠成，祠以太牢。……

冰七子：希、襲、友、蘊、倩、邈、柔。……

庾希字始彦。初拜祕書郎，累遷司徒右長史、黃門侍郎、建安太守，未拜，復爲長史兼右衛將軍，遷侍中，出爲輔國將軍、吳國內史。希既后之戚屬，冰女又爲海西公妃，故希兄弟並顯貴。太和中，希爲北中郎將、徐兗二州刺史，蘊爲廣州刺史，並假節，友東陽太守，倩太宰長史，邈會稽王參軍，柔散騎常侍。倩最有才器，桓溫深忌之。……

及海西公廢，桓溫陷倩及柔以武陵王黨，殺之。希聞難，便與弟邈及子攸之逃于海陵陂澤中。蘊於廣州飲鴆而死。及友當伏誅，友子婦，桓祕女也，請溫，故得免。故青州刺史武沈，希之從母兄也，潛餉給希經年。溫後知之，遣兵捕希。武沈之子遵與希聚衆于海濱，略漁人船，夜入京口城。平北司馬卞耽踰城奔曲阿，吏士皆散走。希放城內囚徒數百人，配以器杖，遵於外聚衆，宣令云逆賊桓溫廢帝殺王，稱海西公密旨，誅除凶逆。京都震擾，內外戒嚴，屯備六門。平北參軍劉奭與高平太守郗逸之、遊軍督護郭龍等集衆距之。卞耽又與曲阿人弘戎發諸縣兵二千，并力屯新城以擊希。希戰敗，閉城自守。溫遣東海太守周少孫討之，城陷，被擒。希、邈及子姪五人斬于建康市，遵及黨與並伏誅，唯友及蘊諸子獲全。

——《晉書》卷73《列傳第四十三·庾亮·庾冰》，
第 1927—1931 頁。

東土百姓從海道入廣州

庾翼字稚恭，風儀秀偉，少有經綸大略。……蘇峻作逆，翼時年二十二，兄亮使白衣領數百人，備石頭。亮敗，與翼俱奔。事平，始辟太尉陶侃府，轉參軍，累遷從事中郎。在公府，雍容諷議。……翼雅有大志，欲以滅胡平蜀爲己任，言論慷慨，形于辭色。將兵都尉錢顧陳事合旨，翼拔爲五品將軍，賜穀二百斛。時東土多賦役，百姓乃從海道入廣州，刺史鄧嶽大開鼓鑄，諸夷因此知造兵器。翼表陳東境國家所資，侵擾不已，逃逸漸多，夷人常伺隙，若知造鑄之利，將不可禁。

——《晉書》卷 73《列传第四十三·庾亮·庾翼》，
第 1931—1932 頁。

謝藻守西陵扶海立柵

王舒字處明，丞相導之從弟也。……時將徵蘇峻，司徒王導欲出舒爲外援，乃授撫軍將軍、會稽内史，秩中二千石。舒上疏辭以父名，朝議以字同音異，於禮無嫌。舒復陳音雖異而字同，求換他郡。於是改"會"字爲"鄶"。舒不得已而行。在郡二年而蘇峻作逆，乃假舒節都督，行揚州刺史事。時吳國内史庾冰棄郡奔舒，舒移告屬郡，以吳王師虞騑爲軍司，御史中丞謝藻行龍驤將軍、監前鋒征討軍事，率衆一萬，與庾冰俱渡浙江。前義興太守顧衆、護軍參軍顧颺等，皆起義軍以應舒。舒假衆揚威將軍、督護吳中軍事，颺監晉陵軍事，於御亭築壘。峻聞舒等兵起，乃赦庾亮諸弟，以悅東軍。舒率衆次郡之西江，爲冰、藻後繼。冰、颺等遣前鋒進據無錫，遇賊將張健等數千人，交戰，大敗，奔還御亭，復自相驚擾，冰、颺等並退于錢唐，藻守嘉興。賊遂入吳，燒府舍，掠諸縣，所在塗地。舒以輕進奔敗，斬二軍主者，免冰、颺督護，以白衣行事。更以顧衆督護吳晉陵軍，屯兵章埭。吳興太守虞潭率所領討健，屯烏苞亭，並不敢進。時暴雨大水，賊管商乘船旁出，襲潭及衆。潭等奔敗。潭還保吳興，衆退守錢唐。舒更遣將軍陳孺率精銳千人增戍海浦，所在築壘。或勸舒宜還都，使謝藻守西陵，扶海立柵。舒不聽，留藻守錢唐，使衆、颺守紫壁。於是賊轉攻吳興，潭諸軍復退。賊復掠東遷、餘杭、武康諸縣。舒遣子允之行揚烈將軍，與將軍徐遜、陳孺及揚烈司馬朱燾，以精銳三千，輕邀賊於武康，出其不意，遂破之，斬首數百級，賊悉委舟步走。

——《晉書》卷 76《列传第四十六·王舒》，第 1999—2001 頁。

修滬瀆壘以防海抄

虞潭字思奥，會稽餘姚人，吳騎都尉翻之孫也。……成帝即位，出爲吳興太守，秩中二千石，加輔國將軍。以討充功，進爵零陵縣侯。蘇峻反，加潭督三吳、晉陵、宣城、義興五郡軍事。……

尋而峻平，潭以母老，輒去官還餘姚。詔轉鎮軍將軍、吳國內史。復徙會稽內史，未發，還復吳郡。以前後功，進爵武昌縣侯，邑一千六百戶。是時軍荒之後，百姓饑饉，死亡塗地，潭乃表出倉米振救之，又修滬瀆壘，以防海抄，百姓賴之。

——《晉書》卷 76《列传第四十六·虞潭》，
第 2012—2014 頁。

鮆魚蝦鮓未可致

虞嘯父少歷顯位，後至侍中，爲孝武帝所親愛。嘗侍飲宴，帝從容問曰："卿在門下，初不聞有所獻替邪？"嘯父家近海，謂帝有所求，對曰："天時尚溫，鮆魚蝦鮓未可致，尋當有所上獻。"帝大笑。因飲大醉，出，拜不能起，帝顧曰："扶虞侍中。"嘯父曰："臣位未及扶，醉不及亂，非分之賜，所不敢當。"帝甚悦。

——《晉書》卷 76《列传第四十六·虞潭·虞嘯父》，
第 2033—2039 頁。

石季龍於青州造船掠緣海

蔡謨字道明，陳留考城人也。世爲著姓。曾祖睦，魏尚書。祖德，樂平太守。……及太尉郗鑒疾篤，出謨爲太尉軍司，加侍中。鑒卒，即拜謨爲征北將軍、都督徐兗青三州揚州之晉陵豫州之沛郡諸軍事、領徐州刺史、假節。……（石）季龍於青州造船數百，掠緣海諸縣，所在殺戮，朝廷以爲憂。謨遣龍驤將軍徐玄等守中洲，并設募，若得賊大白船者，賞布千匹，小船百匹。是時謨所統七千餘人，所戍東至土山，西至江乘，鎮守八所，城壘凡十一處，烽火樓望三十餘處，隨宜防備，甚有算略。先是，郗鑒上部下有勳勞者凡一百八十人，帝並酬其功，未卒而鑒薨，斷不復與。謨上疏以爲先已許鑒，今不宜斷。且鑒所上者皆積年勳效，百戰之餘，亦不可不報。詔聽之。

——《晉書》卷 77《列传第四十七·蔡謨》，

第 2033—2039 頁。

謝安孫綽等汎海

謝安字安石，尚從弟也。父裒，太常卿。安年四歲時，譙郡桓彝見而歎曰："此兒風神秀徹，後當不減王東海。"及總角，神識沈敏，風宇條暢，善行書。弱冠詣王濛，清言良久，既去，濛子脩曰："向客何如大人？"濛曰："此客亹亹，爲來逼人。"王導亦深器之。由是少有重名。

初辟司徒府，除佐著作郎，並以疾辭。寓居會稽，與王羲之及高陽許詢、桑門支遁遊處，出則漁弋山水，入則言詠屬文，無處世意。揚州刺史庾冰以安有重名，必欲致之，累下郡縣敦逼，不得已赴召，月餘告歸。復除尚書郎、琅邪王友，並不起。吏部尚書范汪舉安爲吏部郎，安以書距絕之。有司奏安被召，歷年不至，禁錮終身，遂棲遲東土。嘗往臨安山中，坐石室，臨濬谷，悠然歎曰："此去伯夷何遠！"嘗與孫綽等汎海，風起浪湧，諸人並懼，安吟嘯自若。舟人以安爲悅，猶去不止。風轉急，安徐曰："如此將何歸邪？"舟人承言卽迴。衆咸服其雅量。安雖放情丘壑，然每游賞，必以妓女從。既累辟不就，簡文帝時爲相，曰："安石既與人同樂，必不得不與人同憂，召之必至。"時安弟萬爲西中郎將，總藩任之重。安雖處衡門，其名猶出萬之右，自然有公輔之望，處家常以儀範訓子弟。安妻，劉恢妹也，既見家門富貴，而安獨靜退，乃謂曰：“丈夫不如此也？”安掩鼻曰：“恐不免耳。”及萬黜廢，安始有仕進志，時年已四十餘矣。

——《晉書》卷79《列传第四十九·謝安》，第2072—2073頁。

艦中傍射之海战

谢琰字瑗度。弱冠，以貞幹稱，美風姿。與從兄護軍淡雖比居，不往來，宗中子弟惟與才令者數人相接。拜著作郎，轉祕書丞，累遷散騎常侍、侍中。苻堅之役，安以琰有軍國才用，出爲輔國將軍，以精卒八千，與從兄玄俱陷陣破堅，以勳封望蔡公。……

太元末，爲護軍將軍，加右將軍。會稽王道子以爲司馬，右將軍如故。王恭舉兵，假琰節，都督前鋒軍事。恭平，遷衞將軍、徐州刺史、假節。

孫恩作亂，加督吳興、義興二郡軍事，討恩。至義興，斬賊許允之，迎太守魏鄢還郡。進討吳興賊丘尫，破之。又詔琰與輔國將軍劉牢之俱討孫恩。恩逃於海島，朝廷憂之，以琰爲會稽內史、都督五郡軍事，本官並如故。琰既以資望鎮越土，議者謂無復東顧之虞。及至郡，無綏撫之能，而不爲武備。將帥皆諫曰：“强賊在海，伺人形便，宜振揚仁風，開其自新之路。”琰曰：“苻堅百萬，尚送死淮南，況孫恩奔衄歸海，何能復出！若其復至，正是天不養國賊，令速就戮耳。”遂不從其言。恩後果復寇浹口，入餘姚，破上虞，進及邢浦，去山陰北三十五里。琰遣參軍劉宣之距破恩。既而上黨太守張虔碩戰敗，羣賊銳進，人情震駭，咸以宜持重嚴備，且列水軍於南湖，分兵設伏以待之。琰不聽。賊既至，尚未食，琰曰：“要當先滅此寇而後食也。”跨馬而出。廣武將軍桓寶爲前鋒，摧鋒陷陣，殺賊甚多，而塘路迮狹，琰軍魚貫而前，賊於艦中傍射之，前後斷絕。琰至千秋亭，敗績。琰帳下都督張猛於後斫琰馬，琰墮地，與二子肇、峻俱被害，寶亦死之。後劉裕左里之捷，生擒猛，送琰小子混，混剖肝生食之。詔以琰父子隕於君親，忠孝萃於一門，贈琰侍中、司空，謚曰忠肅。

——《晉書》卷79《列传第四十九·謝安·謝琰》，
第2077—2079頁。

王羲之採藥石泛滄海

王羲之字逸少，司徒導之從子也。祖正，尚書郎。父曠，淮南太守。元帝之過江也，曠首創其議。羲之幼訥於言，人未之奇。年十三，嘗謁周顗，顗察而異之。時重牛心炙，坐客未噉，顗先割啗羲之，於是始知名。及長，辯贍，以骨鯁稱，尤善隸書，爲古今之冠，論者稱其筆勢，以爲飄若浮雲，矯若驚龍。深爲從伯敦、導所器重。……羲之既少有美譽，朝廷公卿皆愛其才器，頻召爲侍中、吏部尚書，皆不就。復授護軍將軍……羲之既拜護軍，又苦求宣城郡，不許，乃以爲右軍將軍、會稽内史。……

時驃騎將軍王述少有名譽，與羲之齊名，而羲之甚輕之，由是情好不協。……述後檢察會稽郡，辯其刑政，主者疲於簡對。羲之深恥之，遂稱病去郡……羲之既去官，與東土人士盡山水之游，弋釣爲娛。又與道士許邁共修服食，採藥石不遠千里，徧游東中諸郡，窮諸名山，泛滄海，歎曰："我卒當以樂死。"謝安嘗謂羲之曰："中年以來，傷於哀樂，與親友別，輒作數日惡。"羲之曰："年在桑榆，自然至此。頃正賴絲竹陶寫，恒恐兒輩覺，損其歡樂之趣。"朝廷以其誓苦，亦不復徵之。

——《晉書》卷80《列传第五十·王羲之》，第2093—2101頁。

孫恩樓船千餘浮海

劉牢之字道堅，彭城人也。曾祖羲，以善射事武帝，歷北地、雁門太守。父建，有武幹，爲征虜將軍。世以壯勇稱。牢之面紫赤色，鬚目驚人，而沈毅多計畫。……

及孫恩攻陷會稽，牢之遣將桓寶率師救三吳，復遣子敬宣爲寶後繼。比至曲阿，吳郡內史桓謙已棄郡走，牢之乃率衆東討，拜表輒行。至吳，與衛將軍謝琰擊賊，屢勝，殺傷甚衆，徑臨浙江。進拜前將軍、都督吳郡諸軍事。時謝琰屯烏程，遣司馬高素助牢之。牢之率衆軍濟浙江，恩懼，逃于海。牢之還鎮，恩復入會稽，害謝琰。牢之進號鎮北將軍、都督會稽五郡，率衆東征，屯上虞，分軍戌諸縣。恩復攻破吳國，殺內史袁山松。牢之使參軍劉裕討之，恩復入海。頃之，恩浮海奄至京口，戰士十萬，樓船千餘。牢之在山陰，使劉裕自海鹽赴難，牢之率大衆而還。裕兵不滿千人，與賊戰，破之。恩聞牢之已還京口，乃走郁洲，又爲敬宣、劉裕等所破。及恩死，牢之威名轉振。

——《晉書》卷84《列传第五十四·劉牢之》，第2188—2190頁。

虞喜隱居海嶠

孫晷字文度，吳國富春人，吳伏波將軍秀之曾孫也。晷爲兒童，未嘗被呵怒。顧榮見而稱之，謂其外祖薛兼曰：“此兒神明清審，志氣貞立，非常童也。”及長，恭孝清約，學識有理義，每獨處幽闇之中，容止瞻望未嘗傾邪。……

會稽虞喜隱居海嶠，有高世之風。晷欽其德，聘喜弟預女爲妻。喜戒女棄華尚素，與晷同志。時人號爲梁鴻夫婦。濟陽江惇少有高操，聞晷學行過人，自東陽往候之，始面，便終日譚宴，結歡而別。

——《晉書》卷88《列传第五十八·孝友·孫晷》，第2284—2285頁。

桑虞欲避地海東

桑虞字子深，魏郡黎陽人也。父沖，有深識遠量，惠帝時爲黃門郎。河間王顒執權，引爲司馬。沖知顒必敗，就職一旬，便稱疾求退。虞仁孝自天至，年十四喪父，毀瘠過禮，日以米百粒用糝藜藿，其姊諭之曰："汝毀瘠如此，必至滅性，滅性不孝，宜自抑割。"虞曰："藜藿雜米，足以勝哀。"虞有園在宅北數里，瓜果初熟，有人踰垣盜之。虞以園援多棘刺，恐偷見人驚走而致傷損，乃使奴為之開道。及偷負瓜將出，見道通利，知虞使除之，乃送所盜瓜，叩頭請罪。虞乃歡然，盡以瓜與之。嘗行，寄宿逆旅，同宿客失脯，疑虞為盜。虞默然無言，便解衣償之。主人曰："此舍數失魚肉雞鴨，多是狐貍偷去，君何以疑人？"乃將脯主至山冢間尋求，果得之。客求還衣，虞投之不顧。

虞諸兄仕于石勒之世，咸登顯位，惟虞恥臣非類，陰欲避地海東，會丁母憂，遂止。哀毀骨立，廬于墓側。五年後，石勒以為武城令。虞以密邇黃河，去海微近，將申前志，欣然就職。石季龍太守劉徵甚器重之，徵遷青州刺史，請虞為長史，帶祝阿郡。徵遇疾還鄴，令虞監行州府屬。季龍死，國中大亂，朝廷以虞名父之子，必能立功海岱，潛遣東莞人華挺授虞寧朔將軍、青州刺史。虞曰："功名非吾志也。"乃附使者啓讓刺史，靖居海右，不交境外。雖歷偽朝，而不豫亂，世以此高之。卒于官。虞五世同居，閨門邕穆。符堅青州刺史符朗甚重之，嘗詣虞家，升堂拜其母，時人以為榮。

——《晉書》卷88《列传第五十八·孝友·桑虞》，
第 2291—2292 頁。

廣州包帶山海珍異所出

吳隱之字處默，濮陽鄄城人，魏侍中質六世孫也。隱之美姿容，善談論，博涉文史，以儒雅標名。弱冠而介立，有清操，雖日晏歠菽，不饗非其粟，儋石無儲，不取非其道。……

廣州包帶山海，珍異所出，一篋之寶，可資數世，然多瘴疫，人情憚焉。唯貧寠不能自立者，求補長史，故前後刺史皆多黷貨。朝廷欲革嶺南之弊，隆安中，以隱之為龍驤將軍、廣州刺史、假節，領平越中郎將。未至州二十里，地名石門，有水曰貪泉，飲者懷無厭之欲。隱之既至，語其親人曰："不見可欲，使心不亂。越嶺喪清，吾知之矣。"乃至泉所，酌而飲之，因賦詩曰："古人云此水，一歃懷千金。試使夷齊飲，終當不易心。"及在州，清操踰屬，常食不過菜及乾魚而已，帷帳器服皆付外庫，時人頗謂其矯，然亦終始不易。帳下人進魚，每剔去骨存肉，隱之覺其用意，罰而黜焉。元興初，詔曰："夫孝行篤於閨門，清節厲乎風霜，實立人之所難，而君子之美致也。龍驤將軍、廣州刺史吳隱之孝友過人，祿均九族，菲己潔素，儉愈魚飧。夫處可欲之地，而能不改其操，饗惟錯之富，而家人不易其服，革奢務嗇，南域改觀，朕有嘉焉。可進號前將軍，賜錢五十萬、穀千斛。"

及盧循寇南海，隱之率厲將士，固守彌時，長子曠之戰沒。循攻擊百有餘日，踰城放火，焚燒三千餘家，死者萬餘人，城遂陷。隱之攜家累出，欲奔還都，為循所得。循表朝廷，以隱之黨附桓玄，宜加裁戮，詔不許。劉裕與循書，令遣隱之還，久方得反。歸舟之日，裝無餘資。

——《晉書》卷90《列传第六十·良吏·吳隱之》，第2340—2342頁。

夏統於海邊拘蜂蝛以資養

夏統字仲御，會稽永興人也。幼孤貧，養親以孝聞，睦於兄弟，每採梠求食，星行夜歸，或至海邊，拘蜂蝛以資養。雅善談論。宗族勸之仕，謂之曰："卿清亮質直，可作郡綱紀，與府朝接，自當顯至，如何甘辛苦於山林，畢性命於海濱也！"統悖然作色曰："諸君待我乃至此乎！使統屬太平之時，當與元凱評議出處；遇濁代，念與屈生同汙共泥；若汙隆之間，自當耦耕沮溺，豈有辱身曲意於郡府之間乎！聞君之談，不覺寒毛盡戴，白汗四币，顏如渥丹，心熱如炭，舌縮口張，兩耳壁塞也。"言者大慚。統自此遂不與宗族相見。

會母疾，統侍醫藥，宗親因得見之。其從父敬寧祠先人，迎女巫章丹、陳珠二人，並有國色，莊服甚麗，善歌儛，又能隱形匿影。甲夜之初，撞鐘擊鼓，間以絲竹，丹、珠乃拔刀破舌，吞刀吐火，雲霧杳冥，流光電發。統諸從兄弟欲往觀之，難統，於是共紿之曰："從父間疾病得瘳，大小以爲喜慶，欲因其祭祀，並往賀之，卿可俱行乎？"統從之。入門，忽見丹、珠在中庭，輕步傾儛，靈談鬼笑，飛觸挑杅，酬酢翩翻。統驚愕而走，不由門，破藩直出。歸責諸人曰："昔淫亂之俗興，衛文公爲之悲悷；蟊螟之氣見，君子尚不敢指；季桓納齊女，仲尼載馳而退；子路見夏南，憤恚而忼愾。吾常恨不得頓叔向之頭，陷華父之眼。奈何諸君迎此妖物，夜與游戲，放傲逸之情，縱奢淫之行，亂男女之禮，破貞高之節，何也？"遂隱牀上，被髮而臥，不復言。衆親踧踖，卽退遣丹、珠，各各分散。

——《晉書》卷 94《列傳第六十四·隱逸·夏統》，
第 2428—2429 頁。

夏統居海濱頗能隨水戲

後其母病篤，乃詣洛市藥。會三月上巳，洛中王公已下並至浮橋，士女駢塡，車服燭路。統時在船中曝所市藥，諸貴人車乘來者如雲，統並不之顧。太尉賈充怪而問之，統初不應，重問，乃徐答曰："會稽夏仲御也。"充使問其土地風俗，統曰："其人循循，猶有大禹之遺風，太伯之義讓，嚴遵之抗志，黃公之高節。"又問："卿居海濱，頗能隨水戲乎？"答曰："可。"統乃操柂正櫓，折旋中流，初作鯔鰽躍，後作鯆魚引，飛鷗首，掇獸尾，奮長梢而船直逝者三焉。於是風波振駭，雲霧杳冥，俄而白魚跳入船者有八九。觀者皆悚遽，充心尤異之，乃更就船與語，其應如響，欲使之仕，卽俛而不答。充又謂曰："昔堯亦歌，舜亦歌，子與人歌而善，必反而後和之，明先聖前哲無不盡歌。卿頗能作卿土地間曲乎？"統曰："先公惟寓稽山，朝會萬國，授化鄙邦，崩殂而葬。恩澤雲布，聖化猶存，百姓感詠，遂作慕歌。又孝女曹娥，年甫十四，貞順之德過越梁宋，其父墮江不得尸，娥仰天哀號，中流悲歎，便投水而死，父子喪尸，後乃俱出，國人哀其孝義，爲歌河女之章。伍子胥諫吳王，言不納用，見戮投海，國人痛其忠烈，爲作小海唱。今欲歌之。"衆人僉曰："善。"統於是以足叩船，引聲喉囀，清激慷慨，大風應至，含水嗽天，雲雨響集，叱咤讙呼，雷電晝冥，集氣長嘯，沙塵煙起。王公已下皆恐，止之乃已。諸人顧相謂曰："若不游洛水，安見是人！聽慕歌之聲，便髣髴見大禹之容。聞河女之音，不覺涕淚交流，卽謂伯姬高行在目前也。聆小海之唱，謂子胥、屈平立吾左右矣。"充欲耀以文武鹵簿，覘其來觀，因而謝之，遂命建朱旗，舉幡校，分羽騎爲隊，軍伍肅然。須臾，鼓吹亂作，胡葭長鳴，車乘紛錯，縱橫馳道，又使妓女之徒服袿襹，炫金翠，繞其船三帀。統危坐如故，若無所聞。充等各散曰："此吳兒是木人石心也。"統歸會稽，竟不知所終。

——《晉書》卷94《列传第六十四·隱逸·夏統》，
第 2429—2430 頁。

南海太守入海取白石煮食

鮑靚字太玄，東海人也。年五歲，語父母云："本是曲陽李家兒，九歲墜井死。"其父母尋訪得李氏，推問皆符驗。靚學兼內外，明天文河洛書，稍遷南陽中部都尉，爲南海太守。嘗行部入海，遇風，飢甚，取白石煮食之以自濟。王機時爲廣州刺史，入廁，忽見二人著烏衣，與機相捍，良久擒之，得二物似烏鴨。靚曰："此物不祥。"機焚之，徑飛上天，機尋誅死。靚嘗見仙人陰君，授道訣，百餘歲卒。

——《晉書》卷95《列传第六十五·藝術·鮑靚》，第 2482 頁。

佛圖澄以季龍爲海鷗鳥

佛圖澄，天竺人也。本姓帛氏。少學道，妙通玄術。永嘉四年，來適洛陽，自云百有餘歲，常服氣自養，能積日不食。善誦神呪，能役使鬼神。……

及洛中寇亂，乃潛草野以觀變。石勒屯兵葛陂，專行殺戮，沙門遇害者甚衆。澄投勒大將軍郭黑略家，黑略每從勒征伐，輒豫克勝負，勒疑而問曰："孤不覺卿有出衆智謀，而每知軍行吉凶何也？"黑略曰："將軍天挺神武，幽靈所助，有一沙門智術非常，云將軍當略有區夏，己應爲師。臣前後所白，皆其言也。"勒召澄，試以道術。澄即取鉢盛水，燒香呪之，須臾鉢中生青蓮花，光色曜日，勒由此信之。……

及季龍僭位，遷都於鄴，傾心事澄，有重於勒。下書衣澄以綾錦，乘以彫輦，朝會之日，引之升殿，常侍以下悉助擧輿，太子諸公扶翼而上，主者唱大和尚，衆坐皆起，以彰其尊。又使司空李農旦夕親問，其太子諸公五日一朝，尊敬莫與爲比。支道林在京師，聞澄與諸石遊，乃曰："澄公其以季龍爲海鷗鳥也。"百姓因澄故多奉佛，皆營造寺廟，相競出家，眞僞混淆，多生愆過。季龍下書料簡，其著作郎王度奏曰："佛，外國之神，非諸華所應祠奉。漢代初傳其道，惟聽西域人得立寺都邑，以奉其神，漢人皆不出家。魏承漢制，亦循前軌。今可斷趙人悉不聽詣寺燒香禮拜，以遵典禮，其百辟卿士下逮衆隸，例皆禁之，其有犯者，與淫祀同罪。其趙人爲沙門者，還服百姓。"朝士多同度所奏。季龍以澄故，下書曰："朕出自邊戎，忝君諸夏，至於饗祀，應從本俗。佛是戎神，所應兼奉，其夷趙百姓有樂事佛者，特聽之。"

——《晉書》卷 95《列传第六十五·藝術·佛圖澄》，第 2485—2488 頁。

單道開至南海入羅浮山

單道開，敦煌人也。常衣粗褐，或贈以繒服，皆不著，不畏寒暑，晝夜不臥。恒服細石子，一吞數枚，日一服，或多或少。好山居，而山樹諸神見異形試之，初無懼色。

石季龍時，從西平來，一日行七百里……升平三年至京師，後至南海，入羅浮山，獨處茅茨，蕭然物外。年百餘歲，卒於山舍，敕弟子以尸置石穴中，弟子乃移入石室。陳郡袁宏爲南海太守，與弟穎叔及沙門支法防共登羅浮山，至石室口，見道開形骸如生，香火瓦器猶存。宏曰：“法師業行殊羣，正當如蟬蛻耳。”乃爲之贊云。

——《晉書》卷95《列传第六十五·藝術·單道開》，

第 2491—2492 頁。

孟欽入于海島

孟欽，洛陽人也。有左慈、劉根之術，百姓惑而赴之。苻堅召詣長安，惡其惑衆，命苻融誅之。俄而欽至，融留之，遂大讌郡僚，酒酣，目左右收欽。欽化爲旋風，飛出第外。頃之，有告在城東者，融遣騎追之，垂及，忽然已遠，或有兵衆距戰，或前有谿潤，騎不得過，遂不知所在。堅末，復見於青州。苻朗尋之，入于海島。

——《晉書》卷95《列传第六十五·藝術·孟欽》，第 2495 頁。

倭人依山島爲國

倭人在帶方東南大海中，依山島爲國，地多山林，無良田，食海物。舊有百餘小國相接，至魏時，有三十國通好。戶有七萬。男子無大小，悉黥面文身。自謂太伯之後，又言上古使詣中國，皆自稱大夫。昔夏少康之子封於會稽，斷髮文身以避蛟龍之害，今倭人好沈沒取魚，亦文身以厭水禽。計其道里，當會稽東冶之東。其男子衣以橫幅，但結束相連，略無縫綴。婦人衣如單被，穿其中央以貫頭，而皆被髮徒跣。其地溫暖，俗種禾稻紵麻而蠶桑織績。土無牛馬，有刀楯弓箭，以鐵爲鏃。有屋宇，父母兄弟臥息異處。食飲用俎豆。嫁娶不持錢帛，以衣迎之。死有棺無椁，封土爲冢。初喪，哭泣，不食肉。已葬，舉家入水澡浴自潔，以除不祥。其舉大事，輒灼骨以占吉凶。不知正歲四節，但計秋收之時以爲年紀。人多壽百年，或八九十。國多婦女，不淫不妒。無爭訟，犯輕罪者沒其妻孥，重者族滅其家。舊以男子爲主。漢末，倭人亂，攻伐不定，乃立女子爲王，名曰卑彌呼。

宣帝之平公孫氏也，其女王遣使至帶方朝見，其後貢聘不絕。及文帝作相，又數至。泰始初，遣使重譯入貢。

——《晉書》卷97《列傳第六十七·四夷·東夷·倭人》，
第 2535—2536 頁。

林邑諸國自海路來貿貨

林邑國本漢時象林縣，則馬援鑄柱之處也，去南海三千里。後漢末，縣功曹姓區，有子曰連，殺令自立爲王，子孫相承。……

自孫權以來，不朝中國。至武帝太康中，始來貢獻。咸康二年，范逸死，奴文篡位。文，日南西卷縣夷帥范椎奴也。嘗牧牛澗中，獲二鯉魚，化成鐵，用以爲刀。刀成，乃對大石嶂而呪之曰："鯉魚變化，冶成雙刀，石嶂破者，是有神靈。"進斫之，石卽瓦解。文知其神，乃懷之。隨商賈往來，見上國制度，至林邑，遂教逸作宮室、城邑及器械。逸甚愛信之，使爲將。文乃譖逸諸子，或徙或奔。

及逸死，無嗣，文遂自立爲王。以逸妻妾悉置之高樓，從己者納之，不從者絕其食。於是乃攻大岐界、小岐界、式僕、徐狼、屈都、乾魯、扶單等諸國，幷之，有衆四五萬人。遣使通表入貢於帝，其書皆胡字。至永和三年，文率其衆攻陷日南，害太守夏侯覽，殺五六千人，餘奔九眞，以覽尸祭天，鏟平西卷縣城，遂據日南。告交州刺史朱蕃，求以日南北鄙橫山爲界。

初，徼外諸國嘗齎寶物自海路來貿貨，而交州刺史、日南太守多貪利侵侮，十折二三。至刺史姜壯時，使韓戢領日南太守，戢估較太半，又伐船調枹，聲云征伐，由是諸國恚憤。且林邑少田，貪日南之地，戢死絕，繼以謝擢，侵刻如初。及覽至郡，又耽荒於酒，政教愈亂，故被破滅。既而文還林邑。是歲，朱蕃使督護劉雄戍於日南，文復攻陷之。四年，文又襲九眞，害士庶十八九。明年，征西督護滕畯率交廣之兵伐文於盧容，爲文所敗，退次九眞。其年，文死，子佛嗣。

升平末，廣州刺史滕含率衆伐之，佛懼，請降，含與盟而還。至孝武帝寧康中，遣使貢獻。至義熙中，每歲又來寇日南、九眞、九德等諸郡，殺傷甚衆，交州遂致虛弱，而林邑亦用疲弊。佛死，子胡達立，上疏貢金盤椀及金鉦等物。

——《晉書》卷 97《列传第六十七·四夷·南蠻·林邑國》，第 2545—2547 頁。

混潰夢神敎載舶入海

扶南西去林邑三千餘里，在海大灣中，其境廣袤三千里，有城邑宮室。人皆醜黑拳髮，倮身跣行。性質直，不爲寇盜，以耕種爲務，一歲種，三歲穫。又好雕文刻鏤，食器多以銀爲之，貢賦以金銀珠香。亦有書記府庫，文字有類於胡。喪葬婚姻略同林邑。

其王本是女子，字葉柳。時有外國人混潰者，先事神，夢神賜之弓，又敎載舶入海。混潰旦詣神祠，得弓，遂隨賈人汎海至扶南外邑。葉柳率衆禦之，混潰擧弓，葉柳懼，遂降之。於是混潰納以爲妻，而據其國。後胤衰微，子孫不紹，其將范尋復世王扶南矣。

武帝泰始初，遣使貢獻。太康中，又頻來。穆帝升平初，復有竺旃檀稱王，遣使貢馴象。帝以殊方異獸，恐爲人患，詔還之。

——《晉書》卷97《列传第六十七·四夷·南蠻·扶南國》，第2547頁。

王彌聚徒海渚亡入長廣山

王彌，東萊人也。家世二千石。祖頤，魏玄菟太守，武帝時，至汝南太守。彌有才幹，博涉書記。少游俠京都，隱者董仲道見而謂之曰："君豺聲豹視，好亂樂禍，若天下騷擾，不作士大夫矣。"惠帝末，妖賊劉柏根起於東萊之？縣，彌率家僮從之，柏根以爲長史。柏根死，聚徒海渚，爲苟純所敗，亡入長廣山爲羣賊。彌多權略，凡有所掠，必豫圖成敗，舉無遺策，弓馬迅捷，膂力過人，青土號爲"飛豹"。後引兵入寇青徐，兗州刺史苟晞逆擊，大破之。彌退集亡散，衆復大振，晞與之連戰，不能克。彌進兵寇泰山、魯國、譙、梁、陳、汝南、潁川、襄城諸郡，入許昌，開府庫，取器杖，所在陷沒，多殺守令，有衆數萬，朝廷不能制。

——《晉書》卷100《列傳第七十·王彌》，第2609頁。

蘇峻部數百家汎海廣陵

蘇峻字子高，長廣掖人也。父模，安樂相。峻少爲書生，有才學，仕郡主簿。年十八，舉孝廉。永嘉之亂，百姓流亡，所在屯聚，峻糾合得數千家，結壘於本縣。于時豪傑所在屯聚，而峻最強。遣長史徐瑋宣檄諸屯，示以王化，又收枯骨而葬之，遠近感其恩義，推峻爲主。遂射獵於海邊青山中。

元帝聞之，假峻安集將軍。時曹嶷領青州刺史，表峻爲掖令，峻辭疾不受。嶷惡其得衆，恐必爲患，將討之。峻懼，率其所部數百家汎海南渡。既到廣陵，朝廷嘉其遠至，轉鷹揚將軍。會周堅反於彭城，峻助討之，有功，除淮陵內史，遷蘭陵相。……

峻本以單家聚眾於擾攘之際，歸順之後，志在立功，既有功於國，威望漸著。至是有銳卒萬人，器械甚精，朝廷以江外寄之。而峻頗懷驕溢，自負其眾，潛有異志，撫納亡命……時明帝初崩，委政宰輔，護軍庾亮欲徵之。……峻於是遣參軍徐會結祖約，謀為亂，而以討亮為名。約遣祖渙、許柳率眾助峻，峻遣將韓晃、張健等襲姑孰，進逼慈湖，殺于湖令陶馥及振威將軍司馬流。峻自率渙、柳眾萬人，乘風濟自橫江，次於陵口，與王師戰，頻捷，遂據蔣陵覆舟山，率眾因風放火，臺省及諸營寺署一時蕩盡。遂陷宮城，縱兵大掠，侵逼六宮，窮凶極暴，殘酷無道。……

時溫嶠、陶侃已唱義於武昌，峻聞兵起，用參軍賈寧計，還據石頭，更分兵距諸義軍，所過無不殘滅。……峻與匡孝將八千人逆戰，峻遣子碩與孝以數十騎先薄趙胤，敗之。峻望見胤走，曰："孝能破賊，我更不如乎！"因舍其眾，與數騎北下突陣，不得入，將迴趨白木陂，牙門彭世、李千等投之以矛，墜馬，斬首臠割之，焚其骨，三軍皆稱萬歲。峻司馬任讓等共立峻弟逸為主。求峻尸不獲，碩乃發庾亮父母墓，剖棺焚尸。逸閉城自守。韓晃聞峻死，引兵赴石頭。管商及弘徽進攻庱亭壘，督護李閎及輕車長史滕含擊破之，斬首千級。商率眾走延陵，李閎與庱亭諸軍追之，斬獲數千級。商詣庾亮降，匡術舉苑城降。韓晃與蘇逸等并力攻術，不能陷。溫嶠等選精銳將攻賊營，碩率驍勇數百渡淮而戰，於陣斬碩。晃等震懼，以其眾奔張健於曲阿，門阨不得出，更相蹈藉，死者萬數。逸為李湯所執，斬於車騎府。

管商之降也，餘眾並歸張健。健又疑弘徽等不與己同，盡殺之，更以舟軍自延陵向長塘，小大二萬餘口，金銀寶物不可勝數。揚烈將軍王允之與吳興諸軍擊健，大破之，獲男女萬餘口。健復與馬雄、韓晃等輕軍俱走，閎率銳兵追之，及於巖山，攻之甚急。健等不敢下山，惟晃獨出，帶兩步靫箭，却據胡牀，彎弓射之，傷殺甚眾。箭盡，乃斬之。健等遂降，並梟其首。

——《晉書》卷100《列傳第七十·蘇峻》，第2628—2631頁。

孫恩數次逃入海

　　孫恩字靈秀，琅邪人，孫秀之族也。世奉五斗米道。恩叔父泰，字敬遠，師事錢唐杜子恭。而子恭有祕術，嘗就人借瓜刀，其主求之，子恭曰：“當卽相還耳。”旣而刀主行至嘉興，有魚躍入船中，破魚得瓜刀。其爲神效往往如此。子恭死，泰傳其術。然浮狡有小才，誑誘百姓，愚者敬之如神，皆竭財產，進子女，以祈福慶。王珣言於會稽王道子，流之於廣州。廣州刺史王懷之以泰行鬱林太守，南越亦歸之。太子少傅王雅先與泰善，言於孝武帝，以泰知養性之方，因召還。道子以爲徐州主簿，猶以道術眩惑士庶。稍遷輔國將軍、新安太守。王恭之役，泰私合義兵，得數千人，爲國討恭。黃門郎孔道、鄱陽太守桓放之、驃騎諮議周勰等皆敬事之，會稽世子元顯亦數詣泰求其祕術。泰見天下兵起，以爲晉祚將終，乃扇動百姓，私集徒衆，三吳士庶多從之。于時朝士皆懼泰爲亂，以其與元顯交厚，咸莫敢言。會稽內史謝輶發其謀，道子誅之。

　　恩逃于海。衆聞泰死，惑之，皆謂蟬蛻登仙，故就海中資給。恩聚合亡命得百餘人，志欲復讎。及元顯縱暴吳會，百姓不安，恩因其騷動，自海攻上虞，殺縣令，因襲會稽，害內史王凝之，有衆數萬。於是會稽謝鍼、吳郡陸瓌、吳興丘尫、義興許允之、臨海周冑、永嘉張永及東陽、新安等凡八郡，一時俱起，殺長吏以應之，旬日之中，衆數十萬。於是吳興太守謝邈，永嘉太守謝逸，嘉興公顧胤，南康公謝明慧，黃門郎謝沖、張琨，中書郎孔道，太子洗馬孔福，烏程令夏侯愔等皆遇害。吳國內史桓謙，義興太守魏儦，臨海太守、新蔡王崇等並出奔。於是恩據會稽，自號征東將軍，號其黨曰“長生人”，宣語令誅殺異己，有不同者戮及嬰孩，由是死者十七八。畿內諸縣處處蜂起，朝廷震懼，內外戒嚴。遣衛將軍謝琰、鎮北將軍劉牢之討之，並轉鬪而前。吳會承平日久，人不習戰，又無器械，故所在多被破亡。諸賊皆燒倉廩，焚邑屋，刊木堙井，虜掠財貨，相率聚於會稽。

其婦女有嬰累不能去者，囊簏盛嬰兒投於水，而告之曰："賀汝先登仙堂，我尋後就汝。"

初，恩聞八郡響應，告其屬曰："天下無復事矣，當與諸君朝服而至建康。"既聞牢之臨江，復曰："我割浙江，不失作句踐也。"尋知牢之已濟江，乃曰："孤不羞走矣。"乃虜男女二十餘萬口，一時逃入海。懼官軍之躡，乃緣道多棄寶物子女，時東土殷實，莫不粲麗盈目，牢之等遽於收斂，故恩復得逃海。朝廷以謝琰爲會稽，率徐州文武戍海浦。

隆安四年，恩復入餘姚，破上虞，進至刑浦。琰遣參軍劉宣之距破之，恩退縮。少日，復寇刑浦，害謝琰。朝廷大震，遣冠軍將軍桓不才、輔國將軍孫無終、寧朔將軍高雅之擊之，恩復還於海。於是復遣牢之東屯會稽，吳國內史袁山松築扈瀆壘，緣海備恩。

明年，恩復入浹口，雅之敗績。牢之進擊，恩復還于海。轉寇扈瀆，害袁山松，仍浮海向京口。牢之率衆西擊，未達，而恩已至，劉裕乃總兵緣海距之。及戰，恩衆大敗，狼狽赴船。尋又集衆，欲向京都，朝廷駭懼，陳兵以待之。恩至新州，不敢進而退，北寇廣陵，陷之，乃浮海而北。劉裕與劉敬宣并軍躡之於郁洲，累戰，恩復大敗，由是漸衰弱，復沿海還南。裕亦尋海要截，復大破恩於扈瀆，恩遂遠迸海中。及桓玄用事，恩復寇臨海，臨海太守辛景討破之。恩窮慼，乃赴海自沈，妖黨及妓妾謂之水仙，投水從死者百數。餘衆復推恩妹夫盧循爲主。自恩初入海，所虜男女之口，其後戰死及自溺并流離被傳賣者，至恩死時裁數千人存，而恩攻沒謝琰、袁山松，陷廣陵，前後數十戰，亦殺百姓數萬人。

——《晉書》卷100《列传第七十·孫恩》，第2631—2634頁。

孫處從海道據番禺城

盧循字于先，小名元龍，司空從事中郎諶之曾孫也。雙眸冏徹，瞳子四轉，善草隸弈棋之藝。沙門慧遠有鑒裁，見而謂之曰："君雖體涉風素，而志存不軌。"

循娶孫恩妹。及恩作亂，與循通謀。恩性酷忍，循每諫止之，人士多賴以濟免。恩亡，餘衆推循爲主。元興二年正月，寇東陽，八月，攻永嘉。劉裕討循至晉安，循窘急，泛海到番禺，寇廣州，逐刺史吳隱之，自攝州事，號平南將軍，遣使獻貢。……

循遣道覆寇江陵，未至，爲官軍所敗，馳走告循曰："請幷力攻京都，若克之，江陵非所憂也。"乃連旗而下，戎卒十萬，舳艫千計，敗衞將軍劉毅於桑落洲，逕至江寧。道覆素有膽決，知劉裕已還，欲乾沒一戰，請於新亭至白石，焚舟而上，數道攻之。循多謀少決，欲以萬全之計，固不聽。道覆以循無斷，乃歎曰："我終爲盧公所誤，事必無成。使我得爲英雄驅馳，天下不足定也！"裕懼其侵軼，乃柵石頭，斷柤浦，以距之。循攻柵不利，船艦爲暴風所傾，人有死者。……裕乘勝擊之，循單舸而走，收散卒得千餘人，還保廣州。裕先遣孫處從海道據番禺城，循攻之不下。道覆保始興，因險自固。循乃襲合浦，克之，進攻交州。至龍編，刺史杜慧度譎而敗之。

循勢屈，知不免，先鴆妻子十餘人，又召妓妾問曰："我今將自殺，誰能同者？"多云："雀鼠貪生，就死實人情所難。"有云："官尚當死，某豈願生！"於是悉鴆諸辭死者，因自投於水。

——《晉書》卷100《列传第七十·盧循》，第2634—2636頁。

石季龍運穀三百萬斛至海島

石季龍，勒之從子也，名犯太祖廟諱，故稱字焉。……年十八，稍折節。身長七尺五寸，趫捷便弓馬，勇冠當時，將佐親戚莫不敬憚。勒深嘉之，拜征虜將軍。……

咸康元年，季龍廢勒子弘，羣臣已下勸其稱尊號。季龍下書曰："王室多難，海陽自棄，四海業重，故俛從推逼。朕聞道合乾坤者稱皇，德協人神者稱帝，皇帝之號非所敢聞，且可稱居攝趙天王，以副天人之望。"於是赦其境內，改年曰建武。……季龍謀伐昌黎，遣渡遼曹伏將青州之衆渡海，戍蹋頓城，無水而還，因戍于海島，運穀三百萬斛以給之。又以船三百艘運穀三十萬斛詣高句麗，使典農中郎將王典率衆萬餘屯田于海濱。又令青州造船千艘。使石宣率步騎二萬擊朔方鮮卑斛摩頭破之，斬首四萬餘級。

——《晉書》卷106《載記第六·石季龍上》，

第2761—2762、2768頁。

慕容廆使者遭風沒海

慕容廆字弈洛瓌，昌黎棘城鮮卑人也。其先有熊氏之苗裔，世居北夷，邑于紫蒙之野，號曰東胡。其後與匈奴並盛，控弦之士二十餘萬，風俗官號與匈奴略同。……

廆幼而魁岸，美姿貌，身長八尺，雄傑有大度。安北將軍張華雅有知人之鑒，廆童冠時往謁之，華甚嘆異，謂曰：“君至長必爲命世之器，匡難濟時者也。”……

涉歸死，其弟耐篡位，將謀殺廆，廆亡潛以避禍。後國人殺耐，迎廆立之。……

建武初，元帝承制拜廆假節、散騎常侍、都督遼左雜夷流人諸軍事、龍驤將軍、大單于、昌黎公，廆讓而不受。征虜將軍魯昌說廆曰：“今兩京傾沒，天子蒙塵，琅邪承制江東，實人命所係。明公雄據海朔，跨總一方，而諸部猶怙衆稱兵，未遵道化者，蓋以官非王命，又自以爲强。今宜通使琅邪，勸承大統，然後敷宣帝命，以伐有罪，誰敢不從！”廆善之，乃遣其長史王濟浮海勸進。及帝即尊位，遣謁者陶遼重申前命，授廆將軍、單于，廆固辭公封。……

成帝即位，加廆侍中，位特進。咸和五年，又加開府儀同三司，固辭不受。……

遣使與太尉陶侃箋曰：“明公使君麾下：振德曜威，撫寧方夏，勞心文武，士馬無恙，欽高仰止，注情彌久。王塗嶮遠，隔以燕越，每瞻江湄，延首遐外。……今海內之望，足爲楚漢輕重者，惟在君侯。若勠力盡心，悉五州之衆，據兗豫之郊，使向義之士倒戈釋甲，則羯寇必滅，國恥必除。廆在一方，敢不竭命。孤軍輕進，不足使勒畏首畏尾，則懷舊之士欲爲內應，無由自發故也。故遠陳寫，言不宣盡。"

廆使者遭風沒海。其後廆更寫前箋，幷齎其東夷校尉封抽、行遼東相韓矯等三十餘人疏上侃府曰："……方今詔命隔絕，王路嶮遠，貢使往來，動彌年載。今燕之舊壤，北周沙漠，東盡樂浪，西曁代山，南極冀方，而悉爲虜庭，非復國家之域。將佐等以爲宜遠遵周室，近準漢初，進封廆爲燕王，行大將軍事，上以總統諸部，下以割損賊境。使冀州之人望風向化，廆得祗承詔命，率合諸國，奉辭夷逆，以成桓文之功，苟利社稷，專之可也。而廆固執謙光，守節彌高，每詔所加，讓動積年，非將佐等所能敦逼。今區區所陳，不欲苟相崇重，而愚情至心，實爲國計。"

侃報抽等書，其略曰："車騎將軍憂國忘身，貢篚載路，羯賊求和，執使送之，西討段國，北伐塞外，遠綏索頭，荒服以獻。惟北部未賓，屢遣征伐。又知東方官號，高下齊班，進無統攝之權，退無等差之降，欲進車騎爲燕王，一二具之。夫功成進爵，古之成制也。車騎雖未能爲官摧勒，然忠義竭誠。今騰牋上聽，可不、遲速，當任天臺也。"朝議未定。八年，廆卒，乃止。時年六十五，在位四十九年。

　　——《晉書》卷 108《載记第八·慕容廆》，第 2803—2811 頁。

海水凍合者三矣

慕容皝字元眞，廆第三子也。龍顏版齒，身長七尺八寸。雄毅多權略，尙經學，善天文。廆爲遼東公，立爲世子。建武初，拜爲冠軍將軍、左賢王，封望平侯，率衆征討，累有功。……

咸康初，遣封弈襲宇文別部涉奕于，大獲而還。涉奕于率騎追戰于渾水，又敗之。皝將乘海討仁，羣下咸諫，以海道危阻，宜從陸路。皝曰：“舊海水無凌，自仁反已來，凍合者三矣。昔漢光武因滹沱之冰以濟大業，天其或者欲吾乘此而克之乎！吾計決矣，有沮謀者斬！”乃率三軍從昌黎踐凌而進。仁不虞皝之至也，軍去平郭七里，候騎乃告，仁狼狽出戰，爲皝所擒，殺仁而還。

——《晉書》卷 109《載记第九·慕容皝》，
第 2815、2816—2817 頁。

苻生夢大魚食蒲

苻生字長生，健第三子也。幼而無賴，祖洪甚惡之。生無一目，爲兒童時，洪戲之，問侍者曰：“吾聞瞎兒一淚，信乎？”侍者曰：“然。”生怒，引佩刀自刺出血，曰：“此亦一淚也。”洪大驚，鞭之。……

生雖在諒闇，游飲自若，荒耽淫虐，殺戮無道，常彎弓露刃以見朝臣，錘鉗鋸鑿備置左右。……

初，生夢大魚食蒲，又長安謠曰：“東海大魚化爲龍，男便爲王女爲公。問在何所洛門東。”東海，苻堅封也，時爲龍驤將軍，第在洛門之東。生不知是堅，以謠夢之故，誅其侍中、太師、錄尚書事魚遵及其七子、十孫。時又謠曰：“百里望空城，鬱鬱何青青。瞎兒不知法，仰不見天星。”於是悉壞諸空城以禳之。金紫光祿大夫牛夷懼不免禍，請出鎮上洛。生曰：“卿忠肅篤敬，宜左右朕躬，豈有外鎮之理。”改授中軍。夷懼，歸而自殺。

——《晉書》卷 112《載记第十二·苻生》，
第 2872—2873、2878 頁。

章武郡臨海船路甚通

馮跋字文起，長樂信都人也，小字乞直伐，其先畢萬之後也。……以太元二十年乃僭稱天王于昌黎，而不徙舊號，卽國曰燕，赦其境內，建元曰太平。分遣使者巡行郡國，觀察風俗。……

　　先是，河間人褚匡言於跋曰："陛下至德應期，龍飛東夏，舊邦宗族，傾首朝陽，以日爲歲。若聽臣往迎，致之不遠。"跋曰："隔絕殊域，阻迴數千，將何可致也？"匡曰："章武郡臨海，船路甚通，出於遼西臨渝，不爲難也。"跋許之，署匡游擊將軍、中書侍郎，厚加資遣。匡尋與跋從兄買、從弟睹自長樂率五千餘戶來奔，署買爲衛尉，封城陽伯，睹爲太常、高城伯。

　　——《晉書》卷125《載记第二十五·冯跋》，第3127—3131頁。

《宋書》

孫恩浮海作亂於會稽

安帝隆安三年十一月，妖賊孫恩作亂於會稽，晉朝衛將軍謝琰、前將軍劉牢之東討。牢之請高祖參府軍事。十二月，牢之至吳，而賊緣道屯結，牢之命高祖與數十人覘賊遠近。會遇賊至，衆數千人，高祖便進與戰。所將人多死，而戰意方厲，手奮長刀，所殺傷甚衆。牢之子敬宣疑高祖淹久，恐爲賊所困，乃輕騎尋之。既而衆騎並至，賊乃奔退，斬獲千餘人，推鋒而進，平山陰，恩遁還入海。……

五年春，孫恩頻攻句章，高祖屢摧破之，恩復走入海。三月，恩北出海鹽，高祖追而翼之，築城于海鹽故治。賊日來攻城，城內兵力甚弱，高祖乃選敢死之士數百人，咸脫甲冑，執短兵，並鼓噪而出，賊震懼奪氣，因其懼而奔之，並棄甲散走，斬其大帥姚盛。雖連戰剋勝，然衆寡不敵，高祖獨深慮之。一夜，偃旗匿衆，若已遁者。明晨開門，使羸疾數人登城。賊遙問劉裕所在。曰：“夜已走矣。”賊信之，乃率衆大上。高祖乘其懈怠，奮擊，大破之。恩知城不可下，乃進向滬瀆。高祖復棄城追之。海鹽令鮑陋遣子嗣之以吳兵一千，請爲前驅。高祖曰：“賊兵甚精，吳人不習戰，若前驅失利，必敗我軍。可在後爲聲援。”不從。是夜，高祖多設伏兵，兼置旗鼓，然一處不過數人。明日，賊率衆萬餘迎戰。前驅既交，諸伏皆出，舉旗鳴鼓。賊謂四面有軍，乃退。嗣之追奔，爲賊所沒。高祖且戰且退，賊盛，所領死傷且盡。高祖慮不免，至向伏兵處，乃止，令左右脫取死人衣。賊謂當走反停，疑猶有伏。高祖因呼更戰，氣色甚猛，賊衆以爲然，乃引軍去。高祖徐歸，然後散兵稍集。五月，孫恩破滬瀆，殺吳國內史袁山松，死者四千人。是月，高祖復破賊於婁縣。

六月，恩乘勝浮海，奄至丹徒，戰士十餘萬。劉牢之猶屯山陰，京邑震動。高祖倍道兼行，與賊俱至。于時衆力既寡，加以步遠疲勞，而丹徒守軍莫有鬪志。恩率衆數萬，鼓噪登蒜山，居民皆荷擔而立。高祖率所領奔擊，大破之，投巘赴水死者甚衆。恩以彭排自載，僅得還船。雖被摧破，猶恃其衆力，徑向京師。樓船高大，值風不得進，旬日乃至白石。尋知劉牢之已還，朝廷有備，遂走向鬱洲。八月，以高祖爲建武將軍、下邳太守，領水軍追討至鬱洲，復大破恩。恩南走。十一月，高祖追恩於滬瀆，及海鹽，又破之。三戰並大獲，俘馘以萬數。恩自是饑饉疾疫，死者太半，自浹口奔臨海。……

孫恩自奔敗之後，徒旅漸散，懼生見獲，乃於臨海投水死。餘衆推恩妹夫盧循爲主。

——《宋書》卷1《本紀第一·武帝上》，第1—4頁。

孫恩退遠入海

隆安三年，孫恩爲亂，東土騷擾，牢之自表東討，軍次虎蹊。賊皆死戰，敬宣請以騎傍南山趣其後，吳賊畏馬，又懼首尾受敵，遂大敗。進平會稽。尋加臨淮太守，遷後軍從事中郎。五年，孫恩又入浹口，高祖戍句章，賊頻攻不能拔，敬宣請往爲援，賊恩於是退遠入海。

——《宋書》卷47《列傳第七·劉敬宣》，第1410頁。

盧循浮海破廣州

孫恩於臨海投水死，餘衆推恩妹夫盧循爲主。桓玄欲且緝寧東土，以循爲永嘉太守。循雖受命，而寇暴不已。五月，玄復遣高祖東征。時循自臨海入東陽。二年正月，玄復遣高祖破循於東陽。循奔永嘉，復追破之，斬其大帥張士道，追討至于晉安，循浮海南走。……

盧循浮海破廣州，獲刺史吳隱之。即以循爲廣州刺史，以其同黨徐道覆爲始興相。……

初循之走也，公知其必寇江陵，登遣淮陵內史索邈領馬軍步道援荊州。又遣建威將軍孫季高率衆三千，自海道襲番禺。江州刺史庾悅至五畝嶠，賊遣千餘人據斷嶠道，悅前驅鄱陽太守虞丘進攻破之。公治兵大辦。十月，率兗州刺史劉藩、寧朔將軍檀韶等舟師南伐。以後將軍劉毅監太尉留守府，後事皆委焉。……

循初自蔡洲南走，留其親黨范崇民五千人，高艦百餘，戍南陵。王仲德等聞大軍且至，乃進攻之。十一月，大破崇民軍，焚其舟艦，收其散卒。循廣州守兵，不以海道爲防。是月，建威將軍孫季高乘海奄至，而城池峻整，兵猶數千。季高焚賊舟艦，悉力而上，四面攻之，即日屠其城。循父以輕舟奔始興。季高撫其舊民，戮其親黨，勒兵謹守。初公之遣季高也，衆咸以海道艱遠，必至爲難；且分撤見力，二三非要。公不從。敕季高曰：“大軍十二月之交，必破妖虜。卿今時當至廣州，傾其巢窟，令賊奔走之日，無所歸投。”季高受命而行，如期剋捷。

循方治兵旅舟艦，設諸攻備。公欲御以長算，乃屯軍雷池。賊揚聲不攻雷池，當乘流逕下。公知其欲戰，且慮賊戰敗，或於京江入海，遣王仲德以水艦二百於吉陽下斷之。十二月，循、道覆率衆數萬，方艦而下，前後相抗，莫見舳艫之際。公悉出輕利鬭艦，躬提幡鼓，命衆軍齊力擊之。又上步騎於西岸。右軍參軍庾樂生乘艦不進，斬而徇之。於是衆軍並踊騰爭先。軍中多萬鈞神弩，所至莫不摧陷。公中流蹙之，因風水之勢，賊艦悉泊西岸。岸上軍先備火具，乃投火焚之，煙熖張天，賊衆大敗，追奔至夜乃歸。循等還尋陽。初分遣步軍，莫不疑怪，及燒賊艦，衆乃悅服。召王仲德，請還爲前驅。留輔國將軍孟懷玉守雷池。循聞大軍上，欲走向豫章，乃悉力柵斷左里。大軍至左里，將戰，公所執麾竿折，折幡沈水，衆並怪懼。公歡笑曰："往年覆舟之戰，幡竿亦折，今者復然，賊必破矣。"即攻柵而進。循兵雖殊死戰，弗能禁。諸軍乘勝奔之，循單舸走。所殺及投水死，凡萬餘人。納其降附，宥其逼略。遣劉藩、孟懷玉輕軍追之。循收散卒，尚有數千人，逕還廣州。道覆還保始興。公旋自左里。天子遣侍中、黃門勞師于行所。

——《宋書》卷1《本紀第一·武帝上》，第4—23頁。

孫季高乘海伐廣州

　　義熙六年三月，妖賊徐道覆殺鎮南將軍、江州刺史何無忌於豫章。四月，妖賊盧循寇湘中巴陵。五月丙子，循、道覆敗撫軍將軍、豫州刺史劉毅於桑落洲，毅僅以身免。丁丑，循等至蔡洲，遣別將焚京口。庚辰，賊攻焚查浦，查浦戍將距戰不利，高祖遣軍渡淮擊，大破之。司馬國璠寇碭山，竺夔討破之。七月，妖賊南走據尋陽，高祖遣劉鍾等追之。八月，孫季高乘海伐廣州。桓謙以蜀眾聚枝江，盧循將苟林略華容，相去百里。臨川烈武王討謙之，又討林，林退走。鄱陽太守虞丘進破賊別帥於上饒。九月，烈武王使劉遵擊苟林於巴陵，斬之。桓道兒率蔡猛向大薄，又遣劉基討之，斬猛。十月，高祖以舟師南征。是時徐道覆率二萬餘人攻荊州，烈武王距之。戰於江津，大破之，梟殄其十八九。道覆棄戰船走。

——《宋書》卷25《志第十五·天文三》，第732頁。

孫季高乘海伐盧循

　　孫處字季高，會稽永興人也。籍注季高，故字行於世。少任氣。高祖東征孫恩，季高義樂隨，高祖平定京邑，以爲振武將軍，封新夷縣五等侯。廣固之役，先登有功。

　　盧循之難，於石頭扞柵，戍越城、查浦，破賊於新亭。高祖謂季高曰："此賊行破。應先傾其巢窟，令奔走之日，無所歸投，非卿莫能濟事。"遣季高率衆三千，汎海襲番禺。初，賊不以海道爲防，季高至東衝，去城十餘里，城內猶未知。循守戰士猶有數千人，城池甚固。季高先焚舟艦，悉力登岸，會天大霧，四面陵城，即日克拔。循父旼、長史孫建之、司馬虞尪夫等，輕舟奔始興。即分遣振武將軍沈田子等討平始興、南康、臨賀、始安嶺表諸郡。循於左里奔走，而衆力猶盛，自嶺道還襲廣州。季高距戰二十餘日，循乃破走，所殺萬餘人，追奔至鬱林，會病，不得窮討，循遂得走向交州。

義熙七年四月，季高卒於晉康，時年五十三。追贈龍驤將軍、南海太守，封候官縣侯，食邑千戶。九年，高祖念季高之功，乃表曰："孫季高嶺南之勳，已蒙褒贈。臣更思惟盧循稔惡一紀，據有全域。若令根本未拔，投奔有所，招合餘燼，猶能爲虞，縣師遠討，方勤廟算。而季高汎海萬里，投命洪流，波激電邁，指日遄至，遂奄定南海，覆其巢窟，使循進退靡依，輕舟遠進。曾不旬月，妖凶殲殄。蕩滌之功，實庸爲大。往年所贈，猶爲未優。愚謂宜更贈一州，即其本號，庶令忠勳不湮，勞臣增厲。"重贈交州刺史，將軍如故。子宗世卒，子欽公嗣。欽公卒，子彥祖嗣。齊受禪，國除。

——《宋書》卷49《列傳第九·孫處》，第1436頁。

孫季高由海道襲廣州

田子字敬光，雲子弟也。從高祖克京城，進平京邑，參鎮軍軍事，封營道縣五等侯。義熙五年，高祖北伐鮮卑，田子領偏師，與龍驤將軍孟龍符爲前鋒。慕容超屯臨朐以距大軍，龍符戰沒，田子力戰破之。及盧循逼京邑，高祖遣田子與建威將軍孫季高由海道襲廣州，加振武將軍。循黨徐道覆還保始興，田子復與右將軍劉藩同共攻討。循尋還廣州圍季高，田子慮季高孤危，謂藩曰："廣州城雖險固，本是賊之巢穴，今循還圍之，或有內變。且季高衆力寡弱，不能持久。若使賊還據此，凶勢復振。下官與季高同履艱難，汎滄海，於萬死之中，克平廣州，豈可坐視危逼，不相拯救。"於是率軍南還，比至，賊已收其散卒，還圍廣州。季高單守危迫，聞田子忽至，大喜。田子乃背水結陳，身率先士卒，一戰破之。於是推鋒追討，又破循於蒼梧、郁林、寧浦。還至廣州，而季高病死。

——《宋書》卷 100《列傳第六十·自序·沈田子》，

第 2447—2448 頁。

祭祀樂中的《涉大海》《海淡淡》

漢光武平隴、蜀，增廣郊祀，高皇帝配食，樂奏青陽、朱明、西皓、玄冥，雲翹、育命之舞。北郊及祀明堂，並奏樂如南郊。迎時氣五郊：春哥青陽，夏哥朱明，並舞雲翹之舞；秋哥西皓，冬哥玄冥，並舞育命之舞；季夏哥朱明，兼舞二舞。章帝元和二年，宗廟樂，故事，食舉有鹿鳴、承元氣二曲。三年，自作詩四篇，一曰思齊皇姚，二曰六騏驎，三曰竭肅雍，四曰陟叱根。合前六曲，以爲宗廟食舉。加宗廟食舉重來、上陵二曲，合八曲爲上陵食舉。減宗廟食舉承元氣一曲，加惟天之命、天之曆數二曲，合七曲爲殿中御食飯舉。又漢太樂食舉十三曲：一曰鹿鳴，二曰重來，三曰初造，四曰俠安，五曰歸來，六曰遠期，七曰有所思，八曰明星，九曰清涼，十曰涉大海，十一曰大置酒，十二曰承元氣，十三曰海淡淡。魏氏及晉荀勖、傅玄並爲哥辭。魏時以遠期、承元氣、海淡淡三曲多不通利，省之。

——《宋書》卷 19《志第九·樂一》，第 538—539 頁。

駕六龍樂詞中的東海

《駕六龍氣出倡》，武帝詞：駕六龍乘風而行，行四海外。路下之八邦，歷登高山，臨谿谷，乘雲而行，行四海外，東到泰山。仙人玉女，下來翺游，驂駕六龍，飲玉漿，河水盡，不東流。解愁腹，飲玉漿。奉持行，東到蓬萊山。上至天之門。玉闕下，引見得入，赤松相對，四面顧望，視正焜煌。開王心正興，其氣百道至，傳告無窮。

閉其口，但當愛氣，壽萬年。東到海，與天連。神仙之道，出窈入冥。常當專之，心恬憺無所愒欲，閉門坐自守，天與期氣。願得神之人，乘駕雲車，驂駕白鹿，上到天之門，來賜神之藥。跪受之，敬神齊。當如此，道自來。

——《宋書》卷21《志第十一·樂三》，第603—604頁。

《觀滄海》中的東海

《碣石步出夏門行》，武帝詞：雲行雨步，超越九江之皋，臨觀異同。心意懷游豫，不知當復何從。經過至我碣石，心惆悵我東海。東臨碣石，以觀滄海。水何淡淡，山島竦峙。樹木叢生，百草豐茂。秋風蕭瑟，洪濤湧起。日月之行，若出其中；星漢粲爛，若出其裏。幸甚至哉！歌以詠志。《觀滄海》。

——《宋書》卷21《志第十一·樂三》，第619頁。

何承天從論渾象與海

御史中丞何承天論渾象體曰："詳尋前說，因觀渾儀，研求其意，有以悟天形正圓，而水周其下。言四方者，東曰暘谷，日之所出，西至濛汜，日之所入。莊子又云：'北溟之魚，化而爲鳥，將徙於南溟。'斯亦古之遺記，四方皆水證也。四方皆水，謂之四海。凡五行相生，水生於金，是故百川發源，皆自山出，由高趣下，歸注於海。日爲陽精，光耀炎熾，一夜入水，所經燋竭，百川歸注，足於補復，故旱不爲減，浸不爲益。徑天之數，蕃說近之。"

——《宋書》卷23《志第十三·天文一》，第677頁。

虞喜安天論中的海

晉成帝咸康中，會稽虞喜造安天論，以爲"天高窮於無窮，地深測於不測。地有居靜之體，天有常安之形。論其大體，當相覆冒，方則俱方，圓則俱圓，無方圓不同之義也"。喜族祖河間太守聳又立穹天論云："天形穹隆，當如雞子幕，其際周接四海之表，浮乎元氣之上。"

——《宋書》卷23《志第十三·天文一》，第679—680頁。

東海霖雨

晉惠帝永寧元年十月，義陽、南陽、東海霖雨，淹害秋麥。

——《宋書》卷30《志第二十·五行一·恒雨》，第885頁。

永嘉郡潮水涌起

太元十七年六月甲寅，濤水入石頭，毀大航，漂船舫，有死者；京口西浦，亦濤入殺人。永嘉郡潮水涌起，近海四縣人民多死。後四年帝崩，而王恭再攻京師。京師亦發大衆以禦之。

——《宋書》卷33《志第二十三·五行四·水不潤下》，

第955—956頁。

夢中泛海見白龍

劉穆之，字道和，小字道民，東莞莒人，漢齊悼惠王肥後也。世居京口。少好書、傳，博覽多通，爲濟陽江敳所知。敳爲建武將軍、琅邪內史，以爲府主簿。

初，穆之嘗夢與高祖俱泛海，忽值大風，驚懼。俯視船下，見有二白龍夾舫。既而至一山，峯岩聳秀，林樹繁密，意甚悅之。及高祖克京城，問何無忌曰："急須一府主簿，何由得之？"無忌曰："無過劉道民。"高祖曰："吾亦識之。"即馳信召焉。時穆之聞京城有叫譟之聲，晨起出陌頭，屬與信會。穆之直視不言者久之。既而反室，壞布裳爲綺，往見高祖。高祖謂之曰："我始舉大義，方造艱難，須一軍吏甚急，卿謂誰堪其選?"穆之曰："貴府始建，軍吏實須其才，倉卒之際，當略無見踰者。"高祖笑曰："卿能自屈，吾事濟矣。"卽於坐受署。

——《宋書》卷42《列傳第二·劉穆之》，第1303頁。

自海道還都

張暢字少微，邵兄偉之子也，……孝武鎮彭城，暢爲安北長史、沛郡太守。元嘉二十七年，魏主托跋燾南征，太尉江夏王義恭統諸軍出鎮彭城。虜衆近城數十里，彭城衆力雖多，而軍食不足，義恭欲棄彭城南歸，計議彌日不定。時歷城衆少食多，安北中兵參軍沈慶之議欲以車營爲函箱陣，精兵爲外翼，奉二王及妃媛直趨歷城，分城兵配護軍將軍蕭思話留守。太尉長史何勖不同，欲席卷奔鬱洲，自海道還都。二議未決，更集羣僚議之。暢曰："若歷城、鬱洲可至，下官敢不高讚。今城內乏食，人無固心，但以關局嚴密，不獲走耳。若一搖動，則潰然奔散，雖欲至所在，其可得乎! 今食雖寡，然朝夕未至窘乏，豈可捨萬全之術，而卽危亡之道。此計必行，下官請以頸血汙君馬跡!"孝武聞暢議，謂義恭曰："張長史言，不可違也。"義恭乃止。

——《宋書》卷46《列傳第六·張邵·張暢》，第1397頁。

海師望見飛鳥

朱脩之字恭祖，義陽平氏人也。曾祖燾，晉平西將軍。祖序，豫州刺史。父諶，益州刺史。脩之自州主簿遷司徒從事中郎，文帝謂曰："卿曾祖昔爲王導丞相中郎，卿今又爲王弘中郎，可謂不忝爾祖矣。"後隨到彥之北伐。彥之自河南回，留脩之戍滑臺，爲虜所圍，數月糧盡，將士熏鼠食之，遂陷於虜。……

託跋燾嘉其守節，以爲侍中，妻以宗室女。脩之潛謀南歸，妻疑之，每流涕問其意，脩之深嘉其義，竟不告也。後鮮卑馮弘稱燕王，治黃龍城，託跋燾伐之，脩之與同沒人邢懷明並從。又有徐卓者，復欲率南人竊發，事泄被誅。脩之、懷明懼奔馮弘，弘不禮。留一年，會宋使傳詔至，脩之名位素顯，傳詔見卽拜之，彼國敬傳詔，謂爲"天子邊人"，見其致敬於脩之，乃始加禮。時魏屢伐弘，或說弘遣脩之歸求救，遂遣之。泛海至東萊，遇猛風柂折，垂以長索，船乃復正。海師望見飛鳥，知其近岸，須臾至東萊。

元嘉九年，至京邑，以爲黃門侍郎，累遷江夏內史。

——《宋書》卷76《列傳第三十六·朱脩之》，第1969—1970頁。

會稽鹽官等地海道與浦渡

孔覬字思遠，會稽山陰人，太常琳之孫也。……復爲黃門，臨海太守……永光元年，遷侍中，未拜，復爲江夏王義恭太宰長史，復出爲尋陽王子房右軍長史，加輔國將軍，行會稽郡事。太宗卽位，召覬爲太子詹事，遣故佐平西司馬庚業爲右軍司馬，代覬行會稽郡事。時上流反叛，上遣都水使者孔璪入東慰勞。璪至，說覬以："廢帝侈費，倉儲耗盡，都下罄匱，資用已竭。今南北並起，遠近離叛，若擁五郡之銳，招動三吳，事無不克。"覬然其言，遂發兵馳檄。覬子長公、璪二子淹、玄並在都，馳信密報。泰始二年正月，並叛逃東歸。……

太宗每遣軍，輒多所求須，不時上道。外監朱幼舉司徒參軍督護任農夫，驍果有膽力，性又簡率，資給甚易，乃以千人配之，使助東討。……陸攸之、任農夫自東遷進向吳郡，臺遣軍主張靈符卽晉陵。其月四日，齊王急攻之，其夜，孫曇瓘、陳景遠一時奔潰。諸軍至晉陵，袁標棄郡東走。晉陵旣平，吳中震動，吳興軍又將至，顧琛與子寶素攜其老母泛海奔會饑，海鹽令王孚邀討不及。太宗以四郡平定，留吳喜統全景文、沈懷明、劉亮、孫超之、壽寂之等東平會饑，追齊王、張永、姚道和、杜幼文、垣恭祖、張靈符北討，王穆之、頓生、江方興南伐。

其月九日，喜等至錢唐，錢唐令顧昱及孔璪、王曇生等奔渡江東。喜仍進軍柳浦，諸暨令傅琰將家歸順。喜遣鎮北參軍沈思仁、強弩將軍任農夫、龍驤將軍高志之、南臺御史阮佃夫、揚武將軍盧僧澤等率軍向黃山浦。東軍據岸結砦，農夫等攻破之，乘風舉帆，直趣定山，破其大帥孫會之，於陳斬首。自定山進向漁浦，戍主孔叡率千餘人據壘拒戰。佃夫使隊主闞法炬射殺樓上弩手，叡衆驚駭，思仁縱兵攻之，斬其軍主孔奴，於是敗散。其月十九日，吳喜使劉亮由鹽官海渡，直指同浦，壽寂之濟自漁浦，邪趣永興，喜自柳浦渡，趣西陵。西陵諸軍皆悉散潰，斬庚業、顧法直、吳恭，傳首京都。東軍主卜道濟、督戰許天賜請降。庚業，新野人也。父彥達，以幹局爲太祖所知，爲益州刺史。世祖世，官至豫章太守，太常卿。劉亮、全景文、孫超之進次永興同市，遇覬所遣陸孝伯、孔璪兩軍，與戰破之，斬孝伯、璪首。

會稽聞西軍稍近，將士多奔亡，覬不能復制。二十日，上虞令王晏起兵攻郡，覬以東西交逼，憂遽不知所爲。其夕，率千餘人聲云東討，實趣石澱，先已具船海浦，值潮涸不得去，衆叛都盡，門生載以小船，竄于嵁山村。僞車騎從事中郎張綏先遣人於錢唐詣喜歸誠，及覬走，綏閉封倉庫，以待王師。

——《宋書》卷84《列傳第四十四·孔覬》，第2153—2162頁。

青州海道

太宗遣青州刺史明僧暠、東莞東安二郡太守李靈謙率軍伐文秀。玄邈、乘民、僧暠等並進軍攻城，每戰輒爲文秀所破，離而復合，如此者十餘。泰始二年八月，尋陽平定，太宗遣尙書度支郎崔元孫慰勞諸義軍，隨僧暠戰敗見殺，追贈寧朔將軍、冀州刺史。……三年二月，文秀歸命請罪，卽安本任。

　　先是，冀州刺史崔道固亦據歷城同逆，爲土人起義所攻，與文秀俱遣信引虜，虜遣將慕輿白曜率大衆援之，文秀已受朝命，乃乘虜無備，縱兵掩擊，殺傷甚多。虜乃進軍圍城，文秀善於撫御，將士咸爲盡力，每與虜戰，輒摧破之，掩擊營砦，往無不捷。太宗進文秀號輔國將軍。其年八月，虜蜀郡公拔式等馬步數萬人入西郭，直至城下。文秀使輔國將軍垣諶擊破之。九月，又逼城東。十月，進攻南郭。文秀使員外散騎侍郎黃彌之等邀擊，斬獲數千。四年，又進文秀號右將軍，封新城縣侯，食邑五百戶。虜青州刺史王隆顯於安丘縣又爲軍主高崇仁所破，死者數百人。虜圍青州積久，太宗所遣救兵並不敢進，乃以文秀弟征北中兵參軍文靜爲輔國將軍，統高密、北海、平昌、長廣、東萊五郡軍事，從海道救青州。文靜至東萊之不其城，爲虜所斷遏，不得進，因保城自守，又爲虜所攻，屢戰輒剋，太宗加其東青州刺史。四年，不其城爲虜所陷，文靜見殺。

　　——《宋書》卷88《列傳第四十八·沈文秀》，第2223—2224頁。

林邑國樓船百餘寇九德

　　南夷、西南夷，大抵在交州之南及西南，居大海中洲上，相去或三五千里，遠者二三萬里，乘舶舉帆，道里不可詳知。外國諸夷雖言里數，非定實也。

　　南夷林邑國，高祖永初二年，林邑王范陽邁遣使貢獻，即加除授。太祖元嘉初，侵暴日南、九德諸郡，交州刺史杜弘文建牙聚衆欲討之，聞有代，乃止。七年，陽邁遣使自陳與交州不睦，求蒙恕宥。八年，又遣樓船百餘寇九德，入四會浦口，交州刺史阮彌之遣隊主相道生三千人赴討，攻區粟城不剋，引還。林邑欲伐交州，借兵於扶南王，扶南不從。十年，陽邁遣使上表獻方物，求領交州，詔答以道遠，不許。十二、十五、十六、十八年，頻遣貢獻，而寇盜不已，所貢亦陋薄。

　　——《宋書》卷97《列傳第五十七·夷蠻》，第2377—2378頁。

呵羅單國書中的海洋

呵羅單國治闍婆洲。元嘉七年，遣使獻金剛指鐶、赤鸚鵡鳥、天竺國白疊古貝、葉波國古貝等物。十年，呵羅單國王毗沙跋摩奉表曰：

"常勝天子陛下：諸佛世尊，常樂安隱，三達六通，爲世間道，是名如來，應供正覺，遺形舍利，造諸塔像，莊嚴國土，如須彌山，村邑聚落，次第羅匝，城郭館宇，如忉利天宮，宮殿高廣，樓閣莊嚴，四兵具足，能伏怨敵，國土豐樂，無諸患難。奉承先王，正法治化，人民良善，慶無不利，處雪山陰，雪水流注，百川洋溢，八味清淨，周匝屈曲，順趣大海，一切衆生，咸得受用。於諸國土，殊勝第一，是名震旦，大宋揚都，承嗣常勝大王之業，德合天心，仁廕四海，聖智周備，化無不順，雖人是天，護世降生，功德寶藏，大悲救世，爲我尊主常勝天子。是故至誠五體敬禮。呵羅單國王毗沙跋摩稽首問訊。"

其後爲子所篡奪。十三年，又上表曰：

"大吉天子足下：離淫怒癡，哀愍羣生，想好具足，天龍神等，恭敬供養，世尊威德，身光明照，如水中月，如日初出，眉間白豪，普照十方，其白如雪，亦如月光，清淨如華，顏色照曜，威儀殊勝，諸天龍神之所恭敬，以正法寶，梵行衆僧，莊嚴國土，人民熾盛，安隱快樂。城閣高峻，如乾他山，衆多勇士，守護此城，樓閣莊嚴，道巷平正，著種種衣，猶如天服，於一切國，爲最殊勝吉。揚州城無憂天主，愍念羣生，安樂民人，律儀清淨，慈心深廣，正法治化，共養三寶，名稱遠至，一切並聞。民人樂見，如月初生，譬如梵王，世界之主，一切人天，恭敬作禮。呵羅單跋摩以頂禮足，猶如現前，以體布地，如殿陛道，供養恭敬，如奉世尊，以頂著地，曲躬問訊。

忝承先業，嘉慶無量，忽爲惡子所見爭奪，遂失本國。今唯一心歸誠天子，以自存命。今遣毗紉問訊大家，意欲自往，歸誠宣訴，復畏大海，風波不達。今命得存，亦由毗紉此人忠志，其恩難報。此是大家國，今爲惡子所奪，而見驅擯，意頗忿惋，規欲雪復。伏願大家聽毗紉買諸鎧仗袍襖及馬，願爲料理毗紉使得時還。前遣闍邪仙婆羅訶，蒙大家厚賜，悉惡子奪去，啓大家使知。今奉薄獻，願垂納受。"

此後又遣使。二十六年，太祖詔曰："訶羅單、闍婆、闍婆達三國，頻越遐海，款化納貢，遠誠宜甄，可並加除授。"乃遣使策命之曰："惟爾慕義款化，效誠荒遐，恩之所洽，殊遠必甄，用敷典章，顯茲策授。爾其欽奉凝命，永固厥職，可不愼歟。"二十九年，又遣長史闍和沙彌獻方物。

——《宋書》卷 97《列傳第五十七·夷蠻·呵羅單國》，

第 2381—2382 頁。

師子國國書中的海洋

師子國，元嘉五年，國王刹利摩訶南奉表曰：謹白大宋明主，雖山海殊隔，而音信時通。伏承皇帝道德高遠，覆載同於天地，明照齊乎日月，四海之外，無往不伏，方國諸王，莫不遣信奉獻，以表歸德之誠，或泛海三年，陸行千日，畏威懷德，無遠不至。我先王以來，唯以修德爲正，不嚴而治，奉事三寶，道濟天下，欣人爲善，慶若在己，欲與天子共弘正法，以度難化。故託四道人遣二白衣送牙臺像以爲信誓，信還，願垂音告。至十二年，又復遣使奉獻。

——《宋書》卷 97《列傳第五十七·夷蠻·師子國》，第 2384 頁。

倭王言渡平海北九十五國

倭國在高驪東南大海中，世修貢職。高祖永初二年，詔曰："倭讚萬里修貢，遠誠宜甄，可賜除授。"太祖元嘉二年，讚又遣司馬曹達奉表獻方物。讚死，弟珍立，遣使貢獻。自稱使持節、都督倭百濟新羅任那秦韓慕韓六國諸軍事、安東大將軍、倭國王。表求除正，詔除安東將軍、倭國王。珍又求除正倭隋等十三人平西、征虜、冠軍、輔國將軍號，詔並聽。二十年，倭國王濟遣使奉獻，復以爲安東將軍、倭國王。二十八年，加使持節、都督倭新羅任那加羅秦韓慕韓六國諸軍事，安東將軍如故。幷除所上二十三人軍、郡。濟死，世子興遣使貢獻。世祖大明六年，詔曰：“倭王世子興，奕世載忠，作藩外海，稟化寧境，恭修貢職。新嗣邊業，宜授爵號，可安東將軍、倭國王。”興死，弟武立，自稱使持節、都督倭百濟新羅任那加羅秦韓慕韓七國諸軍事、安東大將軍、倭國王。

順帝昇明二年，遣使上表曰：“封國偏遠，作藩于外，自昔祖禰，躬擐甲冑，跋涉山川，不遑寧處。東征毛人五十五國，西服衆夷六十六國，渡平海北九十五國，王道融泰，廓土遐畿，累葉朝宗，不愆于歲。臣雖下愚，忝胤先緒，驅率所統，歸崇天極，道逕百濟，裝治船舫，而句驪無道，圖欲見吞，掠抄邊隸，虔劉不已，每致稽滯，以失良風。雖曰進路，或通或不。臣亡考濟實忿寇讎，壅塞天路，控弦百萬，義聲感激，方欲大舉，奄喪父兄，使垂成之功，不獲一簣。居在諒闇，不動兵甲，是以偃息未捷。至今欲練甲治兵，申父兄之志，義士虎賁，文武效功，白刃交前，亦所不顧。若以帝德覆載，摧此强敵，克靖方難，無替前功。竊自假開府儀同三司，其餘咸各假授，以勸忠節。”詔除武使持節、都督倭新羅任那加羅秦韓慕韓六國諸軍事、安東大將軍、倭王。

——《宋書》卷97《列傳第五十七·夷蠻·倭國》，
第2394—2396頁。

交部商貨汎海陵波而至

史臣曰：漢世西譯遐通，兼途累萬，跨頭痛之山，越繩度之險，生行死徑，身往魂歸。晉氏南移，河、隴夐隔，戎夷梗路，外域天斷。若夫大秦、天竺，迥出西溟，二漢衛役，特艱斯路，而商貨所

資，或出交部，汎海陵波，因風遠至。又重峻參差，氏衆非一，殊名
詭號，種別類殊，山琛水寶，由茲自出，通犀翠羽之珍，蛇珠火布之
異，千名萬品，並世主之所虛心，故舟舶繼路，商使交屬。太祖以南
琛不至，遠命師旅，泉浦之捷，威震滄溟，未名之寶，入充府實。

——《宋書》卷 97《列傳第五十七·夷蠻·豫州蠻》，
第 2399 頁。

劉劭輦珍寶繒帛入海

　　劉濬字休明，將產之夕，有鵬鳥鳴於屋上。元嘉十三年，年八
歲，封始興王。……及劉劭將敗，勸劭入海，輦珍寶繒帛下船，與劭
書曰："船故未至，今晚期當於此下物令畢，願速敕謝賜出船艦。尼
已入臺，願與之明日決也。臣猶謂車駕應出此，不爾無以鎮物情。"
人情離散，故行計不果。濬書所云尼，卽嚴道育也。

——《宋書》卷 99《列傳第五十九·二凶·始興王濬》，
第 2438 頁。

願勅廣州時遣舶還

　　西南夷訶羅陁國，元嘉七年，遣使奉表曰：……伏惟皇帝，是我
真主。臣是訶羅陁國王名曰堅鎧，今敬稽首聖王足下，惟願大王知我
此心久矣，非適今也。山海阻遠，無緣自達，今故遣使，表此丹誠。
所遣二人，一名毗紉，一名婆田，令到天子足下。堅鎧微蔑，誰能知
者，是故今遣二人，表此微心，此情既果，雖死猶生。仰惟大國，藩
守曠遠，我卽邊方藩守之一。上國臣民，普蒙慈澤，願垂恩逮，等彼
僕臣。臣國先時人衆殷盛，不爲諸國所見陵迫，今轉衰弱，鄰國競
侵。伏願聖王，遠垂覆護，并市易往反，不爲禁閉。若見哀念，願時
遣還，令此諸國，不見輕侮，亦令大王名聲普聞，扶危救弱，正是今
日。今遣二人，是臣同心，有所宣啓，誠實可信。願勅廣州時遣舶

還，不令所在有所陵奪。願自今以後，賜年年奉使。今奉微物，願垂
哀納。

——《宋書》卷97《列傳第五十七·夷蠻·訶羅陁國》，
第 2380—2381 頁。

《南齊書》

海中鬱州田疇魚鹽之利

青州，宋泰始初淮北沒虜，六年，始治鬱州上。鬱州在海中，周迴數百里，島出白鹿，土有田疇魚鹽之利。劉善明爲刺史，以海中易固，不峻城雉，乃累石爲之，高可八九尺。後爲齊郡治。建元初，徙齊郡治瓜步，以北海治齊郡故治，州治如舊。流荒之民，郡縣虛置，至於分居土著，蓋無幾焉。

——《南齊書》卷 14《志第六·州郡上·青州》，第 259 頁。

交阯在海漲島中

交州，鎭交阯，在海漲島中。楊雄箴曰："交州荒遘，水與天際。"外接南夷，寶貨所出，山海珍怪，莫與爲比。民恃險遠，數好反叛。領郡如左：九眞郡、武平郡、新昌郡、九德郡、日南郡、交阯郡、宋平郡、宋壽郡、義昌郡。

——《南齊書》卷 14《志第六·州郡上·交州》，第 266 頁。

俚人海中網獲銅獸

永明三年，越州南高凉俚人海中網魚，獲銅獸一頭，銘曰"作寶鼎，齊臣萬年子孫承寶”。

——《南齊書》卷 18《志第十·祥瑞》，第 366 頁。

朐山邊海孤險

垣崇祖字敬遠，下邳人也。……崇祖年十四，有幹略，伯父豫州刺史護之謂門宗曰：“此兒必大成吾門，汝等不及也。”刺史劉道隆辟爲主簿，厚遇之。除新安王國上將軍。

明帝立，道隆被誅。薛安都反，明帝遣張永、沈攸之北討，安都使將裴祖隆、李世雄據下邳。祖隆引崇祖共拒戰，會青州援軍主劉（珍）〔彌〕之背逆歸降，祖隆士衆沮敗，崇祖與親近數十人夜救祖隆，與俱走還彭城。虜既陷徐州，崇祖仍爲虜將游兵琅邪間不復歸，虜不能制。密遣人於彭城迎母，欲南奔，事覺，虜執其母爲質。崇祖妹夫皇甫蕭兄婦，薛安都之女，故虜信之。蕭仍將家屬及崇祖母奔朐山，崇祖因將部曲據之，遣使歸命。太祖在淮陰，板爲朐山戍主，送其母還京師，明帝納之。

朐山邊海孤險，人情未安。崇祖常浮舟舸於水側，有急得以入海。軍將得罪亡叛，具以告虜。虜僞圍城都將東徐州刺史成固公始得青州，聞叛者說，遣步騎二萬襲崇祖，屯洛要，去朐山城二十里。崇祖出送客未歸，城中驚恐，皆下船欲去。崇祖還，謂腹心曰：“賊比擬來，本非大舉，政是承信一說，易遣詿之。今若得百餘人還，事必濟矣。但人情一駭，不可斂集。卿等可急去此二里外大叫而來，唱‘艾塘義人已得破虜，須成軍速往，相助逐退’。”船中人果喜，爭上岸，崇祖引入據城，遣羸弱入島。令人持兩炬火登山鼓叫。虜參騎謂其軍備甚盛，乃退。

——《南齊書》卷 25《列傳第六·垣崇祖》，第 459—460 頁。

劉僧副東依海島

劉善明，平原人。……少而靜處讀書，刺史杜驥聞名候之，辭不相見。年四十，刺史劉道隆辟爲治中從事。……泰始初，徐州刺史薛安都反，青州刺史沈文秀應之。……文秀既降，除善明爲屯騎校尉，出爲海陵太守。郡境邊海，無樹木，善明課民種榆檟雜菓，遂獲其利。還爲後軍將軍、直閤。……善明從弟僧副，與善明俱知名於州里。泰始初，虜暴淮北，僧副將部曲二千人東依海島，太祖在淮陰，壯其所爲，召與相見，引爲安成王撫軍參軍。蒼梧肆暴，太祖憂恐，常令僧副微行伺察聲論。使僧副密告善明及東海太守垣崇祖曰：“多人見勸北固廣陵，恐一旦動足，非爲長算。今秋風行起，卿若能與垣東海微共動虜，則我諸計可立。”善明曰：“宋氏將亡，愚智所辨。故胡虜若動，反爲公患。公神武世出，唯當靜以待之，因機奮發，功業自定。不可遠去根本，自貽猖蹶。”遣部曲健兒數十人隨僧副還詣領府，太祖納之。蒼梧廢，徵善明爲冠軍將軍、太祖驃騎諮議、南東海太守、行南徐州事。

——《南齊書》卷 28《列傳第九·劉善明》，
第 522—524 頁。

海鵠羣翔

垣榮祖字華先，下邳人，五兵尚書崇祖從父兄也。父諒之，宋北中郎府參軍。榮祖少學騎馬及射，或謂之曰：“武事可畏，何不學書。”榮祖曰：“昔曹操、曹丕上馬橫槊，下馬談論，此於天下可不負飲食矣。君輩無自全之伎，何異犬羊乎！”……

及明帝崩，太祖書送榮祖詣僕射褚淵，除寧朔將軍、東海太守。淵謂之曰：“蕭公稱卿幹略，故以此郡相處。”

榮祖善彈，彈鳥毛盡而鳥不死。海鵠羣翔，榮祖登城西樓彈之，無不折翅而下。

——《南齊書》卷28《列傳第九·垣榮祖》，第 529—530 頁。

田流自號東海王

周山圖字季寂，義興義鄉人也。……山圖好酒多失，明帝數加怒誚，後遂自改。出爲錢唐新城戍。是時豫州淮西地新沒虜，更於歷陽立鎮，五年，以山圖爲龍驤將軍、歷陽令，領兵守城。

初，臨海亡命田流，自號"東海王"，逃竄會稽鄞縣邊海山谷中，立屯營，分布要害，官軍不能討。明帝遣直後聞人襲說降之，授流龍驤將軍，流受命，將黨與出，行達海鹽，放兵大掠而反。是冬，殺鄞令耿猷，東境大震。六年，敕山圖將兵東屯浹口，廣設購募。流爲其副暨挐所殺，別帥杜連、梅洛生各擁衆自守。至明年，山圖分兵掩討，皆平之。

——《南齊書》卷29《列傳第十·周山圖》，第 540—541 頁。

虞悰奉呈會稽海味

虞悰字景豫，會稽餘姚人也。祖嘯父，晉左民尚書。父秀之，黃門郎。悰少而謹敕，有至性。秀之於都亡，悰東出奔喪，水漿不入口。州辟主簿，建平王參軍，尚書儀曹郎，太子洗馬，領軍長史，正員郎，累至州治中，別駕，黃門郎。

初，世祖始從官，家尚貧薄，悰推國士之眷，數相分與，每行，必呼上同載，上甚德之。昇明中，世祖爲中軍，引悰爲諮議參軍，遣吏部郎江謐持手書謂悰曰："今因江吏郎有白，以君情顧，意欲相屈。"建元初，轉太子中庶子，遷後軍長史領步兵校尉，鎮北長史、寧朔將軍、南東海太守。尋爲豫章內史，將軍如故。悰治家富殖，奴婢無游手，雖在南土，而會稽海味無不畢致焉。遷輔國將軍、始興王長史、平蠻校尉、蜀郡太守。轉司徒司馬，將軍如故。……

悰稱疾篤還東，上表曰："臣族陋海區，身微稽土，猥屬興運，荷竊稠私，徒越星紀，終慙報答。衛養乖方，抱疾嬰固，寢瘵以來，倏踰旬朔，頻加醫治，曾未瘳損。惟此朽頓，理難振復，乞解所職，盡療餘辰。"詔賜假百日。轉給事中，光祿大夫，尋加正員常侍。永元元年，卒。時年六十五。

——《南齊書》卷37《列傳第十八·虞悰》，第654—656頁。

張融於交州海中作《海賦》

張融字思光，吳郡吳人也。祖禕，晉琅邪王國郎中令。父暢，宋會稽太守。

融年弱冠，道士同郡陸脩靜以白鷺羽麈尾扇遺融，曰："此既異物，以奉異人。"宋孝武聞融有早譽，解褐爲新安王北中郎參軍。孝武起新安寺，僚佐多儭錢帛，融獨儭百錢。帝曰："融殊貧，當序以佳祿。"出爲封溪令。從叔永出後渚送之，曰："似聞朝旨，汝尋當還。"融曰："不患不還，政恐還而復去。"廣越嶂嶮，獠賊執融，將殺食之，融神色不動，方作洛生詠，賊異之而不害也。浮海至交州，於海中作《海賦》曰：

"蓋言之用也，情矣形乎。使天形寅內敷，情敷外寅者，言之業也。吾遠職荒官，將海得地，行關入浪，宿渚經波，傅懷樹觀，長滿朝夕，東西無里，南北如天，反覆懸烏，表裏菟色。壯哉水之奇也，奇哉水之壯也。故古人以之頌其所見，吾問翰而賦之焉。當其濟興絕感，豈覺人在我外，木生之作，君自君矣。

分渾始地，判氣初天。作成萬物，爲山爲川。總川振會，導海飛門。爾其海之狀也，之相也：則窮區沒渚，萬里藏岸，控會河、濟，朝總江、漢。回混浩潰，巔倒發濤。浮天振遠，灌日飛高。摐撞則八紘摧隤，鼓怒則九紐折裂。擋長風以舉波，漷天地而爲勢。瀄澤渻浛來往相辛汩湙澍渤，窐石成窟。西衝虞淵之曲，東振湯谷之阿。若木於是乎倒覆，折扶桑而爲渣濩濼潤渾，湏湎磥碓，渤淬淪漙瀾淺龍嵸湍轉則日月似驚，浪動而星河如覆。既烈太山與崑崙相壓而共潰，又盛雷車震漢破天以折轂。

港漣涴瀨輾轉縱橫。揚珠起玉，流鏡飛明。是其回堆曲浦，欹關弱渚之形勢也。沙嶼相接，洲島相連。東西南北，如滿于天。梁禽楚獸，胡木漢草之所生焉。長風動路，深雲暗道之所經焉。苕苕蔕蔕，窅窅翳翳。晨烏宿於東隅，落河浪其西界。茫沆汴河，汩磈漫桓。旁踞委岳，横竦危巒。重彰岌岌，攢嶺聚立。崋碕嶵嶔架石相陰。蔭蕷陁陁，横出旁入。嵬嵬磊磊，若相追而下及。峯勢縱横，岫形參錯。或如前而未進，乍非還而已却。天抗暉於東曲，日倒麗於西阿。嶺集雪以懷鏡，巖照春而自華。

江洚㴔㴔漈巖拍嶺。觸山磙石，汙灣澯涗硠泱限阿流柴磾屼頓浪低波，磋硋硫折嶺挫峯，窂浪硠揺，崩山相磕萬里藹藹，極路天外。電戰雷奔，倒地相磕。獸門象逸，魚路鯨奔。水遽龍魄，陸振虎氪。却瞻無後，向望何前。長尋高眺，唯水與天。若乃山横蹴浪，風倒摧波。磊若驚山竭嶺以竦石，鬱若飛煙奔雲以振霞。連瑶光而交綵，接玉繩以通華。

爾乎夜滿深霧，晝密長雲，高河滅景，萬里無文。山門幽暖，岫戶葐蒀。九天相掩，玉地交氛。汪汪横横沆沆浩浩淬潰大人之表，泱蕩君子之外。風沫相排，日閉雲開。浪散波合，岳起山隤。

若乃漉沙構白，熬波出素。積雪中春，飛霜暑路。爾其奇名出錄，詭物無書。高岸乳鳥，横門產魚。則何羅鱅鮨鯑魞鯫鯖哄日吐霞，呑河漱月。氣開地震，聲動天發。噴灑噦噫流雨而揚雲。喬髗壯脊，架岳而飛墳。跩動崩五山之勢，瞤睔煥七曜之文。蟕蠵瑁蛑，綺貝繡螺。玄珠互綵，綠紫相華。遊風秋瀨，泳景登春。伏鱗漬綵，昇魵洗文。

若乃春代秋緒，歲去冬歸。柔風麗景，晴雲積暉。起龍塗於靈步，翔螭道之神飛。浮微雲之如瞢，落輕雨之依依。觸巧塗而礙遠，抵欒木以激揚。浪相礴而起千狀，波獨湧乎驚萬容。蘋藻留映，荷芰提陰。扶容曼綵，秀遠華深。明藕移玉，清蓮代金。眄芬芳於遙渚，汎灼爍於長潯。浮艫雜軸，遊舶交艘。帷軒帳席，方遠連高。入驚波而箭絕，振排天之雄飆。越湯谷以逐景，渡虞淵以追月。徧萬里而無時，浹天地於揮忽。雕隼飛而未半，鯤龍趨而不逮。舟人未及復其喘，已周流宇宙之外矣。

陰鳥陽禽，春毛秋羽。遠翅風遊，高翩雲翠。翔歸棲去，連陰日路。瀾漲波渚，陶玄浴素。長紘四斷，平表九絕。雉驚成霞，鴻飛起雪。合聲鳴侶，並翰翻羣。飛闚溢繡，流浦照文。

爾夫人微亮氣，小白如淋。涼空澄遠，增漢無陰。照天容於鯑渚，鏡河色於魦潯。括蓋餘以進廣，浸夏洲以洞深。形每驚而義維靜，跡有事而道無心。於是乎山海藏陰，雲塵入岫。天英徧華，日色盈秀。則若士神中，琴高道外。袖輕羽以衣風，逸玄裾於雲帶。筵秋月於源潮，帳春霞於秀瀨。曬蓬萊之靈岫，望方壺之妙闕。樹遇日以飛柯，嶺回峯以蹴月。空居無俗，素館何塵。谷門風道，林路雲眞。

若乃幽崖阻陋限隩之窮，駿波虎浪之氣，激勢之所不攻。有卉有木，爲灌爲叢。絡糅網雜，結葉相籠。通雲交拂，連韻共風。蕩洲礙岸，而千里若崩，衝崖沃島，其萬國如戰。振駿氣以擺雷，飛雄光以倒電。

若夫增雲不氣，流風斂聲。瀾文復動，波色還驚。明月何遠，沙裏分星。至其積珍全遠，架寶諭深。瓊池玉壑，珠岫珚岑。合日開夜，舒月解陰。珊瑚開繢，瑠璃竦華。丹文鏡色，雜照冰霞。洪洪潰潰，浴干日月。淹漢星墟，滲河天界。風何本而自生，雲無從而空滅。籠麗色以拂烟，鏡懸暉以照雪。

爾乃方員去我，混然落情。氣暄而濁，化靜自清。心無終故不滯，志不敗而無成。旣覆舟而載舟，固以死而以生。弘芻狗於人獸，導至本以充形。雖萬物之日用，諒何緯其何經。道湛天初，機茂形外。亡有所以而有，非膠有於生末。亡無所以而無，信無心以入太。不動動是使山岳相崩，不聲聲故能天地交泰。行藏虛於用舍，應感亮於圓會。仁者見之謂之仁，達者見之謂之達。呫者幾於上善，吾信哉其爲大矣。"

融文辭詭激，獨與衆異。後還京師，以示鎮軍將軍顧覬之，覬之曰：“卿此賦實超玄虛，但恨不道鹽耳。”融即求筆注之曰：“漉沙構白，熬波出素。積雪中春，飛霜暑路。”此四句，後所足也。

——《南齊書》卷41《列傳第二十二·張融》，第721—726頁。

海邊有越王石

虞愿字士恭，會稽餘姚人也。……元嘉末，爲國子生，再遷湘東王國常侍，轉潯陽王府墨曹參軍。明帝立，以愿儒吏學涉，兼蕃國舊恩，意遇甚厚。……

出爲晉平太守，在郡不治生產。前政與民交關，質錄其兒婦，愿遣人於道奪取將還。在郡立學堂教授。郡舊出髯蚺膽，可爲藥，有餉愿蚺者，愿不忍殺，放二十里外山中，一夜蚺還床下。復送四十里外山，經宿，復還故處。愿更令遠，乃不復歸，論者以爲仁心所致也。海邊有越王石，常隱雲霧。相傳云：“清廉太守乃得見。”愿往觀視，清徹無隱蔽。後琅邪王秀之爲郡，與朝士書曰：“此郡承虞公之後，善政猶存，遺風易遵，差得無事。”以母老解職，除後軍將軍。褚淵常詣愿，不在，見其眠床上積塵埃，有書數袠。淵歎曰：“虞君之清，一至於此。”令人掃地拂床而去。

——《南齊書》卷53《列傳第三十四·良政·虞愿》，第915—917頁。

魏虜圍斷海道

宋明帝末年，始與虜和好。元徽昇明之世，虜使歲通。建元元年，僞太和三年也。宏聞太祖受禪，其冬，發衆遣丹陽王劉昶爲太師，寇司、豫二州。明年，詔遣衆軍北討。宏遣大將郁豆眷、段長命攻壽陽及鍾離，爲豫州刺史垣崇祖、右將軍周盤龍、徐州刺史崔文仲等所破。

宏又遣僞南部尚書托跋等向司州，分兵出兗、青界，十萬衆圍胊山，戍主玄元度嬰城固守。青冀二州刺史盧紹之遣子奐領兵助之。城中無食，紹之出頓州南石頭亭，隔海運糧柴供給城內。虜圍斷海道，緣岸攻城，會潮水大至，虜湥溺，元度出兵奮擊，大破之。臺遣軍主崔靈建、楊法持、房靈民萬餘人從淮入海，船艦至夜各舉兩火，虜衆望見，謂是南軍大至，一時奔退。

——《南齊書》卷 57《列傳第三十八·魏虜》，第 986—987 頁。

高麗國使乘舶汎海

東夷高麗國，西與魏虜接界。宋末，高麗王樂浪公高璉爲使持節、散騎常侍、都督營平二州諸軍事、車騎大將軍、開府儀同三司。太祖建元元年，進號驃騎大將軍。三年，遣使貢獻，乘舶汎海，使驛常通，亦使魏虜，然彊盛不受制。

——《南齊書》卷 58《列傳第三十九·東南夷》，第 1009 頁。

加羅王荷知款關海外

加羅國，三韓種也。建元元年，國王荷知使來獻。詔曰："量廣始登，遠夷洽化。加羅王荷知款關海外，奉贄東遐。可授輔國將軍、本國王。"

——《南齊書》卷 58《列傳第三十九·東南夷》，第 1012 頁。

倭國在帶方東南大海島

倭國，在帶方東南大海島中，漢末以來，立女王。土俗已見前史。建元元年，進新除使持節、都督倭新羅任那加羅秦韓〔慕韓〕六國諸軍事、安東大將軍、倭王武號爲鎮東大將軍。

——《南齊書》卷 58《列傳第三十九·東南夷》，第 1012 頁。

林邑國海行三千里

南夷林邑國，在交州南，海行三千里，北連九德，秦時故林邑縣也。漢末稱王。晉太康五年，始貢獻。

——《南齊書》卷58《列傳第三十九·東南夷》，第1012頁。

林邑王范諸農海中遭風溺死

宋永初元年，林邑王范楊邁初產，母夢人以金席藉之，光色奇麗。中國謂紫磨金，夷人謂之"楊邁"，故以爲名。楊邁死，子咄立，慕其父，復改名楊邁。……

楊邁子孫相傳爲王，未有位號。夷人范當根純攻奪其國，篡立爲王。永明九年，遣使貢獻金簞等物。詔曰："林邑雖介在遐外，世服王化。當根純乃誠款到，率其僚職，遠績克宣，良有可嘉。宜沾爵號，以弘休澤。可持節、都督緣海諸軍事、安南將軍、林邑王。"范楊邁子孫范諸農率種人攻當根純，復得本國。十年，以諸農爲持節、都督緣海諸軍事、安南將軍、林邑王。建武二年，進號鎮南將軍。永泰元年，諸農入朝，海中遭風溺死，以其子文款爲假節、都督緣海軍事、安南將軍、林邑王。

——《南齊書》卷58《列傳第三十九·東南夷》，第1013頁。

林邑吹海蠡海葬

晉建興中，日南夷帥范稚奴文數商賈，見上國制度，教林邑王范逸起城池樓殿。王服天冠如佛冠，身被香纓絡。國人凶悍，習山川，善鬭。吹海蠡爲角。人皆裸露。四時暄暖，無霜雪。貴女賤男，謂師君爲婆羅門。羣從相姻通，婦先遣娉求婿。女嫁者，迦藍衣橫幅合縫如井闌，首戴花寶。婆羅門牽婿與婦握手相付，呪願吉利。居喪剪髮，謂之孝。燔尸中野以爲葬。遠界有靈鷲鳥，知人將死，集其家食死人肉盡，飛去，乃取骨燒灰投海中水葬。人色以黑爲美，南方諸國皆然。區栗城建八尺表，日影度南八寸。

——《南齊書》卷58《列傳第三十九·東南夷》，第1013—1014頁。

混塡乘舶向扶南

扶南國，在日南之南大海西灣中，廣袤三千餘里，有大江水西流入海。其先有女人爲王，名柳葉。又有激國人混塡，夢神賜弓一張，教乘舶入海。混塡晨起於神廟樹下得弓，卽乘舶向扶南。柳葉見舶，率衆欲禦之。混塡舉弓遙射，貫船一面通中人。柳葉怖，遂降。混塡娶以爲妻。惡其裸露形體，乃疊布貫其首。遂治其國。子孫相傳。

——《南齊書》卷58《列傳第三十九·東南夷》，第1014頁。

天竺道人那伽仙乘扶南商舶出使

宋末，扶南王姓僑陳如，名闍耶跋摩，遣商貨至廣州。天竺道人那伽仙附載欲歸國，遭風至林邑，掠其財物皆盡。那伽仙閒道得達扶南，具說中國有聖主受命。

永明二年，闍耶跋摩遣天竺道人釋那伽仙上表稱扶南國王臣僑陳如闍耶跋摩叩頭啟曰：“天化撫育，感動靈祇，四氣調適。伏願聖主尊體起居康〔豫〕，皇太子萬福，六宮清休，諸王妃主內外朝臣普同和睦，隣境士庶萬國歸心，五穀豐熟，災害不生，土清民泰，一切安穩。臣及人民，國土豐樂，四氣調和，道俗濟濟，並蒙陛下光化所被，咸荷安泰。”又曰：“臣前遣使齎雜物行廣州貨易，天竺道人釋那伽仙於廣州因附臣舶欲來扶南，海中風漂到林邑，國王奪臣貨易，幷那伽仙私財。具陳其從中國來此，仰序陛下聖德仁治，詳議風化，佛法興顯，衆僧殷集，法事日盛，王威嚴整，朝望國軌，慈愍蒼生，八方六合，莫不歸伏。如聽其所說，則化隣諸天，非可爲喻。臣聞之，下情踊悅，若暫奉見尊足，仰慕慈恩，澤流小國，天垂所感，率土之民，竝得皆蒙恩祐。是以臣今遣此道人釋那伽仙爲使，上表問訊奉貢，微獻呈臣等赤心，并別陳下情。但所獻輕陋，愧懼唯深。伏願天慈曲照，鑒其丹款，賜不垂責。”又曰：“臣有奴名鳩酬羅，委臣〔逸〕走，別在餘處，構結兇逆，遂破林邑，仍自立爲王。永不恭從，違恩負義，叛主之讐，天不容載。伏尋林邑昔爲檀和之所破，久已歸化。天威所被，四海彌伏，而今鳩酬羅守執奴兇，自專很彊。且林邑扶南隣界相接，親又是臣奴，猶尚逆去，朝廷遙遠，豈復遵奉。此國屬陛下，故謹具上啓。伏聞林邑頃年表獻簡絕，便欲永隔朝廷，豈有師子坐而安大鼠。伏願遣軍將伐兇逆，臣亦自効微誠，助朝廷剪撲，使邊海諸國，一時歸伏。陛下若欲別立餘人爲彼王者，伏聽勑旨。脫未欲灼然興兵伐林邑者，伏願特賜勑在所，隨宜以少軍助臣，乘天之威，殄滅小賊，伐惡從善。平蕩之日，上表獻金五婆羅。今輕此使送臣丹誠，表所陳啓，不盡下情。謹附那伽仙并其伴口具啓聞。伏願愍所啓。并獻金鏤龍王坐像一軀，白檀像一軀，牙塔二軀，古貝二雙，瑠璃蘇鉝二口，瑇瑁檳榔柈一枚。”

那伽仙詣京師，言其國俗事摩醯首羅天神，神常降於摩耽山。土氣恒暖，草木不落。其上書曰：“吉祥利世間，感攝於羣生。所以其然者，天感化緣明。仙山名摩耽，吉樹敷嘉榮。摩醯首羅天，依此降尊靈。國土悉蒙祐，人民皆安寧。由斯恩被故，是以臣歸情。菩薩行忍慈，本迹起凡基。一發菩提心，二乘非所期。歷生積功業，六度行大悲。勇猛超劫數，財命捨無遺。生死不爲猒，六道化有緣。具脩於十地，遺果度人天。功業旣已定，行滿登正覺。萬善智圓備，惠日照塵俗。衆生感緣應，隨機授法藥。佛化遍十方，無不蒙濟擢。皇帝聖弘道，興隆於三寶。垂心覽萬機，威恩振八表。國土及城邑，仁風化淸皎。亦如釋提洹，衆天中最超。陛下臨萬民，四海共歸心。聖慈流無疆，被臣小國深。”詔報曰：“具摩醯降靈，流施彼土，雖殊俗異化，遙深欣讚。知鳩酬羅於彼背叛，竊據林邑，聚兇肆掠，殊宜剪討。彼雖介遐〔陬〕，舊脩蕃貢，自宋季多難，海譯致壅，皇化惟新，習迷未革。朕方以文德來遠人，未欲便興干戈。王既歙列忠到，遠請軍威，今詔交部隨宜應接。伐叛柔服，寔惟國典，勉立殊效，以副所期。那伽仙屢銜邊譯，頗悉中土闊狹，令其具宣。"上報以絳紫地黃碧綠紋綾各五匹。

——《南齊書》卷58《列傳第三十九·東南夷》，第1014—1017頁。

扶南人編海邊箬葉覆屋

扶南人黠惠知巧，攻略傍邑不賓之民爲奴婢，貨易金銀綵帛。大家男子截錦爲橫幅，女爲貫頭，貧者以布自蔽。鍜金鐶鑽銀食器。伐木起屋，國王居重閣，以木栅爲城。海邊生大箬葉，長八九尺，編其葉以覆屋。人民亦爲閣居。爲船八九丈，廣裁六七尺，頭尾似魚。國王行乘象，婦人亦能乘象。鬬雞及豨爲樂。無牢獄，有訟者，則以金指鐶若雞子投沸湯中，令探之，又燒鎖令赤，著手上捧行七步，有罪者手皆燋爛，無罪者不傷。又令沒水，直者入卽不沈，不直者卽沈也。有甘蔗、諸蔗、安石榴及橘，多檳榔，鳥獸如中國。人性善，不便戰，常爲林邑所侵擊，不得與交州通，故其使罕至。

——《南齊書》卷58《列傳第三十九·東南夷》，第1017頁。

孫權浮海乘舶

《白紵辭》："陽春白日風花香，趨步明月舞瑤堂。情發金石媚笙簧，羅袿徐轉紅袖揚。清歌流響繞鳳梁，如驚若思凝且翔。轉晡流精豔輝光，將流將引雙雁行。歡來何晚意何長，明君馭世永歌昌。"右五曲，尚書令王儉造。《白紵歌》，周處風土記云："吳黃龍中童謠云'行白者君追汝句驪馬'。後孫權征公孫淵，浮海乘舶，舶，白也。今歌和聲猶云'行白紵'焉。"

——《南齊書》卷11《志第三·樂》，第194—195頁。

宮廷絲錦與崐崘舶營貨

世祖在東宮，專斷用事，頗不如法。任左右張景真，使領東宮主衣食官穀帛，賞賜什物，皆御所服用。景真於南澗寺捨身齋，有元徽紫皮袴褶，餘物稱是。於樂遊設會，伎人皆著御衣。又度絲錦與崐崘舶營貨，輒使傳令防送過南州津。世祖拜陵還，景真白服乘畫舴艋，坐胡牀，觀者咸疑是太子。内外祇畏，莫敢有言。

——《南齊書》卷31《列傳第十二·荀伯玉》，第573頁。

浙江風猛公私畏渡

竟陵文宣王子良字雲英，世祖第二子也。……

昇明三年，爲使持節、都督會稽東陽臨海永嘉新安五郡、輔國將軍、會稽太守。宋世元嘉中，皆責成郡縣；孝武徵求急速，以郡縣遲緩，始遣臺使，自此公役勞擾。太祖踐阼，子良陳之曰：前臺使督逋切調，恒聞相望於道。及臣至郡，亦殊不疎。凡此輩使人，既非詳慎懃順，或貪險崎嶇，要求此役。朝辭禁門，情態即異；暮宿村縣，威福便行。但令朱皷裁完，鈹槊微具，顧眄左右，叱咤自專。擿宗斷族，排輕斥重，脅迫津埭，恐喝傳郵。破崗水逆，商旅半引，逼令到下，先過己船。浙江風猛，公私畏渡，脱舫在前，驅令俱發。呵蹙行民，固其常理。侮折守宰，出變無窮。既瞻郭望境，便飛下嚴符，但稱行臺，未顯所督。先訶疆寺，却攝羣曹，開亭正榻，便振荊革。其次絳標寸紙，一日數至；徵村切里，俄刻十催。四鄉所召，莫辨枉直，孩老士庶，具令付獄。或尺布之逋，曲以當匹；百錢餘稅，且增爲千。或誣應質作尚方，寄繫東冶，萬姓駭迫，人不自固。遂漂衣敗力，競致兼漿。值今夕酒諧肉飫，即許附申赦格；明日禮輕貨薄，便復不入恩科。筐貢微闕，箠撻肆情，風塵毀謗，隨忿而發。及其狨蒜轉積，鵝栗漸盈，遠則分鬻他境，近則託貿吏民。反請郡邑，助民申緩，回刺言臺，推信在所。如聞頃者令長守牧，離此每實，非復近歲。愚謂凡諸檢課，宜停遣使，密畿州郡，則指賜敕令，遙外鎮宰，明下條源，旣各奉別旨，人競自磬。雖復臺使盈湊，會取正屬所辦，徒相疑償，反更淹懈。

凡預衣冠，荷恩盛世，多以闇緩貽愆，少爲欺猾入罪。若類以宰牧乖政，則觸事難委，不容課逋上綱，偏覺非才。但賖促差降，各限一期。如乃事速應緩，自依違糾坐之。坐之科，不必須重，但令必行，期在可肅。且兩裝之船，充擬千緒；三坊寡役，呼訂萬計。每一事之發，彌晨方辦，粗計近遠，率遣一部，職散人領，無減二十，舟船所資，皆復稱是。長江萬里，費固倍之。較略一年，脫得省者，息船優役，寔爲不少。兼折姦減竊，遠近蟄安。

——《南齊書》卷40《列傳第二十一·武十七王·竟陵文宣王子良》，第692—693頁。

《梁書》

海溢

安秋七月己卯，江、淮、海並溢。辛卯，以信威將軍邵陵王綸爲江州刺史。

——《梁書》卷3《本紀第三·武帝下》，第64頁。

海舶每歲數至，外國賈人以通貨易

王僧孺字僧孺，東海郯人，魏衛將軍肅八世孫。……天監初，除臨川王後軍記室參軍，待詔文德省。尋出爲南海太守。郡常有高凉生口及海舶每歲數至，外國賈人以通貨易，舊時州郡以半價就市，又買而卽賣，其利數倍，歷政以爲常。僧孺乃歎曰："昔人爲蜀部長史，終身無蜀物，吾欲遺子孫者，不在越裝。"並無所取。視事朞月，有詔徵還，郡民道俗六百人詣闕請留，不許。既至，拜中書郎、領著作，復直文德省，撰中表簿及起居注。遷尚書左丞，領著作如故。

——《梁書》卷33《列傳第二十七·王僧孺》，第470頁。

冀州臨海神廟

王神念，太原祁人也。少好儒術，尤明內典。仕魏起家州主簿，稍遷穎川太守，遂據郡歸款。魏軍至，與家屬渡江，封南城縣侯，邑五百戶。頃之，除安成內史，又歷武陽、宣城內史，皆著治績。還除太僕卿。出爲持節、都督青冀二州諸軍事、信武將軍、青冀二州刺史。神念性剛正，所更州郡必禁止淫祠。時青、冀州東北有石鹿山臨海，先有神廟，妖巫欺惑百姓，遠近祈禱，糜費極多，及神念至，便令毀撤，風俗遂改。

——《梁書》卷 39《列傳第三十三·王神念》，第 556 頁。

海師

羊鴉字子鵬。隨侃臺內，城陷，竄於陽平，侯景呼還，待之甚厚。及景敗，鴉密圖之，乃隨其東走。景於松江戰敗，惟餘三舸，下海欲向蒙山。會景倦晝寢，鴉語海師：“此中何處有蒙山！汝但聽我處分。”遂直向京口。至胡豆洲，景覺，大驚，問岸上人，云“郭元建猶在廣陵”，景大喜，將依之。鴉拔刀叱海師，使向京口。景欲透水，鴉抽刀斫之，景乃走入船中，以小刀抉船，鴉以稍入刺殺之。世祖以鴉爲持節、通直散騎常侍、都督青冀二州諸軍事、明威將軍、青州刺史，封昌國縣公，邑二千戶，賜錢五百萬，米五千石，布絹各一千匹，又領東陽太守。征陸納，加散騎常侍。平峽中，除西晉州刺史。破郭元建於東關，遷使持節、信武將軍、東晉州刺史。承聖三年，西魏圍江陵，鴉赴援不及，從王僧愔征蕭勃於嶺表。聞太尉僧辯敗，乃還，爲侯瑱所破，於豫章遇害，時年二十八。

——《梁書》卷 39《列傳第三十三·羊鴉》，第 562 頁。

海南諸國

海南諸國，大抵在交州南及西南大海洲上，相去近者三五千里，遠者二三萬里，其西與西域諸國接。漢元鼎中，遣伏波將軍路博德開百越，置日南郡。其徼外諸國，自武帝以來皆朝貢。後漢桓帝世，大秦、天竺皆由此道遣使貢獻。及吳孫權時，遣宣化從事朱應、中郎康泰通焉。其所經及傳聞，則有百數十國，因立記傳。晉代通中國者蓋尠，故不載史官。及宋、齊，至者有十餘國，始爲之傳。自梁革運，其奉正朔，脩貢職，航海歲至，踰於前代矣。今採其風俗粗著者，綴爲海南傳云。

——《梁書》卷54《列傳第四十八·諸夷·海南》，第562頁。

林邑王督緣海諸軍事

林邑國者，本漢日南郡象林縣，古越裳之界也。伏波將軍馬援開漢南境，置此縣。其地縱廣可六百里，城去海百二十里，去日南界四百餘里，北接九德郡。其南界，水步道二百餘里，有西國夷亦稱王，馬援植兩銅柱表漢界處也。……

孝武孝建、大明中，林邑王范神成累遣長史奉表貢獻。明帝泰豫元年，又遣使獻方物。齊永明中，范文贊累遣使貢獻。天監九年，文贊子天凱奉獻白猴，詔曰：“林邑王范天凱介在海表，乃心款至，遠脩職貢，良有可嘉。宜班爵號，被以榮澤。可持節、督緣海諸軍事、威南將軍、林邑王。”十年，十三年，天凱累遣使獻方物。俄而病死，子弼毳跋摩立，奉表貢獻。普通七年，王高式勝鎧遣使獻方物，詔以爲持節、督緣海諸軍事、綏南將軍、林邑王。大通元年，又遣使貢獻。中大通二年，行林邑王高式律陁羅跋摩遣使貢獻，詔以爲持節、督緣海諸軍事、綏南將軍、林邑王。六年，又遣使獻方物。

——《梁書》卷54《列傳第四十八·諸夷·海南·林邑》，第784—787頁。

海西大灣

扶南國，在日南郡之南，海西大灣中，去日南可七千里，在林邑西南三千餘里。城去海五百里。有大江廣十里，西北流，東入於海。

其國輪廣三千餘里，土地洿下而平博，氣候風俗大較與林邑同。出金、銀、銅、錫、沉木香、象牙、孔翠、五色鸚鵡。

——《梁書》卷 54《列傳第四十八·諸夷·海南·扶南》，第 787 頁。

漲海無崖岸

其南界三千餘里有頓遜國，在海崎上，地方千里，城去海十里。有五王，並羈屬扶南。頓遜之東界通交州，其西界接天竺、安息徼外諸國，往還交市。所以然者，頓遜迴入海中千餘里，漲海無崖岸，船舶未曾得逕過也。其市，東西交會，日有萬餘人。珍物寶貨，無所不有。又有酒樹，似安石榴，采其花汁停甕中，數日成酒。

——《梁書》卷 54《列傳第四十八·諸夷·海南·扶南》，第 787 頁。

大海洲

頓遜之外，大海洲中，又有毗騫國，去扶南八千里。傳其王身長丈二，頸長三尺，自古來不死，莫知其年。王神聖，國中人善惡及將來事，王皆知之，是以無敢欺者。南方號曰長頸王。國俗，有室屋、衣服，噉粳米。其人言語，小異扶南。有山出金，金露生石上，無所限也。國法刑罪人，並於王前噉其肉。國內不受估客，有往者亦殺而噉之，是以商旅不敢至。王常樓居，不血食，不事鬼神。其子孫生死如常人，唯王不死。扶南王數遣使與書相報答，常遣扶南王純金五十人食器，形如圓盤，又如瓦塸，名爲多羅，受五升，又如椀者，受一升。王亦能作天竺書，書可三千言，說其宿命所由，與佛經相似，並論善事。

——《梁書》卷 54《列傳第四十八·諸夷·海南·扶南》，第 788 頁。

大漲海

又傳扶南東界即大漲海，海中有大洲，洲上有諸薄國，國東有馬五洲。復東行漲海千餘里，至自然大洲。其上有樹生火中，洲左近人剝取其皮，紡績作布，極得數尺以爲手巾，與焦麻無異而色微青黑；若小垢涴，則投火中，復更精潔。或作燈炷，用之不知盡。扶南國俗本躶體，文身被髮，不制衣裳。以女人爲王，號曰柳葉。年少壯健，有似男子。其南有徼國，有事鬼神者字混填，夢神賜之弓，乘賈人舶入海，混填晨起即詣廟，於神樹下得弓，便依夢乘船入海，遂入扶南外邑。柳葉人衆見舶至，欲取之，混填即張弓射其舶，穿度一面，矢及侍者，柳葉大懼，舉衆降混填。混填乃教柳葉穿布貫頭，形不復露，遂治其國，納柳葉爲妻，生子分王七邑。其後王混盤況以詐力間諸邑，令相疑阻，因舉兵攻幷之，乃遣子孫中分治諸邑，號曰小王。

盤況年九十餘乃死，立中子盤盤，以國事委其大將范蔓。盤盤立三年死，國人共舉蔓爲王。蔓勇健有權略，復以兵威攻伐旁國，咸服屬之，自號扶南大王。乃治作大船，窮漲海，攻屈都昆、九稚、典孫等十餘國，開地五六千里。

——《梁書》卷 54《列傳第四十八·諸夷·海南·
扶南》，第 789 頁。

海口忽見銅花趺

晉咸和中，丹陽尹高悝行至張侯橋，見浦中五色光長數尺，不知何怪，乃令人於光處掊視之，得金像，未有光趺。悝乃下車，載像還，至長干巷首，牛不肯進，悝乃令馭人任牛所之，牛徑牽車至寺，悝因留像付寺僧。每至中夜，常放光明，又聞空中有金石之響。經一歲，捕魚人張係世，於海口忽見有銅花趺浮出水上，係世取送縣，縣以送臺，乃施像足，宛然合。會簡文咸安元年，交州合浦人董宗之採珠沒水，於底得佛光豔，交州押送臺，以施像，又合焉。自咸和中得像，至咸安初，歷三十餘年，光趺始具。

——《梁書》卷54《列傳第四十八·諸夷·海南·扶南》，第792頁。

干陁利國在南海洲上

干陁利國，在南海洲上。其俗與林邑、扶南略同。出班布、古貝、檳榔。檳榔特精好，爲諸國之極。宋孝武世，王釋婆羅那憐陁遣長史竺留陁獻金銀寶器。

天監元年，其王瞿曇脩跋陁羅以四月八日夢見一僧，謂之曰："中國今有聖主，十年之後，佛法大興。汝若遣使貢奉敬禮，則土地豐樂，商旅百倍；若不信我，則境土不得自安。"脩跋陁羅初未能信，既而又夢此僧曰："汝若不信我，當與汝往觀之。"乃於夢中來至中國，拜覲天子。既覺，心異之。陁羅本工畫，乃寫夢中所見高祖容質，飾以丹青，仍遣使幷畫工奉表獻玉盤等物。使人既至，模寫高祖形以還其國，比本畫則符同焉。因盛以寶函，日加禮敬。後跋陁死，子毗邪跋摩立。十七年，遣長史毗員跋摩奉表曰："常勝天子陛下；諸佛世尊，常樂安樂，六通三達，爲世間尊，是名如來。應供正覺，遺形舍利，造諸塔像，莊嚴國土，如須彌山。邑居聚落，次第羅滿，城郭館宇，如忉利天宮。具足四兵，能伏怨敵。國土安樂，無諸患難，人民和善，受化正法，慶無不通。猶處雪山，流注雪水，八味清淨，百川洋溢，周回屈曲，順趨大海，一切衆生，咸得受用。於諸國土，殊勝第一，是名震旦。大梁揚都天子，仁廕四海，德合天心，雖人是天，降生護世，功德寶藏，救世大悲，爲我尊生，威儀具足。是故至誠敬禮天子足下，稽首問訊。奉獻金芙蓉、雜香藥等，願垂納受。"普通元年，復遣使獻方物。

——《梁書》卷54《列傳第四十八·諸夷·海南·干陁利》，第794—795頁。

狼牙脩國在南海中

狼牙脩國，在南海中。其界東西三十日行，南北二十日行，去廣州二萬四千里。土氣物產，與扶南略同，偏多篍沉婆律香等。其俗男女皆袒而被髮，以古貝爲干縵。其王及貴臣乃加雲霞布覆胛，以金繩爲絡帶，金鐶貫耳。女子則被布，以瓔珞繞身。其國累塼爲城，重門樓閣。王出乘象，有幡毦旗鼓，罩白蓋，兵衛甚設。國人說，立國以來四百餘年，後嗣衰弱，王族有賢者，國人歸之。王聞知，乃加因執，其鏁無故自斷，王以爲神，因不敢害，乃斥逐出境，遂奔天竺，天竺妻以長女。俄而狼牙王死，大臣迎還爲王。二十餘年死，子婆伽達多立。天監十四年，遣使阿撤多奉表曰：“大吉天子足下：離淫怒癡，哀愍衆生，慈心無量。端嚴相好，身光明朗，如水中月，普照十方。眉間白毫，其白如雪，其色照曜，亦如月光。諸天善神之所供養，以垂正法寶，梵行衆增，莊嚴都邑。城閣高峻，如乾陁山。樓觀羅列，道途平正。人民熾盛，快樂安穩。著種種衣，猶如天服。於一切國，爲極尊勝。天王愍念羣生，民人安樂，慈心深廣，律儀清淨，正法化治，供養三寶，名稱宣揚，布滿世界，百姓樂見，如月初生。譬如梵王，世界之主，人天一切，莫不歸依。敬禮大吉天子足下，猶如現前，忝承先業，慶嘉無量。今遣使問訊大意。欲自往，復畏大海風波不達。今奉薄獻，願大家曲垂領納。”

——《梁書》卷 54《列傳第四十八·諸夷·海南·狼牙脩》，第 795—796 頁。

婆利國在廣州東南海中洲上

婆利國，在廣州東南海中洲上。去廣州二月日行。國界東西五十日行，南北二十日行。有一百三十六聚。土氣暑熱，如中國之盛夏。穀一歲再熟，草木常榮。海出文螺、紫貝。有石名蚶貝羅，初採之柔

軟，及刻削爲物乾之，遂大堅强。其國人披古貝如帊，及爲都縵。王
乃用班絲布，以瓔珞繞身，頭著金冠高尺餘，形如弁，綴以七寶之
飾。帶金裝劍，偏坐金高坐，以銀蹬支足。侍女皆爲金花雜寶之飾，
或持白毦拂及孔雀扇。王出，以象駕輿，輿以雜香爲之，上施羽蓋珠
簾，其導從吹螺擊鼓。王姓憍陳如，自古未通中國。問其先及年數不
能記焉，而言白淨王夫人卽其國女也。

　　天監十六年，遣使奉表……普通三年，其王頻伽復遣使珠貝智貢
白鸚鵡、青蟲、兜鍪、瑠璃器、古貝、螺杯、雜香、藥等數十種。
　　　　——《梁書》卷54《列傳第四十八・諸夷・海南・婆利》，
　　　　　　　　　　　　　　　　　　　　第796—797頁。

中天竺國海大灣

　　中天竺國，在大月支東南數千里，地方三萬里，一名身毒。漢世
張騫使大夏，見卭竹杖、蜀布，國人云，市之身毒。身毒卽天竺，蓋
傳譯音字不同，其實一也。……其西與大秦、安息交市海中，多大秦
珍物，珊瑚、琥珀、金碧珠璣、琅玕、鬱金、蘇合。蘇合是合諸香汁
煎之，非自然一物也。又云大秦人採蘇合，先笮其汁以爲香膏，乃賣
其滓與諸國賈人，是以展轉來達中國，不大香也。鬱金獨出罽賓國，
華色正黃而細，與芙蓉華裏被蓮者相似。國人先取以上佛寺，積日香
槁，乃糞去之，賈人從寺中徵雇，以轉賣與佗國也。

　　漢和帝時，天竺數遣使貢獻，後西域反叛，遂絕。至桓帝延熹二
年、四年，頻從日南徼外來獻。魏、晉世，絕不復通。唯吳時扶南王
范旃遣親人蘇物使其國，從扶南發投拘利口，循海大灣中正西北入歷
灣邊數國，可一年餘到天竺江口，逆水行七千里乃至焉。天竺王驚
曰：“海濱極遠，猶有此人。”卽呼令觀視國內，仍差陳、宋等二人
以月支馬四匹報旃，遣物等還，積四年方至。其時吳遣中郎康泰使扶
南，及見陳、宋等，具問天竺土俗……

　　天監初，其王屈多遣長史竺羅達奉表曰：“伏聞彼國據江傍海，

山川周固，衆妙悉備，莊嚴國土，猶如化城。……使人竺達多由來忠信，是故今遣。大王若有所須珍奇異物，悉當奉送。此之境土，便是大王之國，王之法令善道，悉當承用。願二國信使往來不絕。此信返還，願賜一使，具宣聖命，備勅所宜。款至之誠，望不空返，所白如允，願加採納。今奉獻琉璃唾壺、雜香、古貝等物。"

——《梁書》卷54《列傳第四十八·諸夷·海南·中天竺》，第797—799頁。

師子國晉始遣獻玉像

師子國，天竺旁國也。其地和適，無冬夏之異。五穀隨人所種，不須時節。其國舊無人民，止有鬼神及龍居之。諸國商估來共市易，鬼神不見其形，但出珍寶，顯其所堪價，商人依價取之。諸國人聞其土樂，因此競至，或有停住者，遂成大國。

晉義熙初，始遣獻玉像，經十載乃至。像高四尺二寸，玉色潔潤，形製殊特，殆非人工。此像歷晉、宋世在瓦官寺，寺先有徵士戴安道手製佛像五軀，及顧長康維摩畫圖，世人謂爲三絕。至齊東昏，遂毀玉像，前截臂，次取身，爲嬖妾潘貴妃作釵釧。宋元嘉六年，十二年，其王刹利摩訶遣使貢獻。

大通元年，後王伽葉伽羅訶梨邪使奉表曰："謹白大梁明主：雖山海殊隔，而音信時通。伏承皇帝道德高遠，覆載同於天地，明照齊乎日月，四海之表，無有不從，方國諸王，莫不奉獻，以表慕義之誠。或泛海三年，陸行千日，畏威懷德，無遠不至。我先王以來，唯以脩德爲本，不嚴而治。奉事正法道天下，欣人爲善，慶若己身，欲與大梁共弘三寶，以度難化。信還，伏聽告敕。今奉薄獻，願垂納受。"

——《梁書》卷54《列傳第四十八·諸夷·海南·師子》，第800頁。

東夷之國朝鮮爲大

　　東夷之國，朝鮮爲大，得箕子之化，其器物猶有禮樂云。魏時，朝鮮以東馬韓、辰韓之屬，世通中國。自晉過江，泛海東使，有高句驪、百濟，而宋、齊間常通職貢，梁興，又有加焉。扶桑國，在昔未聞也。普通中，有道人稱自彼而至，其言元本尤悉，故并錄焉。

　　——《梁書》卷54《列傳第四十八·諸夷·東夷》，第800—801頁。

百濟王守藩海外

　　百濟者，其先東夷有三韓國，一曰馬韓，二曰辰韓，三曰弁韓。弁韓、辰韓各十二國，馬韓有五十四國。大國萬餘家，小國數千家，總十餘萬戶，百濟即其一也。後漸強大，兼諸小國。……普通二年，王餘隆始復遣使奉表，稱“累破句驪，今始與通好”。而百濟更爲強國。其年，高祖詔曰：“行都督百濟諸軍事、鎮東大將軍百濟王餘隆，守藩海外，遠脩貢職，廼誠款到，朕有嘉焉。宜率舊章，授茲榮命。可使持節、都督百濟諸軍事、寧東大將軍、百濟王。”……中大通六年，大同七年，累遣使獻方物；并請涅盤等經義、毛詩博士，并工匠、畫師等，敕並給之。太清三年，不知京師寇賊，猶遣使貢獻；既至，見城闕荒毀，並號慟涕泣。侯景怒，囚執之，及景平，方得還國。

　　——《梁書》卷54《列傳第四十八·諸夷·東夷·百濟》，
　　　　　　　　　　　　　　　　　　　第804—805頁。

新羅地東濱大海

　　新羅者，其先本辰韓種也。辰韓亦曰秦韓，相去萬里，傳言秦世亡人避役來適馬韓，馬韓亦割其東界居之，以秦人，故名之曰秦韓。

其言語名物有似中國人，名國爲邦，弓爲弧，賊爲寇，行酒爲行觴。相呼皆爲徒，不與馬韓同。又辰韓王常用馬韓人作之，世相係，辰韓不得自立爲王，明其流移之人故也；恒爲馬韓所制。辰韓始有六國，稍分爲十二，新羅則其一也。其國在百濟東南五千餘里。其地東濱大海，南北與句驪、百濟接。魏時曰新盧，宋時曰新羅，或曰斯羅。其國小，不能自通使聘。普通二年，王姓募名秦，始使使隨百濟奉獻方物。

——《梁書》卷54《列傳第四十八·諸夷·東夷·新羅》，
第805頁。

倭在會稽之東

倭者，自云太伯之後。俗皆文身。去帶方萬二千餘里，大抵在會稽之東，相去絕遠。從帶方至倭，循海水行，歷韓國，乍東乍南，七千餘里始度一海。海闊千餘里，名瀚海，至一支國。又度一海千餘里，名未盧國。又東南陸行五百里，至伊都國。又東南行百里，至奴國。又東行百里，至不彌國。又南水行二十日，至投馬國。又南水行十日，陸行一月日，至邪馬臺國，即倭王所居。其官有伊支馬，次曰彌馬獲支，次曰奴往鞮。民種禾稻紵麻，蠶桑織績。有薑、桂、橘、椒、蘇。出黑雉、眞珠、靑玉。有獸如牛，名山鼠。又有大蛇吞此獸。蛇皮堅不可斫，其上有孔，乍開乍閉，時或有光，射之中，蛇則死矣。物產略與儋耳、朱崖同。……

——《梁書》卷54《列傳第四十八·諸夷·東夷·倭》，
第806—807頁。

海人身黑眼白

其南有侏儒國，人長三四尺。又南黑齒國、裸國，去倭四千餘里，船行可一年至。又西南萬里有海人，身黑眼白，裸而醜。其肉美，行者或射而食之。

　　——《梁書》卷 54《列傳第四十八·諸夷·東夷·倭》，第 807 頁。

河東王譽的海船

　　河東王譽字重孫，昭明太子第二子也。普通二年，封枝江縣公。中大通三年，改封河東郡王，邑二千戶。除寧遠將軍、石頭戍軍事。出爲琅邪、彭城二郡太守。還除侍中、輕車將軍，置佐史。出爲南中郎將、湘州刺史。……

　　譽幼而驍勇，兼有膽氣，能撫循士卒，甚得衆心。及被圍既久，雖外内斷絕，而備守猶固。後世祖又遣領軍將軍王僧辯代鮑泉攻譽，僧辯築土山以臨城内，日夕苦攻，矢石如雨，城中將士死傷者太半。譽窘急，乃潛裝海船，將潰圍而出。會其麾下將慕容華引僧辯入城，譽顧左右皆散，遂被執。謂守者曰：“勿殺我，得一見七官，申此讒賊，死亦無恨。”主者曰：“奉命不許。”遂斬之，傳首荊鎮，世祖反其首以葬焉。

　　——《梁書》卷 55《列傳第四十九·河東王譽》，第 829—830 頁。

侯景單舸逃入海

　　王僧辯遣侯瑱率軍追景。景至晉陵，劫太守徐永東奔吳郡，進次嘉興，趙伯超據錢塘拒之。景退還吳郡，達松江，而侯瑱軍掩至，景衆未陣，皆舉幡乞降。景不能制，乃與腹心數十人單舸走，推墜二子於水，自滬瀆入海。至壺豆洲，前太子舍人羊鯤殺之，送屍于王僧辯。傳首西臺。曝屍於建康市，百姓爭取屠膾噉食，焚骨揚灰。曾罹其禍者，乃以灰和酒飲之。及景首至江陵，世祖命梟之於市，然後煑而漆之，付武庫。

　　——《梁書》卷 56《列傳第五十·侯景》，第 861—862 頁。

羊鵾拔刀叱海師

羊鵾字子鵬。隨侃臺內，城陷，竄於陽平，侯景呼還，待之甚厚。及景敗，鵾密圖之，乃隨其東走。景於松江戰敗，惟餘三舸，下海欲向蒙山。會景倦晝寢，鵾語海師："此中何處有蒙山！汝但聽我處分。"遂直向京口。至胡豆洲，景覺，大驚，問岸上人，云"郭元建猶在廣陵"，景大喜，將依之。鵾拔刀叱海師，使向京口。景欲透水，鵾抽刀斫之，景乃走入船中，以小刀抉船，鵾以稍入刺殺之。世祖以鵾爲持節、通直散騎常侍、都督青冀二州諸軍事、明威將軍、青州刺史，封昌國縣公，邑二千戶，賜錢五百萬，米五千石，布絹各一千匹，又領東陽太守。征陸納，加散騎常侍。平峽中，除西晉州刺史。破郭元建於東關，遷使持節、信武將軍、東晉州刺史。承聖三年，西魏圍江陵，鵾赴援不及，從王僧愔征蕭勃於嶺表。聞太尉僧辯敗，乃還，爲侯瑱所破，於豫章遇害，時年二十八。

——《梁書》卷39《列傳第三十三·羊鵾》，第562頁。

《陳書》

章皇后由海道歸于長城

高祖宣皇后章氏，諱要兒，吳興烏程人也。本姓鈕，父景明爲章氏所養，因改焉。景明，梁代官至散騎侍郎。后母蘇，嘗遇道士以小龜遺己，光采五色，曰："三年有徵。"及期，后生而紫光照室，因失龜所在。少聰慧，美容儀，手爪長五寸，色並紅白，每有吉凶之服，則一爪先折。高祖先娶同郡錢仲方女，早卒，後乃聘后。后善書計，能誦詩及楚辭。

高祖自廣州南征交阯，命后與衡陽王昌隨世祖由海道歸于長城。侯景之亂，高祖下至豫章，后爲景所囚。景平，而高祖爲長城縣公，后拜夫人。及高祖踐祚，永定元年立爲皇后。

——《陳書》卷7《列傳第一·皇后·高祖章皇后》，第126頁。

歐陽頠自海道奉使

歐陽頠字靖世，長沙臨湘人也。……侯景平，元帝遍問朝宰："今天下始定，極須良才，卿各舉所知。"羣臣未有對者。帝曰："吾已得一人。"侍中王褒進曰："未審爲誰?"帝云："歐陽頠公正有匡濟之才，恐蕭廣州不肯致之。"乃授武州刺史，尋授郢州刺史，欲令出嶺，蕭勃留之，不獲拜命。……時蕭勃在廣州，兵彊位重，元帝深患之，遣王琳代爲刺史。……

及顧至嶺南，皆懾伏，仍進廣州，盡有越地。改授都督廣交越成定明新高合羅愛建德宜黃利安石雙十九州諸軍事、鎮南將軍、平越中郎將、廣州刺史，持節、常侍、侯並如故。王琳據有中流，顧自海道及東嶺奉使不絕。……

——《陳書》卷 9《列傳第三·歐陽頠》，第 157—159 頁。

海道與橫海之師

陳寶應，晉安侯官人也。世爲閩中四姓。父羽，有材幹，爲郡雄豪。寶應性反覆，多變詐。梁代晉安數反，累殺郡將，羽初並扇惑合成其事，後復爲官軍鄉導破之，由是一郡兵權皆自己出。

侯景之亂，晉安太守、賓化侯蕭雲以郡讓羽，羽年老，但治郡事，令寶應典兵。是時東境饑饉，會稽尤甚，死者十七八，平民男女，並皆自賣，而晉安獨豐沃。寶應自海道寇臨安、永嘉及會稽、餘姚、諸暨，又載米粟與之貿易，多致玉帛子女，其有能致舟乘者，亦並奔歸之，由是大致貲產，士衆彊盛。侯景平，元帝因以羽爲晉安太守。

高祖輔政，羽請歸老，求傳郡于寶應，高祖許之。紹泰元年，授壯武將軍、晉安太守，尋加員外散騎常侍。二年，封候官縣侯，邑五百戶。時東西嶺路，寇賊擁隔，寶應自海道趨于會稽貢獻。高祖受禪，授持節、散騎常侍、信武將軍、閩州刺史，領會稽太守。世祖嗣位，進號宣毅將軍，又加其父光禄大夫，仍命宗正録其本系，編爲宗室，并遣使條其子女，無大小並加封爵。

寶應娶留異女爲妻，侯安都之討異也，寶應遣兵助之，又資周迪兵糧，出寇臨川。及都督章昭達於東興、南城破迪，世祖因命昭達都督衆軍，由建安南道渡嶺，又命益州刺史領信義太守余孝頃都督會稽、東陽、臨海、永嘉諸軍自東道會之，以討寶應，并詔宗正絕其屬籍。於是尚書下符曰：

"告晉安士庶：昔隴西旅拒，漢不稽誅，遼東叛換，魏申宏略。

若夫無諸漢之策勳，有扈夏之同姓，至於納吳濞之子，致橫海之師，違姒啟之命，有甘誓之討。況岨族不繫於宗盟，名無紀於庸器，而顯成三叛，釁深四罪者乎？

案閩寇陳寶應父子，卉服支孽，本迷愛敬。梁季喪亂，閩隅阻絕，父既豪俠，扇動蠻陬，椎髻箕坐，自爲渠帥，無聞訓義，所資姦諂，爰肆蜂豺，俄而解印。炎行方謝，網漏吞舟，日月居諸，弃之度外。自東南王氣，寔表聖基，斗牛聚星，允符王迹，梯山航海，雖若款誠，擅割瓌珍，竟微職貢。朝廷遵養含弘，寵靈隆赫，起家臨郡，兼晝繡之榮，裂地置州，假藩麾之盛。卽封戶牖，仍邑櫟陽，乘華轂者十人，保弊廬而萬石。又以盛漢君臨，推恩妻敬，隆周朝會，岨長滕侯，由是紫泥青紙，遠賁恩澤，鄉亭龜組，頒及嬰孩。……

今遣沙州刺史俞文冏，明威將軍程文季，假節、宣猛將軍、成州刺史甘他，假節、雲旗將軍譚瑱，假節、宣猛將軍、前監臨海郡陳思慶，前軍將軍徐智遠，明毅將軍宜黃縣開國侯慧紀，開遠將軍、新除晉安太守趙象，持節、通直散騎常侍、壯武將軍、定州刺史康樂縣開國侯林馮，假節、信威將軍、都督東討諸軍事、益州刺史余孝頃，率羽林二萬，蒙衝蓋海，乘跨滄波，掃蕩巢窟。此皆明恥教戰，濡須鞠旅，累從楊僕，亟走孫恩，斬蛟中流，命馮夷而鳴鼓，黿鼉爲駕，轊方壺而建旗。……"

——《陳書》卷35《列傳第二十九·陳寶應》，第486—489頁。

余孝頃自海道襲晉安

天嘉四年，陳寶應與留異連結，又遣兵隨周迪更出臨川，世祖遣信義太守余孝頃自海道襲晉安，文季爲之前軍，所向克捷。陳寶應平，文季戰功居多，還，轉府諮議參軍，領中直兵。出爲臨海太守。

——《陳書》卷10《列傳第四·程文季》，第173—174頁。

余孝頃出自海道

周迪據臨川反，詔令昭達便道征之。及迪敗走，徵爲護軍將軍，給鼓吹一部，改封邵武縣侯，增邑幷前二千戶，常侍如故。四年，陳寶應納周迪，復共寇臨川，又以昭達爲都督討迪。至東興嶺，而迪又退走。昭達仍踰嶺，頓于建安，以討陳寶應。寶應據建安、晉安二郡之界，水陸爲栅，以拒官軍。昭達與戰不利，因據其上流，命軍士伐木帶枝葉爲筏，施拍於其上，綴以大索，相次列營，夾于兩岸。寶應數挑戰，昭達按甲不動。俄而暴雨，江水大長，昭達放筏衝突寶應水栅，水栅盡破。又出兵攻其步軍。方大合戰，會世祖遣余孝頃出自海道。適至，因幷力乘之，寶應大潰，遂克定閩中，盡擒留異、寶應等。以功授鎮前將軍、開府儀同三司。

——《陳書》卷 11《列傳第五·章昭達》，第 182—183 頁。

陳慧紀自海道還都

陳慧紀字元方，高祖之從孫也。涉獵書史，負才任氣。高祖平侯景，慧紀從焉。尋配以兵馬。景平，從征杜龕。除貞威將軍、通直散騎常侍。高祖踐祚，封宜黃縣侯，邑五百戶，除黃門侍郎。世祖卽位，出爲安吉縣令。遷明威將軍軍副。司空章昭達征安蜀城，慧紀爲水軍都督，於荆州燒靑泥船艫。光大元年，以功除持節、通直散騎常侍、宣遠將軍、豐州刺史，增邑幷前一千戶。太建十年，吳明徹北討敗績，以慧紀爲持節、智武將軍、緣江都督、兗州刺史，增邑幷前二千戶，餘如故。周軍乘勝據有淮南，江外騷擾，慧紀收集士卒，自海道還都。尋除使持節、散騎常侍、宣毅將軍、都督郢巴二州諸軍事、郢州刺史，增邑幷前二千五百戶。

——《陳書》卷 15《列傳第九·宗室·陳慧紀》，第 219—220 頁。

徐伯陽浮海南至廣州

　　徐伯陽字隱忍，東海人也。祖度之，齊南徐州議曹從事史。父僧權，梁東宮通事舍人，領祕書，以善書知名。伯陽敏而好學，善色養，進止有節。年十五，以文筆稱。學春秋左氏。家有史書，所讀者近三千餘卷。試策高第，尚書板補梁河東王國右常侍、東宮學士、臨川嗣王府墨曹參軍。大同中，出爲候官令，甚得民和。侯景之亂，伯陽浮海南至廣州，依於蕭勃。勃平還朝，仍將家屬之吳郡。

　　——《陳書》卷34《列傳第二十八·文學·徐伯陽》，第468頁。

《十六國春秋》

船三百艘運穀高句麗

建武四年，（石）季龍將伐遼西鮮卑段遼，募有勇力者三萬人，皆拜龍騰中郎。遼遣從弟屈雲襲幽州，刺史李孟退奔易京。季龍以桃豹為橫海將軍，王華為渡遼將軍，統舟師十萬出漂榆津；支雄為龍驤大將軍、姚弋仲為冠軍將軍，統步騎十萬為前鋒，以伐段遼。……季龍謀伐昌黎，遣渡遼曹伏將青州之眾渡海，戍蹋頓城，無水而還。因戍於海島，運穀三百萬斛以給之。又以船三百艘，運穀三十萬斛詣高句麗，使典農中郎將王典率眾萬余，屯田于海濱。又令青州造船千艘。

——《十六國春秋輯補》卷16《後趙錄六·石虎·（石虎杜皇后）》，第202—203頁。

萬艘船通海運穀

建武六年，（石）季龍將討慕容皝，令司、冀、青、徐、幽、並、雍兼複之家，五丁取三，四丁取二，合鄴城舊軍，滿五十萬。具船萬艘，自河通海運穀豆千一百萬斛于安樂城，以備征軍之調。徙遼西、北平、漁陽萬余戶於兗豫雍洛四州之地。

——《十六國春秋輯補》卷17《後趙錄七·石虎》，第211—212頁。

東海有大石自立

　　會青州言，濟南平陵城北石虎，一夜中忽移在城東南，善石溝上有狼狐千餘跡隨之，跡皆成路。（石）季龍大悅曰："虎者，朕也。自平陵城北而東南者，天意將使朕平蕩江南之征也。天命不可違，其敕諸州兵，明年悉集，朕當親董六師，以副成路之祥。"羣臣皆賀，上皇德頌者一百七人。時妖怪尤多。石然于泰山，八日而滅。東海有大石自立，旁有血流。鄴西山石閒血流出，長十余步，廣二尺餘。初太武殿既成，圖畫自古聖賢、忠臣、烈士、貞女，皆變為胡狀，旬餘，頭悉入肩中，唯冠帢髯髯微出。石虎大惡之。佛圖澄對之流涕。

　　　　——《十六國春秋輯補》卷 17《後趙錄七·石虎》，第 215 頁。

以季龍為海鷗鳥

　　及季龍僭位，遷都於鄴，傾心事澄，有重於勒。下書衣澄以綾綿，乘以雕輦，朝會之日，引之升殿，常侍以下悉助舉輿，太子諸公扶翼而上，主者唱"大和尚至"，眾坐皆起，以彰其尊。又使司空李農旦夕親問，其太子諸公五日一朝，尊敬莫與為比。支道林在京師，聞澄與諸公遊，乃曰："澄公其以季龍為海鷗鳥也。"百姓因澄故多奉佛，皆營造寺廟，相競出家，真偽混淆，多生愆過。

　　　　——《十六國春秋輯補》卷 22《後趙錄十二·石閔·
　　　　　　　佛圖澄》，第 271—272 頁。

單道開入南海羅浮山

　　單道開，敦煌人也。常衣麤褐，或贈以繒服，皆不著。不畏寒暑，晝夜不臥，恒服細石子，一吞數枚，日一服，或多或少。好山居，而山樹諸神見異形試之，初無懼色。……升平三年至京師。後至南海，入羅浮山，獨處茅茨，蕭然物外。年百余歲，卒於山舍。敕弟子以屍置石穴中，弟子乃移入石室。陳郡袁弘為南郡太守，與弟穎叔及沙門支法防共登羅浮山，至石室口，見道開形骸如生，香火瓦器猶存。弘曰："法師業行殊群，正當如蟬蛻耳。"乃為之贊云。

——《十六國春秋輯補》卷 22《後趙録十二·石閔·單道開》，第 276—277 頁。

王濟浮海使琅邪

慕容廆字弈落瓌，昌黎棘城鮮卑人也。昔高辛氏游于海濱，留少子厭越以君。北夷，邑于紫蒙之野，世居遼左，號曰東胡。其後雄昌，與匈奴爭盛，控弦之士二十余萬，風俗官號與匈奴略同。……懷帝蒙塵於平陽，永嘉六年，王沈子浚承制，以廆為散騎常侍、冠軍將軍、前鋒大都督、大單于，廆皆讓不受。建興中，湣帝遣使拜廆鎮軍將軍、昌黎遼東二郡公。建武初，元帝承制，拜廆假節、散騎常侍、都督遼左雜夷流人諸軍事、龍驤將軍、大單于、昌黎公，廆讓而不受。征虜將軍魯昌說廆曰："今兩京傾沒，天子蒙塵，琅邪承制江東，實人命所系。明公雄據海朔，跨總一方，而諸部猶怙眾稱兵，未遵道化者，蓋以官非王命，又自以為強。今宜通使琅邪，勸承大統。然後敷宣帝命，以伐有罪，誰敢不從！"廆善之，乃遣其長史王濟浮海勸進。及帝即尊位，遣謁者陶遼重申前命，授廆將軍、單于，廆固辭公封。

——《十六國春秋輯補》卷 23《前燕録一·慕容廆》，第 279—282 頁。

慕容廆使者遭風沒海

太興四年，晉遣謁者拜（慕容）廆使持節、都督幽平東夷諸軍事、車騎將軍、平州牧，進封遼東郡公，邑一萬戶，常侍、單于並如故，丹書鐵券，承制海東，命備官司，置平州守宰。段末波初統其國而不修備，廆遣皝襲之，入令支，收其名馬寶物而還。石勒遣使通和，廆距之，送其使於建鄴。勒怒，遣宇文乞得龜擊廆，廆遣皝距之。以裴嶷為右部都督，率索頭為右翼，命其少子仁自平郭趣伯林為左翼，攻乞得龜，克之。悉虜其眾，乘勝拔其國城，收其資用億計，徙其人數萬戶以歸。先是，海出大龜枯死于平墩，遼東送之，侍郎王宏以為宇文乞得龜滅亡之征也。……

廆使者遭風沒海。其後廆更寫前箋，並齎其東夷校尉封抽、行遼東相韓矯等三十餘人疏上侃府曰：“自古有國有家，鮮不極盛而衰。自大晉龍興，克平嶮會，神武之略，邁蹤前史。惠皇之末，後黨構難，禍結京畿，釁成公族。遂使羯寇乘虛，傾覆諸夏，舊都淪滅，山陵毀掘，人神悲悼，幽明發憤。昔獫狁之強，匈奴之盛，未有如今日羯寇之暴，跨躪華裔，盜稱尊號者也。天祚有晉，挺授英傑。車騎將軍慕容廆自弱冠蒞國，忠於王室，明允恭肅，志在立勳。屬海內分崩，皇輿遷幸，元皇中興，初唱大業，肅祖繼統，蕩平江外。廆雖限以山海，隔以羯寇，翹首引領，系心京師，常假寤寐，欲憂國忘身。貢篚相尋，連舟載路，戎不稅駕，動成義舉。今羯寇滔天，怙其丑類，樹基趙魏，跨略燕齊。廆雖率義眾，誅討大逆，然管仲相齊，猶曰寵不足以禦下，況廆輔翼王室，有匡霸之功，而位卑爵輕，九命未加，非所以寵異藩翰，敦獎殊勳者也。”……

——《十六國春秋輯補》卷 23《前燕錄一·慕容廆·
（劉贊）》，第 284—287 頁。

舊海水無淩

慕容皝三年，皝將乘海討其弟仁，襲其不意。羣下咸諫，以為淩道危阻，宜從陸路。皝曰：“舊海水無淩，自仁反以來，三凍皆成。昔漢光武因滹沱之冰以濟大業，天其或者欲吾乘此而克之乎。吾計決矣，有沮謀者斬。”二月，皝親率三軍從昌黎踐淩而進。仁不虞皝之至也，軍去平郭七里，候騎乃告，仁狼狽出戰，皝擒仁，賜死。

————《十六國春秋輯補》卷23《前燕錄二·慕容皝》，第297頁。

東海大魚化為龍

初，（苻）生夢大魚食蒲，又長安謠曰："東海大魚化為龍，男便為王女為公，問在何所洛門東。"東海，苻堅封也，時為龍驤將軍，第在洛門之東。生不知是堅，是月，生以謠夢之故，誅其侍中、太師、錄尚書事魚遵，及其七子十孫。

————《十六國春秋輯補》卷32《前秦錄二·苻生·（王墮）》，第403頁。

石越率騎海行四百餘里

（苻堅）又以苻洛為散騎常侍、持節、都督益寧西南夷諸軍事、征南大將軍、益州牧，領護西夷校尉，鎮成都，命從伊闕自襄陽遡漢而上。洛，健之兄子也，雄勇多力，而猛氣絕人，堅深忌之，故常為邊牧。洛有征伐之功而未賞，及是遷也，恚怒，謀於眾曰："孤於帝室至親也，主上不能以將相任孤，常擯孤於外，既投之西裔，複不聽過京師，此必有伏計，令梁成沈孤于漢水矣。為宜束手就命？為追晉陽之事以匡社稷邪？諸君意如何？"其治中平顏妄陳祥瑞，勸洛舉兵，洛因攘袂大言曰："孤計決矣，沮謀者斬！"於是自稱大將軍、大都督、秦王，署置官司，以平顏為輔國將軍、幽州刺史，為其謀主。分遣使者徵兵于鮮卑、烏丸、高句麗、百濟及薛羅、休忍等諸國，並不從。洛懼而欲止，平顏曰："且宜聲言受詔，盡幽並之兵出自中山、常山，陽平公必郊迎于路，因而執之，進據冀州，總關東之眾以圖秦雍，可使百姓不覺易主而大業定矣。"洛從之，乃率眾七萬發和龍，將圖長安。於是關中騷動，盜賊並起。堅遣使數之曰："天下未一家，兄弟匪他，何為而反？可還和龍，當以幽州永為世封。"

洛謂使者曰:"汝還白東海王,幽州褊陿,不足容萬乘,須還王咸陽,以承高祖之業。若能候駕潼關者,位為上公,爵歸本國。"堅大怒,遣其左將軍竇沖及呂光率步騎四萬討之,右將軍都貴馳傳詣鄴,率冀州兵三萬為前鋒,以苻融為大都督,授之節度。使石越率騎一萬,自東萊出石徑,襲和龍,海行四百餘里。苻重亦盡薊城之眾會洛兵於中山,有眾十萬。沖等與洛戰於中山,大敗之,執洛及其將蘭殊,送于長安。

——《十六國春秋輯補》卷35《前秦錄五·苻堅·

(陰毓)》,第 451—452 頁。

術士孟欽入青州海島

術士孟欽,洛陽人也,有左慈、劉根之術,百姓惑而赴之。苻堅召至長安,惡其惑眾,命苻融誅之。俄而欽至,融留之,遂大燕會群僚,酒酣,目左右將執欽。欽化為旋風,飛出第外。頃之,有告在城東者。融遣騎追之,垂及,忽然已遠,或有兵眾拒戰,或前有溪澗,騎不得過,遂不知所在。堅末年,複見於青州,苻朗尋之,入於海島。

——《十六國春秋輯補》卷35《前秦錄十一·苻登·

孟欽》,第 531—532 頁。

魯人浮海而失津

玄始十四年七月,西域貢吞刀吐火秘幻奇伎。起游林堂于內苑,圖列古聖賢之像。九月,堂成,遂燕群臣,談論經傳。顧謂郎中劉昞曰:"仲尼何如人也?"昞曰:"聖人也。"遜曰:"聖人者不疑滯於物,而能與世推移,畏于匡,辱于陳,伐樹削跡,聖人固若是乎?"昞不能對。蒙遜曰:"卿知其外,未知其內。昔魯人有浮海而失津者,至於亶州。仲尼及七十二子游於海中,與魯人一木杖,令閉目乘之，使歸告魯侯築城以備寇。魯人出海，投杖水中，乃龍也。具以狀告，魯侯不信，俄而有群燕數萬，銜土培城，魯侯信之。大城曲阜訖，而齊寇至，攻魯不克而還。此其所以稱聖也。"

——《十六國春秋輯補》卷96《北涼錄二·沮渠蒙遜》，第1073頁。

章武郡船路甚通

（太平）六年，先是，河間人褚匡言於跋曰："陛下至德應期，龍飛東夏，舊邦宗族，傾首朝陽，以日為歲。若聽臣往迎，致之不遠。"跋曰："隔絕殊域，阻回數千，將何可致也?"匡曰："章武郡臨海，船路甚通，出於遼西臨渝，不為難也。"跋許之，署匡遊擊將軍、中書侍郎，厚加資遣。匡尋與跋從兄買、從弟睹自長樂率五千餘戶來奔。署買為衛尉，封城陽伯，睹為太常，高城伯。

——《十六國春秋輯補》卷98《北燕錄一·馮跋》，第1092頁。

青州刺史遣使浮海

馮跋字文起，長樂信都人也，小字乞直伐。……以太元二十年（當作義熙五年）乃僭即天王位於昌黎，而不徙舊號……太平九年，晉青州刺史申永遣使浮海來聘，跋乃使其中書郎李扶報之。

——《十六國春秋輯補》卷99《北燕錄二·馮跋》，第1087—1088、1096頁。

《魏書》

拓跋濬登碣石觀滄海

太安四年春正月丙午朔，初設酒禁。乙卯，行幸廣寧溫泉宮，遂東巡平州。庚午，至於遼西黃山宮，遊宴數日，親對高年，勞問疾苦。二月丙子，登碣石山，觀滄海，大饗羣臣於山下，班賞進爵各有差。改碣石山爲樂遊山，築壇記行於海濱。戊寅，南幸信都，敦遊於廣川。三月丁未，觀馬射於中山。所過郡國賜復一年。丙辰，車駕還宮。起太華殿。乙丑，東平王陸俟薨。

——《魏書》卷5《高宗紀第五》，第116頁。

崔僧淵父子東討海賊

僧淵入國，坐兄弟徙於薄骨律鎮，太和初得還。高祖聞其有文學，又問佛經，善談論，敕以白衣賜褠幘，入聽于永樂經武殿。後以僧淵爲尚書儀曹郎。遷洛之後，爲青州中正。尋出爲征東大將軍、廣陵王羽諮議參軍，加顯武將軍，討海賊於黃郭，大破之。蕭鸞乃遣其族兄惠景遺僧淵書，說以入國之屈，規令改圖。……

僧淵元妻房氏生二子伯驎、伯驥。後薄房氏，更納平原杜氏。僧淵之徙也，與杜俱去，生四子，伯鳳、祖龍、祖螭、祖虬。……祖螭，小字社客，粗武有氣力。刺史元羅板爲兼統軍，率衆討海賊。普泰初，與張僧皓俱反，圍青州。介朱仲遠遣將討平之，傳首京師。

——《魏書》卷24《列傳第十二·崔僧淵》，第631—634頁。

崔玄伯東走海濱

屈遵，字子皮，昌黎徒河人也。博學多藝，名著當時。為慕容永尚書僕射，武垣公。永滅，垂以為博陵令。太祖南伐，車駕幸魯口，博陵太守申永南奔河外，高陽太守崔玄伯東走海濱，屬城長吏率多逃竄。遵獨告其吏民曰：“往年竇師大敗，今茲垂征不還，天之棄燕，人弗支也。魏帝神武命世，寬仁善納，御衆百萬，號令若一，此湯武之師。吾欲歸命，爾等勉之，勿遇嘉運而為禍先。”遂歸太祖。

——《魏書》卷33《列傳第二十一·屈遵》，第777頁。

蕭衍遣兵數萬從郁洲浮海據島來侵

陸叡，字思弼。其母張氏，字黃龍，本恭宗宮人，以賜麗，生叡。麗之亡也，叡始十餘歲，襲爵撫軍大將軍、平原王。沉雅好學，折節下士。年未二十，時人便以宰輔許之。……

叡長子希道，字洪度，有風貌，美鬚髯。歷覽經史，頗有文致。……弟希質，字幼成。起家員外郎，領侍御史，稍遷散騎侍郎、陽城太守。孝莊初，除龍驤將軍、膠州刺史。蕭衍遣將率衆數萬從郁洲浮海據島，來侵州界，希質討破之。轉建州刺史，將軍如故。

——《魏書》卷40《列傳第二十八·陸俟·陸叡》，

第911—915頁。

朱脩之欲浮海南歸

毛脩之，字敬文，滎陽陽武人也。父瑾，司馬德宗梁秦二州刺史。劉裕之擒姚泓，留子義眞鎮長安，以脩之為司馬。及赫連屈丐破義眞於靑泥，脩之被俘，遂沒統萬。世祖平赫連昌，獲脩之。神麚中，以脩之領吳兵討蠕蠕大檀，以功拜吳兵將軍，領步兵校尉。後從世祖征平涼有功，遷散騎常侍、前將軍、光祿大夫。脩之能爲南人飲食，手自煎調，多所適意。世祖親待之，進太官尙書，賜爵南郡公，加冠軍將軍，常在太官，主進御膳。

從討和龍，別破三堡，賜奴婢、牛羊。是時，諸軍攻城，宿衛之士多在戰陳，行宮人少。雲中鎭將朱脩之，劉義隆故將也，時從在軍，欲率吳兵謀爲大逆，因入和龍，冀浮海南歸。以告脩之，脩之不聽，乃止。是日無脩之，大變幾作。朱脩之遂亡奔馮文通。又以脩之收三堡功多，遷特進、撫軍大將軍、金紫光祿大夫，位次崔浩之下。

——《魏書》卷43《列傳第三十一·毛脩之》，第960頁。

海濱朐山與海中郁洲

盧昶之在朐山也，肇諫曰："朐山蕞爾，僻在海濱，山湖下墊，民無居者，於我非急，於賊爲利。爲利，故必致死而爭之；非急，故不得已而戰。以不得已之衆，擊必死之師，恐稽延歲月，所費遂甚。假令必得朐山，徒致交爭，終難全守，所謂無益之田也。知賊將屢以宿豫求易朐山，臣愚謂此言可許。朐山久捍危弊，宜速審之。若必如此，宿豫不征而自伏。持此無用之地，復彼舊有之疆，兵役時解，其利爲大。"世宗將從之，尋而昶敗。

遷侍中。蕭衍軍主徐玄明斬其靑冀二州刺史張稷首，以郁洲內附，朝議遣兵赴援。肇表曰："玄明之款，雖奔救是當，然事有損益，或憚舉而功多，或因小而生患，不可必也。今六里、朐山，地實接海，陂湖下濕，人不可居。郁洲又在海中，所謂雖獲石田，終無所用。若不得連口，六里雖克，尙不可守，況方事連兵，而爭非要也。且六里於賊逾要，去此閑遠。若以閑遠之兵，攻逼近之衆，其勢既殊，不可敵也。災儉之年，百姓飢弊，餓死者亦復不少。何以得宜靜之辰，興干戈之役？軍糧資運，取濟無所。唯見其損，未覩其益。且

新附之民，服化猶近，特須安帖，不宜勞之。勞則怨生，怨生則思叛，思叛則不自安，不安則擾動。脫爾，則連兵難解。事不可輕。宜損茲小利，不使大損。”世宗並不納。

 ——《魏書》卷55《列傳第四十三·游肇》，第1216—1217頁。

掖縣翁藏林邑玉於海島

 掖縣有人，年踰九十，板輿造州。自稱少曾充使林邑，得一美玉，方尺四寸，甚有光彩，藏之海島，垂六十歲。忻逢明治，今願奉之。挺曰：“吾雖德謝古人，未能以玉爲寶。”遣船隨取，光潤果然。竟不肯受，仍表送京都。世宗卽位，累表乞還。景明初見代，老幼泣涕追隨，縑帛贈送，挺悉不納。

 ——《魏書》卷57《列傳第四十五·崔挺》，第1265頁。

膠州刺史拒禮海神

 裴粲，字文亮。景明初，賜爵舒縣子。沉重，善風儀，頗以驕豪爲失。……出帝初，出爲驃騎大將軍、膠州刺史。屬時亢旱，士民勸令禱於海神。粲憚違衆心，乃爲祈請，直據胡床，舉杯而言曰：“僕白君。”左右云，前後例皆拜謁。粲曰：“五嶽視三公，四瀆視諸侯，安有方伯而致禮海神也。”卒不肯拜。時青州叛賊耿翔受蕭衍假署，寇亂三齊。粲唯高談虛論，不事防禦之術。翔乘其無備，掩襲州城。左右白言賊至，粲云：“豈有此理！”左右又言已入州門，粲乃徐云：“耿王可引上廳事，自餘部衆且付城外。”其不達時變如此。尋爲翔所害，送首蕭衍，時年六十五。

 ——《魏書》卷71《列傳第五十九·裴粲》，第1573—1574頁。

東海大魚化爲龍

　　苻生，字長生，健之第三子也。幼而粗暴，昏酒無賴，……初，生夢大魚食蒲，又長安謠曰：“東海大魚化爲龍，男便爲王女爲公。問在何所，洛門東。”是月，生以謠夢之故，誅太師魚遵父子一十八人。東海，苻堅封也，時爲龍驤將軍，宅在洛門之東。又謠曰：“百里望空城，鬱鬱何青青。瞎人不知法，仰不見天星。”於是悉壞諸空城以禳之。“法”，是苻法也。

　　——《魏書》卷95《列傳第八十三·苻生》，第2075—2076頁。

晉遣使韓暢浮海通和

　　建興元年，晉愍帝以叡爲侍中、左丞相、大都督、陝東諸軍事，持節、王如故。叡改建業爲建康。……平文帝初，叡自稱晉王，改元建武，立宗廟、社稷，置百官，立子紹爲太子。叡以晉王而祀南郊。其年，叡僭即大位，改爲大興元年。其朝廷之儀，都邑之制，皆準模王者，擬議中國。……遣使韓暢浮海來請通和。平文皇帝以其僭立江表，拒不納之。是時叡大將軍王敦宗族擅勢，權重於叡，迭爲上下，了無君臣之分。

　　——《魏書》卷96《列傳第八十四·司馬叡》，第2092—2093頁。

孫恩竄于海嶼作亂

　　初，德宗新安太守孫泰以左道惑衆被戮，其兄子恩竄于海嶼，妖黨從之，至是轉衆，攻上虞，殺縣令，衆百許人徑向山陰。會稽內史王凝之事五斗米道，恩之來也，弗先遣軍，乃稽顙于道室，跪而呪説，指麾空中，若有處分者。官屬勸其討恩，凝之曰：“我已請大道出兵，凡諸津要各有數萬人矣。”恩漸近，乃聽遣軍。比兵出，恩已至矣。戰敗，凝之奔走，再宿執之。旬日，恩衆數萬，自號平東將軍，逼人士爲官屬。於是諸郡妖惑，並殺守令而應之，衆皆雲集。吳國內史桓謙出奔，吳興太守謝邈被害。

自德宗以來，內外乖貳，石頭以外，皆專之於荊、江，自江以西則受命於豫州，京口暨于江北皆兖州刺史劉牢之等所制，德宗政令所行，唯三吳而已。恩既作亂，八郡盡爲賊場，及丹陽諸縣處處蜂起，建業轉成蹙弱。……孫恩聞八郡響應也，告諸官屬曰：“天下無復事矣，當與諸君朝服而至建業。”既聞牢之臨江，復曰：“我割據浙江，不失作勾踐也。”尋知牢之已濟，乃曰：“孤不恥走。”於是乃走。緣道多遺珍寶，牢之將士爭取之，不得窮追。恩復入於海。初，三吳困於虐亂，皆企望牢之、高素等。既至，放肆抄暴，百姓咸怨毒失望焉。

孫恩在海，妖衆轉復從之。既破永嘉、臨海，復入山陰。謝琰戰歿。於是建業大震，遣冠軍將軍、東海太守桓不才，輔國將軍孫無終，廣陵相高雅之等東討恩。吳興太守庾恒慮妖黨復發，大行誅戮，殺男女數千人。孫恩復破高雅之於餘姚，雅之走還山陰。元顯自爲後將軍、開府儀同三司、都督十六州，本官悉如故；封子彥章爲東海王，食吳興四萬餘戶，清選文學臣僚，吏兵一同宗國。孫恩浮海奄至京口，戰士十萬，劉牢之隔在山陰，衆軍懼不敢旋，恩遂徑向建業。德宗惶駭，遽召豫州刺史司馬尚之。于時中外驚擾，而元顯置酒高會，道子唯日祈于鍾山。恩來漸近，百姓怊懼。尚之率精銳馳至，徑屯積弩堂。恩時沂風，不得疾行，數日乃至白石。恩本以諸軍分散，欲掩不備，知尚之尚在建業，復聞牢之不還，不敢上，乃走向郁洲。恩別帥盧循攻沒廣陵，虜掠而去。

——《魏書》卷 96《列傳第八十四·司馬德宗》，

第 2107—2108 頁。

孫恩北寇海鹽

天興二年，僭晉司馬德宗遣其輔國將軍劉牢之東討孫恩，裕應募，始爲牢之參軍。恩北寇海鹽，裕追勝之，以功稍遷建武將軍、下邳太守。劉牢之討桓玄，裕參其軍事。牢之降，裕爲玄從兄桓脩中兵參軍。孫恩死，餘衆推恩妹夫盧循爲主，玄遣裕征之，裕破循于東陽、永嘉，循浮海奔逸。加裕彭城內史。

——《魏書》卷 97《列傳第八十五·劉裕》，第 2129 頁。

島夷劉裕以舟師南伐

島夷劉裕，字德輿，晉陵丹徒人也。其先不知所出，自云本彭城彭城人，或云本姓項，改爲劉氏，然亦莫可尋也，故其與叢亭、安上諸劉了無宗次。裕家本寒微，住在京口，恒以賣履爲業。意氣楚剌，僅識文字，樗蒲傾產，爲時賤薄。……盧循破廣州，裕仍以循爲廣州刺史，其黨琅邪人徐道覆爲始興相。裕又都督交廣二州。又封裕豫章郡公，邑萬戶，絹三萬匹。……（盧循）自蔡洲南退。裕遣輔國將軍王仲德等追之。裕又遣建威將軍孫季高率衆自海道襲番禺。裕自以舟師南伐。季高乘海兼行，奄至番禺。循不以海道爲防，既至而覺，衆乃大驚。季高悉力而上，四面攻之，仍屠其城。盧循父嘏及長史孫建之並以輕舟奔始興。

——《魏書》卷 97《列傳第八十五·劉裕》，第 2131—2132 頁。

沈文靜海道救青州

皇興元年正月，劉彧遣其散騎常侍貝思、散騎侍郎崔小白朝貢。……時薛安都略有廣平、順陽、義成、扶風諸郡。沈攸之至下邳，與元等戰敗而走。初，彧青州刺史沈文秀、冀州刺史崔道固並請歸順，詔遣征南大將軍慕容白曜率衆援之。文秀等復叛歸彧。白曜進軍圍城。二年，克歷城，獲道固。彧遣其員外散騎常侍李豐朝貢。彧遣沈文秀弟文靜海道救青州，文靜至東萊之不期城，白曜遣軍克之。尋獲東陽城。彧遣其員外散騎常侍王希涓朝貢。四年六月，彧又遣員外散騎常侍劉航朝貢。

——《魏書》卷97《列傳第八十五·劉彧》，第2148—2149頁。

淮城戍民十餘萬口流入於海

熙平元年正月，衍遣其恒農太守王定世等寇邊，都督元志破之，斬定世，悉俘其衆。衍豫州刺史趙祖悅率衆數萬，偸據硤石，詔鎮南將軍崔亮、鎮軍將軍李平討克之，斬祖悅，傳首京師。衍衡州刺史張齊寇益州，刺史傅豎眼討之，斬其將任太洪，齊遁走。初，衍每欲稱兵境上，窺伺邊隙，常爲諸將摧破，雖懷進趣之計，而勢力不從。遂於浮山堰淮，規爲壽春之害。肅宗詔征南蕭寶夤率諸將討之，大破衍衆於淮北。秋九月，堰自潰決，漂其緣淮城戍居民村落十餘萬口，流入於海。

——《魏書》卷98《列傳第八十六·蕭衍》，第2176頁。

淮堰決梁人十餘萬口漂入海

延昌四年十月，太白犯南斗。斗爲吳分。占曰“大兵起”。先是三年四月，有流星起天津，東南流，轢虛、危。天津主水事，且曰有大衆之行。其後梁造浮山堰，以害淮泗，諸將攻之。是歲閏月，有大奔星起七星，南流，色正赤，光明燭地，尾長丈餘，歷南河，至東井。七星，河南之分也，流星出之，有兵起；施及東井，將以水禍終之。又占曰“所與城等”。是時，鎮南崔亮攻梁師于硤石。明年二月，鎮東蕭寶夤大破梁淮北軍。九月，淮堰決，梁人十餘萬口皆漂入海。

——《魏書》卷105之四《天象志一之四第四》，第2437頁。

高句麗南朝使餘奴海中被俘

　　至高祖時，璉貢獻倍前，其報賜亦稍加焉。時光州於海中得璉所遣詣蕭道成使餘奴等送闕，高祖詔責璉曰："道成親殺其君，竊號江左，朕方欲興滅國於舊邦，繼絕世於劉氏，而卿越境外交，遠通篡賊，豈是藩臣守節之義！今不以一過掩卿舊款，卽送還藩，其感恕思愆，祇承明憲，輯寧所部，動靜以聞。"……

　　——《魏書》卷 100《列傳第八十八·高句麗》，第 2216—2217 頁。

南朝高句麗使江法盛海中被俘

　　神龜中，雲死，靈太后爲舉哀於東堂，遣使策贈車騎大將軍、領護東夷校尉、遼東郡開國公、高句麗王。又拜其世子安爲安東將軍、領護東夷校尉、遼東郡開國公、高句麗王。正光初，光州又於海中執得蕭衍所授安寧東將軍衣冠劍佩，及使人江法盛等，送於京師。安死，子延立。

　　——《魏書》卷 100《列傳第八十八·高句麗》，第 2217 頁。

百濟與北魏使者海上往還

　　百濟國，其先出自夫餘。其國北去高句麗千餘里，處小海之南。其民土著，地多下濕，率皆山居。有五穀，其衣服飲食與高句麗同。

　　延興二年，其王餘慶始遣使上表曰："臣建國東極，豺狼隔路，雖世承靈化，莫由奉藩，瞻望雲闕，馳情罔極。涼風微應，伏惟皇帝陛下協和天休，不勝係仰之情，謹遣私署冠軍將軍、駙馬都尉弗斯侯，長史餘禮，龍驤將軍、帶方太守、司馬張茂等投舫波阻，搜徑玄津，託命自然之運，遣進萬一之誠。冀神祇垂感，皇靈洪覆，克達天庭，宣暢臣志，雖旦聞夕沒，永無餘恨。"……

又云："今璉有罪，國自魚肉，大臣强族，戮殺無已，罪盈惡積，民庶崩離。是滅亡之期，假手之秋也。且馮族士馬，有鳥畜之戀；樂浪諸郡，懷首丘之心。……去庚辰年後，臣西界小石山北國海中見屍十餘，并得衣器鞍勒，視之非高麗之物，後聞乃是王人來降臣國。長蛇隔路，以沉于海，雖未委當，深懷憤恚。昔宋戮申舟，楚莊徒跣；鷂撮放鳩，信陵不食。克敵建名，美隆無已。夫以區區偏鄙，猶慕萬代之信，況陛下合氣天地，勢傾山海，豈令小竪，跨塞天逵。今上所得鞍一，以爲實驗。"

顯祖以其僻遠，冒險朝獻，禮遇優厚，遣使者邵安與其使俱還。詔曰："得表聞之，無羌甚善。卿在東隅，處五服之外，不遠山海，歸誠魏闕，欣嘉至意，用戢于懷。朕承萬世之業，君臨四海，統御羣生。今宇內清一，八表歸義，襁負而至者不可稱數，風俗之和，士馬之盛，皆餘禮等親所聞見。卿與高麗不穆，屢致陵犯，苟能順義，守之以仁，亦何憂於寇讎也。前所遣使，浮海以撫荒外之國，從來積年，往而不返，存亡達否，未能審悉。卿所送鞍，比校舊乘，非中國之物。不可以疑似之事，以生必然之過。經略權要，已具別旨。"又詔曰："知高麗阻强，侵軼卿土，修先君之舊怨，棄息民之大德，兵交累載，難結荒邊。使兼申胥之誠，國有楚越之急，乃應展義扶微，乘機電舉。但以高麗稱藩先朝，供職日久，於彼雖有自昔之釁，於國未有犯令之愆。卿使命始通，便求致伐，尋討事會，理亦未周。故往年遣禮等至平壤，欲驗其由狀。然高麗奏請頻煩，辭理俱詣，行人不能抑其請，司法無以成其責，故聽其所啓，詔禮等還。若今復違旨，則過咎益露，後雖自陳，無所逃罪，然後興師討之，於義爲得。九夷之國，世居海外，道暢則奉藩，惠戢則保境，故羈縻著於前典，楛貢曠於歲時。卿備陳强弱之形，具列往代之迹，俗殊事異，擬睨乖衷，洪規大略，其致猶在。今中夏平一，宇內無虞，每欲陵威東極，懸旌域表，拯荒黎於偏方，舒皇風於遠服。良由高麗即敘，未及卜征。今若不從詔旨，則卿之來謀，載協朕意，元戎啓行，將不云遠。便可豫率同興，具以待事，時遣報使，速究彼情。師舉之日，卿爲鄉導之首，大捷之後，又受元功之賞，不亦善乎。所獻錦布海物雖不悉達，明卿至心。今賜雜物如別。"又詔璉護送安等。

安等至高句麗，璉稱昔與餘慶有讎，不令東過，安等於是皆還。乃下詔切責之。五年，使安等從東萊浮海，賜餘慶璽書，褒其誠節。安等至海濱，遇風飄蕩，竟不達而還。

——《魏書》卷100《列傳第八十八·百濟》，第2217—2219頁。

負海之象與登碣石臨滄海

天興元年八月戊辰，木晝見胃。胃，趙代墟也。□天之事。歲爲有國之君，晝見者並明而干陽也。天象若曰：且有負海君，實能自濟其德而行帝王事。是月，始正封畿，定權量，肆禮樂，頒官秩。十二月，羣臣上尊號，正元日，遂禋上帝于南郊。由是魏爲北帝，而晉氏爲南帝。……

至四年二月甲寅，有大流星衆多西行，歷牛、虛、危，絕漢津，貫太微、紫微。虛、危主靜人，牽牛主農政，皆負海之陽國也。天象若曰：黎元喪其所食，失其所係命，卒至流亡矣；上不能恤，又將播遷以從之。其後晉人有孫恩之難，而桓玄踵之，三吳連兵荐饑，西奔死亡者萬計，竟篡晉主而流之尋陽，既又劫之以奔江陵。……

泰常七年十二月，帝命壽光侯叔孫建徇定齊地。八年春，築長城，距五原二千餘里，置守卒，以備蠕蠕。冬十月，大饑。十一月己巳，上崩于西宮。明年，宋廢其主。由是南邦日蹙，齊衞之地盡爲兵衝。及世祖卽政，遂荒淮沂以負東海云。……

神䴥三年六月，火犯井、鬼，入軒轅。占曰"秦憂兵亂，有死君。又旱饑之應"。丙子，有大流星出危南，入羽林。占曰"兵起，負海國與王師合戰"。是歲，自三月至十月，太白再犯歲星，月又犯之。占曰"有國之君或罹兵刑之難者，且歲饉"。十二月丙戌，流星首如甕，長二十餘丈，大如數十斛船，色正赤，光燭人面，自天船及河，抵奎大星，及于壁。占曰"天船以濟兵車，奎爲徐方，東壁，衛也，是爲宋師之祥。昭盛者，事大也”。是歲六月，宋將到彥之等侵魏，自南鄙清水入河，泝流而西，列屯二千餘里。九月，帝用崔浩策，行幸統萬，遂擊赫連定於平涼。十二月，克之，悉定三秦地。明年，大師涉河，攻滑臺，屠之，宋人宵遁。是時，赫連定轉攻西秦，戮其君乞伏慕末。吐谷渾慕容瑽又襲擊定，虜之，以强死者，再君焉。是歲二月，定州大饉，詔開倉賑乏。

太安元年六月辛酉，有星起河鼓，東流，有尾跡，光明燭地。河鼓爲履險之兵，負海之象也。昭盛爲人君之事，星之所往，君且從之。間二歲，帝幸遼西，登碣石以臨滄海，復所過郡國一年，又尾迹之徵。

——《魏書》卷105之三《天象志一之三第三》，第2390—2407頁。

北魏海若諸神歲祀

泰常三年，爲五精帝兆於四郊，遠近依五行數。各爲方壇四陛，坊壇三重，通四門。以太皥等及諸佐隨配。侑祭黃帝，常以立秋前十八日。餘四帝，各以四立之日。牲各用牛一，有司主之。又六宗、靈星、風伯、雨師、司民、司祿、先農之壇，皆有別兆，祭有常日，牲用少牢。立春之日，遣有司迎春於東郊，祭用酒、脯、棗、栗，無牲幣。又立五岳四瀆廟於桑乾水之陰，春秋遣有司祭，有牲及幣。四瀆唯以牲牢，準古望秩云。其餘山川及海若諸神在州郡者，合三百二十四所，每歲十月，遣祀官詣州鎮遍祀。有水旱災厲，則牧守各隨其界內祈謁，其祭皆用牲。王畿內諸山川，皆列祀次祭，若有水旱則禱之。

——《魏書》卷108之一《禮志四之一第十》，第2737頁。

北魏四州傍海煮鹽置竈數

自遷鄴後，於滄、瀛、幽、青四州之境，傍海煮鹽。滄州置竈一千四百八十四，瀛州置竈四百五十二，幽州置竈一百八十，青州置竈五百四十六，又於邯鄲置竈四，計終歲合收鹽二十萬九千七百二斛四升。軍國所資，得以周贍矣。

———《魏書》卷110《食貨志六第十五》，第2863頁。

正始二年黑風羊角東入於海

正始二年二月癸卯，有黑風羊角而上，起於柔玄鎮，蓋地一頃，所過拔樹。甲辰，至於營州，東入於海。

———《魏書》卷112上《靈徵志八上第十七·大風》，第2901頁。

正始二年海水溢出青州

正始二年三月，青、徐州大雨霖，海水溢出於青州樂陵之隰沃縣，流漂一百五十二人。

———《魏書》卷112上《靈徵志八上第十七·大水》，第2902頁。

永寧寺九層佛圖飛入東海中

出帝永熙三年二月，永寧寺九層佛圖災。既而時人咸言有人見佛圖飛入東海中。永寧佛圖，靈像所在，天意若曰：永寧見災，魏不寧矣。勃海，齊獻武王之本封也，神靈歸海，則齊室將興之驗也。

———《魏書》卷112上《靈徵志八上第十七·火不炎上》，

第2913頁。

東海之神行淮北

顯祖皇興三年六月，尉元表："臣於彭城遣別將以八日至睢口邀賊將陳顯達，有戰士於營外五里芻牧，見一白頭翁，乘白馬，將軍，呼之語，稱：'至十八日辰必來到此，語汝將軍，領衆從東北臨入，我當驅賊令走。申時，賊必大破，宿豫、淮陽皆克無疑。我當與汝國家淮畔爲斷，下邳城我當驅出，不勞兵力。'後十日，此人復於彭城南戲馬臺東二里見白頭翁，亦乘白馬，從東北來，呼此人謂曰：'我與東海、四瀆、太山、北嶽神共行淮北，助汝二將蕩除已定。汝上下喜不？'因忽然不見。"詔元於老人前後見所，爲壇表記之。

　　——《魏書》卷 112 下《靈徵志八下第十八》，第 2955—2956 頁。

法顯自南海師子國隨商人汎舟東下

　　又沙門法顯，慨律藏不具，自長安遊天竺。歷三十餘國，隨有經律之處，學其書語，譯而寫之。十年，乃於南海師子國，隨商人汎舟東下。晝夜昏迷，將二百日。乃至青州長廣郡不其勞山，南下乃出海焉。是歲，神瑞二年也。法顯所逕諸國，傳記之，今行於世。其所得律，通譯未能盡正。至江南，更與天竺禪師跋陀羅辯定之，謂之僧祇律，大備于前，爲今沙門所持受。先是，有沙門法領，從揚州入西域，得華嚴經本。定律後數年，跋陀羅共沙門法業重加譯撰，宣行於時。

　　——《魏書》卷 114《釋老志十第二十》，第 3031—3032 頁。

造船市玉與外賊交通

　　酈範，字世則，小名記祖，范陽涿鹿人。……後除平東將軍、青州刺史，假范陽公。範前解州還京也，夜夢陰毛拂踝。他日說之。時齊人有占夢者曰史武，進云："豪盛於齊下矣。使君臨撫東秦，道光海岱，必當重牧全齊，再祿營丘矣。"範笑而答曰："吾將爲卿必驗此夢。"果如其言。是時，鎮將元伊利表範與外賊交通。高祖詔範曰："卿身非功舊，位無重班，所以超遷顯爵，任居方夏者，正以勤能致遠。雖外無殊效，亦未有負時之愆。而鎮將伊利妄生姦撓，表卿造船市玉與外賊交通，規陷卿罪，窺覦州任。有司推驗，虛實自顯，有罪者今伏其辜矣。卿其明爲算略，勿復懷疑。待卿別犯，處刑及鞭，今恕刑罷鞭，止罰五十。卿宜克循，綏輯邊服，稱朕意也。"還朝，年六十二，卒於京師，謚曰穆。範五子，道元在酷吏傳。

——《魏書》卷42《列傳第三十·酈範》，第949—951頁。

《北齊書》

夢於海上坐玉盆、日入裙

後主諱緯，字仁綱，武成皇帝之長子也。母曰胡皇后，夢於海上坐玉盆，日入裙下，遂有娠，天保七年五月五日，生帝於并州邸。帝少美容儀，武成特所愛寵，拜王世子。及武成入纂大業，大寧二年正月丙戌，立爲皇太子。河清四年，武成禪位於帝。

——《北齊書》卷8《帝紀第八·後主·幼主·後主》，第97頁。

孕武成則夢龍浴於海

太后凡孕六男二女，皆感夢：孕文襄則夢一斷龍；孕文宣則夢大龍，首尾屬天地，張口動目，勢狀驚人；孕孝昭則夢蠕龍於地；孕武成則夢龍浴於海；孕魏二后並夢月入懷；孕襄城、博陵二王夢鼠入衣下。后未崩，有童謠曰"九龍母死不作孝"。及后崩，武成不改服，緋袍如故。未幾，登三臺，置酒作樂。帝女進白袍，帝怒，投諸臺下。和士開請止樂，帝大怒，撻之。帝於昆季次實九，蓋其徵驗也。

——《北齊書》卷9《列傳第一·皇后·神武妻后》，第124頁。

帶海起長堰而遏鹹潮引淡水

杜弼，字輔玄，中山曲陽人也……延昌中，以軍功起家，除廣武將軍、恒州征虜府墨曹參軍，典管記。弼長於筆札，每爲時輩所推。……

以本官行鄭州事，未發，爲家客告弼謀反，收下獄，案治無實，久乃見原。因此絶朝見。復坐第二子廷尉監臺卿斷獄稽遲，與寺官俱爲郎中封靜哲所訟。事既上聞，顯祖發忿，遂徙弼臨海鎮。時楚州人東方白額謀反，南北響應，臨海鎮爲賊帥張綽、潘天合等所攻，弼率屬城人，終得全固。顯祖嘉之，勅行海州事，卽所徙之州。在州奏通陵道並韓信故道。又於州東帶海而起長堰，外遏鹹潮，內引淡水。勅並依行。轉徐州刺史，未之任，又除膠州刺史。

——《北齊書》卷24《列傳第十六·杜弼》，第346—353頁。

海州城無井常食海水

李渾，字季初，趙郡栢人人也……永安初，除散騎常侍。……天保初，除太子少保，邢卲爲少師，楊愔爲少傅，論者爲榮。以參禪代儀注，賜爵涇陽縣男。删定麟趾格。尋除海州刺史。土人反，共攻州城。城中多石，無井，常食海水。賊絶其路。城內先有一池，時旱久涸，一朝天雨，泉流涌溢。賊以爲神，應時駭散。渾督勵將士，捕斬渠帥。渾妾郭氏在州干政納貨，坐免官。卒。

——《北齊書》卷29《列傳第二十一·李渾》，第393—394頁。

乘船入海得蛤精疾

徐之才，丹陽人也。父雄，事南齊，位蘭陵太守，以醫術爲江左所稱。……之才少解天文，兼圖讖之學……之才非唯醫術自進，亦爲首唱禪代，又戲謔滑稽，言無不至……

皇建二年，除西兗州刺史。未之官，武明皇太后不豫，之才療之，應手便愈，孝昭賜采帛千段、錦四百疋。之才既善醫術，雖有外授，頃卽徵還。既博識多聞，由是於方術尤妙。……有人患腳跟腫痛，諸醫莫能識。之才曰："蛤精疾也，由乘船入海，垂腳水中。"疾者曰："實曾如此。"之才爲剖得蛤子二，大如榆莢。又有以骨爲刀子靶者，五色班斕。之才曰："此人瘤也。"問得處，云於古冢見髑髏額骨長數寸，試削視，有文理，故用之。其明悟多通如此。

——《北齊書》卷33《列傳第二十五·徐之才》，第444—446頁。

劉先生講誦於田橫島

楊愔，字遵彦，小名秦王，弘農華陰人。……正光中，隨父之并州。性既恬默，又好山水，遂入晉陽西懸甕山讀書。……愔從兄幼卿爲岐州刺史，以直言忤旨見誅。愔聞之悲懼，因哀感發疾，後取急就雁門溫湯療疾。郭秀素害其能，因致書恐之曰："高王欲送卿於帝所。"仍勸其逃亡。愔遂棄衣冠於水濱若自沉者，變易名姓，自稱劉士安，入嵩山，與沙門曇謨徵等屏居削迹。又潛之光州，因東入田橫島，以講誦爲業，海隅之士，謂之劉先生。太守王元景陰佑之。

——《北齊書》卷34《列傳第二十六·楊愔》，第453—455頁。

魏收遇崑崙舶得奇貨

魏收，字伯起，小字佛助，鉅鹿下曲陽人也。……及隨父赴邊，好習騎射，欲以武藝自達。滎陽鄭伯調之曰："魏郎弄戟多少？"收慚，遂折節讀書。夏月，坐板牀，隨樹陰諷誦，積年，板牀爲之銳減，而精力不輟。以文華顯。……收昔在洛京，輕薄尤甚，人號云"魏收驚蛺蝶"。……

其年又以託附陳使封孝琰，牒令其門客與行，遇崑崙舶至，得奇貨猓然褥表、美玉盈尺等數十件，罪當流，以贖論。三年，起除清都尹。

——《北齊書》卷37《列傳第二十九·魏收》，第483—492頁。

《周書》

庾信《哀江南賦》中的海潮

庾信字子山，南陽新野人也。……侯景作亂，梁簡文帝命信率宮中文武千餘人，營於朱雀航。及景至，信以衆先退。臺城陷後，信奔于江陵。梁元帝承制，除御史中丞。……信雖位望通顯，常有鄉關之思。乃作哀江南賦以致其意云。其辭曰：

"粵以戊辰之年，建亥之月，大盜移國，金陵瓦解。余乃竄身荒谷，公私塗炭。華陽奔命，有去無歸，中興道消，窮於甲戌。三日哭於都亭，三年囚於別館。……

于時西楚霸王，劍及繁陽。鏖兵金匱，校戰玉堂。蒼鷹赤雀，鐵舳牙檣。沈白馬而誓衆，負黃龍而度湘。海潮迎艦，江萍送王。戎車屯于石城，戈船掩乎淮、泗。諸侯則鄭伯前驅，盟主則荀罃暮至。剖巢燻穴，奔魑走魅。埋長狄於駒門，斬蚩尤於中冀。然腹爲燈，飲頭爲器。直虹貫壘，長星屬地。昔之虎據龍盤，加以黃旗紫氣，莫不隨狐兔而窟穴，與風塵而殄瘁。……"

——《周書》卷41《列傳第三十三·庾信》，第739頁。

《南史》

孫恩盧循作亂入海

　　晉隆安三年十一月，袄賊孫恩作亂於會稽，朝廷遣衞將軍謝琰、前將軍劉牢之東討。牢之請帝參府軍事，命與數十人覘賊，遇賊衆數千，帝便與戰，所將人多死，而帝奮長刀，所殺傷甚衆。牢之子敬宣疑帝爲賊所困，乃輕騎尋之；既而衆騎並至，遂平山陰，恩遁入海。

　　四年五月，恩復入會稽，殺謝琰。十一月，牢之復東征，使帝戍句章，句章城小人少，帝每戰陷陣，賊乃退還浹口。時東伐諸將，士卒暴掠，百姓皆苦之，惟帝獨無所犯。

　　五年春，恩頻攻句章，帝屢破之，恩復入海。三月，恩北出海鹽，帝築城于故海鹽，賊日來攻城，城內兵少，帝乃選敢死士擊走之。時雖連勝，帝深慮衆寡不敵，乃一夜偃旗示以羸弱，觀其懈，乃奮擊，大破之。恩知城不可下，進向滬瀆，帝棄城追之。海鹽令鮑陋遣子嗣之以吳兵一千爲前驅，帝以吳人不習戰，命之在後，不從。是夜帝多設奇兵，兼置旗鼓，明日戰，伏發，賊退，嗣之追奔陷沒。帝且退且戰，麾下死傷將盡，乃至向處止，令左右解取死人衣以示暇。賊疑尚有伏，乃引去。六月，恩浮海至丹徒，帝兼行與俱至，奔擊大破之。恩至建鄴，知朝廷有備，遂走鬱洲。八月，晉帝以帝爲下邳太守。帝又追恩至鬱洲及海鹽，頻破之。恩自是飢饉，奔臨海。

　　元興元年，荊州刺史桓玄舉兵東下，驃騎將軍司馬元顯遣牢之拒之，帝又參其軍事。玄至，帝請擊之，牢之不許，乃遣子敬宣詣玄請和。帝與東海何無忌並固諫，不從。玄剋建鄴，以牢之爲會稽內史。牢之懼，招帝於廣陵舉兵，帝曰："人情去矣，廣陵亦豈可得之?"牢之竟縊于新洲。何無忌謂帝曰："我將何之?"帝曰："可隨我還京口。玄必守臣節，當與卿事之；不然，與卿圖之。"玄從兄脩以撫軍將軍鎮丹徒，以帝爲中兵參軍。孫恩自敗後，懼見獲，乃投水死於臨海，餘衆推恩妹夫盧循爲主。玄復遣帝東征。……

（義熙元年）盧循浮海破廣州，獲刺史吳隱之，即以循爲廣州刺史，以其黨徐道覆爲始興相。……

（義熙六年）使建威將軍孫處自海道襲番禺，戒之曰："我十二月必破袄寇，卿亦足至番禺，先傾其巢窟也。"

十月，帝率舟師南伐，使劉毅監太尉留府。是月，徐道覆寇江陵，荆州刺史劉道規大破之，道覆走還溢口。十一月，孫處至番禺，剋其城，盧循父嘏奔始興，處撫其人以守。十二月己卯，大軍次大雷。庚辰，賊方江而下，帝躬提幡鼓，命衆軍齊力擊之，軍中多萬鈞神弩，所至莫不摧陷。帝自於中流蹙之，因風水之勢，賊艦悉薄西岸，岸上軍先備火具焚之，大敗。循還尋陽，遂走豫章，悉力柵左里。……

（義熙七年）二月，盧循至番禺，爲孫處所破，收餘衆南走。劉藩、孟懷玉斬徐道覆于始興。……交州刺史杜惠度斬盧循父子，函七首送都。

——《南史》卷1《宋本紀上第一·武帝》，第1—13頁。

海溢

普通元年秋七月己卯，江、淮、海並溢。

——《南史》卷7《梁本紀中第七·武帝下》，第201頁。

餘姚海中浮鵠山遣使獻紅席

太清元年，帝捨身光嚴、重雲殿，游仙化生皆震動，三日乃止。當時謂之祥瑞。識者以非動而動，在鴻範爲祅。以比石季龍之敗，殿壁畫人頸皆縮入頭之類。時海中浮鵠山，去餘姚岸可千餘里，上有女人年三百歲，有女官道士四五百人，年並出百，但在山學道。遣使獻紅席。帝方捨身時，其使適至，云此草常有紅鳥居下，故以爲名。觀其圖狀，則鸞鳥也。

——《南史》卷7《梁本紀中第七·武帝下》，第225頁。

立煮海鹽賦以補國用

天嘉二年十二月甲申，立始興國廟于都下，用王者禮。以國用不足，立煮海鹽賦及榷酤科。先是縉州刺史留異應王琳，丙戌，詔司空侯安都討之。

——《南史》卷9《陳本紀上第九·文帝》，第279頁。

漁人見栿浮於海上

後主愈驕，不虞外難，荒于酒色，不恤政事……覆舟山及蔣山栢林，冬月常多采醴，後主以爲甘露之瑞。前後災異甚多。……又采木湘州，擬造正寢，栿至牛渚磯，盡沒水中，既而漁人見栿浮於海上。起齊雲觀，國人歌曰："齊雲觀，寇來無際畔。"始北齊末，諸省官人多稱省主，未幾而滅。至是舉朝亦有此稱，識者以爲省主，主將見省之兆。

——《南史》卷10《陳本紀下第十·後主》，第306—307頁。

夢與宋武帝汎海遇大風

劉穆之字道和，小字道人，東莞莒人也，世居京口。初爲琅邪府主簿，嘗夢與宋武帝汎海遇大風，驚俯視船下，見二白龍挾船。旣而至一山，山峯聳秀，意甚悅。

及武帝剋京城，從何無忌求府主簿，無忌進穆之。帝曰："吾亦識之。"卽馳召焉。時穆之聞京城有叫聲，晨出陌頭，屬與信會，直視不言者久之，反室壞布裳爲袴往見帝，帝謂曰："我始舉大義，須一軍吏甚急，誰堪其選？"穆之曰："無見踰者。"帝笑曰："卿能自屈，吾事濟矣。"卽於坐受署。從平建鄴，諸大處分，皆倉卒立定，並穆之所建，遂動見諮詢。穆之亦竭節盡誠，無所遺隱。

——《南史》卷 15《列傳第五·劉穆之》，第 423 頁。

朱脩之泛海東萊舫栧折

朱脩之字恭祖，義陽平氏人也。曾祖燾，晉平西將軍。祖序，豫州刺史。父諶，益州刺史。脩之初爲州主簿，宋元嘉中，累遷司徒從事中郎。文帝謂曰："卿曾祖昔爲王導丞相中郎，卿今又爲王弘中郎，可謂不忝爾祖矣。"

後隨右軍到彥之北侵，彥之自河南回，脩之留戍滑臺，被魏將安頡攻圍。糧盡，將士熏鼠食之。脩之被圍旣久，母常悲憂，忽一旦乳汁驚出，母號慟告家人曰："我年老非復有乳汁時，今如此，兒必沒矣。"魏果以其日剋滑臺，囚之。太武嘉其固守之節，以爲雲中鎮將，妻以宗室女。

脩之潛謀南歸，妻疑之，每流涕謂曰："觀君無停意，何不告我以實，義不相負。"脩之深嘉其義而不告也。及太武伐馮弘，脩之及同沒人邢懷明並從。又有徐卓者亦沒魏，復欲率南人竊發，事泄見誅。脩之、懷明懼禍，同奔馮弘，不見禮。停一年，會宋使至。脩之名位素顯，傳詔見便拜。彼國敬傳詔，呼爲天子邊人。見傳詔致敬，乃始禮之。

時魏屢伐黃龍，弘遣使求救，脩之乃使傳詔說而遣之。泛海，未至東萊，舫柂折，風猛，海師慮向海北，垂長索，舫乃正。海師視上有鳥飛，知去岸不遠，須臾至東萊。及至，以爲黃門侍郎。

——《南史》卷 16《列傳第六·朱脩之》，第 463 頁。

《海賦》與海崇上善

張融字思光，弱冠有名。道士同郡陸脩靜以白鷺羽塵尾扇遺之，……浮海至交州，於海中遇風，終無懼色，方詠曰："乾魚自可還其本鄉，肉脯復何爲者哉。"又作《海賦》，文辭詭激，獨與衆異。後以示鎮軍將軍顧覬之，覬之曰："卿此賦實超玄虛，但恨不道鹽耳。"融即求筆注曰："漉沙構白，熬波出素，積雪中春，飛霜暑路。"此四句後所足也。覬之與融兄有恩好，覬之卒，融身負墳土。在南與交趾太守卞展善。展於嶺南爲人所殺，融挺身奔赴。……融文集數十卷行於世，自名其集爲玉海。司徒褚彥回問其故，融云："蓋玉以比德，海崇上善耳。"

——《南史》卷 32《列傳第二十二·張融》，第 833、838 頁。

邊海種樹與東依海島

泰始初，徐州刺史薛安都反，青州刺史沈文秀應之。……文秀既降，除善明海陵太守，郡境邊海，無樹木，善明課人種榆檟雜果，遂獲其利。還爲直閣將軍。……善明從弟僧副與善明俱知名於鄉里，泰始初，魏攻淮北，僧副將部曲二千人東依海島。

——《南史》卷 49《列傳第三十九·劉善明》，第 1229 頁。

外國舶多爲刺史所侵

蕭勵字文約，弱不好弄，喜慍不形於色……除淮南太守，以善政稱……徙廣州刺史，去郡之日，吏人悲泣，數百里中，舟乘填塞，各齎酒肴以送勵。……廣州邊海，舊饒，外國舶至，多爲刺史所侵，每年舶至不過三數。及勵至，纖豪不犯，歲十餘至。俚人不賓，多爲海暴，勵征討所獲生口寶物，軍賞之外，悉送還臺。前後刺史皆營私蓄，方物之貢，少登天府。自勵在州，歲中數獻，軍國所須，相繼不絕。武帝歎曰：“朝廷便是更有廣州。”有詔以本號還朝，而西江俚帥陳文徹出寇高要，又詔勵重申蕃任。

——《南史》卷51《列傳第四十一·蕭勵》，第1262頁。

外國賈人舶通貨易

王僧孺字僧孺，東海郯人也。……建武初舉士，爲始安王遙光所薦，除儀曹郎，遷書侍御史，出爲錢唐令。……

梁天監初，除臨川王後軍記室，待詔文德省。出爲南海太守。南海俗殺牛，曾無限忌，僧孺至便禁斷。又外國舶物、高涼生口歲數至，皆外國賈人以通貨易。舊時州郡就市，回而卽賣，其利數倍，歷政以爲常。僧孺歎曰：“昔人爲蜀部長史，終身無蜀物，吾欲遺子孫者，不在越裝。”並無所取。視事二歲，聲績有聞。詔徵將還，郡中道俗六百人詣闕請留，不許。至，拜中書侍郎，領著作，復直文德省。

——《南史》卷59《列傳第四十九·王僧孺》，第1459—1461頁。

淮水暴漲奔流于海

康絢字長明，華山藍田人也。其先出自康居。……初，堰起徐州界，刺史張豹子謂己必尸其事。既而絢以他官來監作，豹子甚慚，由是譖絢與魏交通。帝雖不納，猶以事畢徵絢。尋除司州刺史，領安陸太守。絢徵還，豹子不修堰，至其秋，淮水暴長，堰壞，奔流于海，殺數萬人。其聲若雷，聞三百里。水中怪物，隨流而下，或人頭魚身，或龍形馬首，殊類詭狀，不可勝名。

——《南史》卷55《列傳第四十五·康絢》，第1375頁。

青州石鹿山臨海祅神廟

王神念，太原祁人也。少好儒術，尤明內典。仕魏位穎川太守，與子僧辯據郡歸梁，封南城縣侯。歷安成、武陽、宣城內史，皆著政績。後爲青、冀二州刺史。神念性剛正，所更州郡必禁止淫祠，時青州東北有石鹿山臨海，先有神廟祅巫，欺惑百姓，遠近祈禱，糜費極多。及神念至，便令毀撤，風俗遂改。

——《南史》卷63《列傳第五十三·王神念》，第1535頁。

毀青州石鹿山臨海祅神廟

陰子春字幼文，武威姑臧人也。晉義熙末，曾祖襲隨宋武帝南遷，至南平，因家焉。父智伯與梁武帝鄰居，少相善，嘗入帝臥內，見有異光成五色，因握帝手曰："公後必大貴，非人臣也。天下方亂，安蒼生者其在君乎。"帝曰："幸勿多言。"於是情好轉密，帝每有求，如外府焉。及帝踐阼，官至梁、秦二州刺史。

子春仕歷位朐山戍主、東莞太守。時青州石鹿山臨海，先有神廟，刺史王神念以百姓祈禱糜費，毀神影，壞屋舍。當坐棟上有一大蛇長丈餘，役夫打撲不禽，得入海水。爾夜，子春夢見人通名詣子春云："有人見苦，破壞宅舍。既無所託，欽君厚德，欲憩此境。"子春心密記之。經二日而知之，甚驚，以爲前所夢神。因辦牲醑請召，安置一處。數日，復夢一朱衣人相聞，辭謝云："得君厚惠，當以一州相報。"子春心喜，供事彌勤。經月餘，魏欲襲胊山，間諜前知，子春設伏摧破之，詔授南青州刺史，鎮胊山。又遷都督、梁秦二州刺史。

——《南史》卷64《列傳第五十四·陰子春》，第1555頁。

羊鶤劫持海師

第三子鶤字子鵬，隨侃臺內，城陷，竄於陽平。侯景以其妹爲小妻，呼還待之甚厚，以爲庫眞都督。及景敗，鶤密圖之，乃隨其東走。景於松江戰敗，惟餘三舸，下海欲向蒙山。會景晝寢，鶤語海師："此中何處有蒙山，汝但聽我處分。"遂直向京口，至胡豆洲，景覺，大驚。問岸上，云"郭元建猶在廣陵"。景大喜，將依之。鶤拔刀叱海師使向京口。鶤與王元禮、謝答仁弟葳蕤，並景之昵也，三人謂景曰："我等爲王百戰百勝，自謂無敵，卒至於此，豈非天乎。今就王乞頭以取富貴。"景欲透水，鶤抽刀斫之。景乃走入船中，以小刀抉船。鶤以矟入刺殺之。景僕射索超世在別船，葳蕤以景命召之，斬于京口。

——《南史》卷63《列傳第五十三·羊鶤》，第1548頁。

孫法宗入海尋父

孫法宗一名宗之，吳興人也。父隨孫恩入海澨被害，屍骸不收，母兄並餓死。法宗年小流進，至十六方得還。單身勤苦，霜行草宿，營辦棺槨，造立冢墓，葬送母兄，儉而有禮。以父屍不測，入海尋求。聞世間論是至親以血瀝骨當悉漬浸，乃操刀沿海見枯骸則刻肉灌血，如此十餘年，臂脛無完皮，血脈枯竭，終不能逢。遂衰絰終身，常居墓所，山禽野獸，皆悉馴附。每鷹鹿觸網，必解放之，償以錢物。後忽苦頭創，夜有女人至曰："我是天使來相謝，行創本不關善人，使者遠相及。取牛糞煮傅之即驗。"一傅便差，一境賴之。終身不娶，饋遺無所受。宋孝武初，揚州辟爲文學從事，不就，卒。

——《南史》卷73《列傳第六十三·法宗》，第1808頁。

海南諸國

海南諸國，大抵在交州南及西南大海洲上，相去或四五千里，遠者二三萬里。其西與西域諸國接。漢元鼎中，遣伏波將軍路博德開百越，置日南郡。其徼外諸國，自武帝以來皆朝貢。後漢桓帝世，大秦、天竺皆由此道遣使貢獻。及吳孫權時，遣宣化從事朱應、中郎康泰通焉。其所經過及傳聞則有百數十國，因立記傳。晉代通中國者蓋鮮，故不載史官。及宋、齊至梁，其奉正朔、修貢職，航海往往至矣。今采其風俗粗著者列爲海南云。

——《南史》卷78《列傳第六十八·海南諸國》，第1947頁。

扶南大王作大船窮漲海

扶南國，在日南郡之南，海西大灣中，去日南可七千里。在林邑西南三千餘里。城去海五百里，有大江廣十里，從西流東入海。其國廣輪三千餘里，土地洿下而平博，氣候風俗大較與林邑同。出金、銀、銅、錫、沈木香、象、犀、孔翠、五色鸚鵡。

其南界三千餘里有頓遜國，在海崎上，地方千里。城去海十里。有五王，並羈屬扶南。頓遜之東界通交州諸賈人。其西界接天竺、安息徼外諸國，往還交易。其市東西交會，日有萬餘人。珍物寶貨無不有，又有酒樹似安石榴，采其花汁停甕中，數日成酒。

頓遜之外大海洲中，又有毗騫國，去扶南八千里。……

又傳扶南東界卽大漲海，海中有大洲，洲上有諸薄國，國東有馬五洲。復東行漲海千餘里，至自然大洲，其上有樹生火中，洲左近人剝取其皮，紡績作布，以爲手巾，與蕉麻無異而色微青黑。若小垢洿，則投火中，復更精潔。或作燈炷，用之不知盡。

扶南國俗本裸，文身被髮，不製衣裳，以女人爲王，號曰柳葉。年少壯健，有似男子。其南有激國，有事鬼神者字混塡。夢神賜之弓，乘賈人舶入海。混塡晨起卽詣廟，於神樹下得弓，便依夢乘舶入海，遂至扶南外邑。柳葉人衆見舶至，欲劫取之。混塡卽張弓射其舶，穿度一面，矢及侍者。柳葉大懼，舉衆降混塡，塡乃敎柳葉穿布貫頭，形不復露，遂君其國，納柳葉爲妻，生子分王七邑。其後王混盤況以詐力間諸邑，令相疑阻，因舉兵攻併之。乃選子孫中分居諸邑，號曰小王。盤況年九十餘乃死，立中子盤盤，以國事委其大將范蔓。盤盤立三年死，國人共舉蔓爲王。蔓勇健有權略，復以兵威攻伐旁國，咸服屬之，自號扶南大王。乃作大船窮漲海，開國十餘，闢地五六千里。

——《南史》卷78《列傳第六十八·海南諸國·扶南國》，
第 1951—1952 頁。

吳遣中郎康泰使扶南

漢和帝時，天竺數遣使貢獻，後西域反叛遂絕。至桓帝延熹三年、四年，頻從日南徼外來獻，魏、晉世絕不復通。唯吳時扶南王范旃遣親人蘇勿使其國，從扶南發投拘利口，循海大灣中正西北入，歷灣邊數國，可一年餘到天竺江口，逆水行七千里乃至焉。天竺王驚曰："海濱極遠，猶有此人乎！"卽令觀視國內，仍差陳、宋等二人以月支馬四疋報旃，勿積四年方至。其時吳遣中郎康泰使扶南，及見陳、宋等，具問天竺土俗，云："佛道所興國也。人敦龐，土饒沃，其王號茂論。所都城郭，水泉分流，繞于渠塹，下注大江。其宮殿皆雕文鐫刻。街曲市里，屋舍樓觀，鍾鼓音樂，服飾香華，水陸通流，百賈交會，器玩珍瑋，恣心所欲。左右嘉維、舍衛、葉波等十六大國，去天竺或二三千里，共尊奉之，以爲在天地之中。"

——《南史》卷78《列傳第六十八·海南諸國·中天竺國》，
第 1962 頁。

東夷泛海使晉

東夷之國，朝鮮爲大，得箕子之化，其器物猶有禮樂云。魏時，朝鮮以東馬韓、辰韓之屬，世通中國。自晉過江，泛海來使，有高句麗、百濟，而宋、齊間常通職貢，梁興又有加焉。扶桑國，在昔未聞也，梁普通中有道人稱自彼而至，其言元本尤悉，故并錄焉。

——《南史》卷 79《列傳第六十九·東夷》，第 1969 頁。

新羅東濱大海

新羅，其先事詳北史，在百濟東南五千餘里。其地東濱大海，南北與句麗、百濟接。魏時曰新盧；宋時曰新羅，或曰斯羅。其國小，不能自通使聘。梁普通二年，王姓募名泰，始使使隨百濟奉獻方物。

——《南史》卷 79《列傳第六十九·東夷·新羅》，第 1973 頁。

西南萬里有海人

倭國，其先所出及所在，事詳《北史》。……晉安帝時，有倭王讚遣使朝貢。……其南有侏儒國，人長四尺。又南有黑齒國、裸國，去倭四千餘里，船行可一年至。又西南萬里有海人，身黑眼白，裸而醜，其肉美，行者或射而食之。

——《南史》卷 79《列傳第六十九·東夷·倭國》，第 1975 頁。

沙門慧深談扶桑國者

扶桑國者，齊永元元年，其國有沙門慧深來至荆州，說云："扶桑在大漢國東二萬餘里，地在中國之東。其土多扶桑木，故以爲名。扶桑葉似桐，初生如笋，國人食之。實如梨而赤，績其皮爲布，以爲衣，亦以爲錦。作板屋，無城郭。有文字，以扶桑皮爲紙。無兵甲，不攻戰。其國法有南北獄，若有犯，輕罪者入南獄，重罪者入北獄。有赦則放南獄，不赦北獄。在北獄者男女相配，生男八歲爲奴，生女九歲爲婢。犯罪之身，至死不出。貴人有罪，國人大會，坐罪人於坑，對之宴飲分訣若死別焉。以灰繞之，其一重則一身屏退，二重則及子孫，三重者則及七世。名國王爲乙祁。貴人第一者爲對盧，第二者爲小對盧，第三者爲納咄沙。國王行有鼓角導從。其衣色隨年改易，甲乙年青，丙丁年赤，戊己年黃，庚辛年白，壬癸年黑。有牛角甚長，以角載物，至勝二十斛。有馬車、牛車、鹿車。國人養鹿如中國畜牛，以乳爲酪。有赤梨，經年不壞。多蒲桃。其地無鐵有銅，不貴金銀。市無租估。其昏姻法，則壻往女家門外作屋，晨夕灑掃，經年而女不悅卽驅之，相悅乃成昏。昏禮大抵與中國同。親喪七日不食，祖父母喪五日不食，兄弟伯叔姑姊妹三日不食。設座爲神像，朝夕拜奠，不制衰絰。嗣王立，三年不親國事。其俗舊無佛法。宋大明二年，罽賓國嘗有比丘五人游行其國，流通佛法經像，敎令出家，風俗遂改。"

——《南史》卷 79《列傳第六十九·東夷·扶桑》，第 1976—1977 頁。

沙門慧深談女國

慧深又云："扶桑東千餘里有女國，容貌端正，色甚潔白，身體有毛，髮長委地。至二三月競入水則任娠，六七月產子。女人胸前無乳，項後生毛，根白，毛中有汁以乳子。百日能行，三四年則成人矣。見人驚避，偏畏丈夫。食鹹草如禽獸。鹹草葉似邪蒿，而氣香味鹹。梁天監六年，有晉安人度海，爲風所飄至一島，登岸，有人居止，女則如中國，而言語不可曉。男則人身而狗頭，其聲如吠。其食有小豆，其衣如布。築土爲牆，其形圓，其戶如竇云。"

——《南史》卷 79《列傳第六十九·東夷·扶桑》，第 1977 頁。

海道自滬瀆入海至胡豆洲

初，侯景之圍臺城，援軍三十萬，兵士望青袍則氣消膽奪。及赤亭之役，胡僧祐以羸卒一千破任約精甲二萬，轉戰而東，前無橫陣。既而侯瑱追及，景衆未陣，皆舉幡乞降，景不能制。乃與腹心人數十單舸走，推墮二子於水，自滬瀆入海至胡豆洲。前太子舍人羊鯤殺之，送于王僧辯。

——《南史》卷80《列傳第七十·侯景》，第2014—2015頁。

《北史》

范陽人盧溥聚衆海濱

　　天興二年秋七月，起天華殿。辛酉，大閱于鹿苑。八月，增啟京城十二門，作西武庫。除州郡人租賦之半。辛亥，詔禮官備撰衆儀，著于新令。范陽人盧溥聚衆海濱，稱幽州刺史，攻掠郡縣，殺幽州刺史封沓干。

　　——《北史》卷1《魏本紀第一·序紀·太祖道武帝》，第19頁。

拓跋濬登碣石觀滄海

　　太安四年春正月丙午朔，初設酒禁。乙卯，行幸廣甯溫泉宮，遂東巡。庚午，至遼西黃山宮，遊宴數日，親對高年，勞問疾苦。二月丙子，登碣石山，觀滄海，大饗羣臣於山上，班賞進爵各有差。改碣石山爲樂遊山，築壇記行於海濱。戊寅，南幸信都，田於廣川。三月丁未，觀馬射於中山。所過郡國賜復一年。丙辰，車駕還宮。起太華殿。

　　——《北史》卷2《魏本紀第二·序紀·高宗文成帝》，第69頁。

淮堰破十餘萬口漂入海

　　熙平元年秋七月庚午，重申殺牛禁。八月丙午，詔古帝諸陵四面各五十步，勿聽耕稼。九月丁丑，淮堰破，梁緣淮城戍村落十餘萬口，皆漂入海。

——《北史》卷4《魏本紀第四·肅宗孝明帝》，第145頁。

九層浮屠飛入東海

天平元年正月壬辰，神武西伐費也頭虜紇豆陵伊利於河西，滅之，遷其部落於河東。二月，永寧寺九層浮屠災。既而人有從東萊至，云及海上人咸見之於海中，俄而霧起，乃滅。說者以爲天意若曰："永寧見災，魏不寧矣，飛入東海，勃海應矣。"

——《北史》卷6《齊本紀上第六·高祖神武帝》，第219頁。

胡皇后夢於海上坐玉盆

後主諱緯，字仁綱，武成皇帝之長子也。母曰胡皇后，夢於海上坐玉盆，日入裙下，遂有娠。天保七年五月五日，生帝於并州邸。帝少美容儀，武成特所愛寵，拜世子。及武成入纂大業，大寧二年正月丙戌，立爲皇太子。河清四年，武成禪位於帝。

——《北史》卷8《齊本紀下第八·後主》，第286頁。

望祭五嶽海瀆

開皇十五年春正月壬戌，車駕次齊州，親問疾苦。丙寅，旅王符山。庚午，以歲旱，祀太山以謝愆咎，大赦。二月丙辰，禁私家畜兵器，關中、緣邊不在其例。禁河以東無得乘馬。丁巳，上柱國、蔣公梁睿卒。三月己未，車駕至自東巡，望祭五嶽海瀆。丁亥，幸仁壽宮。

——《北史》卷11《隋本紀上第十一·高祖文帝》，第419—420頁。

立滄州鎮遏海曲

　　叱奴子洪超，頗有學涉，大乘賊亂之後，詔洪超持節兼黃門侍郎，綏慰冀部。還，上言冀土寬廣，界去州六七百里，負海險遠，宜分置一州，鎮遏海曲，朝議從之，後遂立滄州。卒於北軍將、光祿大夫。

　　　　——《北史》卷15《列傳第三·昭成子孫·遼西公意烈》，
　　　　　　　　　　　　　　　　　　　　　　　　　　第578頁。

自薊入海島得長人骨爲矟

　　昂弟季式，字子通，亦有膽氣。太昌初，累遷尚食典御，尋加驃騎大將軍……神武初起兵，范陽盧曹亦以勇力稱，爲尒朱氏守，據薊。神武厚禮召之，以（高）昂相擬，曰："宜來，與從叔爲二曹。"曹慍曰："將田舍兒比國士。"遂率其徒自薊入海島。得長人骨，以髑髏爲馬皂；脛長丈六尺，以爲二矟。送其一於神武，諸將莫能用，唯彭樂强舉之。未幾，曹遇疾，恫聲聞於外。巫言海神爲祟，遂卒。其徒五百人皆服斬衰，葬畢潛散。

　　　　——《北史》卷31《列傳第十九·高季式》，第1148、1150頁。

斧山虯龍與林邑美玉

　　州舊披城西北數里，有斧山，峯嶺高峻，北臨滄海，南望岱岳。挺於頂上欲營觀宇，故老曰："此嶺上，秋夏之際，常有暴雨。相傳云是龍道，恐此觀不可久立。"挺曰："人龍相去，何遠之有？虯龍倏忽，豈一路乎？"遂營之。數年間，果無風雨之異。挺既代，卽爲風雨所毀，遂莫能立。衆以爲善化所感。時以犯罪配邊者多有逃越，遂立重制，一人犯罪逋亡，闔門充役。挺上書，以爲周書父子罪不相及，以一人犯罪，延及闔門，豈不哀哉！辭甚雅切，帝納之。

先是州內少鐵，器用皆求之他境，挺表復鐵官，公私有賴。孝文將辨天下氏族，仍亦訪定，乃遙授挺本州大中正。掖縣有人年踰九十，板輿造州。自稱少曾充使林邑，得一美玉，方尺四寸，甚有光采，藏之海島，垂六十歲，忻逢明政，今願奉之。挺曰："吾雖德謝古人，未能以玉爲寶。"遣船隨取，光潤果然，迄不肯受，乃表送都。景明初，見代，老幼泣涕追隨，縑帛送贈，悉不納。

——《北史》卷32《列傳第二十·崔挺》，第1171頁。

崔暹奏請海沂煮鹽

崔昂字懷遠，七歲而孤，事母以孝聞。……後除尚書左丞，其年兼度支尚書。左丞之兼尚書，近代未有，朝野榮之。度支水漕陸運，昂設轉輸相入之差，付給新陳之法，有利於人，遂爲常式。右僕射崔暹奏請海沂煮鹽，有利軍國。文襄以問昂。昂曰："亦既官賣，須斷人竈，官力雖多，不及人廣。請準關市，薄爲竈稅，私館官給，彼此有宜。"朝廷從之。

——《北史》卷32《列傳第二十·崔昂》，第1180頁。

土人圍城常食海水

李渾字季初，靈之曾孫也。……尋除海州刺史。後土人共圍州城，城中多石無井，常食海水，賊絕其路。城內先有一池，夏旱涸竭，渾齋戒朝服而祈焉，一朝天雨，泉流涌溢。賊以爲神，應時駭散。渾捕斬渠帥，傳首鄴都。渾妾郭，在州干政納貨，坐免，卒于鄴。

——《北史》卷33《列傳第二十一·李渾》，第1206頁。

勞師爭海島之地

子肇襲，字伯始，孝文賜名焉。博綜經史。孝文初，爲內祕書侍御中散，稍遷典命中大夫。……

盧昶之在朐山也，肇諫曰："朐山蕞爾，僻在海濱，於我非急，於賊爲利。如聞賊將屢以宿豫求易朐山，持此無用之地，復彼舊有之疆，兵役時解，其利爲大。"帝將從之，尋而昶敗。遷侍中。梁軍主徐玄明斬其青、冀二州刺史張稷首，以郁州內附。朝議遣兵赴援，肇表以爲不宜勞師爭海島之地，帝不納。及大將軍高肇伐蜀，肇又陳願俟後圖，又不納。

——《北史》卷 34《列傳第二十二·游肇》，第 1253—1254 頁。

樂陵瀕海水味多鹹

翼子豹，字仲幹。體貌魁岸，美音儀。年十七，州辟主簿。王思政入據潁川，慕容紹宗出討，豹爲紹宗開府主簿兼行臺郎中。紹宗自云有水厄，遂於戰艦中浴，并自投於水，冀以厭當之。

河清中，除謁者僕射，拜西河太守。地接周境，俗雜稽胡，豹政貴清靜，甚著聲績。遷博陵太守，亦有能名。又遷樂陵太守，風教修理，稱爲美政。郡瀕海，水味多鹹苦。豹命鑿一井，遂得甘泉，遐邇以爲政化所致。豹罷歸後，井味復鹹。齊滅，遂還本鄉，丘園自養，頻被徵命，固辭以疾。每牧守初臨，必遣致禮，官佐邑宰皆投刺申敬。終於家，無子，以兄熊子彥詡嗣。

——《北史》卷 39《列傳第二十七·房豹》，第 1416 頁。

智慧有船艦千餘艘

江浙賊高智慧自號東揚州刺史，吳州總管五原公元契鎮會稽，以其兵盛而降之。智慧盡屠其眾，契自殺。智慧有船艦千餘艘，屯據要害，兵甚勁。素擊之，自旦至申，苦戰破之。智慧逃入海。躡之，從餘姚汎海趣永嘉。智慧來拒戰，素擊走之。賊帥汪文進自稱天子，據東陽，署其徒蔡道人爲司空，守樂安。素進討，悉平之。又破永嘉賊帥沈孝徹。於是步道向天台，指臨海郡，逐捕遺逸，前後百餘戰，智慧遁守閩越。上以素久勞於外，詔令馳傳入朝，加子玄感上開府，賜綵八千段。素以餘寇未殄，恐爲後患，又自請行。詔以素爲元帥，復乘傳至會稽。

——《北史》卷41《列傳第二十九·楊素》，第1511—1512頁。

南海有亡命號遊艇子

泉州人王國慶，南安豪族也，殺刺史劉弘，據州爲亂。自以海路艱阻，非北人所習，不設備伍。素汎海奄至，國慶遑遽，棄州走。素分遣諸將，水陸追捕。時南海先有五六百家，居水爲亡命，號曰遊艇子，智慧、國慶欲往依之。素乃密令人說國慶，令斬智慧以自效。國慶乃斬智慧於泉州。自餘支黨悉降，江南大定。上遣左領軍將軍獨孤陀至浚儀迎勞，比到京師，問者日至。拜素子玄獎儀同，賜黃金四十斤，加銀缾，實以金錢，縑三千段、馬二百匹、羊三千口、田百頃、宅一區。

——《北史》卷41《列傳第二十九·楊素》，第1512頁。

林邑王梵志棄城奔海

劉方，京兆長安人也。性剛決，有膽氣。仕周，承御上士，以戰功拜上儀同。……

尋授驩州道行軍總管，以尙書右丞李綱爲司馬，經略林邑。方遣欽州刺史甯長眞、驩州刺史李暈、上開府秦雄以步騎出越常，方親率大將軍張愻、司馬李綱舟師趣北境。大業元年正月，軍至海口。林邑

王梵志遣兵守險，方擊走之。師次闍梨江，賊據南岸立柵，方盛陳旗
幟，擊金鼓，賊懼而潰。既度江，行三十里，賊乘巨象，四面而至。
方以弩射象，象中瘡，却蹂其陣，賊奔柵，因攻破之。於是濟區栗，
進至大緣江，所擊皆破。經馬援銅柱，南行八日，至其國都。林邑王
梵志棄城奔海，獲其廟主金人，汙其宮室，刻石紀功而還。士卒腳腫
死者十四五。方在道遇患卒，帝甚傷惜之，下詔褒美，贈上柱國、盧
國公。

　　——《北史》卷73《列傳第六十一·劉方》，第2526—2527頁。

膠州刺史拒禱海神

瑜弟粲，字文亮，封舒縣子。沉重善風儀，頗以驕豪爲失。……
孝武初，出爲驃騎大將軍、膠州刺史。屬時亢旱，土人勸令
禱於海神。粲憚違衆人，乃爲祈請，直據胡床，舉盃曰：“僕白
君。”左右云：“前後例皆拜謁。”粲曰：“五岳視三公，四瀆視諸
侯，安有方伯致禮海神。”卒不肯拜。時青州叛賊耿翔寇亂三齊，
粲唯高譚虛論，不事防禦之術。翔乘其無備，掩襲州城，左右白
言賊至，粲云：“豈有此理！”左右又言“已入州門”。粲乃徐云：
“耿王可引上廳事，自餘部衆，且付城人。”不達時變如此。尋爲
翔害，送首於梁。

　　——《北史》卷45《列傳第三十三·裴粲》，第1651頁。

滄海道軍舟艫逕造平壤

大業八年春正月辛巳，大軍集于涿郡。以兵部尚書段文振爲左候
衛大將軍。壬午，下詔曰：

“粤我有隋，誕膺靈命。兼三才而建極，一六合而爲家。提封所
漸，細柳、蟠桃之外；聲教爰曁，紫舌、黃枝之域。遠至邇安，罔弗
和會，功成理定，於是乎在。而高麗小醜，迷昏不恭，崇聚勃、碣之

間，荐食遼、濊之境。……今宜授律啓行，分麾屆路，掩勃澥而雷震，及夫餘以電掃。比戈按甲，俟誓而後行；三令五申，必勝而後戰。左第一軍可鏤方道，第二軍可長岑道，第三軍可海冥道，第四軍可蓋馬道，第五軍可建安道，第六軍可南蘇道，第七軍可遼東道，第八軍可玄菟道，第九軍可扶餘道，第十軍可朝鮮道，第十一軍可沃沮道，第十二軍可樂浪道；右第一軍可黏蟬道，第二軍可含資道，第三軍可渾彌道，第四軍可臨屯道，第五軍可候城道，第六軍可提奚道，第七軍可踏頓道，第八軍可肅慎道，第九軍可碣石道，第十軍可東脺道，第十一軍可帶方道，第十二軍可襄平道。凡此衆軍，先奉廟略，絡繹引途，總集平壤。莫非如豺如貔之勇，百戰百勝之雄。顧眄則山岳傾頹，叱咤則風雲騰鬱。腹心攸同，爪牙斯在。朕躬馭元戎，爲其節度。涉遼而東，循海之右。解倒懸於遐裔，問疾苦於遺黎。其外輕齎游闕，隨機赴響，卷甲銜枚，出其不意。又滄海道軍，舟艫千里，高颸電逝，巨艦雲飛。橫斷沮江，逕造平壤。島嶼之望斯絕，坎井之路已窮。其餘被髮左衽之人，控弦待發；微、盧、彭、濮之旅，不謀同辭。杖順臨逆，人百其勇，以此衆戰，勢等摧枯。"

——《北史》卷 12《隋本紀下第十二・煬帝》，第 456 頁。

來護兒舟師海趣平壤城

帝征遼東，令玄感於黎陽督運，遂與武賁郎將王仲伯、汲郡贊治趙懷義等謀，不時進發。帝遣使者逼促，玄感揚言曰："水路多盜，不可前後而發。"其弟武賁郎將玄縱、鷹揚郎將萬石並從幸遼東，玄感潛遣人召之。時來護兒以舟師自東萊，將入海趣平壤城，軍未發。玄感無以動衆，乃遣家奴偽爲使，從東方來，謬稱護失軍期而反。玄感遂入黎陽縣，閉城大募男夫，於是取縑布爲牟甲，署置官屬皆準開皇之舊。移書傍郡以討護爲名，令發兵會於倉所。以東光縣尉元務本爲黎州刺史，趙懷義爲衛州刺史，河內郡主簿唐褘爲懷州刺史，有衆且一萬，將襲洛陽。唐褘至河內，馳往東都告之。越王侗、戶部尚書樊子蓋等勒兵備禦。

——《北史》卷41《列傳第二十九·楊玄感》，第1517—1518頁。

來護兒率樓船破高麗

　　來護兒字崇善，本南陽新野人，漢中郎將歆十八世孫也。曾祖成，魏新野縣侯，後歸梁，徙居廣陵，因家焉。位終六合令。祖嶷，步兵校尉、秦郡太守、長寧縣侯。父法敏，仕陳終於海陵令。護兒未識而孤，養於世母吳氏。吳氏提攜鞠養，甚有慈訓。……

　　十一年，高智慧據江南反，以子總管統兵隨楊素討之。賊據浙江岸爲營，周亘百餘里，船艦被江，鼓譟而進。護兒言於素曰："吳人輕銳，利在舟檝。必死之賊，難與爭鋒。公且嚴陣以待之，勿與接刃，請假奇兵數千，潛度江，掩破其壁，使退無所歸，進不得戰，此韓信破趙之策也。"素以爲然。護兒乃以輕舸數百，直登江岸，襲破其營，因縱火，煙焰張天。賊顧火而懼，素因是動，一鼓破之。智慧將逃於海，護兒追至閩中，餘黨皆平。進位大將軍，除泉州刺史，封襄陽縣公，食邑一千戶，賜物二千段、奴婢百人。護兒招懷初附，威惠兼舉。璽書勞問，前後相屬。時智慧餘黨盛道延阻兵爲亂，護兒又討平之。遷建州總管。又與蒲山公李寬討平黟、歙逆黨汪文進，進位柱國，封永寧郡公。文帝嘉其功，使畫工圖其像以進。十八年，詔追入朝，賜以宮女、寶刀、駿馬、錦綵等物，仍留長子楷爲千牛備身，使護兒還職。……

　　遼東之役，以護兒爲平壤道行軍總管，兼檢校東萊郡太守，率樓船指滄海。入自浿水，去平壤六十里。高麗主高元掃境內兵以拒之，列陣數十里。諸將咸懼，護兒笑謂副將周法尚及軍吏曰："吾本謂其堅城清野以待王師，今來送死，當殄之而朝食。"高元弟建驍勇絕倫，率敢死數百人來致師。護兒命武賁郎將費青奴及第六子左千牛整馳斬其首，乃縱兵追奔，直至城下，俘斬不可勝計，因破其郛，營於城外，以待諸軍。……

　　明年，又出滄海道，師次東萊，會楊玄感反，進攻洛陽，護兒聞之，召裨將周法尚等議旋軍討逆。法尚等咸以無敕，不宜擅還，再三固執不從。護兒厲聲曰：“洛陽被圍，心腹之疾。高麗逆命，猶疥癬耳。公家之事，知無不爲，專擅在吾，當不關諸人也。有沮議者，軍法從事。”卽日迴軍，令子弘及整馳驛奏聞。……

　　十一年，又率師渡海，破高麗奢卑等二城。高麗舉國來戰，護兒大破之。將趣平壤，高元震懼，使執叛臣斛斯政詣遼東城下請降。帝許之，詔護兒旋軍。

　　——《北史》卷76《列傳第六十四·來護兒》，第2589—2592頁。

征遼東海船漂沒

　　周羅睺字公布，九江尋陽人也。父法暠，仕梁，至南康內史、臨蒸縣侯。……開皇十八年，征遼東，徵爲水軍總管。自東萊汎海趣平壤城，遭風，船多漂沒，無功而旋。十九年，突厥達頭可汗犯塞，從楊素致討，羅睺先登，大破之。進大將軍。

　　——《北史》卷76《列傳第六十四·周羅睺》，第2589頁。

勒大鳥之銘於海上

　　虞綽字士裕，會稽餘姚人也。父孝曾，陳始興王諮議。綽身長八尺，姿儀甚偉，博學有俊才，尤工草隸。……及陳亡，晉王廣引爲學士。大業初，轉爲祕書學士，奉詔與祕書郎虞世南、著作佐郎庾自直等撰長洲玉鏡等書十餘部。綽所筆削，帝未嘗不稱善，而官竟不遷。初爲校書郎，以藩邸左右，授宣惠尉，遷著作佐郎。與虞世南、庾自直、蔡允恭等四人常直禁中，以文翰待詔，恩眄隆洽。從征遼東，帝舍臨海頓，見大鳥，異之，詔綽爲銘。帝覽而善之，命有司勒於海上。以度遼功，授建節尉。

　　——《北史》卷83《列傳第七十一·虞綽》，第2811—2812頁。

舟師自東萊傍海入太湖

燕榮字貴公，華陰弘農人也。父偘，周大將軍。……伐陳之役，以爲行軍總管，率水軍自東萊傍海入太湖，取吳郡。既破丹陽，吳人共立蕭瓛，爲宇文述所敗，退保包山。榮率精甲躡之，瓛敗走，爲榮所執。事平，檢校揚州總管。尋徵爲武候將軍，後除幽州總管。

——《北史》卷 87《列傳第七十五·燕榮》，第 2901 頁。

元弘嗣於東萊海口造船

元弘嗣，河南洛陽人也。……仁壽末，授木工監，修營東都。大業初，煬帝潛有遼東意，遣弘嗣於東萊海口監造船。諸州役丁苦其捶楚，官人當作，晝夜立水中，略不敢息，自腰已下無不蛆生，死者十三四。尋遷黃門侍郎，轉殿中少監。遼東之役，進位金紫光祿大夫。後奴賊寇隴西，詔弘嗣擊之。

——《北史》卷 87《列傳第七十五·元弘嗣》，第 2902—2903 頁。

馮業三百人浮海歸宋留新會

梁大同初，羅州刺史馮融聞夫人有志行，爲其子高涼太守寶聘以爲妻。融本北燕苗裔也。初，馮弘之南投高麗也，遣融大父業以三百人浮海歸宋，因留于新會。自業及融，三世爲守牧，他鄉羈旅，號令不行。至是，夫人誠約本宗，使從百姓禮。每與夫寶，參決辭訟，首領有犯法者，雖是親族，無所縱捨。自此，政令有序，人莫敢違。

——《北史》卷 91《列傳第七十九·譙國夫人洗氏》，第 3005 頁。

平陳戰船漂至海東躭牟羅國

百濟之國，蓋馬韓之屬也，出自索離國。……其國東極新羅，北接高句麗，西南俱限大海，處小海南，東西四百五十里，南北九百餘里。……

自晉、宋、齊、梁據江左，亦遣使稱藩，兼受拜封。亦與魏不絕。及齊受東魏禪，其王隆亦通使焉。淹死，子餘昌亦通使命於齊。武平元年，齊後主以餘昌爲使持節、侍中、車騎大將軍，帶方郡公、百濟王如故。二年，又以餘昌爲持節、都督東青州諸軍事、東青州刺史。周建德六年，齊滅，餘昌始遣使通周。宣政元年，又遣使來獻。

隋開皇初，餘昌又遣使貢方物，拜上開府、帶方郡公、百濟王。平陳之歲，戰船漂至海東躭牟羅國。其船得還，經于百濟，昌資送之甚厚，并遣使奉表賀平陳。文帝善之，下詔曰："彼國懸隔，來往至難，自今以後，不須年別入貢。"使者舞蹈而去。十八年，餘昌使其長史王辯那來獻方物。屬興遼東之役，遣奉表，請爲軍導。帝下詔，厚其使而遣之。高麗頗知其事，兵侵其境。餘昌死，子餘璋立。大業三年，餘璋遣使燕文進朝貢。其年，又遣使王孝隣入獻，請討高麗。煬帝許之，命覘高麗動靜。然餘璋內與高麗通和，挾詐以窺中國。七年，帝親征高麗，餘璋使其臣國智牟來請軍期。帝大悅，厚加賞賜，遣尚書起部郎席律詣百濟，與相知。明年，六軍度遼，餘璋亦嚴兵於境，聲言助軍，實持兩端。尋與新羅有隙，每相戰爭。十年，復遣使朝貢。後天下亂，使命遂絕。

其南，海行三月有躭牟羅國，南北千餘里，東西數百里，土多麞鹿，附庸於百濟。西行三日，至貊國千餘里云。

——《北史》卷94《列傳第八十二·百濟》，第3118—3122頁。

隋海師何蠻等入海通流求

　　流求國居海島，當建安郡東，水行五日而至。土多山洞。其王姓歡斯氏，名渴剌兜，不知其由來有國世數也。彼土人呼之爲可老羊，妻曰多拔茶。所居曰波羅檀洞，塹柵三重，環以流水，樹棘爲藩。王所居舍，其大一十六間，瑂刻禽獸。多鬪鏤樹，似橘而葉密，條纖如髮之下垂。國有四五帥，統諸洞，洞有小王。往往有村，村有鳥了帥，並以善戰者爲之，自相樹立，主一村之事。男女皆白紵繩纏髮，從項後盤繞至額。其男子用鳥羽爲冠，裝以珠貝，飾以赤毛，形製不同。婦人以羅紋白布爲帽，其形方正。織鬪鏤皮幷雜毛以爲衣，製裁不一。綴毛垂螺爲飾，雜色相間，下垂小貝，其聲如珮。綴璫施釧，懸珠於頸。織籐爲笠，飾以毛羽。有刀稍、弓箭、劍鈹之屬。其處少鐵，刀皆薄小，多以骨角輔助之。編紵爲甲，或用熊豹皮。王乘木獸，令左右輿之，而導從不過十數人。小王乘杌，鏤爲獸形。國人好相攻擊，人皆驍健善走，難死耐創。諸洞各爲部隊，不相救助。兩軍相當，勇者三五人出前跳噪，交言相罵，因相擊射。如其不勝，一軍皆走，遣人致謝，卽共和解。收取鬪死者聚食之，仍以髑髏將向王所，王則賜之以冠，便爲隊帥。

　　無賦歛，有事則均稅。用刑亦無常准，皆臨事科決。犯罪皆斷於鳥了帥，不伏則上請於王，王令臣下共議定之。獄無枷鎖，唯用繩縛。決死刑以鐵錐大如筋，長尺餘，鑽頂殺之。輕罪用杖。俗無文字，望月虧盈，以紀時節，草木榮枯，以爲年歲。人深目長鼻，類於胡，亦有小慧。無君臣上下之節，拜伏之禮。父子同牀而寢。男子拔去髭鬚，身上有毛處皆除去。婦人以墨黥手爲蟲蛇之文。嫁娶以酒、珠貝爲聘，或男女相悅，便相匹偶。婦人產乳，必食子衣，產後以火自灸，令汗出，五日便平復。以木槽中暴海水爲鹽，木汁爲酢，米麴爲酒，其味甚薄。食皆用手。遇得異味，先進尊者。凡有宴會，執酒者必待呼名而後飲，上王酒者，亦呼王名後銜盃共飲，頗同突厥。歌呼蹢蹄，一人唱，衆皆和，音頗哀怨。扶女子上髆，搖手而舞。其死者氣將絕，舁至庭前，親賓哭泣相弔。浴其屍，以布帛縛纏之，裹以葦席，襯土而殯，上不起墳。子爲父者，數月不食肉。其南境風俗少異，人有死者，邑里共食之。有熊、豺、狼，尤多猪、雞，無羊、牛、驢、馬。厥田良沃，先以火燒，而引水灌，持一鍤，以石爲刃，長尺餘，闊數寸，而墾之。宜稻、粱、禾、黍、麻、豆、赤豆、胡黑豆等。木有楓、栝、樟、松、梗、楠、枌、梓。竹、藤、果、藥，同於江表。風土氣候，與嶺南相類。俗事山海之神，祭以肴酒。戰鬭殺人，便將所殺人祭其神。或依茂樹起小屋，或懸髑髏於樹上，以箭射之，或累石繫幡，以爲神主。王之所居，壁下多聚髑髏以爲佳。人間門戶上，必安獸頭骨角。

隋大業元年，海師何蠻等，每春秋二時，天清風靜，東望依稀，似有煙霧之氣，亦不知幾千里。三年，煬帝令羽騎尉朱寬入海求訪異俗，何蠻言之，遂與蠻俱往。同到流求國，言不通，掠一人而反。明年，復令寬慰撫之，不從。寬取其布甲而歸。時倭國使來朝見之，曰："此夷邪夕國人所用。"帝遣武賁郎將陳稜、朝請大夫張鎮州率兵自義安浮海至高華嶼，又東行二日至鼊鼊嶼，又一日，便至流求。流求不從，稜擊走之。進至其都，焚其宮室，虜其男女數千人，載軍實而還。自爾遂絕。

——《北史》卷94《列傳第八十二·流求》，第3132—3134頁。

擊流求國刑白馬以祭海神

陳稜字長威，廬江襄安人也。……大業三年，拜武賁郎將。後與朝請大夫張鎮周自義安汎海擊流求國，月餘而至。流求人初見船艦，以爲商旅，往往詣軍貿易。稜率衆登岸，遣鎮周爲先鋒。其主歡斯渴刺兜遣兵拒戰，鎮周頻破之。稜進至低沒檀洞，其小王歡斯老模拒戰，稜敗之，斬老模。其日霧雨晦冥，將士皆懼，稜刑白馬以祭海神，既而開霽。分爲五軍，趣其都邑，乘勝逐北，至其柵，破之，斬渴刺兜，獲其子島槌，虜男女數千而歸。帝大悅，加稜右光祿大夫，鎮周金紫光祿大夫。

——《北史》卷78《列傳第六十六·陳稜》，第2644頁。

通倭國海上行程

倭國在百濟、新羅東南，水陸三千里，於大海中依山島而居。魏時，譯通中國三十餘國，皆稱子。夷人不知里數，但計以日。其國境，東西五月行，南北三月行，各至於海。其地勢，東高西下。居於邪摩堆，則魏志所謂邪馬臺者也。又云：去樂浪郡境及帶方郡並一萬二千里，在會稽東，與儋耳相近。俗皆文身，自云太伯之後。計從帶方至倭國，循海水行，歷朝鮮國，乍南乍東，七千餘里，始度一海。又南千餘里，度一海，闊千餘里，名瀚海，至一支國。又度一海千餘里，名末盧國。又東南陸行五百里，至伊都國。又東南百里，至奴國。又東行百里，至不彌國。又南水行二十日，至投馬國。又南水行十日，陸行一月，至邪馬臺國，即倭王所都。

——《北史》卷94《列傳第八十二·倭》，第3135頁。

倭國聞海西菩薩天子興佛法

新羅、百濟皆以倭爲大國，多珍物，並仰之，恒通使往來。大業三年，其王多利思比孤遣朝貢。使者曰："聞海西菩薩天子重興佛法，故遣朝拜，兼沙門數十人來學佛法。"國書曰："日出處天子致書日沒處天子，無恙。"云云。帝覽不悅，謂鴻臚卿曰："蠻夷書有無禮者，勿復以聞。"明年，上遣文林郎裴世清使倭國，度百濟，行至竹島，南望耽羅國，經都斯麻國，迥在大海中。又東至一支國，又至竹斯國。又東至秦王國，其人同於華夏，以爲夷洲，疑不能明也。又經十餘國，達於海岸。自竹斯國以東，皆附庸於倭。倭王遣小德何輩臺從數百人，設儀仗，鳴鼓角來迎。後十日，又遣大禮哥多毗從二百餘騎，郊勞。既至彼都，其王與世清。來貢方物。此後遂絕。

——《北史》卷 94《列傳第八十二·倭》，第 3137 頁。

隋使常駿浮海入赤土

隋煬帝嗣位，募能通絕域者。大業三年，屯田主事常駿、虞部主事王君政等請使赤土。帝大悅，遣齎物五千段以賜赤土王。其年十月，駿等自南海郡乘舟，晝夜二旬，每日遇便風。至焦石山而過，東南詣陵伽鉢拔多洲，西與林邑相對，上有神祠焉。又南行，至師子石。自是島嶼連接。又行二三日，西望見狼牙須國之山，於是南達雞籠島，至於赤土之界。

其王遣婆羅門鳩摩羅，以舶三百艘來迎，吹蠡擊鼓樂隋使，進金鎖以纜船。月餘，至其都。王遣其子那邪迦請與駿等禮見。先遣人送金盤貯香花幷鏡鑷，金合二枚貯香油，金瓶二枚貯香水，白疊布四條，以擬供使者盥洗。其日未時，那邪迦又將象二頭，持孔雀蓋以迎使人，幷致金盤、金花，以藉詔函，男女百人奏蠡鼓，婆羅門二人導路。至王宮，駿等奉詔書上閣，王以下皆坐，宣詔訖，引駿等坐，奏天竺樂，事畢，駿等還館。又遣婆羅門就館送食，以草葉爲盤，其大方丈。因謂駿曰："今是大國臣，非復赤土國矣。"後數日，請駿等入宴，儀衛導從如初見之禮。王前設兩床，床上並設草葉盤，方一丈五尺，上有黃、白、紫、赤四色之餅，牛、羊、魚、鱉、豬、蟕蝐之肉百餘品。延駿升床，從者於地席，各以金鍾置酒，女樂迭奏，禮遺甚厚。

尋遣那邪迦隨貢方物，幷獻金芙蓉冠、龍腦香，以鑄金爲多羅葉，隱起成文以爲表，金函封之，令婆羅門以香花奏蠡鼓而送之。既入海，見綠魚羣飛水上。浮海十餘日，至林邑東南，並山而行。其海水色黃氣腥，舟行一日不絕，云是大魚糞也。循海北岸，達于交趾。駿以六年春與那邪迦於弘農謁帝。帝大悅，授駿等執戟都尉，那邪迦等官賞各有差。

——《北史》卷 95《列傳第八十三·赤土》，第 3161 頁。

眞臘國大魚半身如山

　　眞臘國在林邑西南，本扶南之屬國也，去日南郡舟行六十日而至。……其國北多山阜，南有水澤。地氣尤熱，無霜雪，饒瘴癘毒蠚。宜粱、稻，少黍、粟。果菜與日南、九眞相類。異者，有婆羅那娑樹，無花，葉似柿，實似冬瓜；菴羅樹，花、葉似棗，實似李；毗野樹，花似木瓜，葉似杏，實似楮；婆田羅樹，花、葉、實並似棗，而小異；歌畢佗樹，花似林檎，葉似楡而厚大，實似李，其大如升。自餘多同九眞。海有魚名建同，四足無鱗，鼻如象，吸水上噴，高五六十尺。有浮胡魚，形似鯉，觜如鸚鵡，有八足。多大魚，半身出，望之如山。每五六月中，毒氣流行，即以白猪、白牛、羊於城西門外祠之。不然，五穀不登，畜多死，人疾疫。近都有陵伽鉢婆山，上有神祠，每以兵二千人守衛之。城東神名婆多利，祭用人肉。其王年別殺人，以夜祠禱，亦有守衛者千人。其敬鬼如此。多奉佛法，尤信道士。佛及道士，並立像於其館。

　　　　——《北史》卷95《列傳第八十三·眞臘》，第3163—3164頁。

婆利國海出珊瑚與舍利鳥

　　婆利國，自交趾浮海，南過赤土、丹丹，乃至其國。國界，東西四月行，南北四十五日行。王姓剎利邪伽，名護濫那婆。官曰獨訶邪拏，次曰獨訶氏拏。國人善投輪，其大如鏡，中有竅，外鋒如鋸，遠以投人，無不中。其餘兵器，與中國略同。俗類眞臘，物產同於林邑。其殺人及盜，截其手；姦者，鎖其足，期年而止。祭祀必以月晦，盤貯酒肴，浮之流水。每十一月必設大祭。海出珊瑚。有鳥名舍利，解人語。

　　　　——《北史》卷95《列傳第八十三·婆利》，第3164頁。

《齊民要術》

千乘之家有海鱼鮐鮆千斤

通邑大都，酤一歲千，釀醯醬千瓨，漿千儋；屠牛、羊、彘千皮；穀糶千鍾，薪藁千車，船長千丈，木千章，竹竿萬箇；軺車百乘，牛車千兩；木器漆者千枚，銅器千鈞，素木鐵器，若梔、茜千石；馬蹄噭千，牛千足，羊彘千雙；僮手指千；筋、角、丹砂千斤；其帛、絮、細布千鈞，文采千匹，荅布皮革千石；漆千大斗；蘗、麴、鹽、豉千合。鮐鮆千斤，（師古曰："鮐，海魚也；鮆，刀魚也，飲而不食者。鮐音胎，又音落。鮆音薺，又音才爾反。而說者妄讀鮐爲夷，非惟失於訓物，亦不知音矣。"）鮿鮑千鈞；棗栗千石者三之；狐貂裘千皮，羔羊裘千石；旃席千具；它果采千種；子貸金錢千貫。一節駔儈，貪賈三之，廉賈五之，亦比千乘之家，此其大率也。"

——《齊民要術今釋》卷7《貨殖第六十二》，第615頁。

海濱漁父作魚腸醬法

作鱁鮧法：（昔漢武帝逐夷，至於海濱。聞有香氣而不見物，令人推求。乃是漁父，造魚腸於坑中，以至土覆之。香氣上達。取而食之，以爲滋味。逐夷得此物，因名之；蓋魚腸醬也。）取石首魚、魦魚、鯔魚,三種,腸、肚、胞,齊淨洗,空著白鹽,令小倚鹹。內器中,密封,置日中。夏二十日,春秋五十日,冬百日,乃好。熟食時下薑酢等。

——《齊民要術今釋》卷 8《作醬法第七十》,第 750 頁。

《列異傳》載魚頭冠南海君

《列異傳》曰:袁本初時,有神出河東,號度索君,人共立廟。兗州蘇氏,母病,禱。見一人,着白單衣,高冠,冠似魚頭,謂度索君曰:"昔臨廬山下,共食白李。未久,已三千年。日月易得,使人悵然!"去後,度索君曰:"此南海君也。"

——《齊民要術今釋》卷 10《五穀果蓏菜茹非中國物產者·李》,第 1030 頁。

吳郡海邊諸山悉生紫菜

《呂氏春秋》曰:"菜之美者,壽木之華。括姑之東,中容之國,有赤木玄木之葉焉。餘瞀之南,南極之崖,有菜名曰嘉樹,其色若碧。"《漢武內傳》:"西王母曰:"上仙之藥,有碧海琅菜。"……紫菜:(吳郡海邊諸山,悉生紫菜。)又《吳都賦》云:"綸組紫菜也。"《爾雅注》云:"綸,今有秩嗇夫,所帶糾青綵綸。組,綬也。海中草生,彩理有象之者,因以名焉。"

——《齊民要術今釋》卷 10《五穀果蓏菜茹非中國物產者·菜茹》,第 1079 頁。

海藻如亂髮生海水中

《爾雅》曰:"藫,石衣。"郭璞曰:"水苔也,一名石髮。江東食之。藫葉似蓯而大,生水底,亦可食。"(《玉篇》"藫"字注:

"海藻也，又名海蘿，如亂髮，生海水中。")

——《齊民要術今釋》卷 10《五穀果蓏菜茹非中國物產者·
石蓯》，第 1097 頁。

《水經注》

孫權裝大舶載坐直之士三千人

又東北至江夏沙羨縣西北，沔水從北來注之。又東過邾縣南，鄂縣北，（江水右得樊口，庾仲雍江水記云：谷里袁口。江津南入，歷樊山上下三百里，通新興、馬頭二治。樊口之北有灣，昔孫權裝大船，名之曰長安，亦曰大舶，載坐直之士三千人，與羣臣泛舟江津，屬值風起，權欲西取蘆洲，谷利不從，乃拔刀急上，令取樊口薄，舶船至岸而敗，故名其處為敗舶灣。因鑿樊山為路以上，人即名其處為吳造峴，在樊口上一里，今厥處尚存。）

——《水經注校證》卷35《江水》，第807頁。

石勒使王述煮鹽于角飛

又東北過漯邑北，又東北過鄉邑南，（清河又東，分為二水，枝津右出焉。東逕漢武帝故臺北，《魏土地記》曰：章武縣東百里有武帝臺，南北有二臺，相去六十里，基高六十丈，俗云：漢武帝東巡海上所築。又東注于海。清河又東北逕紵姑邑南，俗謂之新城，非也。）又東北過窮河邑南，又東北過漂榆邑，入于海。（清河又東逕漂榆邑故城南，俗謂之角飛城。《趙記》云：石勒使王述煮鹽于角飛。即城異名矣。魏土地記曰：高城縣東北百里，北盡漂

榆，東臨巨海，民咸煮海水，藉鹽爲業。即此城也。清河自是入
于海。）

　　——《水經注校證》卷 9《淇水》，第 242—243 頁。

清漳亂流而東注于海

　　又東北過章武縣西，又東北過平舒縣南，東入海。（清漳逕章武
縣故城西，故濊邑也，枝瀆出焉，謂之濊水。東北逕參戶亭，分爲二
瀆。應劭曰：平舒縣西南五十里有參戶亭，故縣也。世謂之平虜城。
枝水又東注，謂之蔡伏溝。又東積而爲淀。一水逕亭北，又逕東平舒
縣故城南。代郡有平舒城，故加東。地理志：勃海之屬縣也。魏土地
記曰：章武郡治。故世以爲章武故城，非也。又東北分爲二水，一右
出爲淀，一水北注滹沱，謂之濊口。清漳亂流而東注于海。）

　　——《水經注校證》卷 10《濁漳水》，第 271 頁。

易水東過泉州縣南入于海

　　易水出涿郡故安縣閻鄉西山，東過范陽縣南，又東過容城縣南，
又東過安次縣南，又東過泉州縣南，東入于海。

　　——《水經注校證》卷 11《易水》，第 279—284 頁。

聖水東過安次縣南入于海

　　聖水出上谷，東過良鄉縣南，又東過陽鄉縣北，又東過安次縣
南，東入于海。（聖水又東逕勃海安次縣故城南，漢靈帝中平三年，
封荆州刺史王敏爲侯國。又東南流注于巨馬河而不達于海也。）

　　——《水經注校證》卷 12《聖水》，第 299—302 頁。

巨馬水南入滹沱而同歸于海

巨馬河出代郡廣昌縣淶山，東過逎縣北，又東南過容城縣北，又東過勃海東平舒縣北，東入于海。（《地理志》曰：淶水東南至容城入于河。河，即濡水也，蓋互以明會矣。巨馬水于平舒城北，南入于滹沱，而同歸于海也。）

——《水經注校證》卷 12《巨馬水》，第 302—305 頁。

沽河與清河合東入於海

沽河從塞外來，南過漁陽狐奴縣北，西南與濕餘水合，爲潞河；又東南至雍奴縣西，爲笥溝；又東南至泉州縣，與清河合，東入於海。清河者，派河尾也。（沽河又東南逕泉州縣故城東，王莽之泉調也。沽水又東南合清河，今無水。清、淇、漳、洹、滱、易、淶、濡、沽、滹沱，同歸于海。故經曰派河尾也。）

——《水經注校證》卷 14《沽河》，第 336—338 頁。

鮑丘水南至雍奴縣北屈東入於海

鮑丘水從塞外來，南過漁陽縣東，（鮑丘水出禦夷北塞中，南流逕九莊嶺東，俗謂之大榆河……）又南過潞縣西，又南至雍奴縣北，屈東入於海。

——《水經注校證》卷 14《鮑丘水》，第 338—341 頁。

武帝天橋柱望巨海/秦皇入海四十里圖海神醜

濡水從塞外來，東南過遼西令支縣北，又東南過海陽縣西，南入于海。（濡水自孤竹城東南逕西鄉北，瓠溝水注之，水出城東南，東流注濡水。濡水又逕故城南，分爲二水，北水枝出，世謂之小濡水也。東逕樂安亭北，東南入海。濡水東南流，逕樂安亭南，東與新河故瀆合，瀆自雍奴縣承鮑丘水東出，謂之鹽關口。魏太祖征蹋頓，與洵口俱導也。世謂之新河矣。陳壽《魏志》云：以通海也。新河又東北絕庚水，又東北出，逕右北平，絕泃渠之水，又東北逕昌城縣故城北，王莽之淑武也。新河又東分爲二水，枝瀆東南入海。新河自枝渠東出合封大水，謂之交流口。水出新安平縣，西南流逕新安平縣故城西，《地理志》：遼西之屬縣也。又東南流，龍鮮水注之，水出縣西北，世謂之馬頭水。二源俱導，南合一川，東流注封大水。《地理志》曰：龍鮮水，東入封大水者也。亂流南會新河，南注于海。《地理志》曰：封大水于海陽縣南入海。新河又東出海陽縣與緩虛水會，水出新平縣東北，世謂之大籠川，東南流逕令支城西，西南流與新河合，南流注于海。《地理志》曰：緩虛水與封大水，皆南入海。新河又東與素河會，謂之白水口。水出令支縣之藍山，南合新河，又東南入海。新河又東至九濄口，枝分南注海。新河又東逕海陽縣故城南，漢高祖六年，封搖母餘爲侯國。《魏土地記》曰：令支城南六十里有海陽城者也。新河又東與清水會，水出海陽縣，東南流逕海陽城東，又南合新河，又南流十許里，西入九濄注海。新河東絕清水，又東，木究水出焉，南入海。新河又東，左地爲北陽孤淀，淀水右絕新河，南注海。新河又東會於濡。濡水又東南至絫縣碣石山，文穎曰：碣石在遼西絫縣，王莽之選武也。絫縣並屬臨渝，王莽更臨渝爲馮德。《地理志》曰：大碣石山在右北平驪成縣西南，王莽改曰揭石也。漢武帝亦嘗登之以望巨海，而勒其石於此。今枕海有石如甬道數十里，當山頂有大石如柱形，往往而見，立於巨海之中，潮水大至則隱，及潮波退，不動不没，不知深淺，世名之天橋柱也。狀若人造，要亦非人力所就，韋昭亦指此以爲碣石也。《三齊略記》曰：始皇於海中作石橋，海神爲之豎柱。始皇求與相見，神曰："我形醜，莫圖我形，當與帝相見。"乃入海四十里，見海神，左右莫動手，工人潛以脚畫其狀。神怒曰："帝負約，速去。"始皇轉馬還，前脚猶立，後脚隨

崩，僅得登岸，畫者溺死于海，衆山之石皆傾注，今猶炎炎東趣，疑
即是也。濡水於此南入海，而不逕海陽縣西也。蓋經誤證耳。又按管
子：齊桓公二十年，征孤竹，未至卑耳之溪十里，闖然止，瞠然視，
援弓將射，引而未發，謂左右曰："見前乎？"左右對曰："不見。"
公曰："寡人見長尺而人物具焉，冠，右袪衣，走馬前，豈有人若此
乎？"管仲對曰："臣聞豈山之神有偷兒，長尺人物具，霸王之君興，
則豈山之神見。且走馬前，走，導也；袪衣，示前有水；右袪衣，示
從右方涉也。"至卑耳之溪，有贊水者，從左方涉，其深及冠；右方
涉，其深至膝。已涉大濟，桓公拜曰："仲父之聖至此，寡人之抵罪
也久矣。"今自孤竹南出，則巨海矣，而滄海之中，山望多矣，然卑
耳之川若贊溪者，亦不知所在也。昔在漢世，海水波襄，吞食地廣，
當同碣石，苞淪洪波也。）

——《水經注校證》卷 14《濡水》，第 344—349 頁。

大遼水西南至安市入于海

大遼水出塞外衛白平山，東南入塞，過遼東襄平縣西。又東南過
房縣西，（……《十三州志》曰：遼東屬國都尉治昌遼道有黃龍亭者
也。魏營州刺史治。《魏土地記》曰：黃龍城西南有白狼河，東北
流，附城東北下，即是也。又東北，濫真水出西北塞外，東南歷重
山，東南入白狼水。白狼水又東北出，東流分爲二水，右水疑即渝水
也。《地理志》曰：渝水首受白狼水，西南循山，逕一故城西，世以
爲河連城，疑是臨渝縣之故城，王莽曰馮德者矣。渝水南流東屈，與
一水會，世名之曰櫼倫水，蓋戎方之變名耳，疑即《地理志》所謂
侯水北入渝者也。《十三州志》曰：侯水南入渝。地理志蓋言自北而
南也。又西南流注于渝。渝水又東南逕一故城東，俗曰女羅城。又南
逕營丘城西，營丘在齊而名之於遼、燕之間者，蓋燕、齊遼迥，僑分
所在。其水東南入海。《地理志》曰：渝水自塞外南入海。一水東北
出塞爲白狼水，又東南流至房縣注于遼。《魏土地記》曰：白狼水下

入遼也。）又東過安市縣西，南入於海。（《十三州志》曰：大遼水自塞外，西南至安市入于海。）

——《水經注校證》卷14《大遼水》，第349—351頁。

溴水西至增地縣入海

溴水出樂浪鏤方縣，東南過臨溴縣，東入于海。（許慎云：溴水出鏤方，東入海。一曰出溴水縣。《十三州志》曰：溴水縣在樂浪東北，鏤方縣在郡東。蓋出其縣南逕鏤方也。昔燕人衛滿自溴水西至朝鮮。朝鮮，故箕子國也。箕子教民以義，田織信厚，約以八法，而下知禁，遂成禮俗。戰國時，滿乃王之，都王險城，地方數千里，至其孫右渠。漢武帝元封二年，遣樓船將軍楊僕、左將軍荀彘討右渠，破渠于溴水，遂滅之。若溴水東流，無渡溴之理，其地今高句麗之國治，余訪蕃使，言城在溴水之陽。其水西流逕故樂浪朝鮮縣，即樂浪郡治，漢武帝置，而西北流。故《地理志》曰：溴水西至增地縣入海。又漢興，以朝鮮爲遠，循遼東故塞至溴水爲界。考之今古，於事差謬，蓋經誤證也。）

——《水經注校證》卷14《溴水》，第351—352頁。

巨洋水東北過壽光縣西入于海

巨洋水出朱虛縣泰山，北過其縣西，（泰山，即東小泰山也。巨洋水，即《國語》所謂具水矣。袁宏謂之巨昧，王韶之以爲巨蔑，亦或曰胸瀰，皆一水也，而廣其目焉。其水北流逕朱虛縣故城西，漢惠帝二年，封齊悼惠王子劉章爲侯國。《地理風俗記》曰：丹山在西南，丹水所出，東入海。丹水由朱虛丘阜矣。故言朱虛城西有長坂遠峻，名爲破車峴。城東北二十里有丹山，世謂之凡山。縣在西南，非山也。丹、凡字相類，音從字變也。丹水有二源，各導一山，世謂之東丹、西丹水也。西丹水自凡山北流，逕劇縣故城東，東丹水注之。

水出方山，山有二水，一水即東丹水也。北逕縣合西丹水，而亂流又東北出，逕渏薄澗北。渏水亦出方山，流入平壽縣，積而爲渚，水盛則北注，東南流，屈而東北流，逕平壽縣故城西，而北入丹水，謂之魚合口。丹水又東北逕望海臺東，東北注海，蓋亦縣所氏者也。)

又北過臨朐縣東，又北過劇縣西，又東北過壽光縣西，又東北入于海。(巨洋水東北逕望海臺西，東北流。伏琛、晏謨竝以爲平望亭在平壽縣故城西北八十里古縣，又或言秦始皇升以望海，因曰望海臺，未詳也。按《史記》，漢武帝元朔二年，封菑川懿王子劉賞爲侯國。又東北注于海也。)

——《水經注校證》卷26《巨洋水》，第617—621頁。

淄水過利縣東入于海

淄水出泰山萊蕪縣原山，東北過臨淄縣東，又東過利縣東，(淄水自縣東北流，逕東安平城北，又東逕巨淀縣故城南，征和四年，漢武帝幸東萊，臨大海，三月耕巨淀。即此也。縣東南則巨淀湖，蓋以水受名也。淄水又東北逕廣饒縣故城南，漢武帝元鼎中，封菑川靖王子劉國爲侯國。淄水又東北，馬車瀆水注之，受巨淀，淀即濁水所注也。)又東北入于海。(淄水入馬車瀆，亂流東北逕琅槐故城南，又東北逕馬井城北，與時澠之水互受通稱，故邑流其號。又東北至皮丘坈，入于海。故晏謨、伏琛竝言：淄、澠之水合于皮丘坈西。《地理志》曰：馬車瀆至琅槐入于海。蓋舉縣言也。)

——《水經注校證》卷26《淄水》，第621—629頁。

濰水過都昌縣東入于海

濰水出琅邪箕縣濰山，(琅邪，山名也。越王句踐之故國也。句踐并吳，欲霸中國，徙都琅邪。秦始皇二十六年，滅齊以爲郡。城即秦皇之所築也。遂登琅邪大樂之山，作層臺于其上，謂之琅邪臺。臺在城東南十里，孤立特顯，出于眾山，上下周二十里餘，傍濱巨海。秦王樂之，因留三月，乃徙黔首三萬戶于琅邪山下，復十二年。所作臺基三層，層高三丈，上級平敞，方二百餘步，廣五里。刊石立碑，紀秦功德。臺上有神淵，淵至靈焉，人汙之則竭，齋潔則通。神廟在齊八祠中，漢武帝亦嘗登之。……）東北過東武縣西，又北過平昌縣東，又北過高密縣西，又北過淳于縣東，又東北過都昌縣東，（濰水東北逕逢萌墓，萌，縣人也，少有大節，恥給事縣亭，遂浮海至遼東，復還，在不其山隱學。明帝安車徵，萌以佯狂免。又北逕都昌縣故城東，漢高帝六年，封朱軫爲侯國。北海相孔融爲黃巾賊管亥所圍于都昌也，太史慈爲融求救劉備，持的突圍其處也。）又東北入于海。

——《水經注校證》卷 26《濰水》，第 630—633 頁。

膠水北至平度入溟海

膠水出黔陬縣膠山，北過其縣西，（《齊記》曰：膠水出五弩山。蓋膠山之殊名也。北逕祝茲縣故城東，漢武帝元鼎中，封膠東康王子延爲侯國。又逕扶縣故城西，《地理志》：琅邪之屬縣也。漢文帝元年，封呂平爲侯國。膠水又北逕黔陬故城西，袁山松《郡國志》曰：縣有介亭。《地理志》曰：故介國也。春秋僖公九年，介葛盧來朝，聞牛鳴，曰：是生三犧皆用之。問之果然。晏謨、伏琛竝云：縣有東、西二城，相去四十里，有膠水。非也，斯乃拒艾水也。水出縣西南拒艾山，即《齊記》所謂黔艾山也。東北流逕柜縣故城西，王莽之被同也。世謂之王城，又謂是水爲洋水矣。又東北流，晏、伏所謂黔陬城西四十里有膠水者也。又東入海。《地理志》：琅邪有柜縣，根艾水出焉，東入海。即斯水也。今膠水北流，逕西黔陬城東，晏、伏所謂高密郡側有黔陬縣。《地理志》曰：膠水出邞縣，王莽更之純德矣，疑即是縣，所未詳也。）

又北過夷安縣東，又北過當利縣西，北入于海。（縣，故王莽更名之爲東萊亭也。又北逕平度縣，漢武帝元朔二年，封菑川懿王子劉衍爲侯國，王莽更名之曰利盧也。縣有土山，膠水北歷土山注于海。海南，土山以北悉鹽坈，相承脩煮不輟。北眺巨海，杳冥無極，天際兩分，白黑方別，所謂溟海者也。故《地理志》曰：膠水北至平度入海也。）

——《水經注校證》卷 26《膠水》，第 633—634 頁。

吳王濞煮海鹽于武原/浙江與浦陽江同會歸海

沔水與江合流，又東過彭蠡澤，又東北出居巢縣南，又東過牛渚縣南，又東至石城縣，分爲二：其一東北流，其一又過毗陵縣北，爲北江。（《太康地道記》：吳有鹽官縣。樂資《九州志》曰：縣有秦延山。秦始皇逕此，美人死，葬于山上，山下有美人廟。谷水之右有馬臯城，故司鹽都尉城，吳王濞煮海爲鹽于此縣也。是以《漢書地理志》曰：縣有鹽官。東出五十里有武原鄉，故越地也。秦于其地置海鹽縣。《地理志》曰：縣，故武原鄉也。後縣淪爲柘湖，又徙治武原鄉，改曰武原縣，王莽名之展武。漢安帝時，武原之地又淪爲湖，今之當湖也，後乃移此。縣南有秦望山，秦始皇所登以望東海，故山得其名焉。谷水于縣出爲澉浦，以通鉅海。光熙元年，有毛民三人集于縣，蓋汎于風也。）

又東至會稽餘姚縣，東入于海。（謝靈運云：具區在餘暨。然則餘暨是餘姚之別名也。今餘暨之南，餘姚西北，浙江與浦陽江同會歸海，但水名已殊，非班固所謂南江也。郭景純曰：三江者，岷江、松江、浙江也。然浙江出南蠻中，不與岷江同，作者述志，多言江水至山陰爲浙江。今江南枝分，歷烏程縣，南通餘杭縣，則與浙江合，故闞駰《十三州志》曰：江水至會稽與浙江合。浙江自臨平湖南通浦陽江，又于餘暨東合浦陽江，自秦望分派，東至餘姚縣，又爲江也。東與車箱水合，水出車箱山，乘高瀑布，四十餘丈。雖有水旱而瀚無增減。江水又東逕黃橋下，臨江有漢蜀郡太守黃昌宅，橋本昌創建也。昌爲州書佐，妻遇賊相失，後會于蜀，復脩舊好。江水又東逕赭山南，虞翻嘗登此山四望，誡子孫可居江北，世有祿位，居江南則不昌也。然住江北者，相繼代興；時在江南者，輒多淪替。仲翔之言爲有徵矣。江水又經官倉，倉即日南太守虞國舊宅，號曰西虞，以其兄光居縣東故也。是地即其雙鴈送故處。江水又東逕餘姚縣故城南，縣城是吳將朱然所築，南臨江津，北背鉅海，夫子所謂滄海浩浩，萬里之淵也。縣西去會稽百四十里，因句餘山以名縣。山在餘姚之南，句章之北也。江水又東逕穴湖塘，湖水沃其一縣，竝爲良疇矣。江水又東注于海。是所謂三江者也。故子胥曰：吳、越之國，三江環之，民無所移矣。但東南地卑，萬流所湊，濤湖泛決，觸地成川，枝津交渠，世家分畎，故川舊瀆，難以取悉，雖纍依縣地，緝綜所纏，亦未必一得其實也。）

——《水經注校證》卷29《沔水》，第682—688頁。

始皇于朐縣立石海上以爲秦之東門

淮水出南陽平氏縣胎簪山，東北過桐柏山，東過江夏平春縣北，又東過新息縣南……又東過淮陰縣北，中瀆水出白馬湖，東北注之。

又東，兩小水流注之。又東至廣陵淮浦縣，入于海。（應劭曰：淮崖也。蓋臨側淮瀆，故受此名。淮水逕縣故城東，王莽更名之曰淮敬。淮水于縣枝分，北爲游水，歷朐縣與沭合，又逕朐山西，山側有朐縣故城，秦始皇三十五年，于朐縣立石海上，以爲秦之東門。崔琰《述初賦》曰：倚高艫以周眄兮，觀秦門之將將者也。東北海中有大洲，謂之郁洲。《山海經》所謂郁山在海中者也。言是山自蒼梧徙此云。山上猶有南方草木，今郁州治。故崔季珪之叙《述初賦》，言郁洲者，故蒼梧之山也。心悅而怪之，聞其上有僊士石室也，乃往觀焉。見一道人獨處，休休然不談不對，顧非已及也。即其賦所云：吾夕濟于郁洲者也。游水又北逕東海利成縣故城東，故利鄉也。漢武帝元朔四年，封城陽共王子嬰爲侯國，王莽更之曰流泉。游水又北歷羽

山西，《地理志》曰：羽山在祝其縣東南。《尚書》曰：堯疇咨四岳
得舜，進十六族，殛鯀于羽山，是為檮杌，與驩兜、三苗、共工同其
罪，故世謂之四凶。鯀既死，其神化為黃熊，入于羽淵，是為夏郊，
三代祀之。故《連山易》曰：有崇伯鯀，伏于羽山之野者是也。游
水又北逕祝其縣故城西，春秋經書，夏，公會齊侯于夾谷。《左傳》
定公十年，公及齊平，會于祝，其寔夾谷也。服虔曰：地二名。王莽
更之曰猶亭。縣之東有夾口浦。游水左逕琅邪計斤縣故城之西，《地
理志》曰：莒子始起于此。後徙莒，有鹽官，故世謂之南莒也。游
水又東北逕贛榆縣北，東側巨海，有秦始皇碑，在山上，去海百五十
步，潮水至，加其上三丈，去則三尺，所見東北傾石，長一丈八尺，
廣五尺，厚三尺八寸，一行十二字。游水又東北逕紀鄣故城南，春秋
昭公十九年，齊伐莒，莒子奔紀鄣，莒之婦人怒莒子之害其夫，老而
託紡焉，取其鑢而夜縋，縋絕鼓譟，城上人亦譟，莒共公懼，啟西門
而出，齊遂入紀。故紀子帛之國。《穀梁傳》曰：吾伯姬歸于紀者
也。杜預曰：紀鄣，地二名。東海贛榆縣東北有故紀城，即此城也。
游水東北入海，舊吳之燕岱，常泛巨海，憚其濤險，更沿溯是瀆，由
是出。《地理志》曰：游水自淮浦北入海。《爾雅》曰：淮別為滸。
游水亦枝稱者也。）

—— 《水經注校證》卷30《淮水》，第702—716頁。

船艦凝海直岸征伐林邑

　　溫水出牂柯夜郎縣，又東至鬱林廣鬱縣，為鬱水，又東至領方縣
東，與斤南水合。東北入于鬱。（……《晉書地道記》曰：朱吾縣屬
日南郡，去郡二百里。此縣民，漢時不堪二千石長吏調求，引屈都乾
為國。《林邑記》曰：屈都，夷也。朱吾浦內通無勞湖，無勞究水通
壽泠浦。元嘉元年，交州刺史阮彌之征林邑，陽邁出婚不在，奮威將
軍阮謙之領七千人，先襲區粟，已過四會，未入壽泠，三日三夜無頓
止處，凝海直岸，遇風大敗。陽邁攜婚，都部伍三百許船來相救援，

謙之遭風，餘數船艦，夜于壽泠浦裏相遇，闇中大戰，謙之手射陽邁
柂工，船敗縱橫，崑崙單舸，接得陽邁。謙之以風溺之餘，制勝理
難，自此還渡壽泠，至溫公浦。升平三年，溫放之征范佛于灣分界陰
陽圻，入新羅灣，至焉下，一名阿賁浦，入彭龍灣隱避風波，即林邑
之海渚。元嘉二十三年，交州刺史檀和之破區粟已，飛旐蓋海，將指
典沖，于彭龍灣上鬼塔，與林邑大戰，還渡典沖、林邑入浦，令軍大
進，持重故也。浦西，即林邑都也。治典沖，去海岸四十里，處荒流
之微表，國越裳之疆南，秦漢象郡之象林縣也。東濱滄海，西際徐
狼，南接扶南，北連九德。後去象林，林邑之號，建國起自漢末，初
平之亂，人懷異心，象林功曹姓區，有子名達，攻其縣殺令，自號爲
王。值世亂離，林邑遂立。後乃襲代，傳位子孫，三國鼎爭，未有所
附。吳有交土，與之鄰接，進侵壽泠，以爲疆界。自區達以後，國無
文史，失其纂代，世數難詳，宗胤滅絕，無復種裔。外孫范熊代立，
人情樂推。後熊死，子逸立。……）

　　　　　　　——《水經注校證》卷 36《溫水》，第 836—837 頁。

揚州范文隨賈人渡海自立爲林邑王

　　溫水出牂柯夜郎縣，又東至鬱林廣鬱縣，爲鬱水，又東至領方縣
東，與斤南水合。東北入于鬱。（……有范文，日南西捲縣夷帥范椎
奴也。文爲奴時，山澗牧羊，于澗水中得兩鯉魚，隱藏挾歸，規欲私
食。郎知檢求，文大慙懼，起託云：將礪石還，非爲魚也。郎至魚
所，見是兩石，信之而去，文始異之。石有鐵，文入山中，就石冶
鐵，鍛作兩刀，舉刀向䂺，因祝曰：鯉魚變化，冶石成刀，斫石䂺破
者是有神靈，文當得此，爲國君王。斫不入者，是刀無神靈。進斫石
䂺，如龍淵、干將之斬蘆藁，由是人情漸附。今斫石尚在，魚刀猶
存，傳國子孫，如斬蛇之劍也。椎嘗使文遠行商賈，北到上國，多所
聞見。以晉愍帝建興中，南至林邑，教王范逸制造城池，繕治戎甲，
經始廓略。王愛信之，使爲將帥，能得衆心。文讒王諸子，或徙或

奔，王乃獨立，成帝咸和六年死，無胤嗣。文迎王子于外國，海行取水，置毒椰子中，飲而殺之。遂脅國人，自立爲王。取前王妻妾置高樓上，有從己者，取而納之；不從己者，絕其飲食而死。江東舊事云：范文本揚州人，少被掠爲奴，賣墮交州，年十五六，遇罪當得杖，畏怖因逃，隨林邑賈人渡海遠去，沒入于王，大被幸愛。經十餘年，王死，文害王二子，詐殺侯將，自立爲王，威加諸國。)

——《水經注校證》卷36《溫水》，第837—838頁。

大浦潮水日夜長七八尺

温水出牂柯夜郎縣，又東至鬱林廣鬱縣，爲鬱水，又東至領方縣東，與斤南水合。東北入于鬱。(⋯⋯按竺枝扶南記曰：扶南去林邑四千里，水步道通。檀和之令軍入邑浦，據船官口城六里者也。自船官下注大浦之東湖，大水連行，潮上西流，潮水日夜長七八尺，從此以西，朔望并潮，一上七日，水長丈六七。七日之後，日夜分爲再潮，水長一二尺。春夏秋冬，屬然一限，高下定度，水無盈縮，是爲海運，亦曰象水也，又兼象浦之名。晉功臣表所謂金潾清逕，象渚澄源者也。其川浦渚，有水蟲彌微，攢木食船，數十日壞。源潭湛瀨，有鮮魚，色黑，身五丈，頭如馬首，伺人入水，便來爲害。⋯⋯)

——《水經注校證》卷36《溫水》，第840頁。

海中儋耳、朱崖與漢子孫馬流

温水出牂柯夜郎縣，又東至鬱林廣鬱縣，爲鬱水，又東至領方縣東，與斤南水合。東北入于鬱。(⋯⋯《山海經》曰：離耳國、雕題國，皆在鬱水南。《林邑記》曰：漢置九郡，儋耳與焉。民好徒跣，耳廣垂以爲飾，雖男女褻露，不以爲羞。暑褻薄日，自使人黑，積習成常，以黑爲美，離騷所謂玄國矣。然則儋耳即離耳也。王氏《交廣春秋》曰：朱崖、儋耳二郡，與交州俱開，皆漢武帝所置。大海中，南極之外，對合浦徐聞縣。清朗無風之日，逕望朱崖州，如困廩大，從徐聞對渡，北風舉帆，一日一夜而至。周迴二千餘里，徑度八百里，人民可十萬餘家，皆殊種異類，被髮雕身，而女多姣好，白晳、長髮、美鬢，犬羊相聚，不服德教。儋耳先廢，朱崖數叛，元帝以賈捐之議罷郡。楊氏《南裔異物志》曰：儋耳、朱崖，俱在海中，分爲東蕃。故《山海經》曰：在鬱水南也。鬱水又南自壽泠縣注于海。昔馬文淵積石爲塘，達于象浦，建金標爲南極之界。俞益期牋曰：馬文淵立兩銅柱于林邑岸北，有遺兵十餘家不反，居壽泠岸南而對銅柱。悉姓馬，自婚姻，今有二百户。交州以其流寓，號曰馬流。言語飲食，尚與華同。山川移易，銅柱今復在海中，正賴此民，以識故處也。《林邑記》曰：建武十九年，馬援樹兩銅柱于象林南界，與西屠國分，漢之南疆也。土人以之流寓，號曰馬流，世稱漢子孫也。《山海經》曰：鬱水出廣信，東入海。）

——《水經注校證》卷 36《溫水》，第 840—841 頁。

葉榆河復合爲三水東入海/海島人民鳥語

益州葉榆河，出其縣北界，屈從縣東北流，過不韋縣，東南出益州界，入牂柯郡西隨縣北爲西隨水，又東出進桑關，過交趾麊泠縣北，分爲五水，絡交趾郡中，至南界，復合爲三水，東入海。（《尚書大傳》曰：堯南撫交趾于禹貢荆州之南垂。幽荒之外，故越也。周禮，南八蠻，雕題、交趾，有不粒食者焉。《春秋》不見于傳，不通于華夏，在海島，人民鳥語。秦始皇開越嶺南，立蒼梧、南海、交趾、象郡。漢武帝元鼎二年，始并百越，啓七郡。于是乃置交趾刺史，以督領之，初治廣信，所以獨不稱州。時又建朔方，明已始開北垂。遂辟交趾于南，爲子孫基址也。……）

——《水經注校證》卷 37《葉榆河》，第 860 頁。

交趾田從潮水上下/安陽王下船逕出于海

又東出進桑關，過交趾麊泠縣北，分爲五水，絡交趾郡中，至南界，復合爲三水，東入海。（……《交州外域記》曰：交趾昔未有郡縣之時，土地有雒田，其田從潮水上下，民墾食其田，因名爲雒民，設雒王、雒侯，主諸郡縣。縣多爲雒將，雒將銅印青綬。後蜀王子將兵三萬來討雒王、雒侯，服諸雒將，蜀王子因稱爲安陽王。後南越王尉佗舉衆攻安陽王，安陽王有神人名皋通，下輔佐，爲安陽王治神弩一張，一發殺三百人，南越王知不可戰，却軍住武寧縣。按晉太康記，縣屬交趾。越遣太子名始，降服安陽王，稱臣事之。安陽王不知通神人，遇之無道，通便去，語王曰：能持此弩王天下，不能持此弩者亡天下。通去，安陽王有女名曰媚珠，見始端正，珠與始交通，始問珠，令取父弩視之，始見弩，便盜以鋸截弩訖，便逃歸報南越王。南越進兵攻之，安陽王發弩，弩折遂敗。安陽王下船逕出于海，今平道縣後王宮城見有故處。）

——《水經注校證》卷 37《葉榆河》，第 861 頁。

浪水分爲二南入于海

浪水出武陵鐔成縣北界沅水谷，南至鬱林潭中縣，與鄰水合，又東至蒼梧猛陵縣，爲鬱溪；又東至高要縣，爲大水。又東至南海番禺縣西，分爲二，其一南入于海；其一又東過縣東，南入于海。其餘水又東至龍川，爲涅水，屈北入員水。員水又東南一千五百里，入南海。

——《水經注校證》卷 37《浪水》，第 871 頁。

交州誠海島膏腴之地

其一又東過縣東，南入于海。（……至武帝元鼎五年，遣伏波將軍路博德等攻南越，王五世九十二歲而亡。以其地爲南海、蒼梧、鬱林、合浦、交趾、九真、日南也。建安中，吳遣步騭爲交州。騭到南海，見土地形勢，觀尉佗舊治處，負山帶海，博敞沕目，高則桑土，下則沃衍，林麓鳥獸，于何不有。海怪魚鼈，黿鼉鮮鰐，珍怪異物，千種萬類，不可勝記。佗因岡作臺，北面朝漢，圓基千步，直峭百丈，頂上三畤，復道迴環，逶迤曲折，朔望升拜，名曰朝臺。前後刺史郡守，遷除新至，未嘗不乘車升履，于焉逍遥。騭登高遠望，覩巨海之浩茫，觀原藪之殷阜，乃曰：斯誠海島膏腴之地，宜爲都邑。建安二十二年，遷州番禺，築立城郭，綏和百越，遂用寧集。）

—— 《水經注校證》卷 37《浪水》，第 873 頁。

鰕鬚長四赤／鯌魚長二丈

其一又東過縣東，南入于海。（……《廣州記》稱吳平，晉滕脩爲刺史，脩鄉人語脩，鰕鬚長一赤。脩責以爲虚。其人乃至東海，取鰕鬚長四赤，速送示脩，脩始服謝，厚爲遣。其一水南入者，鬱川分派，逕四會入海也。其一即川東別逕番禺城下，漢書所謂浮牂柯，下離津，同會番禺。蓋乘斯水而入于越也。浪水又東逕懷化縣入于海。水有鯌魚，裴淵《廣州記》曰：鯌魚長二丈，大數圍，皮皆鑢物，生子，子小隨母覷食，驚則還入母腹。吳録《地理志》曰：鯌魚子，朝索食，暮入母腹。《南越志》曰：暮從臍入，旦從口出，腹裏兩洞，腸貯水以養子，腸容二子，兩則四焉。）

—— 《水經注校證》卷 37《浪水》，第 874 頁。

溱水出桂陽南入于海

溱水出桂陽臨武縣南，繞城西北屈東流，東至曲江縣安聶邑東，屈西南流，過湞陽縣，出洭浦關，與桂水合，南入于海。

——《水經注校證》卷 38《溱水》，第 900 頁。

漸江水北過餘杭東入于海

漸江水出三天子都，北過餘杭，東入于海。

——《水經注校證》卷 40《漸江水》，第 935 頁。

防海大塘與海水上潮

漸江水……東入于海。（……《地理志》曰：會稽西部都尉治。《錢唐記》曰：防海大塘在縣東一里許，郡議曹華信家議立此塘，以防海水。始開募有能致一斛土者，即與錢一千。旬月之間，來者雲集，塘未成而不復取，于是載土石者，皆棄而去，塘以之成，故改名錢塘焉。縣南江側有明聖湖，父老傳言，湖有金牛，古見之，神化不測，湖取名焉。縣有武林山，武林水所出也。闞駰云：山出錢水，東入海。吳地記言，縣惟浙江，今無此水。縣東有定、包諸山，皆西臨浙江。水流于兩山之間，江川急濬，兼濤水晝夜再來，來應時刻，常以月晦及望尤大，至二月、八月最高，峨峨二丈有餘。《吳越春秋》以爲子胥、文種之神也。昔子胥亮于吳，而浮尸于江，吳人憐之，立祠于江上，名曰胥山。《吳錄》云：胥山在太湖邊，去江不百里，故曰江上。文種誠于越，而伏劍于山陰，越人哀之，葬于重山。文種既葬一年，子胥從海上負種俱去，游夫江海。故潮水之前揚波者，伍子胥；後重水者，大夫種。是以枚乘曰：濤無記焉，然海水上潮，江水逆流，似神而非，于是處焉。秦始皇三十七年，將遊會稽，至錢唐，臨浙江，所不能渡，故道餘杭之西津也。浙江北合詔息湖，湖本名阼湖，因秦始皇帝巡狩所憩，故有詔息之名也。）

——《水經注校證》卷40《漸江水》，第939—940頁。

海水西侵碣石山

碣石山在遼西臨渝縣南水中也，大禹鑿其石，夾右而納河。秦始皇、漢武帝皆嘗登之，海水西侵，歲月逾甚，而苞其山，故言水中矣。

——《水經注校證》卷40《禹貢山水澤地所在》，第951頁。

羽山在東海祝其縣南

中江在丹陽蕪湖縣西南，東至會稽陽羨縣入于海，震澤在吳縣南五十里，北江在毗陵北界，東入于海，嶧陽山在下邳縣之西，羽山在東海祝其縣南也。

——《水經注校證》卷40《禹貢山水澤地所在》，第956頁。

《庾子山集》

海水無波天星不動

臣某言：臣聞南陽雄飛，尚論秦霸；建章鵠下，猶明漢德。當今天不愛寶，地必呈祥，自應長樂觀符，文昌啓瑞。伏惟皇帝陛下，欽明文思，惟以劬勞成務。曆象日月，允釐百工。海水無波，天星不動。去四月十三日，獲隴右符府參軍李暉牒稱：户屬秦川清水郡伯陽縣文谷林在家庭獲一赤雀，光同朱鳳，色類丹烏。降火飛精，似入公車之府；流金成製，若上凌雲之臺。謹按赤雀銜書，止於酆户，周之受命，興乎此祥。即事所觀，同符合契。實可圖形瑞譜，書頌儒林，事足成臺，名堪紀號。豈直雲中太守，見赤心之奉主；蓬萊童子，知白環之報恩。臣等預觀休徵，情迫恒慶，不任鳧藻之至。

——《庾子山集注》卷 7《表·齊王進赤雀表》，第 531—532 頁。

海神逐潮風而來往

昔仙人導引，尚刻三秋；神女將梳，疑作疏。猶期九日。未有龍飛劍匣，鶴別琴臺，莫不銜怨而心悲，聞猿而下淚。人非新市，何處尋家？別異邯鄲，那應知路？想鏡中看影，當不含啼；欄外將花，居然俱笑。分杯帳裏，却扇牀前，故是不思，何時能憶！當學海神，逐潮風而來往；勿如織女，待填河而相見。

——《庾子山集注》卷8《書·爲梁上黃侯世子與婦書》，第589頁。

海水羣飛天星亂動

自永安以來，魏室大壞。海水羣飛，天星亂動。禮樂征伐，不出於人主；舉賢誅暴，議在於强臣。高丞相驅率風雲，奄荒齊、晉，我舅氏文皇帝，駕馭龍虎，據有周秦，南北渝盟，東南敵怨。既而各受圖書，並當珪璧。百姓則父南子北，兄東弟西，事主則憂親，求生則慮禍。大周親戚，徧鍾荼炭，輪之城旦，下之織室。關河嚴隔，三十餘年。

——《庾子山集注》卷11《傳·周使持節大將軍廣化郡開
國公丘乃敦崇傳》，第663—664頁。

海淺蓬萊

況復魚飛武庫，預有棄甲之徵；鳥伏翟泉，先見橫流之兆。星紀吳亡，庚辰楚滅。紀侯大去，邺子無歸。原隰載馳，轅轅長別。甲裳失矣，餘皇棄焉。河傾酸棗，杞梓與樗櫟俱流；海淺蓬萊，魚鱉與蛟龍共盡。焚香複道，詎斂遊魂？載酒屬車，寧消愁氣？芝蘭蕭艾之秋，形殊而共瘁；羽毛鱗介之怨，聲異而俱哀。所謂天乎？乃曰蒼蒼之氣；所謂地乎？其實摶摶之土。怨之徒也，何能感焉！凋殘殺翮，無所假於風飆；零落春枯，不足煩於霜露。幕府初開，賢俊翹首，爲羈終歲，門人謝焉。

——《庾子山集注》卷12《銘·思舊銘》，第686頁。

《建康實錄》

南海三太守雄據一州

交趾太守、龍編侯士燮字威彥，蒼梧廣信人也。少好學，漢察孝廉，補尚書郎，以公事免。尋舉茂才，除巫令，累遷交趾太守。漢末，交州刺史朱符爲夷賊所殺，州郡擾亂。燮乃表弟司徒掾壹領合浦太守，次弟徐聞令䵻領九真太守，䵻弟武領南海太守。兄弟並在列郡，雄據一州，偏在萬里，威尊無上。出入鳴鐘磬，備鼓吹，車騎滿道，胡人夾轂焚香者常有數十人。妻妾乘輜軿，子弟從兵騎，當時貴重，震服百蠻。

——《建康實錄》卷1《太祖上》，第26頁。

吳得海中夷洲數千人

黃龍二年二月，使將軍衛溫、諸葛直下海求亶、夷二洲，得夷洲數千人而還。（案，二洲皆在海中。《長老傳》云：秦皇遣方士徐福將童男女數千人入海，求蓬萊神山及仙藥，遂遇風，皆止此洲不還，世世相承，有數萬家。時有會稽東鄉人行海遇風至夷洲，其亶洲絕遠不可得到，故溫只得夷洲人還也。）

——《建康實錄》卷2《太祖下》，第39頁。

浮海接應遼東使者

嘉禾元年冬十月，魏遼東太守公孫淵叛魏，使校尉宿舒、閬中令孫綜來，奉表稱藩請援，並獻方物。帝進公卿議，輔吳將軍張昭及丞相顧雍等率大臣切諫淵反覆難信，兼嶮路遥遠，願勿納之。帝不信，遣太常張彌、執金吾許晏、將軍周賀賀達、校尉裴潛將兵一萬，浮海應接，并齎珍寶九錫備物，封淵爲燕王，領幽青二州十七郡諸軍事。

——《建康實録》卷2《太祖下》，第40頁。

鱠魚最上者海鯔

（赤烏十年），帝初好道術，有事仙者葛玄，嘗與遊處，或止石頭四望山所，或遊於列洲。時忽遇風，玄船傾溺，帝悲怨久之。俄見玄曳履從江上行來，衣不濡而有酒色。玄性好酒，嘗飲醉卧門前陂水中竟日，醒乃止，帝重之，爲方山立洞玄觀，後玄白日昇天。今方山猶有玄煮藥鐺及藥臼在。（案，輿地志：赤烏二年，爲玄於方山立觀。又吳録云：有術人姚光，自言火仙，帝焚之，火滅，光坐灰中，手持一卷，帝看之，不識。初，在武昌日，徵方士會稽介象者，帝爲立第，給御帳，號爲介君。帝每從學匿形法，前後所言皆驗。帝曾問象：「鱠魚何者爲上？」象曰：「鯔。」帝曰：「海中魚不可卒得，且言近者。」象曰：「易得。」因埆地灌水其中，釣之，得鯔，以爲鱠。仍請使往蜀市薑爲齏，初作鱠而去，欲了而還。使者於蜀見張溫，溫附家書而歸。）

——《建康實録》卷2《太祖下》，第54—55頁。

臨海羅陽神自稱王表/海溢平地水一丈

（赤烏十四年）十二月，有神人授書，告改年、立后。帝大赦，改明年爲太元元年。臨海羅陽縣又有神，自稱王表，周旋人間，言語飲食，與人無異，而不見其形。有一婢，名紡績，常隨侍。帝聞之，使中書郎李崇齎輔國將軍羅陽王印綬往迎之。神至建業，勅於蒼龍門外立第宅，所經山川之神，輒使與神相聞，言吉凶水旱，往往有驗。帝之納邪拒諫近之矣。五月，立皇后潘氏。八月朔，大風，江海溢，平地水一丈。右將軍吕據取大船以備宮内，帝聞之喜。是月，風拔高樹三千餘株，石碑磋動，吳城兩門瓦飛落。華覈以爲役繁賦重，區務不容之効也。因條奏之，帝曾不省。

——《建康實錄》卷 2《太祖下》，第 60 頁。

海賊破海鹽

永安七年秋七月，海賊破海鹽，殺司鹽校尉駱秀，使中書郎劉川發廬江兵討之。復分交州置廣州。

——《建康實錄》卷 3《景皇帝》，第 84—85 頁。

太守斷海路爲部曲所殺

鳳凰三年春，臨海太守奚熙以疑舉兵，斷海路，爲其部曲所殺，傳首建業，夷三族。

——《建康實錄》卷 4《後主》，第 103 頁。

吳自東道緣海向廣州

天紀三年秋七月，以張悌爲丞相、領軍師將軍，率牛渚督何禎、滕脩等總戎，自東道緣海向廣州，以脩爲鎮南將軍、假節、領廣州牧，又使徐陵督陶濬等將兵七千會陶璜，自西道向廣州，東西俱進，共討郭馬。（案，《吳志》：馬本合浦太守脩允部曲督，允死後，部曲兵馬當分給。馬等累世舊軍，不樂別離，遂與何興、王族、吳述、殷興等謀反，以據廣州，興攻蒼梧，族破始興也。)

—— 《建康實録》卷 4《後主》，第 107—108 頁。

蒙艨小艦泝流而外不見人

王鎮惡，北海劇人……年未弱冠，以苻氏亂，流寓客居荆州，意略縱橫而無弓馬。性果決能斷，劉裕征廣固，或薦之，召爲青州從事，隨破盧循、劉毅，累以功封漢壽子。將從北征，臨出謂劉穆之曰：“不定咸陽，誓不濟江而還也。”入賊力戰，無不尅捷。揔壯軍泝渭，所乘皆蒙艨小艦，行船者皆在艦内，見艦泝流而進，艦外不見人。北土素不解舟，皆驚愕爲神。既至，食畢，棄船登岸，誓衆而進，士卒爭先，遂定長安。

—— 《建康實録》卷 10《安皇帝》，第 347 頁。

海師向海北垂長索校正航向

朱脩之字恭祖，義陽平氏人。父諶，益州刺史。脩之自州主簿累遷中郎將，隨到彦之征魏虜，守滑臺，爲虜所圍，累月糧盡，外援不至，遂陷没。初母聞脩之被圍，常悲憂，忽一旦乳汁驚出，母號慟告家人曰：“我年老，非復有乳，今如此，兒必没矣。”後聞至，脩之果是此日城陷。拓跋敬嘉其守節，以爲侍中。後鮮卑馮弘稱燕王於黃龍，拓拔燾伐之。人遂説弘，令脩之歸求救，乃發使，遂泛海，未至東萊，遇猛風船失柂，海師慮，向海北垂長索，船乃正。海師仰望見飛鳥，知去岸近，尋至東萊郡。

—— 《建康實録》卷 14《列傳·朱脩之》，第 530 頁。

君長東隅嗜蛤蜊

王融字元長，瑯琊人，祖僧達。……融躁于名位，自恃人地，三十內望爲公輔。嘗詣王僧祐，遇沈昭略，素未相識，昭略顧盼謂主人曰：“是何年少？”融殊不平，謂曰：“余出于扶桑，入于濛谷，照耀天下，何人不知，而卿有此問？”昭略曰：“不知許事，且食蛤蜊。”融曰：“方以類聚，物以羣分，君長東隅，居然應嗜此族。”其高自標置如此。

——《建康實録》卷 16《列傳·王融》，第 636—637 頁。

扶南大船長八九丈

扶南國在日南郡之南大海西灣中，廣三千餘里，有江向西流入海。先有女人爲王，名柳葉，爲激國人混瑱所破，降爲妻，而遂治其國，子孫相傳。晉末始通職貢。其後王姓憍陳如，名闍耶跋摩。晉惠帝永明二年，闍耶始因天竺道人那伽仙而遣使于中國，奉表獻金縷龍王座像一軀，白檀像一軀，牙像一軀，牙塔二軀，古貝二雙，瑠璃蘇鈜一口，瑇瑁櫛一枚。詔同紫絳、地黃、碧緑綾各百匹。

扶南人黠惠智巧，居重閣，以木柵爲城。出大蒻葉，長八九尺，編此葉以蓋作屋。人民亦爲閣居。或爲大船，長八九丈，廣六七尺，頭尾似魚。國王行，乘象，婦人亦然。好鬬雞狗爲戲。無牢獄，有爭訟者，以金指鐶投沸湯中，令交取之。土出芭蕉、甘蔗、石榴、檳榔等果。

——《建康實録》卷 16《魏虜·扶南國》，第 651 頁。

蕭梁軍中甲士與馬船比例

永元二年冬，蕭懿被害信至，高祖密召長史王茂、中兵吕僧珍、別駕柳慶遠、功曹史吉士瞻等謀之。以十一月乙巳召僚佐集之廳事，謂曰：“武王會孟津，皆曰紂可伐。今昏虐暴主，誅戮朝賢，生民塗炭，卿等同心嫉惡，共興義舉，良在茲日。”是日建牙於軍門，收拾甲士三萬餘人，馬一千匹，船三百艘。高祖謂張弘策曰：“夫用兵之

道，心戰爲上，兵戰次之。"乃使行人封空函以疑劉山陽，而定荆
土，引荆州軍下沔南，立新野郡，以集新附。

　　——《建康實録》卷17《高祖武皇帝》，第667頁。

《金樓子》

江河濟潁漢分流而同注於東海

江出岷山，河出崑崙，濟出王屋，潁出少室，漢出嶓冢，分流，同注於東海。出則異，所歸者同也。

——《金樓子校箋》卷4《立言篇第九下》，第905頁。

東海之魚有海燕焉

夫餘國有美珠，大如酸棗。海中得一布褐，兩袖長三丈。天下之大物，有北海之蟹，舉其螯能加山焉。有東海之魚焉，有海燕焉，一日逢魚頭，七日遇魚尾；魚產，三百里海水如血。

——《金樓子校箋》卷5《志怪篇第十二》，第1146—1148頁。

東海亶洲及扶桑樹

女國有橫池水，婦人入浴，出則孕。若生男子，三年即死。祖洲之上，有不死草，似菰苗。人已死，此草覆之即活。秦始皇時，大苑中多枉死者，有鳥如烏狀，銜此草墜地，以之覆死人，即起坐。始皇遣問北郭鬼谷先生，云：“東海亶洲上不死之草，生瓊田中。”秦始皇聞鬼谷先生言，因遣徐福入海，求金菜玉蔬，并一寸葚。秦王遣徐福求桑椹於碧海之中。海中止有扶桑樹，長數千丈。樹兩根同生，更相依倚，是名扶桑。仙人食其椹，而體作金光，飛騰玄宮也。

  ——《金樓子校箋》卷5《志怪篇第十二》，第1153—1157頁。

巨龜海鴨與鯨鯢

  巨龜在沙嶼間，背上生樹木，如洲島。嘗有商人，依其採薪，及作食，龜被灼熱，便還海。於是死者數十人。海鴨大如鵝，班白文，亦名文鳥。水鵠大而無尾，和鳴如鵠，聲在水底。鯨鯢，一名海鰌，穴居海底。鯨入穴則水溢爲潮來，鯨出穴則水入爲潮退。鯨鯢既出入有節，故潮水有期。

  ——《金樓子校箋》卷5《志怪篇第十二》，第1173—1175頁。

東海牛魚知潮水

  東海有牛魚，形如牛，剥其皮貫之，潮水至則毛起，潮水去則毛弭。

  ——《金樓子校箋》卷5《志怪篇第十二》，第1194頁。

《古今注》

指南车緣扶南林邑海際行

大駕指南車，起于黃帝，帝與蚩尤戰於涿漉之野，蚩尤作大霧，士皆迷四方，於是作指南車，以示四方，遂擒蚩尤而即帝位，故後常建焉。舊說周公所作也。周公治致太平，越裳氏重譯來獻白雉一，黑雉一，象牙一。使者迷其歸路。周公錫以文錦二匹，軿車五乘，皆為司南之制。越裳氏載之以南，緣扶南、林邑海際，期年而至其國。使大夫宴將送至國而還，亦乘司南而背其所指，亦期年而還至。始制車，轄轊皆以鐵，及還至，鐵亦銷盡。以屬巾車氏收而載之，常為先導，示服遠人而正四方也。車法具在《尚方故事》。漢末喪亂，其法中絕。馬先生紹而作焉，今指南車是其遺法也。馬鈞，曹魏時人。

——《古今注》卷上《輿服第一·大駕指南車》，第 231 頁。

海神來朝之軍容禮

軍容襪額。昔禹王集諸侯於塗山之夕，忽大風雷震，雲中甲馬及九十一千餘人，中有服金甲及鐵甲，不被甲者，以紅絹襪其首額，禹王問之，對曰："此襪額。"蓋武士之首服，皆佩刀以爲衛從，乃是海神來朝也。一云風伯、雨師。自此爲用。後至秦始皇巡狩至海濱，亦有海神來朝，皆戴襪額緋衫大口褲，以爲軍容禮，至今不易其制。

《海重潤》頌天子之德

《日重光》、《月重輪》，群臣為漢明帝作也。明帝為太子，樂人作歌詩四章，以贊太子之德：一曰《日重光》，二曰《月重輪》，三曰《星重輝》，四曰《海重潤》。漢末喪亂，後二章亡。舊說云天子之德光明如日，規輪如月，眾輝如星，沾潤如海，太子皆比德，故云重也。

—— 《古今注》卷中《音樂第三·日重光》，第 239 頁。

鳧食海蛤不消成爲藥

鳧雁在江邊沙上食砂石，悉皆消爛，唯食海蛤不消，隨其糞出，用以爲藥，倍勝餘者。

—— 《古今注》卷中《鳥獸第四·鳧雁》，第 240 頁。

蟛蜞小蟹生海邊泥中

蟛蜞，小蟹也，生海邊泥中，食土。一名長卿，其一有螯偏大者，名爲擁劍，一名執火。其螯赤，故謂之執火雲。

—— 《古今注》卷中《魚蟲第五·蟛蜞》，第 241 頁。

海中青蝦化爲紺蝶

紺蝶，一名蜻蛉，似蜻蛉而色玄紺。江東人呼爲紺幡，亦曰童幡，亦曰天雞。好以七月羣飛暗天，海邊夷貊食之，謂海中青蝦化爲之也。

—— 《古今注》卷中《魚蟲第五·紺蝶》，第 242 頁。

鯨魚至海岸邊生子/眼爲明月珠

鯨魚，海魚也。大者長千里，小者數十丈。一生數萬子，常以五月六月就岸邊生子。至七八月，導從其子還大海中。鼓浪成雷，噴沫成雨，水族驚畏，皆逃匿莫敢當者。其雌曰鯢，大者亦長千里，眼爲明月珠。

——《古今注》卷中《魚蟲第五·鯨魚》，第 242—243 頁。

海鳥爰居大如馬駒

鷄鷗。《國語》云："海鳥曰爰居。"漢元帝有大鳥如馬駒，時人謂之"爰居"，出即凶也。

——《中華古今注》卷下《鷄鷗》，第 135 頁。

《抱樸子內篇》

海中大島嶼可合金液九丹藥

抱朴子曰：合此金液九丹，既當用錢，又宜入名山，絶人事，故能爲之者少，且亦千萬人中，時當有一人得其經者。故凡作道書者，略無説金丹者也。第一禁，勿令俗人之不信道者，謗訕評毀之，必不成也。鄭君言所以爾者，合此大藥皆當祭，祭則太乙元君老君玄女皆來鑒省。作藥者若不絶跡幽僻之地，令俗閒愚人得經過聞見之，則諸神便責作藥者之不遵承經戒，致令惡人有謗毀之言，則不復佑助人，而邪氣得進，藥不成也。……又按仙經，可以精思合作仙藥者，有華山、泰山、霍山、恒山、嵩山、少室山、長山、太白山、終南山、女几山、地肺山、王屋山、抱犢山、安丘山、潛山、青城山、娥眉山、綏山、雲臺山、羅浮山、陽駕山、黃金山、鼈祖山、大小天台山、四望山、蓋竹山、括蒼山，此皆是正神在其山中，其中或有地仙之人。上皆生芝草，可以避大兵大難，不但於中以合藥也。若有道者登之，則此山神必助之爲福，藥必成。若不得登此諸山者，海中大島嶼，亦可合藥。若會稽之東翁洲、亶洲、紵嶼，及徐州之莘莒洲、泰光洲、鬱洲，皆其次也。今中國名山不可得至，江東名山之可得住者，有霍山，在晉安；長山太白，在東陽；四望山、大小天台山、蓋竹山、括蒼山，並在會稽。

——《抱朴子內篇校釋》卷 4《金丹》，第 85 頁。

四海廣狹、濤潮往來與石申《海中》

或曰："果其仙道可求得者，五經何以不載，周孔何以不言，聖人何以不度世，上智何以不長存？若周孔不知，則不可爲聖。若知而不學，則是無仙道也。"抱朴子答曰："人生星宿，各有所值，既詳之於別篇矣。子可謂戴盆以仰望，不睹七曜之炳粲；暫引領於大川，不知重淵之奇怪也。夫五經所不載者無限矣，周孔所不言者不少矣。特爲吾子略説其萬一焉。雖大笑不可止，局情難卒開，且令子聞其較略焉。夫天地爲物之大者也。九聖共成易經，足以彌綸陰陽，不可復加也。今問善易者，周天之度數，四海之廣狹，宇宙之相去，凡爲幾里？上何所極，下何所據，及其轉動，誰所推引，日月遲疾，九道所乘，昏明脩短，七星迭正，五緯盈縮，冠珥薄蝕，四七淩犯，彗孛所出，氣矢之異，景老之祥，辰極不動，鎮星獨東，羲和外景而熱，望舒內鑒而寒，天漢仰見爲潤下之性，濤潮往來有大小之變，五音六屬，占喜怒之情，雲動氣起，含吉凶之候，欃、槍、尤、矢，旬始絳繹，四鎮五殘，天狗歸邪，或以示成，或以正敗，明易之生，不能論此也。以次問春秋四部詩書三禮之家，皆復無以對矣。皆曰悉正經所不載，唯有巫咸甘公石申《海中》郄萌《七曜》記之悉矣。余將問之曰，此六家之書，是爲經典之教乎？彼將曰非也。余又將問曰：甘石之徒，是爲聖人乎？彼亦曰非也。然則人生而戴天，詣老履地，而求之於五經之上則無之，索之於周孔之書則不得，今寧可盡以爲虛妄乎？天地至大，舉目所見，猶不能了，況於玄之又玄，妙之極妙者乎？"

——《抱朴子內篇校釋》卷 8《金丹》，第 154 頁。

石芝生於海隅名山及島嶼之涯

五芝者，有石芝，有木芝，有草芝，有肉芝，有菌芝，各有百許種也。

石芝者，石象芝生於海隅名山，及島嶼之涯有積石者，其狀如肉象有頭尾四足者，良似生物也，附於大石，喜在高岫險峻之地，或却著仰綴也。赤者如珊瑚，白者如截肪，黑者如澤漆，青者如翠羽，黃者如紫金，而皆光明洞徹如堅冰也。晦夜去之三百步，便望見其光矣。大者十餘斤，小者三四斤，非久齋至精，及佩老子入山靈寶五符，亦不能得見此輩也。凡見諸芝，且先以開山却害符置其上，則不得復隱蔽化去矣。

——《抱朴子內篇校釋》卷 11《仙藥》，第 154 頁。

安期先生賣藥於瑯琊海邊

或人問曰：“彭祖八百，安期三千，斯壽之過人矣，若果有不死之道，彼何不遂仙乎？豈非稟命受氣，自有脩短，而彼偶得其多，理不可延，故不免於彫隕哉？”抱朴子答曰：“按彭祖經云，其自帝嚳佐堯，歷夏至殷爲大夫，殷王遣綵女從受房中之術，行之有効，欲殺彭祖，以絕其道，彭祖覺焉而逃去。去時年七八百餘，非爲死也。黃石公記云：彭祖去後七十餘年，門人於流沙之西見之，非死明矣。又彭祖之弟子，青衣烏公、黑穴公、秀眉公、白兔公子、離婁公、太足君、高丘子、不肯來七八人，皆歷數百歲，在殷而各仙去，況彭祖何肯死哉？又劉向所記列仙傳亦言彭祖是仙人也。又安期先生者，賣藥於海邊，瑯琊人傳世見之，計已千年。秦始皇請與語，三日三夜。其言高，其旨遠，博而有證，始皇異之，乃賜之金璧，可直數千萬，安期受而置之於阜鄉亭，以赤玉舄一量爲報，留書曰，復數千載，求我於蓬萊山。如此，是爲見始皇時已千歲矣，非爲死也。又始皇剛暴而驁很，最是天下之不應信神仙者。又不中以不然之言答對之者也。至於問安期以長生之事，安期答之允當，始皇惺悟，信世閒之必有仙道，既厚惠遺，又甘心欲學不死之事，但自無明師也，而爲盧敖徐福輩所欺弄，故不能得耳。向使安期先生言無符據，三日三夜之中，足以窮屈，則始皇必將烹煮屠戮，不免鼎俎之禍，其厚惠安可得乎？"

—— 《抱朴子內篇校釋》卷 13《極言》，第 242—243 頁。

佩東海小童符蓬萊札渡海辟蛟龍

或問涉江渡海辟蛟龍之道。抱朴子曰："道士不得已而當游涉大川者，皆先當於水次，破雞子一枚，以少許粉雜香末，合攪器水中，以自洗濯，則不畏風波蛟龍也。又佩東海小童符、及制水符、蓬萊札，皆却水中之百害也。又有六甲三金符、五木禁。又法，臨川先祝曰：卷蓬卷蓬，河伯導前辟蛟龍，萬災消滅天清明。又金簡記云，以五月丙午日日中，擣五石，下其銅。五石者，雄黃、丹砂、雌黃、礬石、曾青也。皆粉之，以金華池浴之，內六一神爐中鼓下之，以桂木燒爲之，銅成以剛炭鍊之，令童男童女進火，取牡銅以爲雄劍，取牝銅以爲雌劍，各長五寸五分，取土之數，以厭水精也。帶之以水行，則蛟龍巨魚水神不敢近人也。欲知銅之牝牡，當令童男童女俱以水灌銅，灌銅當以在火中向赤時也，則銅自分爲兩段，有凸起者牡銅也，有凹陷者牝銅也，各刻名識之。欲入水，以雄者帶左，以雌者帶右。但乘船不身涉水者，其陽日帶雄，陰日帶雌。又天文大字，有北帝書，寫帛而帶之，亦辟風波蛟龍水蟲也。"

—— 《抱朴子內篇校釋》卷 17《登涉》，第 307—308 頁。

持《三皇內文》可涉江海却蛟龍止風波

或問："仙藥之大者，莫先於金丹，既聞命矣，敢問符書之屬，不審最神乎？"抱朴子曰："余聞鄭君言，道書之重者，莫過於《三皇內文》《五岳真形圖也》。古者仙官至人，尊祕此道，非有仙名者，不可授也。……道士欲求長生，持此書入山，辟虎狼山精，五毒百邪，皆不敢近人。可以涉江海，却蛟龍，止風波。得其法，可以變化起工……又有十八字以著衣中，遠涉江海，終無風波之慮也。又家有五嶽真形圖，能辟兵凶逆，人欲害之者，皆還反受其殃。道士時有得之者，若不能行仁義慈心，而不精不正，即禍至滅家，不可輕也。

——《抱朴子內篇校釋》卷 19《遐覽》，第 336—337 頁。

海中蛤蜊螺蚌未加煮炙不能噉

又海中有蛤蜊螺蚌之類，未加煮炙，凡人所不能噉，況君子與若士乎？

——《抱朴子內篇校釋》附錄一《抱朴子內篇佚文》，第 359 頁。

《南方草木狀》

耶悉茗花與末利花移植於南海

耶悉茗花、末利花，皆胡人自西國移植於南海。南人憐其芳香，競植之。陸賈《南越行紀》曰：南越之境，五穀無味，百花不香。此二花特芳香者，緣自胡國移至，不隨水土而變，與夫橘北為枳異矣。彼之女子，以彩絲穿花心，以為首飾。

——《南方草木狀》卷上《草類》，第 255 頁。

南海出媚草

鶴草，蔓生，其花曲塵色，淺紫蒂，葉如柳而短。當夏開花，形如飛鶴，觜翅尾足，無所不備。出南海。云是媚草，上有蟲，老蛻為蝶，赤黃色。女子藏之，謂之媚蝶，能致其夫憐愛。

——《南方草木狀》卷上《草類》，第 256 頁。

海中人食甘藷壽百餘歲

甘藷，蓋薯蕷之類，或曰芋之類。根葉亦如芋，實如拳，有大如甌者。皮紫而肉白，蒸鬻食之，味如薯蕷。性不甚冷。舊珠崖之地，海中之人皆不業耕稼，惟掘地種甘藷，秋熟收之，蒸曬切如米粒，倉圓貯之，以充糧糗，是名藷糧。北方人至者，或盛具牛豕膾炙，而末以甘藷薦之，若粳粟然。大抵南人二毛者，百無一二。惟海中之人壽百餘歲者，由不食五穀，而食甘藷故爾。

——《南方草木狀》卷上《草類》，第 256 頁。

南海留求子

留求子，形如梔子，棱瓣深而兩頭尖，似訶梨勒而輕。及半黃，已熟，中有肉，白色，甘如棗，核大，治嬰孺之疾。南海、交趾俱有之。

——《南方草木狀》卷上《草類》，第 256 頁。

南海以草麴合美酒

草麴，南海多美酒，不用麴蘖，但杵米粉，雜以眾草葉，冶葛汁滫溲之。大如卵，置蓬蒿中，蔭蔽之，經月而成。用此合糯為酒，故劇飲之，既醒，猶頭熱涔涔，以其有毒草故也。南人有女，數歲，即大釀酒。既漉，候冬陂池竭時，實酒罌中，密固其上。瘞陂中，至春，瀦水滿，亦不復發矣。女將嫁，乃發陂取酒，以供賀客，謂之女酒。其味絕美。

——《南方草木狀》卷上《草類》，第 257 頁。

瀕海肥馬草

芒茅枯時，瘴疫大作，交廣皆爾也。土人呼曰黃茅瘴，又曰黃芒瘴。南方冬無積槁，瀕海郡邑多馬。有草葉類梧桐而厚，取以秣馬，謂之肥馬草。馬頗嗜而食，果肥壯矣。

——《南方草木狀》卷上《草類》，第 257 頁。

乞力伽藥瀕海所產

藥有乞力伽,術也。瀕海所產。一根有至數斤者。劉涓子取以作煎,令可丸,餌之長生。

——《南方草木狀》卷上《草類》,第 257 頁。

南海人食綽菜

綽菜,夏生於池沼間。葉類茨菰,根如藕條。南海人食之,云令人思睡,呼為瞑菜。

——《南方草木狀》卷上《草類》,第 258 頁。

蕙草出南海

蕙草,一名薰草。葉如麻,兩兩相對,氣如蘼蕪,可以止癘。出南海。

——《南方草木狀》卷上《草類》,第 259 頁。

薰陸香出海邊大樹

薰陸香,出大秦。在海邊,有大樹,枝葉正如古松。生於沙中,盛夏,樹膠流出沙上,方採之。

——《南方草木狀》卷中《木類》,第 260 頁。

水松出南海

水松,葉如檜而細長,出南海。土產眾香,而此木不大香,故彼人無佩服者,嶺北人極愛之,然其香殊勝在南方時。植物,無情者也，不香於彼而香於此，豈屈於不知己而伸於知己者歟？物理之難窮如此。

——《南方草木狀》卷中《木類》，第 261—262 頁。

榼藤生南海

榼藤，依樹蔓生，如通草藤也。其子紫黑色，一名象豆，三年方熟。其殼貯藥，歷年不壞。生南海。解諸藥毒。

——《南方草木狀》卷中《木類》，第 262 頁。

海棗樹

海棗樹，身無閑枝，直聳三四十丈，樹頂四面共生十餘枝，葉如栟櫚。五年一實，實甚大，如杯碗。核兩頭不尖，雙卷而圓。其味極甘美。安邑禦棗，無以加也。泰康五年，林邑獻百枚。昔李少君謂漢武帝曰：臣嘗遊海上，見安期生食臣棗，大如瓜，非誕說也。

——《南方草木狀》卷下《果類》，第 265—266 頁。

五斂子出南海

五斂子，大如木瓜。黃色，皮肉脆軟，味極酸。上有五棱，如刻出。南人呼棱為斂，故以為名。以蜜漬之，甘酢而美。出南海。

——《南方草木狀》卷下《果類》，第 266 頁。

海梧子

海梧子，樹似梧桐，色白，葉似青桐，有子如大栗，肥甘可食。出林邑。

——《南方草木狀》卷下《果類》，第 266 頁。

海松子

海松子，樹與中國松同，但結實絕大，形如小栗，三角，肥甘香美，亦樽俎間佳果也。出林邑。

——《南方草木狀》卷下《果類》，第 266 頁。

南海有越王竹

越王竹，根生石上，若細荻，高尺餘，南海有之。南人愛其青色，用為酒籌，云越王棄餘筭而生竹。

——《南方草木狀》卷下《竹類》，第 267 頁。

《高僧傳》

佛馱跋陀羅自起收纜一舶獨發

佛馱跋陀羅，此云覺賢，本姓釋氏，迦維羅衛人，甘露飯王之苗裔也。祖父達摩提婆，此云法天，嘗商旅於北天竺，因而居焉……少以禪律馳名，常與同學僧伽達多，共遊罽賓，同處積載，達多雖伏其才明，而未測其人也。……會有秦沙門智嚴西至罽賓，覩法衆清勝，乃慨然東顧曰：“我諸同輩，斯有道志，而不遇真匠，發悟莫由。”即諮訊國衆，孰能流化東土，僉云：“有佛馱跋陀者，出生天竺那呵利城，族姓相承，世遵道學，其童齔出家，已通解經論，少受業於大禪師佛大先。”先時亦在罽賓，乃謂嚴曰：“可以振維僧徒，宣受禪法者，佛馱跋陀其人也。”

嚴既要請苦至，賢遂愍而許焉，於是捨衆辭師，裹糧東逝。步驟三載，綿歷寒暑，既度葱嶺，路經六國，國主矜其遠化，並傾心資奉。至交趾，乃附舶循海而行，經一島下，賢以手指山曰：“可止於此。”舶主曰：“客行惜日，調風難遇，不可停也。”行二百餘里，忽風轉吹，舶還向島下，衆人方悟其神，咸師事之，聽其進止。後遇便風，同侶皆發，賢曰：“不可動。”舶主乃止，既而有先發者，一時覆敗。後於闇夜之中，忽令衆舶俱發，無肯從者，賢自起收纜，一舶獨發，俄爾賊至，留者悉被抄害。

頃之，至青州東萊郡，聞鳩摩羅什在長安，即往從之，什大欣悦，共論法相，振發玄微，多所悟益。

——《高僧傳》卷2《晉京師道場寺佛馱跋陀羅》，第69—70頁。

佛馱跋陀羅預言天竺五舶至

（佛馱跋陀羅）後語弟子云："我昨見本鄉，有五舶俱發。"既而弟子傳告外人，關中舊僧，咸以爲顯異惑衆。………

時舊僧僧䂮、道恒等謂賢曰："佛尚不聽説己所得法，先言五舶將至，虛而無實，又門徒諠惑，互起同異，既於律有違，理不同止，宜可時去，勿得停留。"賢曰："我身若流萍，去留甚易，但恨懷抱未申，以爲慨然耳。"於是與弟子慧觀等四十餘人俱發，神志從容，初無異色，識真之衆，咸共歎惜，白黑送者千有餘人。姚興聞去悵恨，乃謂道恒曰："佛賢沙門，協道來遊，欲宣遺教，緘言未吐，良用深慨，豈可以一言之咎，令萬夫無導？"因勅令追之。賢報使曰："誠知恩旨，無預聞命。"於是率侶宵征，南指廬岳。

沙門釋慧遠，久服風名，聞至欣喜若舊。遠以賢之被擯，過由門人，若懸記五舶，止説在同意，亦於律無犯。乃遣弟子曇邕，致書姚主及關中衆僧，解其擯事，遠乃請出禪數諸經。賢志在遊化，居無求安，停止歲許，復西適江陵。遇外國舶至，既而訊訪，果是天竺五舶，先所見者也。傾境士庶，競來禮事，其有奉遺，悉皆不受，持鉢分衛，不問豪賤。

——《高僧傳》卷2《晉京師道場寺佛馱跋陀羅》，第71—72頁。

沙門道普舶破傷足而卒

道場慧觀法師，志欲重尋涅槃後分，乃啓宋太祖資給，遣沙門道普，將書吏十人，西行尋經。至長廣郡，舶破傷足，因疾而卒。普臨終歎曰："涅槃後分與宋地無緣矣。"普本高昌人，經遊西域，遍歷諸國，供養尊影，頂戴佛鉢，四塔道樹，足跡形像，無不瞻覿。善梵書，備諸國語，遊履異域，別有大傳。時高昌復有沙門法盛，亦經往外國，立傳凡有四卷。又有竺法維、釋僧表，並經往佛國云云。

——《高僧傳》卷 2《晉河西曇無讖》，第 80—81 頁。

釋法顯附商人舶有二百許人

釋法顯，姓龔，平陽武陽人，……以晉隆安三年，與同學慧景、道整、慧應、慧嵬等，發自長安。西渡流沙，上無飛鳥，下無走獸，四顧茫茫，莫測所之。唯視日以准東西，望人骨以標行路耳……

後至中天竺，於摩竭提邑波連弗阿育王塔南天王寺，得摩訶僧祇律，又得薩婆多律抄、雜阿毘曇心、綖經、方等泥洹經等。顯留三年，學梵語梵書，方躬自書寫，於是持經像，寄附商客，到師子國。顯同旅十餘，或留或亡，顧影唯己，常懷悲慨。忽於玉像前，見商人以晉地一白團絹扇供養，不覺悽然下淚。停二年，復得彌沙塞律、長雜二含及雜藏本，並漢土所無。

既而附商人舶，循海而還。舶有二百許人，值暴風水入，眾皆惶懅，即取雜物棄之。顯恐棄其經像，唯一心念觀世音，及歸命漢土眾僧，舶任風而去，得無傷壞。經十餘日，達耶婆提國，停五月，復隨他商，東適廣州。舉帆二十餘日，夜忽大風，合舶震懼，眾咸議曰："坐載此沙門，使我等狼狽，不可以一人故，令一眾俱亡。"共欲推之，法顯檀越厲聲呵商人曰："汝若下此沙門，亦應下我，不爾，便當見殺。漢地帝王奉佛敬僧，我至彼告王，必當罪汝。"商人相視失色，僶俛而止。既水盡糧竭，唯任風隨流，忽至岸，見藜藿菜依然，知是漢地，但未測何方，即乘船入浦尋村。見獵者二人，顯問此是何地耶，獵人曰："此是青州長廣郡牢山南岸。"獵人還，以告太守李嶷，嶷素敬信，忽聞沙門遠至，躬自迎勞。顯持經像隨還。

——《高僧傳》卷 3《宋江陵辛寺釋法顯》，第 87—90 頁。

曇無竭從南天竺隨舶汎海達廣州

　　釋曇無竭，此云法勇，姓李，幽州黃龍人也。幼爲沙彌，便修苦行，持戒誦經，爲師僧所重。嘗聞法顯等躬踐佛國，乃慨然有忘身之誓。遂以宋永初元年，招集同志沙門僧猛、曇朗之徒二十五人，共齎幡蓋供養之具，發跡北土，遠適西方。……後於南天竺隨舶汎海達廣州，所歷事跡，別有記傳。其所譯出觀世音受記經，今傳于京師。後不知所終。

——《高僧傳》卷 3《宋黃龍釋曇無竭》，第 93—94 頁。

闍婆王母夜夢飛舶入國

　　求那跋摩，此云功德鎧，本刹利種，累世爲王，治在罽賓國……至年二十，出家受戒，洞明九部，博曉四含，誦經百餘萬言，深達律品，妙入禪要，時號曰三藏法師……後到師子國，觀風弘教，識眞之衆，咸謂已得初果。儀形感物，見者發心後至闍婆國，初未至一日，闍婆王母夜夢見一道士飛舶入國，明旦果是跋摩來至，王母敬以聖禮，從受五戒。母因勸王曰："宿世因緣，得爲母子，我已受戒，而汝不信，恐後生之因，永絕今果。"王迫以母勅，卽奉命受戒，漸染既久，專精稍篤。

——《高僧傳》卷 3《宋京師祇洹寺求那跋摩》，第 105—106 頁。

商人竺難提舶便風至廣州

　　時京師名德沙門慧觀、慧聰等，遠挹風猷，思欲餐稟，以元嘉元年九月，面啟文帝，求迎請跋摩，帝卽勅交州刺史，令汎舶延致。觀等又遣沙門法長、道沖、道俊等，往彼祈請，并致書於跋摩及闍婆王婆多加等，必希顧臨宋境，流行道教。跋摩以聖化宜廣，不憚遊方。

先已隨商人竺難提舶，欲向一小國，會值便風，遂至廣州，故其遺文云："業行風所吹，遂至於宋境。"此之謂也。文帝知跋摩已至南海，於是復勒州郡，令資發下京。路由始興，經停歲許，始興有虎市山，儀形聳孤，峯嶺高絕，跋摩謂其髣髴耆闍，乃改名靈鷲。

——《高僧傳》卷3《宋京師祇洹寺求那跋摩》，第107頁。

僧伽跋摩隨西域賈人舶還外國

僧伽跋摩，此云眾鎧，天竺人也。少而棄俗，清峻有戒德，善解三藏，尤精雜心。以宋元嘉十年，出自流沙，至于京邑。器宇宏肅，道俗敬異，咸宗事之，號曰三藏法師。初景平元年，平陸令許桑，捨宅建刹，因名平陸寺。……

跋摩遊化爲志，不滯一方，既傳經事訖，辭還本國，眾咸祈止，莫之能留，元嘉十九年，隨西域賈人舶還外國，不詳其終。

——《高僧傳》卷3《宋京師奉誠寺僧伽跋摩》，第118—119頁。

隨舶汎海中途風止淡水竭

求那跋陀羅，此云功德賢，中天竺人，以大乘學，故世號摩訶衍，本婆羅門種。……跋陀前到師子諸國，皆傳送資供，既有緣東方，乃隨舶汎海。中途風止，淡水復竭，舉舶憂惶，跋陀曰："可同心并力念十方佛，稱觀世音，何往不感？"乃密誦呪經懇到禮懺。俄而，信風暴至，密雲降雨，一舶蒙濟，其誠感如此。元嘉十二年至廣州，刺史車朗表聞，宋太祖遣信迎接。既至京都，勅名僧慧嚴、慧觀於新亭郊勞，見其神情朗徹，莫不虔仰，雖因譯交言，而欣若傾蓋。

——《高僧傳》卷3《宋京師中興寺求那跋陀羅》，第130—131頁。

朱靈期使高驪舶飄一洲

　　時吳郡民朱靈期使高驪還，值風舶飄，經九日至一洲邊。洲上有山，山甚高大，入山採薪，見有人路，靈期乃將數人隨路告乞，行十餘里，聞磬聲香烟，於是共稱佛禮拜。須臾見一寺甚光麗，多是七寶莊嚴，見有十餘僧，皆是石人，不動不搖，乃共禮拜還反行。步少許，聞唱導聲，還往更看，猶是石人。靈期等相謂："此是聖僧，吾等罪人不能得見。"因共竭誠懺悔。更往，乃見真人，爲期等設食。食味是菜，而香美不同世。食竟，共叩頭禮拜，乞速還至鄉。有一僧云："此間去都，乃二十餘萬里。但令至心，不憂不速也。"因問期云："識杯度道人不？"答言："甚識。"因指北壁有一囊掛錫杖及鉢云："此是杯度許，今因君以鉢與之。"并作書著函中。別有一青竹杖，語言："但擲此杖置舫前水中，閉船静坐，不假勞力，必令速至。"於是辭別，令一沙彌送至門上，語言："此道去，行七里便至舫，不須從先路也。"如言西轉，行七里許至舫，即具如所示。唯聞舫從山頂樹木上過，都不見水。經三日，至石頭淮而住，亦不復見竹杖所在。舫入淮至朱雀門，乃見杯度騎大船欄，以杖捶之，曰："馬，馬，何不行？"觀者甚多。靈期等在舫遥禮之，度乃自下舫取書并鉢，開書視之，字無人識者。度大笑曰："使我還耶。"取鉢擲雲中，還接之，云："我不見此鉢四千年矣。"度多在延賢寺法意處。時世以此鉢異物，競往觀之。一說云：靈期舫漂至一窮山，遇見一僧來云："是度上弟子，昔持師鉢而死治城寺，今因君以鉢還師，但令一人擎鉢舫前，一人正拖，自安隱至也。"期如所教，果獲全濟。

　　　　——《高僧傳》卷 10《宋京師杯度》，第 382—383 頁。

造丈八金像賈客夜聞大航舶

　　又昔宋明皇帝經造丈八金像，四鑄不成，於是改爲丈四。悅乃與白馬寺沙門智靖率合同緣，欲改造丈八無量壽像，以申厥志。始鳩集金銅，屬齊末，世道陵遲，復致推斥。至梁初，方以事啓聞，降勅聽許，并助造光趺。材官工巧，隨用資給。以梁天監八年五月三日於小莊嚴寺營鑄。匠本量佛身四萬斤銅，融瀉已竭，尚未至胸。百姓送銅不可稱計，投諸爐治隨鑄，而模內不滿，猶自如先。又馳啓聞，勅給功德銅三千斤，臺內始就量送，而像處已見羊車傳詔，載銅爐側。於是飛輔消融，一鑄便滿。甫爾之間，人車俱失。比臺內銅出，方知向之所送，信實靈感。工匠喜踊，道俗稱讚。及至開模量度，乃踊成丈九，而光相不差。又有大錢二枚，猶見在衣條，竟不銷鑠，並莫測其然。尋昔量銅四萬，准用有餘。後益三千，計闕未滿。而祥瑞冥密，出自心圖。故知神理幽通，殆非人事。

初像素既成，比丘道昭常夜中禮懺。忽見素所，晃然洞明。祥視久之，乃知神光之異。鑄後三日，未及開模。有禪師道度，高潔僧也，捨其七條袈裟，助費開頂。俄而遥見二僧，跪開像髻，逼就觀之，倏然不見。時悅靖二僧，相次遷化。勅以像事委定林僧祐。其年九月二十六日移像光宅寺。是月不雨，頗有埃塵。及明將遷像，夜有輕雲遍上，微雨沾澤。僧祐經行像所，係念天氣。遥見像邊有光焰上下，如燈如燭，并聞槌懺禮拜之聲。入戶詳視，撇然俱滅，防寺蔣孝孫亦所同見。是夜淮中賈客，并聞大航舶下，催督治橋，有如數百人聲。將知靈器之重，豈人致焉。其後更鑄光趺，並有風香之瑞。自葱河以左，金像之最，唯此一耳。

——《高僧傳》卷 13《梁京師正覺寺釋法悅》，第 493—494 頁。

釋智嚴汎海重到天竺

釋智嚴，西涼州人，弱冠出家，便以精懃著名。納衣宴坐，蔬食永歲，每以本域丘墟，志欲博事名師，廣求經誥。遂周流西國，進到罽賓，入摩天陀羅精舍，從佛馱先比丘諮受禪法。漸深三年，功踰十載。佛馱先見其禪思有緒，特深器異，彼諸道俗聞而歎曰："秦地乃有求道沙門矣。"始不輕秦類，敬接遠人。時有佛馱跋陀羅比丘，亦是彼國禪匠，嚴乃要請東歸，欲傳法中土，跋陀嘉其懇至，遂共東行。於是踰沙越險，達自關中。常依隨跋陀，止長安大寺。……

嚴昔未出家時，嘗受五戒，有所虧犯，後入道受具足，常疑不得戒，每以爲懼。積年禪觀而不能自了，遂更汎海，重到天竺，諮諸明達。值羅漢比丘，具以事問，羅漢不敢判決，乃爲嚴入定，往兜率宮諮彌勒，彌勒答云："得戒。"嚴大喜，於是步歸。至罽賓，無疾而化，時年七十八。彼國法凡聖，燒身各處。嚴雖戒操高明，而實行未辦，始移屍向凡僧墓地，而屍重不起。改向聖墓，則飄然自輕。嚴弟子智羽、智遠，故從西來，報此徵瑞，俱還外國。以此推嚴，信是得道人也，但未知果向中間若深淺耳。

——《高僧傳》卷 13《宋京師枳園寺釋智嚴》，第 98—99 頁。

慧遠讀《海龍王經》祈雨

釋慧遠，本姓賈氏，雁門婁煩人也……遠於是與弟子數十人，南適荆州，住上明寺。後欲往羅浮山，及屆潯陽，見廬峯清静，足以息心，始住龍泉精舍。此處去水大遠，遠乃以杖扣地曰："若此中可得棲立，當使朽壤抽泉。"言畢清流涌出，後卒成溪。其後少時潯陽亢旱，遠詣池側讀《海龍王經》，忽有巨蛇從池上空，須臾大雨。歲以有年，因號精舍爲龍泉寺焉。

——《高僧傳》卷 6《晉廬山釋慧遠》，第 212 頁。

漁人於海中得阿育王像

又昔潯陽陶侃經鎮廣州，有漁人於海中見神光，每夕艷發，經旬彌盛。怪以白侃，侃往詳視，乃是阿育王像，即接歸，以送武昌寒溪寺。寺主僧珍嘗往夏口，夜夢寺遭火，而此像屋獨有龍神圍繞。珍覺馳還寺，寺既焚盡，唯像屋存焉。侃後移鎮，以像有威靈，遣使迎接，數十人舉之至水，及上船，船又覆没，使者懼而反之，竟不能獲。侃幼出雄武，素薄信情，故荆楚之間，爲之謡曰："陶惟劍雄，像以神標。雲翔泥宿，邈何遥遥。可以誠致，難以力招。"及遠創寺既成，祈心奉請，乃飄然自輕，往還無梗。

——《高僧傳》卷6《晉廬山釋慧遠》，第213—214頁。

商人海行見沙門

史宗者，不知何許人。常著麻衣，或重之爲納，故世號麻衣道士。……宗後南遊吳會，嘗過漁梁，見漁人大捕，宗乃上流洗浴，羣魚皆散，其潛拯物類如此。

後憩上虞龍山大寺。善談莊老，究明論孝，而韜光隱迹，世莫之知。會稽謝邵、魏邁之、放之等，並篤論淵博，皆師受焉。後同止沙門，夜聞宗共語者，頗説蓬萊上事，曉便不知宗所之。陶淵明記白土埭遇三異法師，此其一也。或云有商人海行，於孤洲上見一沙門，求寄書與史宗。置書於船中，同侣欲看書，書著船不脱；及至白土埭，書飛起就宗，宗接而將去。

——《高僧傳》卷10《晉上虞龍山史宗》，第377—378頁。

轉《海龍王經》降大雨

釋曇超，姓張，清河人。形長八尺，容止可觀。蔬食布衣，一中而已。初止上都龍華寺。元嘉末，南遊始興，遍觀山水，獨宿樹下，虎兕不傷。大明中還都。至齊太祖卽位，被勅往遼東，弘讚禪道。停彼二年，大行法化。

建元末還京，俄又適錢塘之靈苑山。每一入禪，累日不起。後時忽聞風雷之聲，俄見一人秉笏而進，稱嚴鎮東通。須臾有一人至，形甚端正，羽衛連翩，下席禮敬，自稱："弟子居在七里，任周此地。承法師至，故來展禮。富陽縣人故冬鑿礱山下爲墦，侵壞龍室。羣龍共忿，作三百日不雨。今已一百餘日，井池枯涸，田種永罷。法師既道德通神，欲仰屈前行，必能感致。潤澤蒼生，功有歸也。"超曰："興雲降雨，本是檀越之力，貧道何所能乎？"神曰："弟子部曲，止能興雲，不能降雨，是故相請耳。"遂許之。神倏忽而去，超乃南行。經五日，至赤亭山，遙爲龍呪願説法。至夜，羣龍悉化作人，來詣超禮拜。超更説法，因乞三歸，自稱是龍，超請其降雨，乃相看無言。其夜又與超夢云："本因忿立誓，法師既導之以善，輒不敢違命，明日晡時當降雨。"超明旦即往臨泉寺，遣人告縣令，辦船於江中，轉《海龍王經》。縣令即請僧浮船石首。轉經裁竟，遂降大雨。高下皆足，歲以獲收。超以永明十年卒，春秋七十有四。

——《高僧傳》卷 11《齊錢塘靈隱山釋曇超》，第 424—425 頁。

陶夔越海求清流

釋僧羣，未詳何許人。清貧守節，蔬食誦經。後遷居羅江縣之霍山，構立茅室。山孤在海中，上有石盂，逕數丈許，水深六七尺，常有清流。古老相傳云，是羣仙所宅。羣仙飲水不飢，因絕粒。後晉守太守陶夔，聞而索之。羣以水遺夔，出山輒臭，如此三四。夔躬自越海，天甚晴霽，及至山，風雨晦暝，停數日竟不得至，迺歎曰："俗内凡夫，遂爲賢聖所隔。"慨恨而返。

——《高僧傳》卷 12《晉霍山釋僧羣》，第 445 頁。

海上得阿育王金像蓮花趺與佛光

又昔晉咸和中，丹陽尹高悝，於張侯橋浦裏，掘得一金像，無有光趺，而製作甚工。前有梵書云是育王第四女所造。悝載像還至長干巷口，牛不復行，非人力所御，乃任牛所之，徑趣長干寺。爾後年許，有臨海漁人張係世，於海口得銅蓮花趺，浮在水上，即取送縣。縣表上上臺，勅使安像足下，契然相應。後有西域五僧詣悝云，昔於天竺得阿育王像，至鄴遭亂，藏置河邊。王路既通，尋覓失所。近得夢云，像已出江東，爲高悝所得，故遠涉山海，欲一見禮拜耳。悝卽引至長干，五人見像，歔欷涕泣，像卽放光，照于堂內。五人云，本有圓光，今在遠處，亦尋當至。晉咸安元年，交州合浦縣採珠人董宗之，於海底得一佛光。刺史表上，晉簡文帝勅施此像。孔穴懸同，光色一重。凡四十餘年，東西祥感，光趺方具。

——《高僧傳》卷 13《晉并州竺慧達》，第 478 頁。

海上得惟衛迦葉二石像

釋慧達，姓劉，本名薩河，并州西河離石人。……達以刹像靈異，倍加翹勵。後東遊吳縣，禮拜石像。以像於西晉將末，建興元年癸酉之歲，浮在吳松江滬瀆口。漁人疑爲海神，延巫祝以迎之，於是風濤俱盛，駭懼而還。時有奉黃老者，謂是天師之神，復共往接，飄浪如初。後有奉佛居士吳縣民朱應，聞而歎曰：“將非大覺之垂應乎？”乃潔齋共東雲寺帛尼及信者數人，到滬瀆口。稽首盡虔，歌唄至德，卽風潮調靜。遙見二人浮江而至，乃是石像，背有銘誌，一名惟衛，二名迦葉，卽接還安置通玄寺。吳中士庶嗟其靈異，歸心者衆矣。

——《高僧傳》卷 13《晉并州竺慧達》，第 478—479 頁。

阿育王遣使浮海壞撤諸塔

論曰：昔憂填初刻栴檀，波斯始鑄金質。皆現寫真容，工圖妙相。故能流光動瑞，避席施虔。爰至髮爪兩塔，衣影二臺。皆是如來在世，已見成軌。自收迹河邊，闍維林外，八王請分，還國起塔。及瓶灰二所，於是十刹興焉。其生處得道，説法涅槃，肉髻頂骨，四牙雙跡，鉢杖唾壺，泥洹僧等。皆樹塔勒銘，標揭神異。爾後百有餘年，阿育王遣使浮海，壞撤諸塔，分取舍利。還值風潮，頗有遺落。

故今海族之中，時或遇者。是後八萬四千，因之而起。育王諸女，亦次發淨心，並鐫石鎔金，圖寫神狀。至能浮江泛海，影化東川。雖復靈迹潛通，而未彰視聽。及蔡愔、秦景自西域還至，始傳畫氎釋迦。於是涼臺壽陵，並圖其相。自茲厥後，形像塔廟，與時競列。

————《高僧傳》卷 13《梁京師正覺寺釋法悅》，第 495—496 頁。

《續高僧傳》

扶南僧伽婆羅隨舶至都

　　僧伽婆羅，梁言僧養，亦云僧鎧，扶南國人也。幼而穎悟，早附法津，學年出家，偏業阿毗曇論，聲榮之盛，有譽海南。具足已後，廣習律藏，勇意觀方，樂崇開化。聞齊國弘法，隨舶至都，住正觀寺，爲天竺沙門求那跋陀之弟子也。復從跋陀研精方等，未盈炎燠，博涉多通，乃解數國書語。值齊曆亡墜，道教陵夷，婆羅靜潔身心，外絕交故，擁室栖閑，養素資業。大梁御宇，搜訪術能，以天監五年被勑徵召，於揚都壽光殿、華林園、正觀寺、占雲館、扶南館等五處傳譯，訖十七年，都合一十一部四十八卷……梁初又有扶南沙門曼陀羅者，梁言弘弱，大賷梵本，遠來貢獻。勑與婆羅共譯寶雲、法界體性、文殊般若經，三部合一十一卷。雖事傳譯，未善梁言，故所出經，文多隱質。

——《續高僧傳》卷 1《梁揚都正觀寺扶南國沙門
僧伽婆羅傳一》，第 6 頁。

真諦汎舶西引而飄還廣州

　　拘那羅陀，陳言親依，或云波羅末陀，譯云真諦，並梵文之名字也，本西天竺優禪尼國人焉。景行澄明，器宇清肅，風神爽拔，悠然自遠。群藏廣部，罔不措懷，藝術異能，偏素諳練。雖遵融佛理，而以通道知名。遠涉艱關，無憚夷險，歷遊諸國，隨機利見。梁武皇帝德加四域，盛昌三寶，大同中勑直後張氾等送扶南獻使返國，仍請名德三藏、大乘諸論、雜華經等。真諦遠聞，行化儀，軌聖賢，搜選名匠，惠益氓品；彼國乃屈真諦，并賫經論，恭膺帝旨。既素蓄在心，渙然聞命，以大同十二年八月十五日達于南海。沿路所經，乃停兩載，以太清二年閏八月始屆京邑。武皇面申頂禮，於寶雲殿竭誠供養。諦欲傳翻經教，不羨秦時，更出新文，有逾齊日。屬道銷梁季，寇羯憑陵，法爲時崩，不果宣述，乃步入東土。又往富春，令陸元哲創奉問津，將事傳譯，招延英秀。沙門寶瓊等二十餘人，翻十七地論，適得五卷，而國難未靜，側附通傳。至太寶三年，爲侯景請還，在臺供養。于斯時也，兵飢相接，法幾頹焉。會元帝啓祚，承聖清夷，乃止于金陵正觀寺，與願禪師等二十餘人翻金光明經。三年二月還返豫章，又往新吳、始興，後隨蕭太保度嶺至于南康，並隨方翻譯，栖遑靡託。逮陳武永定二年七月，還返豫章，又止臨川、晉安諸郡。真諦雖傳經論，道缺情離，本意不申，更觀機壤，遂欲汎舶往楞伽修國。道俗虔請，結誓留之，不免物議，遂停南越，便與前梁舊齒重覈所翻，其有文旨乖競者，皆鎔冶成範，始末輪通。至文帝天嘉四年，揚都建元寺沙門僧宗、法准、僧忍律師等，並建業標領，欽聞新教，故使遠浮江表，親承芳問。諦欣其來意，乃爲翻攝大乘等論，首尾兩載，覆疏宗旨。而飄寓投委，無心寧寄，又汎小舶至梁安郡，更裝大舶，欲返西國。學徒追逐，相續留連。太守王方奢述衆元情，重申邀請。諦又且循人事，權止海隅，伺旅束裝，未思安堵。至三年九月，發自梁安，汎舶西引，業風賦命，飄還廣州，十二月中，上南海岸。刺史歐陽穆公頠，延住制旨寺，請翻新文。諦顧此業緣，西還無措，乃對沙門慧愷等，翻廣義法門經及唯識論等。後穆公薨沒，世子紇重爲檀越，開傳經論，時又許焉。而神思幽通，量非情測。嘗居別所，四絕水洲，紇往造之，嶺峻濤涌，未敢陵犯。諦乃鋪舒坐具在於水上，跏坐其內，如乘舟焉，浮波達岸，既登接對，而坐具不濕，依常敷置。有時或以荷葉晷水，乘之而度。如斯神異，其例甚衆。至光太二年六月，諦猒世浮雜，情弊形骸，未若佩理資神，早生勝壤，遂入南海北山，將捐身命。時智愷正講俱舍，聞告馳往。道俗奔赴，相繼山川。刺史又遣使人伺衛防遏，躬自稽顙，致留三日，方紆本情，因尒迎還，止于王園寺。時宗、愷諸僧欲延還建業，會揚輦碩望恐奪時榮，乃奏曰："嶺表所譯衆部，多明無塵唯識，言乖治術，有蔽國風，不隸諸華，可流荒服。"帝然之，故南海新文，有藏陳世。以太建元年遘疾少時，遺訣嚴正，勗示因果，書傳累紙，其文付弟子智休。至正月十一日午時遷化，時年七十有一。

——《續高僧傳》卷 1《陳南海郡西天竺沙門拘那羅陀傳五》，第 18—20 頁。

新羅僧釋圓光乘船造于金陵

釋圓光，俗姓朴，本住三韓：卞韓、馬韓、辰韓，光即辰韓新羅人也。家世海東，祖習綿遠。而神器恢廓，愛染篇章，校獵玄儒，討讎子史。文華騰翥於韓服，博贍猶愧於中原，遂割略親朋，發憤溟渤，年二十五，乘船造于金陵。有陳之世，号稱文國，故得諮考先疑，詢猷了義。初聽莊嚴旻公弟子講，素霑世典，謂理窮神，及聞釋宗，反同腐芥。虛尋名教，實懼生涯，乃上啓陳主，請歸道法，有勑許焉。……

開皇九年，來遊帝宇。值佛法初會，攝論肇興，奉佩文言，振績徽緒，又馳慧解，宣譽京皋。

勣業既成，道東須繼，本國遠聞，上啓頻請，有勑厚加勞問，放歸桑梓。光往還累紀，老幼相欣，新羅王金氏面申虔敬，仰若聖人。光性在虛閑，情多汎愛，言常含笑，慍結不形。而牋表啓書，往還國命，並出自胸襟；一隅傾奉，皆委以治方，詢之道化。事異錦衣，情同觀國，乘機敷訓，垂範于今。年齒既高，乘輿入內，衣服藥食，並王手自營，不許佐助，用希專福。其感敬爲此類也。將終之前，王親執慰，囑累遺法，兼濟民斯，爲說徵祥，被于海曲。以彼建福五十八年，少覺不悆，經于七日，遺誡清切，端坐終于所住皇隆寺中，春秋九十有九,即唐貞觀四年也。

——《續高僧傳》卷 13《唐新羅國皇隆寺釋圓光傳五》,

第 438—439 頁。

传言永寧寺浮圖顯東萊海中

永寧大寺,其寺本孝明皇帝熙平元年靈太后胡氏所立,在宮前閶闔門南御道之東。中有九層浮圖,架木爲之,舉高九十餘丈,上有金刹,復高十丈,出地千尺。去臺百里,已遙見之。初營基日,掘至黃泉,獲金像三十二軀,太后以爲嘉瑞,奉信法之徵也。是以飾制瑰奇,窮世華美。……

寺既初成,明帝及太后共登浮圖,視宮中如掌內,下臨雲雨,上天清朗。以見宮內事故,禁人不聽登之。自西夏、東華,遊歷諸國者,皆曰:"如此塔廟,閻浮所無。"孝昌二年,大風發屋拔樹,刹上寶瓶隨風而墮,入地丈餘;復命工人更安新者。至永熙三年二月,爲天所震。帝登凌雲臺望火,遣南陽王寶炬、錄尚書長孫稚將羽林一千來救。于斯時也,雷雨晦冥,霰雪交注,第八級中平旦火起,有二道人不忍焚爐,投火而死。其焰相續,經餘三月,入地刹柱乃至周年猶有烟氣。其年五月,有人從東萊郡至,云見浮圖在於海中,光明儼然,同覩非一,俄而雲霧亂起,失其所在。至七月,平陽王爲侍中斛斯椿所挾西奔長安,至十月而洛京遷于漳鄴。

——《續高僧傳》卷 1《元魏南臺洛下永寧寺北天竺沙門

菩提流支傳四》,第 13—15 頁。

南海諸王歸敬醫藥名僧那提三藏

那提三藏,唐曰福生,具依梵言,則云布如烏伐邪,以言煩多故,此但訛略而云那提也。本中印度人。少出家,名師開悟,志氣雄遠,弘道爲懷。歷遊諸國,務在開物。而善達聲明,通諸詁訓,大夏召爲文士，擬此土蘭臺著作者。性汎愛，好奇尚，聞有涉悟，不憚遠夷，曾往執師子國，又東南上楞伽山，南海諸國，隨緣達化。善解書語，至即敷演，度人立寺，所在揚扇。承脂那東國盛轉大乘，佛法崇盛，贍洲稱最，乃搜集大小乘經律論五百餘夾，合一千五百餘部，以永徽六年創達京師。有勅令於慈恩安置，所司供給。時玄奘法師當途翻譯，聲華騰蔚，無由克彰，掩抑蕭條，般若是難。既不蒙引，返充給使，顯慶元年勅往崑崙諸國採取異藥。既至南海，諸王歸敬，爲別立寺，度人授法，弘化之廣，又倍於前。以昔被勅往，理須返命，慈恩梵本，擬重尋研，龍朔三年還返舊寺。所賫諸經，並爲奘將北出，意欲翻度，莫有依憑，惟譯八曼荼羅、禮佛法、阿吒那智等三經，要約精最，可常行學。其年，南海真臘國爲那提素所化者奉敬無已，思見其人，合國宗師假途遠請，乃云："國有好藥，唯提識之，請自採取。"下勅聽往，返亦未由。余自博訪大夏行人，云："那提三藏乃龍樹之門人也，所解無相，與奘頗返。"西梵僧云："大師隱後，斯人第一，深解實相，善達方便。"小乘五部毗尼，外道四韋陀論，莫不洞達源底，通明言義，詞出珠聯，理暢霞舉。所著大乘集義論，可有四十餘卷，將事譯之，被遣遂闕。

——《續高僧傳》卷4《唐京師大慈恩寺梵僧那提傳二》，
第136—137頁。

新羅王子金慈藏棄俗航海

釋法常，俗姓張氏，南陽白水人也。……年十九投曇延法師，登蒙剃落。……

大業之始，榮唱轉高，爰下勅旨，入大禪定，相尋講肆，成濟極多。……

貞觀九年，又奉勅召入，爲皇后戒師。因即勅補兼知空觀寺上座，撫接客舊，妙識物心，弘導法化，長鎮不絕。前後預聽者數千，東蕃西鄙，難可勝述，及學成返國，皆爲法匠，傳通正教，于今轉盛。新羅王子金慈藏輕忽貴位，棄俗出家，遠聞虔仰，思覿言令，遂架山航海，遠造京師，乃於船中夢想顏色，及覿形狀，宛若夢中，悲涕交流，欣其會遇，因從受菩薩戒，盡禮事焉。

——《續高僧傳》卷15《唐京師普光寺釋法常傳六》，

第518—519頁。

海濱蠶漁釋慧休

釋慧休，姓樂氏，瀛州人也。世居海濱，以蠶漁爲業。而生知離惡，深惟罪報，常思出濟，無緣拔足。或累歇通宵，晨或忘餐，近逾信宿，雖憤氣填胸，無免斯厄。十六遇相州沙門巡里行化，談三世之循擾，述八苦之交侵，雅會夙懷，背世情決，乃違親背俗，投昺律師而出家焉。昺導以義方，禮逾天屬。又聞靈裕法師震名西壤，行解所歸，現居鄴下，命休從學。休天機秀舉，惟道居心，乃背負華嚴，遠遊京鄴。一聞裕講，鎣動身心，不略昏明，幽求體性。

——《續高僧傳》卷15《唐相州慈潤寺釋慧休傳十二》，

第532頁。

夢有人乘船處大海中

釋道珍，未詳何人。梁初住廬山中，恒作弥陀業觀。夢有人乘船處大海中，云向阿弥陀國，珍欲隨去，船人云：“未作净土業。”謂須經營浴室，并誦阿弥陀經。既覺，即如夢所作，年歲綿遠，乃於房中小池降白銀臺，時人不知，獨記其事，安經函底。及命過時，當夕，半山已上如列數千炬火。近村人見，謂是諸王觀禮，旦就山尋，乃云珍卒，方委冥祥外應也。後因搜檢經中，方知往生本事，遂封記焉，用示後學。

——《續高僧傳》卷16《梁江州廬山釋道珍傳三》，第562頁。

講《涅槃經》值海賊上抄

釋灌頂，字法雲，俗姓吳氏，常州義興人也。祖世避地東甌，因而不返，今爲臨海之章安焉。……陳至德元年，從智顗禪主出居光宅，研繹觀門，頻蒙印可。逮陳氏失馭，隨師上江，勝地名山，盡皆遊憩。……嘗於章安攝靜寺講涅槃經，值海賊上抄，道俗奔委，頂方撾鍾就講，顏無懾懼。賊徒麾幡詣寺，忽見兵旗耀日，持弓執戟，人皆丈餘，雄悍奮發，群覩驚懅，一時退散。

——《續高僧傳》卷 19《唐天台山國清寺釋灌頂傳十》，
第 716—719 頁。

括州都督泛海送杉柱

國清精舍，隋高置立，明以講堂狹小，欲毀廣之，共頂禪師商量，頂勸勿改。有括州都督周孝節遙聞此事，即施杉柱，泛海送來。頂向赤城，感見明身長一十餘丈，高出松林之上，翼從數十許人，語頂曰：“兄勿苦諫，事願剋成。”頂知神異，合掌對曰：“不敢更諫，一依仁者。”豎堂之日，感動山王，晨朝隱軫，狀若雷震，摧樹傾枝，闊百步許，自佛壟下直到於寺，至于日没，還返舊蹤，砰砰磕磕，勢若初至。

——《續高僧傳》卷 19《唐天台山國清寺釋普明傳十二》，
第 724—725 頁。

康居國釋道仙遊賈江海

釋道仙，一名僧仙，本康居國人。以遊賈爲業，梁、周之際，往來吳、蜀、江、海上下，集積珠寶，故其所獲貲貨乃滿兩舩，時或計者，云直錢數十万貫。既璟寶填委，貪附弥深，唯恨不多，取驗吞海。行賈達于梓州新城郡牛頭山，值僧達禪師説法曰："生死長久，無愛不離，自身尚尒，況復財物。"仙初聞之，欣勇内發，深思惟曰："吾在生多貪，志慕積聚。向聞正法，此説極乎。若失若離，要必當尒。不如沉寶江中，出家離著，索然無擾，豈不樂哉！"即沉一舩深江之中，又欲更沉，衆共止之，令修福業。仙曰："終爲紛擾，勞苦自他。"即又沉之，便辭妻子。又見達房凝水淲澕，知入水定，信心更重，投灌口山竹林寺而出家焉。

——《續高僧傳》卷26《隋蜀部灌口山竹林寺釋道仙傳二十三》，
第1011頁。

望海者時見重雲殿显東州海

梁高祖崇重釋侶，欣尚靈儀，造等身金銀像二軀，於重雲殿晨夕禮敬，五十許年，初無替廢，及侯景篡奪，猶存供養。太尉王僧辯誅景江南，元帝渚宮復没，辯乃通款於齊，迎貞陽侯爲帝。時江左未定，利害相雄。辯女壻杜龕典衛宫闕，爲性兇悍，不見後世，欲毀二像爲金銀鋌，先遣數十人上三休閣，令鑱佛項，二像忽然一時迴顧，所遣衆人失瘖如醉，不能自勝。杜龕即被打築，遍身青腫，唯見金剛力士怖畏之像，競來打擊，略無休息，呻號數日，洪爛而死。及梁運在陳，武帝崩背，兄子陳蒨嗣膺大業，將修葬具，造輀輬車。國創新定，未遑經始，勅取重雲殿中佛像、寶帳、珂珮、珠玉鑒飾之具，將用送終。人力既豐，四面齊至，但見雲氣擁結，圍遶佛殿，自餘方左，白日開朗。百工聞怪，同奔看覩。須臾大雨橫注，雷電震吼，煙張鵄吻，火烈雲中，流光布焰，高下相涉，並見重雲殿影二像峙然，四部神王并及帳坐一時騰上，煙火相扶，欻然遠逝。觀者傾都，咸生深信。雨晴之後，覆看故所，惟見柱礎存焉。至後月餘，有從東州來者，是日同見殿影東飛于海。今有望海者時往見之。

——《續高僧傳》卷30《周鄜州大像寺釋僧明傳二》，第1206頁。

浙東海運

　　江夏王出鎮于越，復請同行。朗師吞咽良久，言曰："能住三年，講堂相委。"復屬英王尚法利益，深不可留也，仍於禹穴屢動法輪。特進杜稜請歸光顯，傳教學徒。及永陽、鄱陽二王、司空司馬消難並相次海運，延仰浙東，故得塗香慧炬，以業以煥，頂敬傾心，盡誠盡節。

——《續高僧傳》卷 31《隋杭州靈隱山天竺寺釋真觀傳四》，

第 1247 頁。

吳越宗仰《海龍王經》

　　隋祖尚法惟深，三勑勞問，秦王莅蕃，二延揔府，皆辭以疾，確乎不就。齊王晚迎江浦，躬伸頂禮，傳以香火，送還舊邑之衆善寺。開皇十四年，時極亢旱，刺史劉景安請講《海龍王經》，序王既訖，驟雨滂注。自斯厥後，有請便降，吳越宗仰其若神焉。

——《續高僧傳》卷 31《隋杭州靈隱山天竺寺釋真觀傳四》，

第 1247 頁。

海中陽虎島

　　釋法韻，姓陳氏，蘇州人。追慕朋從，偏工席上，騷索遠度，罕得其節。誦諸碑誌及古導文百有餘卷，并王僧孺等諸賢所撰，至於導達，善能引用。又通經聲七百餘契，每有宿齋，經導兩務並委於韻。年至三十，弊於諠梗，邀延疏請，日別重疊，乃於正旦割繩永斷，即聽華嚴，不久便覆。恨恨棄功，妄銷脣舌，承栖霞清衆江表所推，尋聲即造，從受禪道。又聞泰岳靈巖，因往追蹤般舟苦行，立志梗潔，不希名聞，擔石破薪，供給爲任。晚還故鄉，有浮江石像者，如前傳

述，後被燒爐，而不委相量，無由可建。便於石像故基願禮八萬四千
塔，樹功既滿，感遇野姥送一卷書，及披讀之，乃是昔像之緣也。既
有樣度，依而造成，大有徵應。海中有陽虎島者，去岸三里，韻往安
禪，唯服布艾，行慈故也。初達逢怪，大風鬼物，既見如常，心毛不
動，九十日後恬然大安。自知命終事，還返栖霞，不久便卒，春秋三
十五，即仁壽四年矣。

——《續高僧傳》卷 31《隋蔣州栖霞寺釋法韻傳五》，
第 1252—1253 頁。

海上船人

澄以違親歲久，誓暫定省，而番禺四衆，向風欽德，迎請重疊，
年年轉倍。以普通四年隨使南返，中途危阻，素情無憚，食值飢客，
合盤施之，船人更辦，不肯復受，若見單薄，解衣賑之。及至南海，
復停隨喜，七衆屯結，其會如林，讚請法施，頻仍累迹。理喻精微，
淺深無隱，新舊學望，如草偃焉。於斯五載，法利無限。未及旋都，
遇疾而卒，春秋五十有二，即大通元年也。

——《續高僧傳》卷 5《梁南海隨喜寺沙門釋慧澄傳十》，
第 166—167 頁。

《法顯傳》

載商人大舶汎海西南行到師子國

於是載商人大舶，汎海西南行，得冬初信風，晝夜十四日，到師子國。彼國人云，相去可七百由延。其國本在洲上，東西五十由延，南北三十由延。左右小洲乃有百數，其間相去或十里、二十里，或二百里，皆統屬大洲。多出珍寶珠璣。有出摩尼珠地，方可十里。王使人守護，若有採者，十分取三。其國本無人民，正有鬼神及龍居之。諸國商人共市易，市易時鬼神不自現身，但出寶物，題其價直，商人則依價置直取物。因商人來、往、住故，諸國人聞其土樂，悉亦復來，於是遂成大國。其國和適，無冬夏之異，草木常茂，田種隨人，無所時節。

——《法顯傳校注》4《師子國記遊》，第 125 頁。

法顯自師子國航行到耶婆提國大海情狀

得此梵本已，即載商人大船，上可有二百餘人。後係一小船，海行艱嶮，以備大船毀壞。得好信風，東下二日，便值大風。船漏水入。商人欲趣小船，小船上人恐人來多，即斫繩斷，商人大怖，命在須臾，恐船水漏，即取麤財貨擲著水中。法顯亦以君墀及澡罐并餘物棄擲海中，但恐商人擲去經像，唯一心念觀世音及歸命漢地衆僧："我遠行求法，願威神歸流，得到所止。"如是大風晝夜十三日，到一島邊。潮退之後，見船漏處，即補塞之。於是復前。海中多有抄賊，遇輒無全。大海彌漫無邊，不識東西，唯望日、月、星宿而進。若陰雨時，爲逐風去，亦無准。當夜闇時，但見大浪相搏，晃然火色，黿、鼉水性怪異之屬，商人荒遽，不知那向。海深無底，又無下石住處。至天晴已，乃知東西，還復望正而進。若值伏石，則無活路。如是九十日許，乃到一國，名耶婆提。

——《法顯傳校注》5《浮海東還·自師子國到耶婆提國》，

第 142—143 頁。

法顯自耶婆提航行長廣郡大海情狀

其國外道、婆羅門興盛，佛法不足言。停此國五月日，復隨他商人大船，上亦二百許人，齎五十日粮，以四月十六日發。法顯於船上安居。東北行，趣廣州。

一月餘日，夜鼓二時，遇黑風暴雨。商人、賈客皆悉惶怖，法顯爾時亦一心念觀世音及漢地衆僧。蒙威神祐，得至天曉。曉已，諸婆羅門議言："坐載此沙門，使我不利，遭此大苦。當下比丘置海島邊。不可爲一人令我等危嶮。"法顯本檀越言："汝若下此比丘，亦并下我！不爾，便當殺我！汝其下此沙門，吾到漢地，當向國王言汝也。漢地王亦敬信佛法，重比丘僧。"諸商人躊躇，不敢便下。

于時天多連陰，海師相望僻誤，遂經七十餘日。糧食、水漿欲盡，取海鹹水作食。分好水，人可得二升，遂便欲盡。商人議言："常行時正可五十日便到廣州，爾今已過期多日，將無僻耶？"即便西北行求岸，晝夜十二日，到長廣郡界牢山南岸，便得好水、菜。但經涉險難，憂懼積日，忽得至此岸，見藜藿依然，知是漢地。

——《法顯傳校注》5《浮海東還·自耶婆提歸長廣郡界》，

第 145—146 頁。

法顯抵達長廣郡海邊情狀

然不見人民及行跡，未知是何許。或言未至廣州，或言已過，莫知所定。即乘小船，入浦覓人，欲問其處。得兩獵人，即將歸，令法顯譯語問之。法顯先安慰之，徐問："汝是何人?"答言："我是佛弟子。"又問："汝入山何所求?"其便詭言："明當七月十五日，欲取桃臘佛。"又問："此是何國?"答言："此青州長廣郡界，統屬晉家。"聞已，商人歡喜，即乞其財物，遣人往長廣。太守李嶷敬信佛法，聞有沙門持經像乘船汎海而至，即將人從至海邊，迎接經像，歸至郡治。商人於是還向楊州。劉沇青州請法顯一冬、一夏。夏坐訖，法顯遠離諸師久，欲趣長安。但所營事重，遂便南下向都，就禪師出經律。

——《法顯傳校注》5《浮海東還·南下向都》，第147—148頁。

法顯所云海龍王

法顯在此國，聞天竺道人於高座上誦經，云："佛鉢本在毗舍離，今在揵陀衛。竟若干百年，當復至西月氏國。若干百年，當至于闐國。住若干百年，當至屈茨國若干百年，當復來到漢地。住若干百年，當復至師子國。若干百年，當還中天竺。到中天已，當上兜術天上。彌勒菩薩見而嘆曰：'釋迦文佛鉢至。'即共諸天華香供養七日。七日已，還閻浮提，海龍王持入龍宮。至彌勒將成道時，鉢還分爲四，復本頻那山上。彌勒成道已，四天王，當復應念佛如先佛法。賢劫千佛共用此鉢。鉢去已，佛法漸滅。佛法滅後，人壽轉短，乃至五歲。五歲之時，粳米、酥油皆悉化滅，人民極惡，捉木則變成刀、杖，共相傷割殺。其中有福者，逃避入山，惡人相殺盡已，還復來出，共相謂言：'昔人壽極長，但爲惡甚，作諸非法故，我等壽命遂爾短促，乃至五歲。我今共行諸善，起慈悲心，修行仁義。'如是各行信儀，展轉壽倍，乃至八萬歲。彌勒出世，初轉法輪時，先度釋迦遺法弟子、出家人及受三歸、五戒、齋法，供養三寶者，第二、第三次度有緣者。"法顯爾時欲寫此經，其人云："此無經本，我止口誦耳。"

　　——《法顯傳校注》4《師子國記遊·天竺道人誦經》，第 138 頁。

《比丘尼傳》

鐵薩羅與外國舶主難提

　　僧果，本姓趙，名法祐，汲郡修武人也。宿殖誠信，純篤自然。在乳哺時，不過中食，父母嘉異。及其成人，心唯專到，緣礙參差。年二十七，方獲出家，師事廣陵慧聰尼。果戒行堅明，禪觀清白。每至入定，輒移昏曉，綿神淨境，形若枯木。淺識之徒，或生疑反。元嘉六年，有外國舶主難提，從師子國載比丘尼來至宋都，住景福寺。後少時，問果曰："此國先來，已曾有外國尼未？"答曰："未有。"又問："先諸尼受戒，那得二僧？"答："但從大僧受得本事者，乃是發起受戒人心，令生殷重，是方便耳。故如大愛道八敬得戒，五百釋女以愛道爲和上，此其高例。"果雖答，然心有疑，具諮三藏，三藏同其解也。又諮曰："重受得不？"答曰："戒定慧品，從微至著，更受益佳。"到十年，舶主難提復將師子國鐵薩羅等十一尼至。先達諸尼已通宋語，請僧伽跋摩於南林寺壇界，次第重受三百餘人。

　　——《比丘尼傳》卷2《宋·廣陵僧果尼傳十四》，第87—88頁。

慧果遇外國鐵薩羅尼

　　初晉升平中，淨撿尼是比丘尼之始也，初受具戒，指從大僧。景福寺慧果、淨音等，以諮求那跋摩。求那跋摩云："國土無二衆，但從大僧受得具戒。"慧果等後遇外國鐵薩羅尼等至，以元嘉十一年，從僧伽跋摩於南林寺壇重受具戒，非謂先受不得，謂是增長戒善耳。後諸好異者，盛相傳習，典制稍虧。

        ——《比丘尼傳》卷2《宋·普賢寺寶賢尼傳二十一》，

        第109頁。

鐵薩羅留滯嶺南

    僧敬，本姓李，會稽人也。寓居秣陵。僧敬在孕，家人設會，請瓦官寺僧超、西寺曇芝尼，使二人指腹，呼胎中兒爲弟子，母代兒喚二人爲師，約不問男女，必令出家。將產之日，母夢神人語之曰："可建八關。"即命經始，僧像未集，敬便生焉。聞空中語曰："可與建安寺白尼作弟子。"母即從之。及年五、六歲，聞人經唄，輒能誦憶。讀經數百卷，妙解日深。菜蔬刻己，清風漸著。

    逮元嘉中，魯郡孔默出鎮廣州，攜與同行。遇見外國鐵薩羅尼等來向宋都，並風節峻異，更從受戒，深悟無常，乃欲乘船泛海，尋求聖跡。道俗禁閉，留滯嶺南三十餘載。風流所漸，獷俗移心，捨園宅施之者十有三家，共爲立寺於潮亭，名曰衆造。

        ——《比丘尼傳》卷3《齊·崇聖寺僧敬尼傳三》，

        第124—125頁。

《洛陽伽藍記》

見浮圖於海中

永熙三年二月，浮圖爲火所燒。帝登凌雲臺望火，遣南陽王寶炬、錄尚書〔事〕長孫稚、將羽林一千救赴火所，莫不悲惜，垂淚而去。火初從第八級中平旦大發，當時雷雨晦冥，雜下霰雪，百姓道俗，咸來觀火。悲哀之聲，振動京邑。時有三比丘，赴火而死。火經三月不滅。有火入地尋柱，周年猶有煙氣。

其年五月中，有人從東萊郡來云："見浮圖於海中，光明照耀，儼然如新，海上之民，咸皆見之。俄然霧起，浮圖遂隱。"至七月中，平陽王爲侍中斛斯椿所挾，奔於長安。十月而京師遷鄴。

——《洛陽伽藍記校釋》卷1《城內》，第31—32頁。

日出國東界大海水

十二月初入烏場國……國王見宋雲云大魏使來，膜拜受詔書。聞太后崇奉佛法，即面東合掌，遙心頂禮。遣解魏語人問宋雲曰："卿是日出人也？"宋雲答曰："我國東界有大海水，日出其中，實如來旨。"王又問曰："彼國出聖人否？"宋雲具說周孔莊老之德，次序蓬萊山上銀闕金堂，神僊聖人並在其上，說管輅善卜，華陀治病，左慈方術，如此之事，分別説之。王曰："若如卿言，即是佛國，我當命終，願生彼國。"

———《洛陽伽藍記校釋》卷 5《城北》，第 185—186 頁。

《海島算經》

海島算經

　　今有望海島，立兩表，齊高三丈，前後相去千步，令後表與前表參相直。從前表卻行一百二十三步，人目著地取望島峰，與表末參合。從後表卻行一百二十七步，人目著地取望島峰，亦與表末參合。問島高及去表各幾何？答曰：島高四里五十五步；去表一百二里一百五十步。術曰：以表高乘表間為實。相多為法，除之。所得加表高，即得島高。（臣淳風等謹按此術意，宜云，島謂山之頂上。兩表謂立表木之端直以人目與木末望島參平。人去表一百二十三步為前表之始後立表末至人目於木末相望去表一百二十七步。二去表相減為相多，以為法。前後表相去千步為表間。以表高乘之為實。以法除之，加表高，即是島高積步，得一千二百五十五步。以里法三百步除之，得四里，餘五十五步，是島高之步數也。）求前表去島遠近者，以前表卻行乘表間為實。相多為法，除之，得島去表數。（臣淳風等謹按此術意，宜云，前去表乘表間，得十二萬三千步。以相多四步為法，除之，得三萬七百五十步。又以里法三百步除之，得一百二里一百五十步，是島去表里數。）

——《算經十書·海島算經》，第265—266頁。

《世説新語》

佛圖澄以石虎爲海鷗鳥

　　佛圖澄與諸石遊，林公曰："澄以石虎爲海鷗鳥。"（《趙書》曰："虎字季龍，勒從弟也。征伐每斬將搴旗。勒死，誅勒諸兒襲位。"《莊子》曰："海上之人好鷗者，每旦之海上從鷗游。鷗之至者數百而不止。其父曰：'吾聞鷗鳥從汝游，取來玩之。'明日之海上，鷗舞而不下。"）

　　　　　　　　　　——《世説新語校箋》卷上《言語第二》，第 58 頁。

謝太傅汎海戲風

　　謝太傅盤桓東山時，與孫興公諸人汎海戲。風起浪涌，孫、王諸人色並遽，便唱使還。太傅神情方王，吟嘯不言。舟人以公貌閑意説，猶去不止。既風轉急，浪猛，諸人皆諠動不坐。公徐云："如此將無歸？"衆人即承響而回。於是審其量，足以鎮安朝野。

　　　　　　　　　　——《世説新語校箋》卷中《雅量第六》，第 206 頁。

石崇家珊瑚樹條幹絶世

　　石崇與王愷爭豪，並窮綺麗以飾輿服。武帝，愷之甥也，每助愷。嘗以一珊瑚樹高二尺許賜愷，枝柯扶疏，世罕其比。愷以示崇；

崇視訖，以鐵如意擊之，應手而碎。愷既惋惜，又以爲疾己之寶，聲色甚厲。崇曰：“不足恨，今還卿。”乃命左右悉取珊瑚樹，有三尺、四尺，條幹絕世，光彩溢目者六七枚，如愷許比甚衆。愷惘然自失。

—— 《世説新語校箋》卷下《汰侈第三十》，第471—472頁。

虞嘯父欲獻鮧魚蝦鮹

虞嘯父爲孝武侍中，帝從容問曰：“卿在門下，初不聞有所獻替。”虞家富春，近海，謂帝望其意氣，對曰：“天時尚煗，鮧魚蝦鮹未可致，尋當有所上獻。”帝撫掌大笑。

—— 《世説新語校箋》卷下《紕漏第三十四》，第488頁。

《博物志》

海與天地之關係

　　天地初不足，故女媧氏練五色石以補其闕，斷鼇足以立四極。其後共工氏與顓頊爭帝，而怒觸不周之山，折天柱，絶地維。故天後傾西北，日月星辰就焉；地不滿東南，故百川水注焉。崑崙山北，地轉下三千六百里，有八玄幽都方二十萬里。地下有四柱，四柱廣十萬里。地有三千六百軸，犬牙相舉。泰山一曰天孫，言爲天帝孫也。主召人魂魄。東方萬物始成，知人生命之長短。《考靈耀》曰：地有四遊，冬至地上北而西三萬里，夏至地下南而東三萬里，春秋二分其中矣。地常動不止，譬如人在舟而坐，舟行而人不覺。七戎六蠻，九夷八狄，形總而言之，謂之四海。言皆近海，海之言晦昏無所覩也。

　　　　　　　　　　——《博物志校證》卷1《地》，第9—10頁。

東海不知所窮盡

　　五嶽：華、岱、恒、衡、嵩。按北太行山而北去，不知山所限極處。亦如東海不知所窮盡也。石者，金之根甲。石流精以生水，水生木，木含火。

　　　　　　　　　　——《博物志校證》卷1《山》，第10頁。

東海南海西海北海渤海

漢北廣遠，中國人尟有至北海者。漢使驃騎將軍霍去病北伐單于，至瀚海而還，有北海明矣。漢使張騫渡西海，至大秦。西海之濱，有小崑崙，高萬仞，方八百里。東海廣漫，未聞有渡者。南海短狹，未及西南夷以窮斷。今渡南海至交趾者，不絕也。《史記·封禪書》云：威宣、燕昭遣人乘舟入海，有蓬萊、方丈、瀛州三神山，神人所集。欲採仙藥，蓋言先有至之者。其鳥獸皆白，金銀爲宮闕，悉在渤海中，去人不遠。

—— 《博物志校證》卷 1《水》，第 10 頁。

山水總論：海投九仞之魚

山水總論。五嶽視三公，四瀆視諸侯，諸侯賞封內名山者，通靈助化，位相亞也。故地動臣叛，名山崩，王道訖，川竭神去，國隨已亡。海投九仞之魚，流水涸，國之大誡也。澤浮舟，川水溢，臣盛君衰，百川沸騰，山冢卒崩，高岸爲谷，深谷爲陵，小人握命，君子陵遲，白黑不別，大亂之徵也。

—— 《博物志校證》卷 1《山水總論》，第 11 頁。

海出明珠天下太平

和氣相感則生朱草，山出象車，澤出神馬，陵出黑丹，阜出土怪。江南大貝，海出明珠，仁主壽昌，民延壽命，天下太平。

—— 《博物志校證》卷 1《物產》，第 13 頁。

浮入南海爲三苗國

三苗國，昔唐堯以天下讓於虞，三苗之民非之。帝殺，有苗之民叛，浮入南海爲三苗國。驩兜國，其民盡似仙人。帝堯司徒。驩兜民。常捕海島中，人面鳥口，去南國萬六千里，盡似仙人也。

——《博物志校證》卷2《外國》，第21頁。

東海異國與南海鮫人

秦始皇二十六年，有大人十二見于臨洮，長五丈，足迹六尺。東海之外，大荒之中，有大人國僬僥氏，長三丈。《時含神霧》曰：東北極人長九丈。……

有一國亦在海中，純女無男。又説得一布衣，從海浮出，其身如中國人衣，兩袖長二丈。又得一破船，隨波出在海岸邊，有一人項中復有面，生得，與語不相通，不食而死。其地皆在沃沮東大海中。

南海外有鮫人，水居如魚，不廢織績，其眠能泣珠。

嘔絲之野，有女子方跪，據樹而嘔絲，北海外也。

——《博物志校證》卷2《異人》，第23—24頁。

沃沮俗常以七夕取童女沈海

毌丘儉遣王領追高句麗王宮，盡沃沮東界，問其耆老，言國人常乘船捕魚，遭風吹，數十日，東得一島，上有人，言語不相曉。其俗常以七夕取童女沈海。

——《博物志校證》卷2《異俗》，第24—25頁。

牛鬭海沸與雌象流涕

九真有神牛，乃生谿上，黑出時共鬭，卽海沸，黃或出鬭，岸上家牛皆怖，人或遮則霹靂，號曰神牛。昔日南貢四象，各有雌雄。其一雄死於九真，乃至南海百有餘日，其雌塗土著身，不飲食，空草，長史問其所以，聞之輒流涕。

——《博物志校證》卷 3《異獸》，第 36 頁。

精衛取西山木石以填東海

有鳥如烏，文首，白喙，赤足，曰精衛。故精衛常取西山之木石，以填東海。

——《博物志校證》卷 3《異鳥》，第 37 頁。

海中鰐魚半體魚蛟錯魚鮓魚

南海有鰐魚，狀似鼉，斬其頭而乾之，去齒而更生，如此者三乃止。東海有半體魚，其形狀如牛，剝其皮懸之，潮水至則毛起，潮去則毛伏。東海蛟錯魚，生子，子驚還入母腸，尋復出。吳王江行食鱠有餘，棄於中流，化爲魚。今魚中有名吳王鱠餘者，長數寸，大者如箸，猶有鱠形。廣陵陳登食膾作病，華佗下之，膾頭皆成蟲，尾猶是膾。東海有物，狀如凝血，從廣數尺，方員，名曰鮓魚，無頭目處所，內無藏，衆蝦附之，隨其東西。人煮食之。

——《博物志校證》卷 3《異魚》，第 38 頁。

海上篩草自然谷

海上有草焉，名篩。其實食之如大麥，七月稔熟，名曰自然谷，或曰禹餘糧。

——《博物志校證》卷 3《異草》，第 39 頁。

鯨魚死則彗星出

麒麟鬥而日蝕，鯨魚死則彗星出，嬰兒號婦乳出。

——《博物志校證》卷 4《物理》，第 46 頁。

《藥論》中的海毒藥

藥論。《神農經》曰："上藥養命，謂五石之練形，六芝之延年也。中藥養性，合歡蠲忿，萱草忘憂。下藥治病，謂大黃除實，當歸止痛。夫命之所以延，性之所以利，痛之所以止，當其藥應以痛也。違其藥，失其應，卽怨天尤人，設鬼神矣。"《神農經》曰：藥物有大毒不可入口鼻耳目者，入卽殺人，一曰鉤吻。（盧氏曰：陰也。黃精不相連，根苗獨生者是也。二曰鴟，狀如雌雞，生山中。三曰陰命，赤色著木，懸其子山海中。四曰內童，狀如鵝，亦生海中。五曰鴆，羽如雀，黑頭赤喙，亦曰蝮蜍，生海中，雄曰蜍，雌曰蝮蜍也。）《神農經》曰："藥種有五物：一曰狼毒，占斯解之；二曰巴豆，藿汁解之；三曰黎盧，湯解之；四曰天雄，烏頭大豆解之；五曰班茅，戎鹽解之。毒采害，小兒乳汁解，先食飲二升。"

——《博物志校證》卷 4《藥論》，第 48—49 頁。

方士投數萬斤金於海

魏時方士，甘陵甘始，廬江有左慈，陽城有郄儉。始能行氣導引，慈曉房中之術，善辟穀不食，悉號二百歲人。凡如此之徒，武帝皆集之於魏，不使遊散。甘始孝而少容，曹子建密問其所行，始言本師姓韓字世雄，嘗與師於南海作金，投數萬斤於海。又取鯉魚一雙，鯉遊行沈浮，有若處淵，其無藥者已熟而食。言此藥去此踰遠萬里，已不可行，不能得也。

——《博物志校證》卷 5《方士》，第 62 頁。

東海神女嫁於西海

太公爲灌壇令，武王夢婦人當道夜哭，問之，曰：“吾是東海神女，嫁於西海神童。今灌壇令當道，廢我行。我行必有大風雨，而太公有德，吾不敢以暴風雨過，是毀君德。”武王明日召太公，三日三夜，果有疾風暴雨從太公邑外過。

——《博物志校證》卷 7《異聞》，第 84 頁。

海水壞孤竹君棺槨

元始元年，中謁者沛郡史岑上書，訟王宏奪董賢璽綬之功。靈帝和光元年，遼西太守黄翻上言：海邊有流屍，露冠絳衣，體貌完全，使翻感夢云：“我伯夷之弟，孤竹君也。海水壞吾棺槨，求見掩藏。”民有襁褓視，皆無疾而卒。

——《博物志校證》卷 7《異聞》，第 85 頁。

箕子入海爲鮮國

箕子居朝鮮，其後伐燕，之朝鮮，亡入海爲鮮國。師兩妻墨色，珥兩青蛇，蓋勾芒也。

——《博物志校證》卷 9《雜説上》，第 105 頁。

舊説天河與海通/客星犯牽牛宿

舊説云天河與海通。近世有人居海渚者，年年八月有浮槎去來，不失期，人有奇志，立飛閣於查上，多齎糧，乘槎而去。十餘日中猶觀星月日辰，自後茫茫忽忽亦不覺晝夜。去十餘日，奄至一處，有城郭狀，屋舍甚嚴。遙望宮中多織婦，見一丈夫牽牛渚次飲之。牽牛人乃驚問曰："何由至此？"此人具説來意，并問此是何處，答曰："君還至蜀郡訪嚴君平則知之。"竟不上岸，因還如期。後至蜀，問君平，曰："某年月日有客星犯牽牛宿。"計年月，正是此人到天河時也。

——《博物志校證》卷 10《雜説下》，第 111 頁。

大海神/濤神/擣故魚網造紙

昔陽國侯溺水，因爲大海之神。昔吳相伍子胥爲吳王夫差所殺，浮之於江，其神爲濤。漢桓帝桂陽人蔡倫始擣故魚網造紙。

——《博物志校證》佚文《初學記》引，第 125 頁。

南海有水蟲曰蒯

南海有水蟲名曰蒯，蚌蛤之類也。其中小蟹大如榆莢。蒯開甲食，則蟹亦出食。蒯合蟹亦還入。始終生死不相離也。

——《博物志校證》佚文《北户録》引，第 127 頁。

秦胡充一舉渡海

齊桓公獵得一鳴鵠，宰之，嗉中得一人，長三寸三分，着白圭之袍，帶劍持車罵詈瞑目。後又得一折齒，方圓三尺，問羣臣曰："天下有此及小兒否？"陳章答曰："昔秦胡充一舉渡海，與齊、魯交戰，傷折版齒。昔李子敖於鳴嗉中遊，長三寸三分。"

——《博物志校證》佚文《太平御覽》引，第 131 頁。

穢貊國東大海出斑魚皮

穢貊國南與辰韓，北與句麗沃沮接，東窮大海。海中出斑魚皮。陸出文豹。又出果下馬，漢時獻之，駕輦車。正始六年樂浪太守劉茂，帶（朔）方太守弓遵，領東穢屬句麗伐之，舉邑降之。

——《博物志校證》佚文《太平御覽》引，第 132 頁。

東海有蛤入藥最精

東海有蛤，鳥常唼之。其肉消盡，殼起浮出。更泊在沙中岸邊。潮水往來，碏薄蕩白如雪。入藥最精，勝採取自死者。

——《博物志校證》佚文《太平御覽》引，第 132 頁。

渤海得名之因

鯨魚大者數十里，小者猶數十丈。東海之外有渤澥，故與東海共稱渤海。

——《博物志校證》佚文郭知達《九家注杜詩》引，第 138 頁。

漲海與瀚海

四海之外皆復有海，南海之外有漲海，北海之外有瀚海。

——《博物志校證》佚文周祈《名義考》引，第 139 頁。

海蜃吐氣成樓臺

海中有蜃，能吐氣成樓臺。蜃，蚌屬。

——《博物志校證》佚文鄧士龍《事類捷錄》引，第 140 頁。

石髮與海獱

　　石髮生海中者長尺餘，大小如韭葉。以肉雜蒸食，極美。……海獱頭如馬，自腰以下似蝙蝠，其毛似獺，大者五六十斤，亦可烹食。

　　　　——《博物志校證》佚文李時珍《本草綱目》引，第 141 頁。

《搜神記》

從白羊公入東海

介琰者，不知何許人也。吳先主時從北來，云從其師白羊公入東海。琰與吳主相聞，吳主留琰，乃爲琰架宮廟。一日之中，數四遣人往問起居，或見琰如十六七童子，或如壯年。吳主欲學術，琰以帝常多內御，積月不教也。

——《搜神記輯校》卷2《神化篇之二·介琰》，第50頁。

陳節方謁東海君獲青襦一領

陳節方謁諸神，東海君以織成青襦一領遺之。有神王方平，降陳節方家，以刀二口，一長五尺，一長五尺三寸，名泰山環，語節方曰：“此刀不能爲餘益，然獨臥可使無鬼，入軍不傷。勿以入厠溷，且不宜久服，三年後求者，急與。”果有戴卓以錢百萬請刀。

——《搜神記輯校》卷6《感應篇之三·陳節方》，第101頁。

天使往燒東海麋竺家

麋竺嘗從洛歸，未達家數十里，路傍見一好新婦，從竺求寄載。行可數里，婦謝去，謂竺曰：“我天使也，當往燒東海麋竺家。感君見載，故以相語。”竺因私請之，婦曰：“不可得不燒。如此，君可馳去，我當緩行，日中火當發。"竺乃急行還家，遽出財物，日中而火大發。

——《搜神記輯校》卷 7《感應篇之四‧麋竺》，第 115 頁。

東海孝婦

《漢書》載：東海孝婦，養姑甚謹。姑曰："婦養我勤苦，我已老，何惜餘年，久累年少。"遂自縊死。其女告官云："婦殺我母。"官收繫之，拷掠毒治。孝婦不堪楚毒，自誣服之。時于公爲獄吏，曰："此婦養姑十餘年，以孝聞徹，必不殺也。"太守不聽。于公爭不得理，抱其獄辭哭於府而去。自後郡中枯旱三年。後太守至，思求其所咎，于公曰："孝婦不當死，前太守枉殺之，咎當在此。"太守即時身祭孝婦之墓，未反而大雨焉。《長老傳》云：孝婦名周青。青將死，車載十丈竹竿，以懸五旛。立誓於衆曰："青若有罪，願殺血當順下；青若枉死，血當逆流。"既行刑已，其血青黃，緣旛竹而上極標，又緣旛而下云爾。

——《搜神記輯校》卷 8《感應篇之五‧東海孝婦》，
第 144—145 頁。

會稽郡彭蜞及蟹化爲鼠

太康四年，會稽郡彭蜞及蟹皆化爲鼠，甚衆，覆野，大食稻爲災。始成者有毛肉而無骨，其行不能過田塍。數日之後，則皆爲壯。至六年，南陽獲兩足虎。虎者陰精，而居乎陽，金獸也；南陽，火名也。金精入火，而失其形，王室亂之妖也。

——《搜神記輯校》卷 14《妖怪篇之五‧彭蜞化鼠》，第 214 頁。

雉入海爲蜃雀入江爲蛤

天有五氣，萬物化成。木精則仁，火精則禮，金精則義，水精則智，土精則恩。五氣盡純，聖德備也。木濁則弱，火濁則淫，金濁則暴，水濁則貪，土濁則頑。五氣盡濁，民之下也。中土多聖人，和氣所交也；絕域多怪物，異氣所産也。苟稟此氣，必有此形，苟有此形，必生此性。故食穀者智慧而夭，食草者多力而愚，食桑者有絲而蛾，食肉者勇憨而悍，食土者無心而不息，食氣者神明而長壽，不食者不死而神。大腰無雄，細腰無雌。無雄外接，無雌外育。三化之蟲，先孕後交；兼愛之獸，自爲牡牝。寄生因夫高木，女蘿託乎茯苓。木株於土，萍植於水。鳥排虛而飛，獸蹠實而走，蟲土閉而蟄，魚淵潛而處。本乎天者親上，本乎地者親下，本乎時者親旁，則各從其類也。千歲之雉，入海爲蜃；百年之雀，入江爲蛤。千歲龜黿，能與人語；千歲之狐，起爲美女；千歲之蛇，斷而復續；百年之鼠，而能相卜：數之至也。春分之日，鷹變爲鳩；秋分之日，鳩變爲鷹：時之化也。故腐草之爲螢也，朽葦之爲蛬也，稻之爲𧕥也，麥之爲蛺蝶也，羽翼生焉，眼目成焉，心智存焉，此自無知而化爲有知，而氣易也。鶴之爲麞也，蛇之爲鼈也，蝦之爲蝦也，不失其血氣而形性變也。若此之類，不可勝論。應變而動，是爲順常；苟錯其方，則爲妖眚。

——《搜神記輯校》卷16《變化篇之一·變化》，第253—254頁。

南海君冠似魚頭

袁紹在冀州，有神出河東，號度朔君。百姓爲立廟，廟有主簿大福。陳留蔡庸爲清河太守，過謁廟。有子名道，亡已三十年。度朔君爲庸設酒，曰："貴子昔來，欲相見。"須臾子來。度朔君自云父祖昔作。兗州有人士蘇氏，母病，往禱。主簿云："君逢天士留待。"

聞西北有皷聲而君至。須臾一客來，着皂單衣，頭上五色毛，長數寸，去。復一人着白布單衣，高冠，冠似魚頭。謂君曰："吾昔臨廬山，共食白李，憶之未久，已三千歲。日月易得，使人悵然。"去後，君謂士曰："先來南海君也。"士是書生，君明通《五經》，善《禮記》，與士論禮，士不如也。士乞救母病，君曰："卿所居東有故橋，壞久之。此橋鄉人所行，卿母犯之。卿能復橋，便差。"曹公討袁譚，使人從廟換千匹絹，君不與。曹公遣張郃毀廟，未至百里，君遣兵數萬，方道而來。郃未達二里，雲霧繞郃軍，不知廟處。君語主簿："曹公氣盛，宜避之。"後蘇幷鄰家有神下，識君聲，云："昔移入胡，濶絕三年。"乃遣人與曹公相聞，欲脩故廟，地衰不中居，欲寄住。公曰："甚善。"治城北樓以居之。數日，曹公獵，得物，大如麞，大足，色白如雪，毛軟滑可愛，公以摩面，莫能名也。夜聞樓上哭云："小兒出行不還。"太祖拊掌曰："此物合衰也。"晨將數百犬繞樓下，犬得氣，衝突內外，見有物大如驢，自投樓下。犬殺之，廟神乃絕。

——《搜神記輯校》卷18《變化篇之三·度朔君》，
第 295—296 頁。

海水壞孤竹君棺槨

漢令支縣有孤竹城，古孤竹君之國也。靈帝光和元年，遼西人見遼水中有浮棺，欲斫破之。棺中人語曰："我是伯夷之父孤竹君也。海水壞我棺槨，是以漂流，汝斫我何爲？"人懼，乃不敢斫，因爲立廟祀祠。吏民有欲發視者，皆無何而死。

——《搜神記輯校》卷22《孤竹君》，第369頁。

南海外鮫人水居如魚

南海之外有鮫人，水居如魚，不廢績織。時從水中出，向人家寄住，積日賣綃。鮫人臨去，從主人索器，泣而出珠滿盤，以與主人。

——《搜神記輯校》卷28《鮫人》，第437頁。

東南海去犬國有飛涎烏

東南海去會稽三千餘里，有犬國。國中有飛涎烏，似鼠而翼如鳥，而腳赤。然每至曉，諸棲禽未散之前，各占一樹，口中有涎如膠，遶樹飛，涎如雨，沾灑眾枝葉。有他禽之至，如網也，然乃食之。如竟午不獲，即空中逐而涎惹之，無不中焉。若人捕得，脯之，治痟渴。其涎每布，至後半日即乾，乾自落，落即復布之。

——《搜神記輯校》卷28《飛涎烏》，第438頁。

東海餘腹魚

東海名餘腹者，昔越王爲膾，割而未切，墮半於水內，化爲魚。

——《搜神記輯校》卷28《餘腹》，第439頁。

海蟳自稱長卿

蟛蜞，蟳也。嘗通夢於人，自稱長卿，今臨海人多以長卿呼之。

——《搜神記輯校》卷28《長卿》，第443頁。

東海人黃公善爲幻

鞠道龍善爲幻術，嘗云：東海人黃公，善爲幻，制蛇御虎，常佩赤金刀。及衰老，飲酒過度。秦末，有白虎見於東海，詔遣黃公以赤刀往厭之。術既不行，遂爲虎所殺。（案：本條未見諸書引作《搜神記》。原出《西京雜記》卷三，《文選》卷二《西京賦》李善注、《太平御覽》卷八九一、《太平廣記》卷二八四、《事類賦注》卷二

□、《古今事文類聚》前集卷四三、後集卷三六、《天中記》卷四□又卷六□有引。本條文句頗近《文選》注、《事類賦注》及《天中記》，疑據之綴合而成。）

——《搜神記輯校》附錄一《舊本〈搜神記〉
僞目疑目辨證·東海黃公》，第606頁。

東海婦行必有大風疾雨

文王以太公望爲灌壇令，期年，風不鳴條。文王夢一婦人，甚麗，當道而哭。問其故，曰："吾泰山之女，嫁爲東海婦。欲歸，今爲灌壇令當道有德，廢我行。我行必有大風疾雨，大風疾雨，是毀其德也。"文王覺，召太公問之。是日，果有疾雨暴風從太公邑外而過。文王乃拜太公爲大司馬。（卷四）（案：本條未見諸書引作《搜神記》。原出《博物志》卷七《異聞》，《北堂書鈔》卷三五，《藝文類聚》卷四七，《初學記》卷二，《獨異志》卷上，《太平御覽》卷一□、卷一九五、卷二□九、卷三九七，《太平廣記》卷二九一，《天中記》卷三並引。本條主要依據《廣記》，復又參酌今本《博物志》及他引輯錄。）

——《搜神記輯校》附錄一《舊本〈搜神記〉
僞目疑目辨證·灌壇令》，第618頁。

海數見巨魚邪人進賢人疎

成帝鴻嘉四年秋，雨魚於信都，長五寸以下。至永始元年春，北海出大魚，長六丈，高一丈，四枚。哀帝建平三年，東萊平度出大魚，長八丈，高一丈一尺，七枚，皆死。靈帝熹平二年，東萊海出大魚二枚，長八九丈，高二丈餘。京房《易傳》曰："海數見巨魚，邪人進，賢人疎。"（卷六）（案：本條未見諸書引作《搜神記》。實取自《漢書·五行志中之下》，又據《後漢書·五行志三》綴入靈帝時海出大魚事，文皆同。）

——《搜神記輯校》附錄一《舊本〈搜神記〉
僞目疑目辨證·海出大魚》，第630—631頁。

海溢大風拔高陵樹

吳孫權太元元年八月朔，大風，江海涌溢，平地水深八尺。拔高陵樹二千株，石碑差動，吳城兩門飛落。明年權死。（卷六）（案：本條未見諸書引作《搜神記》。實取自《晉書·五行志下》、《宋書·五行志五》，文同。）

——《搜神記輯校》附錄一《舊本〈搜神記〉
僞目疑目辨證·大風》，第636—637頁。

《神仙傳》

麻姑已見東海三爲桑田

　　王遠，字方平，東海人也。……麻姑至，蔡經亦舉家見之，是好女子，年十八九許，於頂中作髻，餘髮散垂至腰。其衣有文章而非錦綺，光彩耀日，不可名字，皆世所無有也。入拜方平，方平爲之起立。坐定，召進行廚，皆金玉盃盤，無限也。餚膳多是諸花菓，而香氣達於內外。擘脯而行之，如松栢炙，云是麟脯也。麻姑自說："接待以來，已見東海三爲桑田，向到蓬萊，水又淺於往昔，會時略半也，豈將復還爲陵陸乎?"方平笑曰："聖人皆言，海中行復揚塵也。"

——《神仙傳校釋》卷 3《王遠》，第 94 頁。

海魚有以蝦爲目者

　　故終日不違如愚，若無所得而愚，是乃物之塊然者也。士大夫學道者多矣，然所謂八段錦、六字氣，特導引吐納而已，不知氣血寓於身而不可擾，貴於自然流通，世豈復知此哉。雖日宴坐，而心騖於外，營營然如飛蛾之赴霄燭，蒼蠅之觸曉牕，知往而不知返，知就利而不知避害。海魚有以蝦爲目者，人皆笑之而不知其故，晝非日不能馳，夕非火不能鑒。故學道者，須令物不能遷其性，冶容曼色，吾視之與嫫母同。大厦華屋，吾視之與茅茨同。澄心清淨，湛然而無思時，導其氣，即百骸皆通。抱純白，養太玄，然後不入其機，則知神之所爲，氣之所生，精之所復，何行而不至哉。所著百章，發明道祕，要眇深切，迷途之指南也。

——《神仙傳校釋》卷 5《欒巴》，第 195 頁。

東海君有罪被繫於葛陂

長房乃行符收鬼治病，無不愈者。每與人同坐共語，而目瞋訶遣，人問其故，曰：“怒鬼魅之犯法耳。”汝南郡中常有鬼怪，歲輒數來，來時導從威儀如太守，入府打鼓，周行內外，匝乃還去，甚以爲患。後長房詣府君，而正值此鬼來到府門前，府君馳入，獨留長房。鬼知之，不敢前，欲去。長房厲聲呼使捉前來，鬼乃下車，把版伏庭中，叩頭乞得自改。長房呵曰：“汝死老鬼，不念溫涼，無故導從，唐突官府，君知當死否？”急復令還就人形，以一札符付之，令送與葛陂君。鬼叩頭流涕持札去。使以追視之，以札立陂邊，以頸繞札而死。東海君來早，長房後到東海，見其民請雨，謂之曰：“東海君有罪，吾前繫於葛陂，今當赦之，令其作雨。”於是即有大雨。長房曾與人共行，見一書生，黃巾被裘，無鞍騎馬，下而叩頭。長房曰：“促還他馬，赦汝罪。”人問之，長房曰：“此貍耳，盜社公馬也。”又嘗與客坐，使至市市鮓，頃刻而還。或一日之間，人見在千里之外者數處。

——《神仙傳校釋》卷 9《壺公》，第 309 頁。

鱠魚中海鯔魚为最爲上

介象者，字元則，會稽人也。學通五經，博覽百家之言，能屬文。陰修道法，入東嶽受氣禁之術，……與先主共論鱠魚何者最上，象曰：“鯔魚爲上。”先主曰：“此魚乃在海中，安可得乎？”象曰：“可得耳。”但令人於殿中庭方墥，者水滿之，象即索釣餌起釣之，垂綸於堵中，不食頃，得鯔魚。先主驚喜，問象曰："可食否？"象曰："故爲陛下取作鱠，安不可食？"仍使廚人切之。先主問曰："蜀使不來，得薑作鱠至美，此間薑不及也。何由得乎？"象曰："易得耳。願差一人，并以錢五千文付之，象書一符以著竹杖中，令其人閉目騎杖，杖止便買薑。買薑畢，復閉目。"此人如言騎杖，須臾，已到成都，不知何處，問人，言是蜀中也，乃買薑。于時吳使張溫在蜀，從人恰與買薑人相見，於是甚驚，作書寄家。此人買薑還，廚中鱠始就矣。

——《神仙傳校釋》卷9《介象》，第325頁。

《真誥》

向見東海中大波耳

興寧三年歲在乙丑，六月二十三日夜，喻書此。其夕，先共道諸人多有耳目不聰明者，欲啓乞此法，即夜有降者，即乃見喻也。又告云“道士有耳重者”云云。右一條清靈真人言。真人告云：“櫛頭理髮，欲得過多。”右一條紫微夫人言。其夜初降者，適入户，未坐，自言：“今夕波聲如雷。”弟子請問其故，答云：“向見東海中大波耳。”右南嶽夫人言。

——《真誥》卷1《運題象第一》，第8—9頁。

東海青童君

太上大道玉晨君，常以正月四日、二月八日、三月十五日、四月八日、五月九日、六月六日、七月七日、八月八日、九月九日、十月五日、十一月三日、十二月十二日，登玉霄琳房，四昒天下有志節遠遊之心者。子至其日平旦日出時，北向再拜。亦可於静中也，自陳本懷所願。畢，因咽液三十六過。東海青童君，常以丁卯日，登方諸東華臺四望。子以此日，常可向日再拜，日出行之，可因此以服日精。右紫虚元君所出。

——《真誥》卷9《協昌期第一》，第155頁。

東海東華玉妃服霧之法

東海東華玉妃淳文期授含真臺女真張微子服霧之法：常以平旦，於寢静之中，坐臥任己，先閉目内視，仿佛使如見五藏。畢，因口呼出氣二十四過，臨目爲之，使目見五色之氣，相纏繞在面上鬱然，因入口内此五色氣五十過。畢，咽液六十過。畢，乃微咒曰："太霞發暉，靈霧四遷。結氣琬屈，五色洞天。神煙含啓，金石華真。藹鬱紫空，鍊形保全。出景藏幽，五靈化分。合明扇虚，時乘六雲。和攝我身，上升九天。"畢，又叩齒七通，咽液七過，乃開目，事訖。此道神妙，又神州玄都多有得此術者。久行之，常乘雲霧而遊也。

——《真誥》卷 10《協昌期第二》，第 167 頁。

東海小童與東海聖母口訣

東海小童口訣：道士求仙，勿與女子交，一交而傾一年之藥力。若無所服而行房内，減筭三十年。東海聖母口訣：學道慎勿言，有多爲山神百精所試。夜臥閉目，存眼童子在泥丸中，令内視身神，長生升天。劉京亦用此術。

——《真誥》卷 10《協昌期第二》，第 187—188 頁。

五倍堯水東海傾

越桐柏之金庭，吴句曲之金陵，養真之福境，成神之靈墟也。五倍堯水東海傾，人盡病死武安兵，其如予何？由我帶近洞臺之幽門，恃此而彷徉耳。

——《真誥》卷 11《稽神樞第一》，第 194 頁。

始皇上會稽望南海

茅山北垂洞口，一山名良常山，本亦句曲相連，都一名耳。始皇三十七年十月癸丑，始皇出遊，十一月行至雲夢，祠虞舜於九疑，浮江下，觀藉柯，度梅渚，過丹陽，至錢塘，臨浙江，水波惡，乃至西百二十里，從峽中度，上會稽，祭夏禹，望於南海，而立石刻，頌秦德於會稽山，李斯請書而還。過諸山川，遂登句曲北垂山，埋白璧一雙。於是會群官，饗從駕。始皇歎曰：“巡狩之樂，莫過於山海，自今已往，良爲常也。”爾乃群臣並稱壽，喚曰：“良爲常矣。”又鳴大鼓，擊大鍾，萬聲齊唱，洞駭山澤，讚樂吉兆，大小咸善，乃改句曲北垂曰良常之山也。“良常”之意，從此而名。

——《真誥》卷 11《稽神樞第一》，第 197—198 頁。

東海青童君曾乘獨飆飛輪之車

茅山天市壇，四面皆有寶金、白玉各八九千斤，去壇左右二丈許，入地九尺耳。昔東海青童君曾乘獨飆飛輪之車，通按行有洞天之山，曾來於此山上矣。其山左右有泉水，皆金玉之津氣，可索其有小安處爲静舍乃佳。若飲此水，其便益人精，可合丹。天市之壇石，正當洞天之中央玄竈之上也。此石是安息國天市山石也，所以名之爲天市盤石也。玄帝時，召四海神，使運此盤石於洞天之上耳，非但句曲而已。仙人市壇之下，洞宮之中央竈上也。句曲山腹内虛空，謂之洞臺仙府也。玄帝時，召四海神，使運安息國天市山寶玉、璞石，以填洞天之中央玄竈之上也。東海青童君曾乘獨飆飛輪之車，通按行有洞臺之山，皆埋寶金、白玉各八九千斤於市石左右四面，以鎮陰宮之嶺。諸有洞天皆爾，不但句曲而已。邑人呼天市盤石爲仙人市壇，是其欲少有仿佛而不了了也。青童飆輪之迹，今故分明。

——《真誥》卷 11《稽神樞第一》，第 200 頁。

東海青童合會於句曲之山

三月十八日、十二月二日，東卿司命君是其日上要總真王君、太虛真人、東海青童合會於句曲之山，遊看洞室。好道者欲求神仙，宜預齋戒，待此日登山請乞。篤志心誠者，三君自即見之，抽引令前，授以要道，以入洞門，辟兵火之災，見太平聖君。

————《真誥》卷 11《稽神樞第一》，第 202 頁。

東海神使埋玄帝銅鼎於大茅山

大茅山有玄帝時銅鼎，鼎可容四、五斛許，偓刻甚精好，在山獨高處，入土八尺許，上有盤石掩鼎上。玄帝時，命東海神使埋藏於此。

————《真誥》卷 11《稽神樞第一》，第 204 頁。

東海青童君遊易遷童初二宮

易遷、童初二宮，是男女之堂館也。其中閒静，東海青童君一年再遊，校此諸宮觀，見羣輩也。趙素臺在易遷宮中已四百年，不肯徙，自謂天下無復樂於此處也。趙素臺是趙熙女，漢時爲幽州刺史，有濟窮人於河中，救王惠等於族誅，行陰德數十事，故其身得詣朱陵，兒子今並得在洞天中也。熙恒出入在定録府，素臺數微服遊行道巷，盼山澤以自足矣。易遷中有高業而蕭條者，有寶瓊英、韓太華、劉春龍、王進賢、李奚子、郭叔香，此數人並天姿鬱秀，澄上眇邈，才及擬勝，儀觀駭衆。此則主者之高者，仙官之可才。其次及得張善子輩。鄧伯苗母有善行，故後來人多宗芘之。

————《真誥》卷 13《稽神樞第三》，第 225—226 頁。

東海東華玉妃淳文期服霧之道

含真臺，洞天中皆有，非獨此也。此一臺偏屬太元府，隸司命耳。其中有女真二人總之，其一女真是張微子，漢昭帝時將作大匠張慶女也。微子好道，因得尸解法，而來入此，亦先在易遷中。微子常服霧氣，自云："霧氣是山澤水火之華精，金石之盈氣也。久服之則能散形入空，與云氣合體。"微子自言受此法於東海東華玉妃淳文期。文期，青童之妹也，微子曾精思於寢靜，誠心感靈，故文期降之，授以服霧之道也。服霧之道授微子，微子亦時以教諸學在含真、易遷中者。我昔嘗得此方，乃佳，可施用者也。

——《真誥》卷 13《稽神樞第三》，第 227—228 頁。

海中有狼五山

海中有狼五山，中有學道者虞翁生，會稽人也。昔受仙人介君食日精法，以吳時來隱此山，兼行雲炁迴形之道，精思積久，身形更少如童子。今年七月二十三日，東太帝遣迎，即日乘雲升天。今在陽谷山中。

——《真誥》卷 14《稽神樞第四》，第 253 頁。

桐柏山一頭亞在海中

桐柏山高萬八千丈，其山八重，周迴八百餘里，四面視之如一，在會稽東海際，一頭亞在海中。金庭有不死之鄉，在桐柏之中，方圓四十里，上有黃雲覆之。樹則蘇玡琳碧，泉則石髓金精，其山盡五色金也。經丹水而南行，有洞交會，從中過，行三十餘里則得。紫微夫人言。

——《真誥》卷 14《稽神樞第四》，第 262 頁。

八淳山下有碧水之海

　　八淳山高五千里，周帀七千里，與滄浪、方山相連比。其下有碧水之海，山上有乘林真人鬱池玄宮，東王公所鎮處也。此山是琳瑯衆玉、青華絳寶、飛間之金所生出矣。在滄浪山之東北，蓬萊山之東南。

　　　　　　　　　　　　——《真誥》卷 14《稽神樞第四》，第 262—263 頁。

《周氏冥通記》

周子良往餘姚乘海舫遇潮掣船

玄人周子良，字元龢，茅山陶隱居之弟子也。……天監七年，隱居東遊海嶽，權住永寧青嶂山。隱居入東，本往餘姚乘海舫取晉安霍山；平晚下浙江，而潮來掣船，直向定山，非人力所能制，因仍上東陽；欲停永康，忽值永嘉人，談述彼山水甚美，復相隨度嶠；至郡，投永寧令陸襄；陸仍自送憩天師治堂。而子良始已寄治內住，於此相識。今討覈緣由，如神靈所召，故其得來此山，不爾，莫測其然。

          ——《周氏冥通記校釋》卷1，第5頁。

仙道浮海歷嶽遊眄八方

趙夫人又告曰："仙道有幽虛之趣，今粗爲説之。夫爲真仙之位者，偃息玄宮，遊行紫漢，動則二景舒明，靜則風雲息氣，服則翠羽飛裳，乘則飇輪靈軨，浮海歷嶽，遊眄八方，進無水火之患，退無木石之憂，豈不足稱高貴乎？人唯見軒冕之榮，嬪房之樂，便爲極矣。所以真道不交乎世，神仙罕遊人間，正爲此耳。縱有知者，亦不能窮而修之，或修而不久，或久而不精。諸如此事，良亦可悲。周生，爾勿效此凡庸之疇也。"

          ——《周氏冥通記校釋》卷2，第157頁。

神明不以山海爲難

乙未年七月十五日，保命君授三天龍文，并令"但且混人世，勿爲異應，行來動靜、營爲出入任意，但勿違犯正法耳。修真法時，但默行，莫令人知。神明不以萬里爲遥，不以山海爲難，戀行應動任所趣，勿以吾等爲礙"。

——《周氏冥通記校釋》卷4，第234—235頁。

下　編

隋唐五代文獻中的海洋記述

《隋書》

江南船長三丈已上悉括入官

開皇十八年春正月辛醜，詔曰："吳、越之人，往承弊俗，所在之處，私造大船，因相聚結，致有侵害。其江南諸州，人間有船長三丈已上，悉括入官。"

——《隋書》卷2《帝紀第二·高祖下》，第43頁。

張子信隱於海島中測候日月五星差變之數

凡五星見伏留行，逆順遲速，應曆度者，為得其行，政合于常。違曆錯度，而失路盈縮者，為亂行。亂行則為天矢彗孛，而有亡國革政，兵饑喪亂之禍云。

古曆五星並順行，秦曆始有金火之逆。又甘、石並時，自有差異。漢初測候，乃知五星皆有逆行，其後相承罕能察。至後魏末，清河張子信，學藝博通，尤精曆數。因避葛榮亂，隱於海島中，積三十許年，專以渾儀測候日月五星差變之數，以算步之，始悟日月交道，有表里遲速，五星見伏，有感召向背。言日行在春分後則遲，秋分後則速。合朔月在日道里則日食，若在日道外，雖交不虧。月望值交則虧，不問表里。又月行遇木、火、土、金四星，向之則速，背之則遲。五星行四方列宿，各有所好惡。所居遇其好者，則留多行遲，見早。遇其惡者，則留少行速，見遲。與常數並差，少者差至五度，多者差至三十許度。其辰星之行，見伏尤異。晨應見在雨水後立夏前，夕應見在處暑後霜降前者，並不見。啟蟄、立夏、立秋、霜降四氣之內，晨夕去日前後三十六度內，十八度外，有木、火、土、金一星者見，無者不見。後張胄玄、劉孝孫、劉焯等，依此差度，為定入交食分及五星定見定行，與天密會，皆古人所未得也。

——《隋書》卷 20《天文志中·七曜》，第 561 頁。

星墜而勃海決

又曰，填星墜，海水泆，黃星驟，海水躍。又曰，黃星墜，海水傾。亦曰，驥星墜而勃海決。星隕如雨，天子微，諸侯力政，五伯代興，更為盟主，眾暴寡，大並小。

——《隋書》卷 20《天文志中·星雜變》，第 563 頁。

東海氣如圓簦

凡海傍蜃氣象樓臺，廣野氣成宮闕。北夷之氣如牛羊群畜穹閭，南夷之氣類舟船幡旗。自華以南，氣下黑上赤。嵩高、三河之郊，氣正赤。恒山之北，氣青。勃、碣、海、岱之間，氣皆正黑。江湖之間，氣皆白。東海氣如圓簦。附漢、河水，氣如引布。江、漢氣勁如杼。濟水氣如黑狢。滑水氣如狼白尾。淮南氣如帛。少室氣如白兔青尾。恒山氣如黑牛青尾。東夷氣如樹，西夷氣如室屋，南夷氣如闍台，或類舟船。

——《隋書》卷 21《天文志下·雜氣》，第 591 頁。

江淮海溢

普通元年春正月丙子，日有食之。占曰："日食，陰侵陽，陽不克陰也，為大水。"其年七月，江、淮、海溢。九月乙亥，有星晨見

東方，光爛如火。占曰："國皇見，有內難，有急兵反叛。"其三年，
義州刺史文僧朗以州叛。……（開皇）十九年十二月乙未，星隕於
渤海。占曰："陽失其位，災害之萌也。"又曰："大人憂。"

——《隋書》卷21《天文志下·五代災變應》，第594頁。

傍海置鹽官以煮鹽

魏自永安之後，政道陵夷，寇亂實繁，農商失業。……天平元
年，遷都於鄴，出粟一百三十萬石，以振貧人。……於滄、瀛、幽、
青四州之境，傍海置鹽官，以煮鹽，每歲收錢，軍國之資，得以周
贍。自是之後，倉廩充實，雖有水旱凶饑之處，皆仰開倉以振之。

後周太祖作相，創制六官。……掌鹽掌四鹽之政令。一曰散鹽，
煮海以成之；二曰鹽鹽，引池以化之；三曰形鹽，物地以出之；四曰
飴鹽，於戎以取之。凡鹽鹽形鹽，每地為之禁，百姓取之，皆稅焉。

——《隋書》卷24《食貨志》，第675—679頁。

海陸之饒商賈並湊州郡

宣城、毗陵、吳郡、會稽、余杭、東陽，其俗亦同。然數郡川澤
沃衍，有海陸之饒，珍異所聚，故商賈並湊。其人君子尚禮，庸庶敦
庬，故風俗澄清，而道教隆洽，亦其風氣所尚也。……自嶺已南二十
餘郡，大率土地下濕，皆多瘴厲，人尤夭折。南海、交趾，各一都會
也，並所處近海，多犀象瑇瑁珠璣，奇異珍瑋，故商賈至者，多取富
焉。其人性並輕悍，易興逆節，椎結踑踞，乃其舊風。其俚人則質直
尚信，諸蠻則勇敢自立，皆重賄輕死，唯富為雄。巢居崖處，盡力農
事。刻木以為符契，言誓則至死不改。父子別業，父貧，乃有質身於
子。諸獠皆然。

——《隋書》卷31《地理志下·林邑郡》，第887—888頁。

《海中星占》諸書

《海中星占》一卷梁有《論星》一卷。

《星圖海中占》一卷……

《海中仙人占災祥書》三卷……

《海中仙人占體瞤及雜吉凶書》三卷

《海中仙人占吉凶要略》二卷……

《會稽郡造海味法》一卷

—— 《隋書》卷 34《經籍志三》，第 1020—1048 頁。

楊素造大艦名曰五牙戰海上

楊素字處道，弘農華陰人也。祖暄，魏輔國將軍、諫議大夫。……開皇四年，拜御史大夫。……上方圖江表，先是，素數進取陳之計，未幾，拜信州總管，賜錢百萬、錦千段、馬二百匹而遣之。素居永安，造大艦，名曰五牙，上起樓五層，高百餘尺，左右前後置六拍竿，並高五十尺，容戰士八百人，旗幟加於上。次曰黃龍，置兵百人。自余平乘、舴艋等各有差。及大舉伐陳，以素為行軍元帥，引舟師趣三硤。……俄而江南人李棱等聚眾為亂，大者數萬，小者數千，共相影響，殺害長吏。以素為行軍總管，帥眾討之。賊朱莫問自稱南徐州刺史，以盛兵據京口。素率舟師入自楊子津，進擊破之。晉陵顧世興自稱太守，與其都督鮑遷等複來拒戰。素逆擊破之，執遷，虜三千餘人。進擊無錫賊帥葉略，又平之。吳郡沈玄憺、沈傑等以兵圍蘇州，刺史皇甫績頻戰不利。素率眾援之，玄憺勢迫，走投南沙賊帥陸孟孫。素擊孟孫于松江，大破之，生擒孟孫、玄憺。黝、歙賊帥沈雪、沈能據柵自固，又攻拔之。浙江賊帥高智慧自號東揚州刺史，船艦千艘，屯據要害，兵甚勁。素擊之，自旦至申，苦戰而破。智慧逃入海，素躡之，從余姚泛海趣永嘉。智慧來拒戰，素擊走之，擒獲數千人。賊帥汪文進自稱天子，據東陽，署其徒蔡道人為司空，守樂安。進討，悉平之。又破永嘉賊帥沈孝徹。於是步道向天臺，指臨海郡，逐捕遺逸寇。前後百余戰，智慧遁守閩越。

上以素久勞於外，詔令馳傳入朝。加子玄感官為上開府，賜彩物三千段。素以餘賊未殄，恐為後患，又自請行。乃下詔曰："朕憂勞百姓，日旰忘食，一物失所，情深納隍。江外狂狡，妄構妖逆，雖經殄除，民未安堵。猶有賊首凶魁，逃亡山洞，恐其聚結，重擾蒼生。内史令、上柱國、越國公素，識達古今，經謀長遠，比曾推轂，舊著威名，宜任以大兵，總為元帥。宣佈朝風，振揚威武，擒剪叛亡，慰勞黎庶，軍民事務，一以委之。"素複乘傳至會稽。先是，泉州人王國慶，南安豪族也，殺刺史劉弘，據州為亂，諸亡賊皆歸之。自以海路艱阻，非北人所習，不設備伍。素泛海掩至，國慶遑遽，棄州而走，餘黨散入海島，或守溪洞。素分遣諸將，水陸追捕。乃密令人謂國慶曰："爾之罪狀，計不容誅。唯有斬送智慧，可以塞責。"國慶於是執送智慧，斬於泉州。自余支黨，悉來降附，江南大定。上遣左領軍將軍獨孤陀至浚儀迎勞。比到京師，問者日至。拜素子玄獎為儀同，賜黃金四十斤，加銀瓶，實以金錢，縑三千段，馬二百匹，羊二千口，公田百頃，宅一區。代蘇威為尚書右僕射，與高熲專掌朝政。

——《隋書》卷48《楊素列傳》，第1281—1285頁。

林邑王梵志棄城奔海

劉方，京兆長安人也。性剛決，有膽氣。……授驩州道行軍總管，以尚書右丞李綱為司馬，經略林邑。方遣欽州刺史甯長真、驩州刺史李暈、上開府秦雄以步騎出越常，方親率大將軍張愻、司馬李綱舟師趣比景。高祖崩，煬帝即位，大業元年正月，軍至海口。林邑王梵志遣兵守險，方擊走之。師次闍黎江，賊據南岸立柵，方盛陳旗幟，擊金鼓，賊懼而潰。既渡江，行三十里，賊乘巨象，四面而至。方以弩射象，象中創，卻蹂其陣，王師力戰，賊奔於柵，因攻破之，俘馘萬計。於是濟區粟，度六里，前後逢賊，每戰必擒。進至大緣江，賊據險為柵，又擊破之。徑馬援銅柱，南行八日，至其國都。林邑王梵志棄城奔海，獲其廟主金人，汙其宮室，刻石紀功而還。士卒腳腫，死者十四五。方在道遇患而卒，帝甚傷惜之，乃下詔曰："方肅承廟略，恭行天討，飲冰遄邁，視險若夷。摧鋒直指，出其不意，鯨鯢盡殪，巢穴鹹傾，役不再勞，肅清海外。致身王事，誠績可嘉，可贈上柱國、盧國公。"

——《隋書》卷 53《劉方列傳》，第 1357—1358 頁。

來護兒擊高智慧於浙江

來護兒字崇善，江都人也。幼而卓詭，好立奇節。初讀詩，至"擊鼓其鏜，踴躍用兵"，"羔裘豹飾，孔武有力"，舍書而歎曰："大丈夫在世當如是。會為國滅賊以取功名，安能區區久事隴畝！"群輩驚其言而壯其志。護兒所住白土村，密邇江岸。于時江南尚阻，賀若弼之鎮壽州也，常令護兒為間諜，授大都督。平陳之役，護兒有功焉，進位上開府。從楊素擊高智慧於浙江，而賊據岸為營，周互百餘里，船艦被江，鼓噪而進。素令護兒率數百輕舸徑登江岸，直掩其營，破之。時賊前與素戰不勝，歸無所據，因而潰散。智慧將逃於海，護兒追至泉州，智慧窮蹙，遁走閩、越。進位大將軍，除泉州刺史。時有盛道延擁兵作亂，侵擾州境，護兒進擊，破之。又從蒲山公李寬破汪文進於黟、歙，進位柱國。仁壽三年，除瀛州刺史，賜爵黃縣公，邑三千戶。尋加上柱國，除右禦衛將軍。

——《隋書》卷 64《來護兒列傳》，第 1515 頁。

來護兒率樓船度海擊高麗

煬帝即位，遷（來護兒）右驍衛大將軍，帝甚親重之。大業六年，從駕江都，賜物千段，令上先人塚，宴父老，州里榮之。數歲，轉右翊衛大將軍。遼東之役，護兒率樓船，指滄海，入自浿水，去平壤六十里，與高麗相遇。進擊，大破之，乘勝直造城下，破其郛郭。於是縱軍大掠，稍失部伍，高元弟建武募敢死士五百人邀擊之。護兒因卻，屯營海浦，以待期會。後知宇文述等敗，遂班師。明年，又出滄海道，師次東萊，會楊玄感作逆黎陽，進逼鞏、洛，護兒勒兵與宇文述等擊破之。封榮國公，邑二千戶。十年，又帥師度海，至卑奢城，高麗舉國來戰，護兒大破之，斬首千餘級。將趣平壤，高元震懼，遣使執叛臣斛斯政，詣遼東城下，上表請降。帝許之，遣人持節詔護兒旋師。護兒集眾曰：“三度出兵，未能平賊。此還也，不可重來。今高麗困弊，野無青草，以我眾戰，不日克之。吾欲進兵，徑圍平壤，取其偽主，獻捷而歸。”答表請行，不肯奉詔。長史崔君肅固爭，不許。護兒曰：“賊勢破矣，專以相任，自足辦之。吾在閫外，事合專決，豈容千里稟聽成規！俄頃之間，動失機會，勞而無功，故其宜也。吾寧征得高元，還而獲譴，舍此成功，所不能矣。”君肅告眾曰：“若從元帥，違拒詔書，必當聞奏，皆獲罪也。”諸將懼，盡勸還，方始奉詔。

十三年，轉為左翊衛大將軍，進位開府儀同三司，任委逾密，前後賞賜不可勝計。江都之難，宇文化及忌而害之。

——《隋書》卷64《來護兒列傳》，第1515—1516頁。

陳棱泛海擊流求國/刑白馬以祭海神

陳棱字長威，廬江襄安人也。祖碩，以漁釣自給。父峴，少驍勇，事章大寶為帳內部曲。告大寶反，授譙州刺史。陳滅，廢於家。高智慧、汪文進等作亂江南，廬江豪傑亦舉兵相應，以峴舊將，共推為主。……

煬帝即位，授驃騎將軍。大業三年，拜武賁郎將。後三歲，與朝請大夫張鎮周發東陽兵萬餘人，自義安泛海，擊流求國，月餘而至。流求人初見船艦，以為商旅，往往詣軍中貿易。棱率眾登岸，遣鎮周為先鋒。其主歡斯渴剌兜遣兵拒戰，鎮周頻擊破之。棱進至低沒檀洞，其小王歡斯老模率兵拒戰，棱擊敗之，斬老模。其日霧雨晦冥，將士皆懼，棱刑白馬以祭海神。既而開霽，分為五軍，趣其都邑。渴剌兜率眾數千逆拒，棱遣鎮周又先鋒擊走之。棱乘勝逐北，至其柵，渴剌兜背柵而陣。棱盡銳擊之，從辰至未，苦鬥不息。渴剌兜自以軍疲，引入柵。棱遂填塹，攻破其柵，斬渴剌兜，獲其子島槌，虜男女數千而歸。帝大悅，進棱位右光祿大夫，武賁如故，鎮周金紫光祿大夫。

——《隋書》卷 64《陳棱列傳》，第 1518—1519 頁。

陳棱于江南營戰艦

遼東之役，以宿衛遷左光祿大夫。明年，帝複征遼東，棱為東萊留守。楊玄感之作亂也，棱率眾萬余人擊平黎陽，斬玄感所署刺史元務本。尋奉詔于江南營戰艦。至彭城，賊帥孟讓眾將十萬，據都梁宮，阻淮為固。棱潛於下流而濟，至江都，率兵襲讓，破之。以功進位光祿大夫，賜爵信安侯。

——《隋書》卷 64《陳棱列傳》，第 1519 頁。

以舟師指朝鮮道

周法尚字德邁，汝南安成人也。祖靈起，梁直合將軍、義陽太守、廬、桂二州刺史。父炅，定州刺史、平北將軍。法尚少果勁，有風概，好讀兵書。……遼東之役，以舟師指朝鮮道，會楊玄感反，與將軍宇文述、來護兒等破之。以功進右光祿大夫，賜物九百段。時有齊郡人王薄、孟讓等舉兵為盜，眾十余萬，保長白山。頻戰，每挫其銳。賜奴婢百口。明年，複臨滄海，在軍疾甚，謂長史崔君肅曰："吾再臨滄海，未能利涉，時不我與，將辭人世。立志不果，命也如何！"言畢而終，時年五十九。贈武衛大將軍，諡曰僖。

——《隋書》卷 65《周法尚列傳》，第 1526、1529 頁。

以舟師自東萊入海趣平壤城

　　楊玄感，司徒素之子也。體貌雄偉，美須髯。少時晚成，人多謂之癡……帝征遼東，命玄感于黎陽督運。于時百姓苦役，天下思亂，玄感遂與武賁郎將王仲伯、汲郡贊治趙懷義等謀議，欲令帝所軍眾饑餒，每為逗遛，不時進發。帝遲之，遣使者逼促，玄感揚言曰："水路多盜賊，不可前後而發。"其弟武賁郎將玄縱、鷹揚郎將萬碩並從幸遼東，玄感潛遣人召之。時將軍來護兒以舟師自東萊將入海，趣平壤城，軍未發。玄感無以動眾，乃遣家奴偽為使者，從東方來，謬稱護兒失軍期而反。玄感遂入黎陽縣，閉城大索男夫。於是取帆布為牟甲，署官屬，皆准開皇之舊。移書傍郡，以討護兒為名，各令發兵，會於倉所。

　　——《隋書》卷 70《楊玄感列傳》，第 1616—1617 頁。

自東萊傍海入太湖取吳郡

　　燕榮字貴公，華陰弘農人也。父偘，周大將軍。榮性剛嚴，有武藝，仕周為內侍上士。從武帝伐齊，以功授開府儀同三司，封高邑縣公。高祖受禪，進位大將軍，封落叢郡公，拜晉州刺史。從河間王弘擊突厥，以功拜上柱國，遷青州總管。榮在州，選絕有力者為伍伯，吏人過之者，必加詰問，輒楚撻之，創多見骨。奸盜屏跡，境內肅然。他州縣人行經其界者，畏若寇讎，不敢休息。上甚善之。後因入朝覲，特加勞勉。榮以母老，請每歲入朝，上許之。及辭，上賜宴於內殿，詔王公作詩以餞之。伐陳之役，以為行軍總管，率水軍自東萊傍海，入太湖，取吳郡。既破丹陽，吳人共立蕭瓛為主，阻兵于晉陵，為宇文述所敗，退保包山。榮率精甲五千躡之，瓛敗走，為榮所執，晉陵、會稽悉平。檢校揚州總管。尋征為右武候將軍。突厥寇邊，以為行軍總管，屯幽州。母憂去職。明年，起為幽州總管。

——《隋書》卷74《酷吏·燕榮列傳》，第1694—1695頁。

東萊海口監造船

元弘嗣，河南洛陽人也。祖剛，魏漁陽王。父經，周漁陽郡公。弘嗣少襲爵，十八為左親衛。……

大業初，煬帝潛有取遼東之意，遣弘嗣往東萊海口監造船。諸州役丁苦其捶楚，官人督役，晝夜立于水中，略不敢息，自腰以下，無不生蛆，死者十三四。尋遷黃門侍郎，轉殿內少監。遼東之役，進位金紫光祿大夫。明年，帝複征遼東，會奴賊寇隴右，詔弘嗣擊之。

——《隋書》卷74《酷吏·元弘嗣列傳》，第1700—1701頁。

征遼東臨海見大鳥

虞綽字士裕，會稽余姚人也。父孝曾，陳始興王諮議。綽身長八尺，姿儀甚偉，博學有俊才，尤工草隸。……

從征遼東，帝舍臨海頓，見大鳥，異之，詔綽為銘。其辭曰：

維大業八年，歲在壬申，夏四月丙子，皇帝底定遼碣，班師振旅，龍駕南轅，鸞旗西邁，行宮次於柳城縣之臨海頓焉。山川明秀，實仙都也。旌門外設，款跨重皋，帳殿周施，降望大壑。息清蹕，下輕輿，警百靈，綏萬福，踐素砂，步碧沚。同軒皇之襄野，邁漢宗於河上，想汾射以開襟，望蓬瀛而載佇。宿然齊肅，藐屬殊庭，兼以聖德遐宣，息別風與淮雨，休符潛感，表重潤於夷波。璧日曜光，卿雲舒采，六合開朗，十洲澄鏡。少選之間，儵焉靈感，忽有祥禽，皎同鶴鷺，出自霄漢，翻然雙下。高逾一丈，長乃盈尋，靡霜暉於羽翮，激丹華於觜距。鸞翔鳳跱，鵠起鴻騫，或蹴或啄，載飛載止，徘徊馴擾，咫尺乘輿。不藉揮琴，非因拊石，樂我君德，是用來儀。斯固類仙人之驥騄，冠羽族之宗長，西王青鳥，東海赤雁，豈可同年而語哉！竊以銘基華嶽，事乖靈異，紀跡鄒山，義非盡美，猶方冊不泯，遺文可觀。況盛德成功，若斯懿鑠，懷真味道，加此感通，不鑴名山，安用銘異！臣拜稽首，敢勒銘云：

來蘇興怨，帝自東征，言複禹績，乃禦軒營。六師薄伐，三韓肅清，龔行天罰，赫赫明明。文德上暢，靈武外薄，車徒不擾，苛慝靡作。凱歌載路，成功允鑠，反斾還軒，遵林並壑。停輿海澨，駐驆岩址，睿想遐凝，藐屬千里。金台銀闕，雲浮嶽峙，有感斯應，靈禽效祉。飛來清漢，俱集華泉，好音玉響，皓質冰鮮。狎仁馴德，習習翩翩，絕跡無泯，于萬斯年。

帝覽而善之，命有司勒於海上。以渡遼功，授建節尉。

——《隋書》卷76《文學·虞綽列傳》，第1738—1740頁。

馮業以三百人浮海歸宋

譙國夫人者，高涼洗氏之女也。世為南越首領，跨據山洞，部落十余萬家。夫人幼賢明，多籌略，在父母家，撫循部眾，能行軍用師，壓服諸越。每勸親族為善，由是信義結於本鄉。越人之俗，好相攻擊，夫人兄南梁州刺史挺，恃其富強，侵掠傍郡，嶺表苦之。夫人多所規諫，由是怨隙止息，海南、儋耳歸附者千餘洞。梁大同初，羅州刺史馮融聞夫人有志行，為其子高涼太守寶娉以為妻。融本北燕苗裔。初，馮弘之投高麗也，遣融大父業以三百人浮海歸宋，因留於新會。自業及融，三世為守牧，他鄉羈旅，號令不行。至是，夫人誠約本宗，使從民禮。每共寶參決辭訟，首領有犯法者，雖是親族，無所舍縱。自此政令有序，人莫敢違。……

未幾，番禺人王仲宣反，首領皆應之，圍洗於州城，進兵屯衡嶺。夫人遣孫暄帥師救洗。暄與逆党陳佛智素相友善，故遲留不進。夫人知之，大怒，遣使執暄，系於州獄。又遣孫盎出討佛智，戰克，斬之。進兵至南海，與鹿願軍會，共敗仲宣。夫人親被甲，乘介馬，張錦傘，領彀騎，衛詔使裴矩巡撫諸州，其蒼梧首領陳坦、岡州馮岑翁、梁化鄧馬頭、藤州李光略、羅州龐靖等皆來參謁。還令統其部落，嶺表遂定。高祖異之，拜盎為高州刺史，仍敕出暄，拜羅州刺史。追贈寶為廣州總管、譙國公，冊夫人為譙國夫人。

——《隋書》卷80《列女·譙國夫人》，第1800—1803頁。

戰船漂至海東躭牟羅國

百濟之先，出自高麗國。其國王有一侍婢，忽懷孕，王欲殺之。婢云："有物狀如雞子，來感於我，故有娠也。"王舍之。後遂生一男，棄之廁溷，久而不死，以為神，命養之，名曰東明。及長，高麗王忌之，東明懼，逃至淹水，夫餘人共奉之。東明之後，有仇台者，篤於仁信，始立其國于帶方故地。漢遼東太守公孫度以女妻之，漸以昌盛，為東夷強國。初以百家濟海，因號百濟。曆十餘代，代臣中國，前史載之詳矣。開皇初，其王餘昌遣使貢方物，拜昌為上開府、帶方郡公、百濟王。……

平陳之歲，有一戰船漂至海東躭牟羅國，其船得還，經於百濟，昌資送之甚厚，並遣使奉表賀平陳。高祖善之，下詔曰："百濟王既聞平陳，遠令奉表，往復至難，若逢風浪，便致傷損。百濟王心跡淳至，朕已委知。相去雖遠，事同言面，何必數遣使來相體悉。自今以後，不須年別入貢，朕亦不遣使往，王宜知之。"使者舞蹈而去。……

其南海行三月，有躭牟羅國，南北千餘里，東西數百里，土多麈鹿，附庸於百濟。百濟自西行三日，至貊國云。

——《隋書》卷81《東夷·百濟》，第1817—1820頁。

百濟人海逃入新羅稱王

新羅國，在高麗東南，居漢時樂浪之地，或稱斯羅。魏將毌丘儉討高麗，破之，奔沃沮。其後複歸故國，留者遂為新羅焉。故其人雜有華夏、高麗、百濟之屬，兼有沃沮、不耐、韓、獩之地。其王本百濟人，自海逃入新羅，遂王其國。傳祚至金真平，開皇十四年，遣使貢方物。高祖拜真平為上開府、樂浪郡公、新羅王。其先附庸於百濟，後因百濟征高麗，高麗人不堪戎役，相率歸之，遂致強盛，因襲百濟附庸于迦羅國。

——《隋書》卷81《東夷·新羅》，第1820頁。

海師何蠻羽騎尉朱寬及陳棱入流求

流求國，居海島之中，當建安郡東，水行五日而至。土多山洞。其王姓歡斯氏，名渴剌兜，不知其由來有國代數也。彼土人呼之為可老羊，妻曰多拔茶。所居曰波羅檀洞，塹柵三重，環以流水，樹棘為藩。王所居舍，其大一十六間，琱刻禽獸。多鬥鏤樹，似橘而葉密，條纖如髮，然下垂……

人深目長鼻，頗類于胡，亦有小慧。無君臣上下之節，拜伏之禮。……

以木槽中暴海水為鹽，木汁為酢，釀米麵為酒，其味甚薄。……

俗事山海之神，祭以酒肴，鬥戰殺人，便將所殺人祭其神。或依茂樹起小屋，或懸髑髏於樹上，以箭射之，或累石系幡以為神主。王之所居，壁下多聚髑髏以為佳。人間門戶上必安獸頭骨角。

大業元年，海師何蠻等，每春秋二時，天清風靜，東望依希，似有煙霧之氣，亦不知幾千里。三年，煬帝令羽騎尉朱寬入海求訪異俗，何蠻言之，遂與蠻俱往，因到流求國。言不相通，掠一人而返。明年，帝複令寬慰撫之，流求不從，寬取其布甲而還。時倭國使來朝，見之曰："此夷邪久國人所用也。"帝遣武賁郎將陳棱、朝請大夫張鎮州率兵自義安浮海擊之。至高華嶼，又東行二日至䵀鼊嶼，又一日便至流求。初，棱將南方諸國人從軍，有昆崙人頗解其語，遣人慰諭之，流求不從，拒逆官軍。棱擊走之，進至其都，頻戰皆敗，焚其宮室，虜其男女數千人，載軍實而還。自爾遂絕。

——《隋書》卷81《東夷·流求國》，第1823—1825頁。

倭聞海西有大隋

　　倭國,在百濟、新羅東南,水陸三千里,于大海之中依山島而居。魏時,譯通中國。三十余國,皆自稱王。夷人不知里數,但計以日。其國境東西五月行,南北三月行,各至於海。其地勢東高西下。都於邪靡堆,則魏志所謂邪馬台者也。古云去樂浪郡境及帶方郡並一萬二千里,在會稽之東,與儋耳相近。漢光武時,遣使入朝,自稱大夫。安帝時,又遣使朝貢,謂之倭奴國。桓、靈之間,其國大亂,遞相攻伐,歷年無主。有女子名卑彌呼,能以鬼道惑眾,於是國人共立為王。有男弟,佐卑彌理國。其王有侍婢千人,罕有見其面者,唯有男子二人給王飲食,通傳言語。其王有宮室樓觀,城柵皆持兵守衛,為法甚嚴。自魏至於齊、梁,代與中國相通。……

　　大業三年,其王多利思比孤遣使朝貢。使者曰:"聞海西菩薩天子重興佛法,故遣朝拜,兼沙門數十人來學佛法。"其國書曰"日出處天子致書日沒處天子無恙"云云。帝覽之不悅,謂鴻臚卿曰:"蠻夷書有無禮者,勿複以聞。"明年,上遣文林郎裴清使于倭國。度百濟,行至竹島,南望躭羅國,經都斯麻國,迥在大海中。又東至一支國,又至竹斯國,又東至秦王國,其人同于華夏,以為夷洲,疑不能明也。又經十余國,達於海岸。自竹斯國以東,皆附庸於倭。倭王遣小德阿輩台,從數百人,設儀仗,鳴鼓角來迎。後十日,又遣大禮哥多毗,從二百余騎郊勞。既至彼都,其王與清相見,大悅,曰:"我聞海西有大隋,禮義之國,故遣朝貢。我夷人,僻在海隅,不聞禮義,是以稽留境內,不即相見。今故清道飾館,以待大使,冀聞大國惟新之化。"清答曰:"皇帝德並二儀,澤流四海,以王慕化,故遣行人來此宣諭。"既而引清就館。其後清遣人謂其王曰:"朝命既達,請即戒塗。"於是設宴享以遣清,復令使者隨清來貢方物。此後遂絕。

　　——《隋書》卷81《東夷·倭國》,第 1825—1828 頁。

林邑王葬以金罌沉之於海

林邑之先，因漢末交址女子徵側之亂，內縣功曹子區連殺縣令，自號為王。無子，其甥范熊代立，死，子逸立。日南人範文因亂為逸僕隸，遂教之築宮室，造器械。逸甚信任，使文將兵，極得眾心。文因間其子弟，或奔或徙。及逸死，國無嗣，文自立為王。其後范佛為晉揚威將軍戴桓所破。宋交州刺史檀和之將兵擊之，深入其境。至梁、陳，亦通使往來。

其國延袤數千里，土多香木金寶，物產大抵與交址同。……

王死七日而葬，有官者三日，庶人一日。皆以函盛屍，鼓儛導從，輿至水次，積薪焚之。收其餘骨，王則內金罌中，沉之於海；有官者以銅罌，沉之於海口；庶人以瓦，送之于江。男女皆截髮，隨喪至水次，盡哀而止，歸則不哭。每七日，然香散花，複哭，盡哀而止，盡七七而罷，至百日、三年，亦如之。人皆奉佛，文字同於天竺。

高祖既平陳，乃遣使獻方物，其後朝貢遂絕。時天下無事，群臣言林邑多奇寶者。仁壽末，上遣大將軍劉方為驩州道行軍總管，率欽州刺史甯長真、驩州刺史李暈、開府秦雄步騎萬餘及犯罪者數千人擊之。

——《隋書》卷 82《南蠻·林邑》，第 1831—1833 頁。

常駿出使赤土國見綠魚群飛

赤土國，扶南之別種也。在南海中，水行百餘日而達所都。土色多赤，因以為號。東波羅剌國，西婆羅娑國，南訶羅旦國，北拒大海，地方數千里。其王姓瞿曇氏，名利富多塞，不知有國近遠。……

煬帝即位，募能通絕域者。大業三年，屯田主事常駿、虞部主事王君政等請使赤土。帝大悅，賜駿等帛各百匹，時服一襲而遣。齎物五千段，以賜赤土王。其年十月，駿等自南海郡乘舟，晝夜二旬，每值便風。至焦石山而過，東南泊陵伽缽拔多洲，西與林邑相對，上有神祠焉。又南行，至師子石，自是島嶼連接。又行二三日，西望見狼牙須國之山，於是南達雞籠島，至於赤土之界。其王遣婆羅門鳩摩羅以舶三十艘來迎，吹蠡擊鼓，以樂隋使，進金鎖以纜駿船。月餘，至其都，王遣其子那邪迦請與駿等禮見。先遣人送金盤，貯香花並鏡鑷，金合二枚，貯香油，金瓶八枚，貯香水，白㲲布四條，以擬供使者盥洗。其日未時，那邪迦又將象二頭，持孔雀蓋以迎使人，並致金花、金盤以藉詔函。男女百人奏蠡鼓，婆羅門二人導路，至王宮。駿等奉詔書上閣，王以下皆坐。宣詔訖，引駿等坐，奏天竺樂。事畢，駿等還館，又遣婆羅門就館送食，以草葉為盤，其大方丈。因謂駿曰："今是大國中人，非復赤土國矣。飲食疏薄，願為大國意而食之。"後數日，請駿等入宴，儀衛導從如初見之禮。王前設兩床，床上並設草葉盤，方一丈五尺，上有黃白紫赤四色之餅，牛、羊、魚、鱉、豬、蝳蝐之肉百餘品。延駿升床，從者坐于地席，各以金鐘置酒，女樂迭奏，禮遺甚厚。尋遣那邪迦隨駿貢方物，並獻金芙蓉冠、龍腦香。以鑄金為多羅葉，隱起成文以為表，金函封之，令婆羅門以香花奏蠡鼓而送之。既入海，見綠魚群飛水上。浮海十餘日，至林邑東南，並山而行。其海水闊千余步，色黃氣腥，舟行一日不絕，云是大魚糞也。循海北岸，達於交址。駿以六年春與那邪迦于弘農謁，帝大悅，賜駿等物二百段，俱授秉義尉，那邪迦等官賞各有差。

——《隋書》卷82《南蠻·赤土》，第1833—1835頁。

真臘國去日南郡舟行六十日

　　真臘國，在林邑西南，本扶南之屬國也。去日南郡舟行六十日，而南接車渠國，西有朱江國。其王姓剎利氏，名質多斯那。自其祖漸已強盛，至質多斯那，遂兼扶南而有之。……

　　海中有魚名建同，四足，無鱗，其鼻如象，吸水上噴，高五六十尺。有浮胡魚，其形似鮔，嘴如鸚鵡，有八足。多大魚，半身出水，望之如山。

——《隋書》卷82《南蠻·真臘》，第1837頁。

婆利國自交阯浮海出珊瑚

婆利國，自交阯浮海，南過赤土、丹丹，乃至其國。國界東西四月行，南北四十五日行。王姓剎利邪伽，名護濫那婆。官曰獨訶邪挐，次曰獨訶氏挐。國人善投輪刀，其大如鏡，中有竅，外鋒如鋸，遠以投人，無不中。其餘兵器與中國略同。俗類真臘，物產同于林邑。其殺人及盜，截其手，奸者鎖其足，朞年而止。祭祀必以月晦，盤貯酒肴，浮之流水。每十一月，必設大祭。海出珊瑚。有鳥名舍利，解人語。大業十二年，遣使朝貢，後遂絕。于時南荒有丹丹、盤盤二國，亦來貢方物，其風俗物產，大抵相類云。

——《隋書》卷82《南蠻·婆利》，第1838頁。

《舊唐書》

海上神仙不煩妄求

貞觀元年十二月壬午，上謂侍臣曰："神仙事本虛妄，空有其名。秦始皇非分愛好，遂爲方士所詐，乃遣童男女數千人隨徐福入海求仙藥，方士避秦苛虐，因留不歸。始皇猶海側踟躕以待之，還至沙丘而死。漢武帝爲求仙，乃將女嫁道術人，事既無驗，便行誅戮。據此二事，神仙不煩妄求也。"尚書左僕射、宋國公蕭瑀坐事免。戊申，利州都督義安王孝常、右武衛將軍劉德裕等謀反，伏誅。

——《舊唐書》卷2《本紀第二·太宗上》，第33頁。

舟師出萊州以伐高麗

貞觀十八年十一月壬寅，車駕至洛陽宮。庚子，命太子詹事、英國公李勣爲遼東道行軍總管，出柳城，禮部尚書、江夏郡王道宗副之；刑部尚書、鄖國公張亮爲平壤道行軍總管，以舟師出萊州，左領軍常何、瀘州都督左難當副之。發天下甲士，召募十萬，並趣平壤，以伐高麗。

——《舊唐書》卷3《本紀第三·太宗下》，第56—57頁。

括州海水泛溢

永徽七年九月癸酉，初詔戶滿三萬已上爲上州，二萬已上爲中州；先爲上州、中州者各依舊。皇后製外戚誡。庚辰，括州海水泛溢，壞安固、永嘉二縣，損四千餘家。

——《舊唐書》卷4《本紀第四·高宗上》，第76頁。

括州大风海水泛溢

總章二年六月戊申朔，日有蝕之。括州大風雨，海水泛溢永嘉、安固二縣城郭，漂百姓宅六千八百四十三區，溺殺人九千七十、牛五百頭，損田苗四千一百五十頃。冀州大水，漂壞居人廬舍數千家。並遣使賑給。

——《舊唐書》卷5《本紀第五·高宗下》，第93頁。

靑齊等州海泛溢

上元二年八月乙未，吐蕃寇疊州。庚子，以星變，避殿，減膳，放京城繫囚，令文武官各上封事言得失。壬寅，置南選使，簡補廣、交、黔等州官吏。靑、齊等州海泛溢，又大雨，漂溺居人五千家，遣使賑卹之。

——《舊唐書》卷5《本紀第五·高宗下》，第102頁。

安南市舶使與波斯僧

開元二年十二月乙丑，封皇子嗣眞爲鄫王，嗣初爲鄂王，嗣玄爲鄄王。時右威衛中郎將周慶立爲安南市舶使，與波斯僧廣造奇巧，將以進內。監選使、殿中侍御史柳澤上書諫，上嘉納之。

——《舊唐書》卷 8《本紀第八·玄宗上》，第 174 頁。

南海太守破海賊吳令光

天寶三載夏四月，南海太守劉巨鱗擊破海賊吳令光，永嘉郡平。敕兩京、天下州郡取官物鑄金銅天尊及佛各一軀，送開元觀、開元寺。

——《舊唐書》卷 9《本紀第九·玄宗下》，第 218 頁。

廣陵郡大風潮水覆船千艘

天寶十載秋八月乙卯，廣陵郡大風，潮水覆船數千艘。丙辰，京城武庫災，燒器械四十七萬事。是秋，霖雨積旬，牆屋多壞，西京尤甚。

——《舊唐書》卷 9《本紀第九·玄宗下》，第 225 頁。

宦官市舶使呂太一大掠廣州

寶應二年十二月甲辰，宦官市舶使呂太一逐廣南節度使張休，縱下大掠廣州。丁亥，車駕發陝郡還京。辛卯，鄂州大風，火發江中，焚船三千艘，焚居人廬舍二千家。

——《舊唐書》卷 11《本紀第十一·代宗》，第 274 頁。

觀察海運使

大曆十年二月甲申，以平盧淄青節度觀察海運押新羅渤海兩蕃等使、檢校工部尚書、青州刺史李正己檢校尚書左僕射；前隴右節度副使、隴州刺史馬燧爲商州刺史，充本州防禦使。

——《舊唐書》卷11《本紀第十一·代宗》，第307頁。

杭州海水翻潮

大曆十年秋七月己未，戶部尚書暢璀卒。杭州大風，海水翻潮，溺州民五千家，船千艘。

——《舊唐書》卷11《本紀第十一·代宗》，第308頁。

渤海使獻日本國舞女

大曆十二年春正月甲寅朔。辛酉，以四鎮北庭涇原節度副使、知節度使事、張掖郡王段秀實爲涇州刺史、兼御史大夫，充本州團練使。月掩軒轅。渤海使獻日本國舞女十一人。癸酉夜，月掩心前大星，又入南斗魁。京師旱，分命祈禱。

——《舊唐書》卷11《本紀第十一·代宗》，第310頁。

蝗自海而至

貞元元年五月癸卯，分命朝臣禱羣神以祈雨。蝗自海而至，飛蔽天，每下則草木及畜毛無復孑遺。穀價騰踊。辛酉，以河陽都知兵馬使雍希顏爲河陽懷都團練使。

——《舊唐書》卷11《本紀第十二·德宗上》，第349頁。

賈耽《海內華夷圖》

貞元十七年冬十月，加韋臯檢校司徒、中書令，封南康郡王，賞破吐蕃功也。戊午，鹽州刺史杜彥先委城奔慶州。辛未，宰相賈耽上《海內華夷圖》及《古今郡國縣道四夷述》四十卷。甲戌，翰林待詔戴少平死十六日復生。庚戌，以京兆尹顧少連爲吏部尚書，以吏部侍郎韋夏卿爲京兆尹。淮南節度使杜祐進通典，凡九門，共二百卷。

　　——《舊唐書》卷 13《本紀第十三·德宗下》，第 395 頁。

入海求仙事

元和五年八月乙巳朔。乙亥，上顧謂宰臣曰："神仙之事信乎？"李藩對曰："神仙之說，出於道家；所宗老子五千文爲本。老子指歸，與經無異。後代好怪之流，假託老子神仙之說。故秦始皇遣方士載男女入海求仙，漢武帝嫁女與方士求不死藥，二主受惑，卒無所得。文皇帝服胡僧長生藥，遂致暴疾不救。古詩云：'服食求神儷，多爲藥所誤。'誠哉是言也。君人者，但務求理，四海樂推，社稷延永，自然長年也。"上深然之。以浙東觀察使薛苹爲潤州刺史、浙西觀察使，以常州刺史李遜爲越州刺史、浙東觀察使。以都官郎中韋貫之爲中書舍人，起居舍人裴度爲司封員外郎、知制誥。癸巳，以鄧州刺史崔詠爲邕州刺史、本管經略使。

　　——《舊唐書》卷 14《本紀第十四·憲宗上》，第 431—432 頁。

容州颶風海水毀城

元和十一年八月壬寅，以宰臣韋貫之爲吏部侍郎，罷知政事。貫之以淮西、河北兩處用兵，勞於供餉，請緩承宗而專討元濟，與裴度爭論上前故也。戊申，容州奏颶風海水毀州城。

——《舊唐書》卷 15《本紀第十五·憲宗下》，第 457 頁。

海賊掠賣新羅人口

長慶元年三月丁酉朔，浙東奏移明州於鄮縣置。劉總進馬一萬五千匹。甲辰，鄭滑節度使王承元祖母晉國太夫人李氏來朝，既見上，令朝太后於南內。丁未，宗正寺奏："准貞元二十一年敕，宗子陪位，放五百七十人出身。准今年敕放三百人。伏緣人數至多，不霑恩澤，乞降特恩，更放二百人出身。"從之。平盧薛平奏：海賊掠賣新羅人口於緣海郡縣，請嚴加禁絕，俾異俗懷恩。從之。戊申，罷京西、京北和糴使，擾人故也。罷河北榷鹽法，許約計課利都數付榷鹽院。

——《舊唐書》卷 16《本紀第十六·穆宗》，第 486—487 頁。

青州海凍二百里

長慶二年春正月甲寅，以工部尚書、判度支崔倰檢校禮部尚書，兼鳳翔尹，充鳳翔隴節度使。以鴻臚卿、兼御史大夫張平叔判度支。復以弓高縣爲景州。青州奏海凍二百里。乙卯，以前鳳翔節度使李遜爲刑部尚書。

——《舊唐書》卷 16《本紀第十六·穆宗》，第 494 頁。

停浙東貢甜菜海蚶

長慶三年正月，敕不得買新羅人爲奴婢，已在中國者即放歸其國。……十一月，上御通化門，觀作毗沙門神，因賜絹五百匹。停浙東貢甜菜、海蚶。

——《舊唐書》卷 16《本紀第十六·穆宗》，第 502—503 頁。

福建至廣州海船运力

　　咸通三年五月，敕："嶺南分爲五管，誠已多年。居常之時，同資禦捍，有事之際，要別改張。邕州西接南蠻，深據黃洞，控兩江之獷俗，居數道之游民。比以委人太輕，軍威不振，境連內地，不並海南。宜分嶺南爲東、西道節度觀察處置等使，以廣州爲嶺南東道，邕州爲嶺南西道，別擇良吏，付以節旄。其所管八州，俗無耕桑，地極邊遠，近罹盜擾，尤甚凋殘。將盛藩垣，宜添州縣。宜割桂州管內龔州、象州，容州管內藤州、巖州，並隸嶺南西道收管。"宰臣杜悰兼司空，畢誠兼兵部尚書。駕部郎中、知制誥王鐸爲中書舍人。以邕管經略使鄭愚爲廣州刺史，充嶺南東道節度、觀察處置等使；將軍宋戎爲嶺南西道節度使。夏，淮南、河南蝗旱，民饑。南蠻陷交阯，徵諸道兵赴嶺南。詔湖南水運，自湘江入澪渠，江西造切麨粥以饋行營。湘、澪泝運，功役艱難，軍屯廣州乏食。潤州人陳磻石詣闕上書，言："江西、湖南，泝流運糧，不濟軍師，士卒食盡則散，此宜深慮。臣有奇計，以饋南軍。"天子召見，磻石因奏："臣弟聽思曾任雷州刺史，家人隨海船至福建，往來大船一隻，可致千石，自福建裝船，不一月至廣州。得船數十艘，便可致三萬石至廣府矣。"又引劉裕海路進軍破盧循故事。執政是之，以磻石爲鹽鐵巡官，往楊子院專督海運。於是康承訓之軍皆不闕供。

　　——《舊唐書》卷19上《本紀第十九上·懿宗》，第652—653頁。

海门安南人与廉州珠池

　　咸通四年七月朔，制："安南寇陷之初，流人多寄溪洞。其安南將吏官健走至海門者人數不少，宜令宋戎、李良瑰察訪人數，量事救卹。安南管內被蠻賊驅劫處，本戶兩稅、丁錢等量放二年，候收復後別有指揮。其安南溪洞首領，素推誠節，雖蠻寇竊據城壁，而酋豪各守土疆。如聞溪洞之間，悉藉嶺北茶藥，宜令諸道一任商人興販，不得禁止往來。廉州珠池，與人共利。近聞本道禁斷，遂絕通商，宜令本州任百姓採取，不得止約。其徐州銀刀官健，其中先有逃竄者，累降敕旨，不令捕逐。其今年四月十八日，草賊頭首已抵極法，其餘徒黨各自奔逃，所在更勿捕逐。”是月，東都、許、汝、徐、泗等州大水，傷稼。初，大中末，安南都護李琢貪暴，侵刻獠民，羣獠引林邑蠻攻安南府。三年，大徵兵赴援，天下騷動。其年冬，蠻竟陷交州，赴安南諸軍並令抽退，分保嶺南東、西道。

——《舊唐書》卷 19 上《本紀第十九上·懿宗》，第 654—655 頁。

淮南兩浙海運商船

咸通五年五月丁酉，制：“朕以寡昧，獲承高祖、太宗之丕構，六載於茲矣。罔畋遊是娛，罔聲色是縱，罔刑戮是濫，罔邪佞是惑。夙夜悚惕，以憂以勤，庶幾乎八表用康，兆人以泰。而西戎款附，北狄懷柔，獨惟南蠻，姦宄不率。侵陷交阯，突犯朗寧，爰及巂州，亦用攘寇。勞我士卒，興吾甲兵，騷動黎元，役力飛輓，每一軫念，閔然疚懷。……淮南、兩浙海運，虜隔舟船，訪聞商徒，失業頗甚，所由縱捨，爲弊實深。亦有搬貨財委於水次，無人看守，多至散亡，嗟怨之聲，盈於道路。宜令三道據所搬米石數，牒報所在鹽鐵巡院，令和雇入海舡船，分付所司。通計載米數足外，輒不更有隔奪，妄稱貯備。其小舸短船到江口，使司自有船，不在更取商人舟船之限。如官吏妄行威福，必議痛刑。於戲！萬方靡安，寧忘於罪己；百姓不足，敢怠於責躬。用伸欽恤之懷，式表憂勤之旨。

——《舊唐書》卷 19 上《本紀第十九上·懿宗》，第 656—657 頁。

海賊王郢攻剽浙西

乾符二年二月，以兵部侍郎、充諸道鹽鐵轉運使王凝爲秘書監，以所補吏職罪也。以吏部侍郎裴坦爲兵部侍郎，充諸道鹽鐵轉運使。……四月，海賊王郢攻剽浙西郡邑。

　　——《舊唐書》卷19下《本紀第十九下·僖宗》，第693—694頁。

黃巢之衆浙東無舟船

　　乾符五年三月，王鐸奏兖州節度使李係爲統府左司馬，兼潭州刺史，充湖南都團練觀察使。黃巢之衆再攻江西，陷虔、吉、饒、信等州，自宣州渡江，由浙東欲趨福建，以無舟船，乃開山洞五百里，由陸趨建州，遂陷閩中諸州。以吏部尚書鄭從讜、吏部侍郎崔沆考宏詞選人。

　　——《舊唐書》卷19下《本紀第十九下·僖宗》，第701—702頁。

大风当海神來迎

　　玄宗開元十三年十一月庚寅，祀昊天上帝于山上封臺之前壇，高祖神堯皇帝配享焉。邠王守禮亞獻，寧王憲終獻。皇帝飲福酒。癸巳，中書令張說進稱：“天賜皇帝太一神策，周而復始，永綏兆人。”帝拜稽首。……先是車駕至岳西來蘇頓，有大風從東北來，自午至夕，裂幕折柱，衆恐。張說倡言曰：“此必是海神來迎也。”及至岳下，天地清晏。玄宗登山，日氣和煦。至齋次日入後，勁風偃人，寒氣切骨。玄宗因不食，次前露立，至夜半，仰天稱：“某身有過，請卽降罰。若萬人無福，亦請某爲當罪。兵馬辛苦，乞停風寒。”應時風止，山氣溫暖。

　　——《舊唐書》卷23《志第三·禮儀三》，第899—900頁。

四海祭祀地点

　　五嶽、四鎮、四海、四瀆，年別一祭，各以五郊迎氣日祭之。東嶽岱山，祭於兗州；東鎮沂山，祭於沂州；東海，於萊州；東瀆大淮，於唐州。南嶽衡山，於衡州；南鎮會稽，於越州；南海，於廣州；南瀆大江，於益州。中嶽嵩山，於洛州。西嶽華山，於華州；西鎮吳山，於隴州；西海、西瀆大河，於同州。北岳恆山，於定州；北鎮醫無閭山，於營州；北海、北瀆大濟，於洛州。其牲皆用太牢，籩、豆各四。祀官以當界都督刺史充。

——《舊唐書》卷 24《志第四·禮儀四》，第 910 頁。

四海並封爲王

玄宗先天二年，封華嶽神爲金天王。開元十三年，封泰山神爲天齊王。天寶五載，封中嶽神爲中天王，南嶽神爲司天王，北嶽神爲安天王。六載，河瀆封靈源公，濟瀆封清源公，江瀆封廣源公，淮瀆封長源公。十載正月，四海並封爲王。遣國子祭酒嗣吳王祗祭東嶽天齊王，太子家令嗣魯王宇祭南嶽司天王，秘書監崔秀祭中嶽中天王，國子祭酒班景倩祭西嶽金天王，宗正少卿李成裕祭北嶽安天王；衛尉少卿李瀚祭江瀆廣源公，京兆少尹章恆祭河瀆靈源公，太子左諭德柳偡祭淮瀆長源公，河南少尹豆盧回祭濟瀆清源公；太子率更令嗣道王鍊祭沂山東安公，吳郡太守趙居貞祭會稽山永興公，大理少卿李積祭吳嶽山成德公，潁王府長史甘守默祭霍山應聖公，范陽司馬畢炕祭醫無閭山廣寧公；太子中允李隨祭東海廣德王，義王府長史張九章祭南海廣利王，太子中允柳奕祭西海廣潤王，太子洗馬李齊榮祭北海廣澤王。取三月十七日一時禮册。

——《舊唐書》卷 24《志第四·禮儀四》，第 934 頁。

交州海中南望老人星測景

謹按《南越志》："宋元嘉中，南征林邑，以五月立表望之，日在表北，影居表南。交州日影覺北三寸，林邑覺九寸一分，所謂開北戶以向日也。"交州，大略去洛九千餘里，蓋水陸曲折，非論圭表所度，惟直考實，其五千乎！開元十二年，詔太史交州測景，夏至影表南長三寸三分，與元嘉中所測大同。然則距陽城而南，使直路應弦，至於日下，蓋不盈五千里也。測影使者大相元太云："交州望極，纔出地二十餘度。以八月自海中南望老人星殊高。老人星下，環星燦然，其明大者甚衆，圖所不載，莫辨其名。大率去南極二十度以上，其星皆見。乃古渾天家以爲常沒地中，伏而不見之所也。"

——《舊唐書》卷 35《志第十五·天文上》，第 1303—1304 頁。

以蠡測海与句股之術

又先儒以南戴日下萬五千里爲句股，邪射陽城爲弦，考周徑之率以揆天度，當一千四百六里二十四步有餘。今測日影，距陽城五千餘里，已居戴日之南，則一度之廣，皆宜三分去二，計南北極相去纔八萬餘里，其徑五萬餘里，宇宙之廣，豈若是乎？然則王蕃所傳，蓋以管窺天，以蠡測海之義也。古人所以恃句股之術，謂其有徵於近事。顧未知目視不能遠，浸成微分之差，其差不已，遂與術錯。如人游於大湖，廣不盈百里，而覩日月朝夕出入湖中。及其浮于巨海，不知幾千萬里，猶覩日月朝出其中，夕入其中。若於朝夕之際，俱設重差而望之，必將小大同術而不可分矣。

——《舊唐書》卷 35《志第十五·天文上》，第 1306 頁。

东海南海分野

天文之爲十二次，所以辨析天體，紀綱辰象，上以考七曜之宿度，下以配萬方之分野，仰觀變謫，而驗之於郡國也。……貞觀中，李淳風撰法象志，始以唐之州縣配焉。至開元初，沙門一行又增損其書，更爲詳密。既事包今古，與舊有異同，頗裨後學，故錄其文著于篇。并配武德以來交蝕淺深及注蝕不虧，以紀日月之變云爾。

須女、虛、危，玄枵之次。子初起女五度，中虛九度，終危十二度。其分野：自濟北郡東踰濟水，涉平陰至于山茌，東南及高密，東盡東萊之地，又得漢之北海、千乘、淄川、濟南、齊郡及平原、渤海，盡九河故道之南，濱于碣石。自九河故道之北，屬析木分也。……

奎、婁及胃，降婁之次。戌初起奎二度，中婁一度，終胃三度。其分野：南屆鉅野，東達梁父，以負東海。又東至于呂梁，乃東南抵淮水，而東盡于徐夷之地。得漢東平、魯國。奎爲大澤，在陬訾之下流，濱于淮、泗，東北負山，爲婁、胃之墟。蓋中國膏腴之地，百穀之所阜也。胃星得馬牧之氣，與冀之北土同占。……

南斗、牽牛，星紀之次也。丑初起斗九度，中斗二十四度，終女四度。其分野：自廬江、九江，負淮水之南，盡臨淮、廣陵，至于東海，又逾南河，得漢丹陽、會稽、豫章郡，西濱彭蠡，南涉越州，盡蒼梧、南海。古吳、越及東南百越之國，皆星紀分也。南斗在雲漢之下流，當淮、海之間，爲吳分。牽牛去南河寖遠，故其分野自豫章東達會稽，南逾嶺徼，爲越分。島夷蠻貊之人，聲教之所不洎，皆係于狗國。

——《舊唐書》卷 36《志第十六·天文下》，第 1311—1316 頁。

括州暴風雨海水翻

總章二年七月，冀州奏：六月十三日夜降雨，至二十日，水深五尺，其夜暴水深一丈已上，壞屋一萬四千三百九十區，害田四千四百九十六頃。九月十八日，括州暴風雨，海水翻上，壞永嘉、安固二縣城百姓廬舍六千八百四十三區，殺人九千七十、牛五百頭，損田苗四千一百五十頃。

——《舊唐書》卷 37《志第十七·五行》，第 1352 頁。

沧州、润州、廣陵郡大風海潮

開元五年七月甲子，懷、衛、鄭、滑、汴、濮、許等州澍雨，河及支川皆溢，人皆巢舟以居，死者千計，資產苗稼無孑遺。滄州大風，海運船沒者十一二，失平盧軍糧五千餘石，舟人皆死。潤州大風從東北，海濤奔上，沒瓜步洲，損居人。……天寶十載，廣陵郡大風架海潮，淪江口大小船數千艘。

——《舊唐書》卷 37《志第十七·五行》，第 1358 頁。

杭州大風海水翻潮

大曆二年三月辛亥夜，京師大風發屋。十一月，紛霧如雪，草木冰。十年四月甲申夜，大雨雹，暴風拔樹，飄屋瓦，宮寺鴟吻飄失者十五六，人震死者十二，損京畿田稼七縣。七月己未夜，杭州大風，海水翻潮，飄蕩州郭五千餘家，船千餘隻，全家陷溺者百餘戶，死者四百餘人；蘇、湖、越等州亦然。

——《舊唐書》卷 37《志第十七·五行》，第 1361—1362 頁。

海南諸國与交趾道

安南都督府隋交趾郡。武德五年，改爲交州總管府，管交、峯、愛、仙、鳶、宋、慈、險、道、龍十州。其交州領交趾、懷德、南定、宋平四縣。……

宋平。漢西捲音拳縣地，屬日南郡。自漢至晉猶爲西捲縣。宋置宋平郡及宋平縣。隋平陳，置交州。煬帝改爲交趾，刺史治龍編，交州都護制諸蠻。其海南諸國，大抵在交州南及西南，居大海中洲上，相去或三五百里，三五千里，遠者二三萬里。乘舶舉帆，道里不可詳知。自漢武已來朝貢，必由交趾之道。武德四年，於宋平置宋州，領宋平、弘教、南定三縣。五年，又分宋平置交趾、懷德二縣。自貞觀元年，廢南宋州，以弘教、懷德、交趾三縣省入宋平縣，移交趾縣名於漢故交趾城置。以宋平、南定二縣屬交州。

——《舊唐書》卷41《志第二十一·地理四·嶺南道·
安南府在邕管之西》，第 1749—1750 頁。

日南金牛鬬則海水溢

日南，漢居風地。縣界有居風山，上有風門，常有風。其山出金牛，往往夜見，照耀十里。時鬬，則海水沸溢，有霹靂，人家牛皆怖，號曰"神牛"。隋爲日南縣。

——《舊唐書》卷41《志第二十一·地理四·嶺南道·
安南府在邕管之西》，第 1753 頁。

馬留人銅柱与南海里程

九德州所治。古越裳氏國，秦開百越，此爲象郡。漢武元鼎六年，開交趾已南，置日南郡，治於朱吾，領比景、盧容、西捲、象林五縣。吳分日南置九德郡，晉、宋、齊因之。隋改爲驩州，廢九德郡爲縣，今治也。後漢遣馬援討林邑蠻，援自交趾循海隅，開側道以避海，從蕩昌縣南至九眞郡，自九眞至其國，開陸路，至日南郡，又行四百餘里，至林邑國。又南行二千餘里，有西屠夷國，鑄二銅柱於象林南界，與西屠夷分境，以紀漢德之盛。其時，以不能還者數十人，留於其銅柱之下。至隋乃有三百餘家，南蠻呼爲"馬留人"。其水路，自安南府南海行三千餘里至林邑，計交趾至銅柱五千里。

——《舊唐書》卷41《志第二十一·地理四·嶺南道·
安南府在邕管之西》，第 1755 頁。

廉州西南有珠母海

合浦漢縣，屬合浦郡。秦之象郡地。吳改爲珠官。宋分置臨漳郡及越州，領郡三，治於此。時西江都護陳伯紹爲刺史，始立州鎮，鑿山爲城，以威俚、獠。隋改爲禄州。及爲合州，又改爲合浦。唐置廉州。大海，在西南一百六十里，有珠母海，郡人採珠之所，云合浦也。州界有瘴江，名合浦江也。

——《舊唐書》卷41《志第二十一·地理四·嶺南道·
安南府在邕管之西》，第1759頁。

薛大鼎引魚鹽於海

永徽元年，薛大鼎爲滄州刺史，界內有無棣河，隋末填廢。大鼎奏開之，引魚鹽於海。百姓歌之曰："新河得通舟楫利，直達滄海魚鹽至。昔日徒行今騁駟，美哉薛公德滂被！"咸亨三年，關中飢，監察御史王師順奏請運晉、絳州倉粟以贍之，上委以運職。河、渭之間，舟楫相繼，會于渭南，自師順始之也。

——《舊唐書》卷49《志第二十九·食貨下》，第2113頁。

山海鹽法

天寶以來，楊國忠、王鉷皆兼重使以權天下。肅宗初，第五琦始以錢穀得見。請於江、淮分置租庸使，市輕貨以救軍食，遂拜監察御史，爲之使。乾元元年，加度支郎中，尋兼中丞，爲鹽鐵使。於是始大鹽法，就山海井竈，收榷其鹽，立監院官吏。其舊業戶洎浮人欲以鹽爲業者，免其雜役，隸鹽鐵使。常戶自租庸外無橫賦，人不益稅，而國用以饒。

——《舊唐書》卷49《志第二十九·食貨下》，第2116頁。

高開道煮鹽海曲

　　高開道，滄州陽信人也。少以煮鹽自給，有勇力，走及奔馬。隋大業末，河間人格謙擁兵於豆子䴚，開道往從之，署爲將軍。後謙爲隋師所滅，開道與其黨百餘人亡匿海曲。復出掠滄州，招集得數百人，北掠城鎮，臨渝至于懷遠皆破之，悉有其衆。

　　——《舊唐書》卷 55《列傳第五·高開道》，第 2256 頁。

百越渡海侵交趾

　　丘和，河南洛陽人也。父壽，魏鎮東將軍。和少便弓馬，重氣任俠。及長，始折節，與物無忤，無貴賤皆愛之。周爲開府儀同三司。入隋，累遷右武衛將軍，封平城郡公。……

　　大業末，以海南僻遠，吏多侵漁，百姓咸怨，數爲亂逆，於是選淳良太守以撫之。黃門侍郎裴矩奏言：“丘和歷居二郡，皆以惠政著聞，寬而不擾。”煬帝從之，遣和爲交趾太守。既至，撫諸豪傑，甚得蠻夷之心。

　　會煬帝爲化及所弒，鴻臚卿甯長眞以鬱林、始安之地附於蕭銑，馮盎以蒼梧、高涼、珠崖、番禺之地附于林士弘，各遣人召之，和初未知隋亡，皆不就。林邑之西諸國，並遣遣和明珠、文犀、金寶之物，富埒王者。銑利之，遣長眞率百越之衆渡海侵和，和遣高士廉率交、愛首領擊之，長眞退走，境內獲全，郡中樹碑頌德。會舊驍果從江都還者，審知隋滅，遂以州從銑。

　　丘和，河南洛陽人也。父壽，魏鎮東將軍。和少便弓馬，重氣任俠。及長，始折節，與物無忤，無貴賤皆愛之。周爲開府儀同三司。入隋，累遷右武衛將軍，封平城郡公。

　　——《舊唐書》卷 59《列傳第九·丘和》，第 2324 頁。

敬業乘小舸擬入海投高麗

李勣孫敬業。高宗崩，則天太后臨朝，既而廢帝爲廬陵王，立相王爲皇帝，而政由天后，諸武皆當權任，人情憤怨。……（敬業）遂據揚州，鳩聚民衆，以匡復廬陵爲辭。……則天命左玉鈐衞大將軍李孝逸將兵三十萬討之……

初，敬業兵集，圖其所向，薛璋曰：“金陵王氣猶在，大江設險，可以自固。且取常、潤等州，以爲霸基，然後治兵北渡。”魏思温曰：“兵貴神速，但宜早渡淮而北，招合山東豪傑，乘其未集，直取東都，據關決戰，此上策也。”敬業不從。十月，率衆渡江，攻拔潤州，殺刺史李思文。先是，太子賢爲天后所廢，死於巴州，敬業乃求狀貌似賢者，置於城中，奉之爲主，云賢本不死。孝逸軍渡淮，至楚州，敬業之衆狼狽還江都，屯兵高郵以拒之。頻戰大敗，孝逸乘勝追躡。敬業奔至揚州，與唐之奇、杜求仁等乘小舸，將入海投高麗。追兵及，皆捕獲之。初，敬業傳檄至京師，則天讀之微哂，至“一抔之土未乾”，遽問侍臣曰：“此語誰爲之？”或對曰：“駱賓王之辭也。”則天曰：“宰相之過，安失此人？”

——《舊唐書》卷 67《列傳第十七·李敬業》，第 2490—2492 頁。

張亮自東萊渡海襲沙卑城

張亮，鄭州滎陽人也。素寒賤，以農爲業，倜儻有大節，外敦厚而內懷詭詐，人莫之知。大業末，李密略地滎、汴，亮杖策從之，未被任用。屬軍中有謀反者，亮告之，密以爲至誠，署驃騎將軍，隸於徐勣。……

貞觀十四年，入爲工部尚書。明年，遷太子詹事，出爲洛州都督。及侯君集誅，以亮先奏其將反，優詔褒美，遷刑部尚書，參預朝政。太宗將伐高麗，亮頻諫不納，因自請行。以亮爲滄海道行軍大總管，管率舟師。自東萊渡海，襲沙卑城，破之，俘男女數千口。進兵頓於建安城下，營壘未固，士卒多樵牧。賊衆奄至，軍中惶駭。亮素怯懦，無計策，但踞胡床，直視而無所言，將士見之，翻以亮爲有膽氣。其副總管張金樹等乃鳴鼓令士衆擊賊，破之。太宗知其無將帥材而不之責。

——《舊唐書》卷 69《列傳第十九·張亮》，第 2514—2516 頁。

薛萬徹自萊州泛海伐高麗

薛萬徹，雍州咸陽人，自燉煌徙焉，隋左禦衛大將軍世雄子也。世雄，大業末卒於涿郡太守。萬徹少與兄萬均隨父在幽州，俱以武略爲羅藝所親待。尋與藝歸附高祖，授萬均上柱國、永安郡公，萬徹車騎將軍、武安縣公。……

貞觀二十二年，萬徹又爲青丘道行軍大總管，率甲士三萬自萊州泛海伐高麗，入鴨綠水，百餘里至泊汋城，高麗震懼，多棄城而遁。泊汋城主所夫孫率步騎萬餘人拒戰，萬徹遣右衛將軍裴行方領步卒爲支軍繼進，萬徹及諸軍乘之，賊大潰。追奔百餘里，於陣斬所夫孫，進兵圍泊汋城。其城因山設險，阻鴨綠水以爲固，攻之未拔。高麗遣將高文率烏骨、安地諸城兵三萬餘人來援，分置兩陣。萬徹分軍以當之，鋒刃纔接而賊大潰。萬徹在軍，仗氣凌物，人或奏之。及謁見，太宗謂曰："上書者論卿與諸將不協，朕錄功棄過，不罪卿也。"因取書焚之。

——《舊唐書》卷 69《列傳第十九·薛萬徹薛萬均》，第 2517—2519 頁。

崔仁師转近海租賦

崔仁師，定州安喜人。武德初，應制舉，授管州錄事參軍。五年，侍中陳叔達薦仁師才堪史職，進拜右武衛錄事參軍，預修梁、魏等史。貞觀初，再遷殿中侍御史。時青州有逆謀事發，州縣追捕支黨，俘囚滿獄，詔仁師按覆其事。仁師至州，悉去杻械，仍與飲食湯沐以寬慰之，唯坐其魁首十餘人，餘皆原免。及奏報，詔使將往決之，大理少卿孫伏伽謂仁師曰："此獄徒侶極衆，而足下雪免者多，人皆好生，誰肯讓死？今既臨命，恐未甘心，深爲足下憂也。"仁師曰："嘗聞理獄之體，必務仁恕，故稱殺人刖足，亦皆有禮。豈有求身之安，知枉不爲申理。若以一介暗短，但易得十囚之命，亦所願也。"伏伽慚而退。及敕使至青州更訊，諸囚咸曰："崔公仁恕，事無枉濫，請伏罪。"皆無異辭。

仁師後爲度支郎中，嘗奏支度財物數千言，手不執本，太宗怪之，令黃門侍郎杜正倫齎本，仁師對唱，一無差殊，太宗大奇之。……

後仁師密奏請立魏王爲太子，忤旨，轉爲鴻臚少卿，遷民部侍郎。征遼之役，詔太常卿韋挺知海運，仁師爲副，仁師又別知河南水運。仁師以水路險遠，恐遠州所輸不時至海，遂便宜從事，遞發近海租賦以充轉輸。及韋挺以壅滯失期，除名爲民，仁師以運夫逃走不奏，坐免官。既不得志，遂作《體命賦》以暢其情，辭多不載。

——《舊唐書》卷 74《列傳第二十四·崔仁師》，
第 2620—2622 頁。

陳振鷺獻《海鷗賦》

玄宗在東宮，數幸其第，恩意甚密。湜既私附太平公主，時人咸爲之懼，門客陳振鷺獻《海鷗賦》以諷之，湜雖稱善而心實不悅。及帝將誅蕭至忠等，召將託爲腹心，湜弟滌謂湜曰："主上若有所問，不得有所隱也。"湜不從，及見帝，對問失旨。至忠等既誅，湜坐徙嶺外。時新興王晉亦連坐伏誅，臨刑歎曰："本謀此事，出自崔湜，今我就死而湜得生，何冤濫也！"俄而所司奏宮人元氏款稱與湜曾密謀進酖，乃追湜賜死。

——《舊唐書》卷74《列傳第二十四·崔湜》，第2623頁。

劉仁軌率兵浮遼海诸事

劉仁軌，汴州尉氏人也。少恭謹好學，遇隋末喪亂，不遑專習，每行坐所在，輒書空畫地，由是博涉文史。武德初，河南道大使、管國公任瓌將上表論事，仁軌見其起草，因爲改定數字，瓌甚異之，遂赤牒補息州参軍，稍除陳倉尉。部人有折衝都尉魯寧者，恃其高班，豪縱無禮，歷政莫能禁止。仁軌特加誠喩，期不可再犯，寧又暴橫尤甚，竟杖殺之。州司以聞，太宗怒曰："是何縣尉，輒殺吾折衝！"遽追入，與語，奇其剛正，擢授櫟陽丞。……

顯慶四年，出爲青州刺史。五年，高宗征遼，令仁軌監統水軍，以後期坐免，特令以白衣隨軍自効。時蘇定方既平百濟，留郎將劉仁願於百濟府城鎮守，又以左衛中郎將王文度爲熊津都督，安撫其餘眾。文度濟海病卒。百濟爲僧道琛、舊將福信率眾復叛，立故王子扶餘豐爲王，引兵圍仁願於府城。詔仁軌檢校帶方州刺史，代文度統眾，便道發新羅兵合勢以救仁願。轉鬬而前，仁軌軍容整肅，所向皆下。道琛等乃釋仁願之圍，退保任存城。

尋而福信殺道琛，併其兵馬，招誘亡叛，其勢益張。仁軌乃與仁願合軍休息。時蘇定方奉詔伐高麗，進圍平壤，不克而還。高宗敕書與仁軌曰："平壤軍迴，一城不可獨固，宜拔就新羅，共其屯守。若金法敏藉卿等留鎮，宜且停彼；若其不須，即宜泛海還也。"將士咸欲西歸，仁軌曰："春秋之義，大夫出疆，有可以安社稷、便國家，專之可也。況在滄海之外，密邇豺狼者哉！且人臣進思盡忠，有死無貳，公家之利，知無不爲。主上欲吞滅高麗，先誅百濟，留兵鎮守，制其心腹。雖妖孽充斥，而備預甚嚴，宜礪戈秣馬，擊其不意，彼既無備，何攻不克？戰而有勝，士卒自安。然後分兵據險，開張形勢，飛表聞上，更請兵船。朝廷知其有成，必當出師命將，聲援纔接，凶逆自殲。非直不弃成功，實亦永清海外。

今平壤之軍既迴，熊津又拔，則百濟餘燼，不日更興，高麗逋藪，何時可滅？且今以一城之地，居賊中心，如其失脚，即爲亡虜。拔入新羅，又是坐客，脫不如意，悔不可追。況福信兇暴，殘虐過甚，餘豐猜惑，外合內離，鴟張共處，勢必相害。唯宜堅守觀變，乘便取之，不可動也。”衆從之。時扶餘豐及福信等以眞峴城臨江高險，又當衝要，加兵守之。仁軌引新羅之兵，乘夜薄城，四面攀草而上，比明而入據其城，遂通新羅運糧之路。

俄而餘豐襲殺福信，又遣使往高麗及倭國請兵，以拒官軍。詔右威衛將軍孫仁師率兵浮海以爲之援。仁師既與仁軌等相合，兵士大振。於是諸將會議，或曰：“加林城水陸之衝，請先擊之。”仁軌曰：“加林險固，急攻則傷損戰士，固守則用日持久，不如先攻周留城。周留，賊之巢穴，羣兇所聚，除惡務本，須拔其源。若克周留，則諸城自下。”於是仁師、仁願及新羅王金法敏帥陸軍以進。仁軌乃別率杜爽、扶餘隆率水軍及糧船，自熊津江往白江，會陸軍同趣周留城。仁軌遇倭兵於白江之口，四戰捷，焚其舟四百艘，煙焰漲天，海水皆赤，賊衆大潰。餘豐脫身而走，獲其寶劍。偽王子扶餘忠勝、忠志等率士女及倭衆幷耽羅國使，一時並降。百濟諸城，皆復歸順。賊帥遲受信據任存城不降。

先是，百濟首領沙吒相如、黑齒常之自蘇定方軍迴後，鳩集亡散，各據險以應福信，至是率其衆降。仁軌諭以恩信，令自領子弟以取任存城，又欲分兵助之。孫仁師曰：“相如等獸心難信，若授以甲仗，是資寇兵也。”仁軌曰：“吾觀相如、常之皆忠勇有謀，感恩之士。從我則成，背我必滅，因機立効，在於茲日，不須疑也。”於是給其糧仗，分兵隨之，遂拔任存城，遲受信棄其妻子走投高麗。於是百濟之餘燼悉平，孫仁師與劉仁願振旅而還，詔留仁軌勒兵鎮守。

——《舊唐書》卷84《列傳第三十四·劉仁軌》，

第2789—2791頁。

白江口焚倭國舟四百艘

百濟爲僧道琛、舊將福信率衆復叛，立故王子扶餘豐爲王，引兵圍仁願於府城。詔仁軌檢校帶方州刺史，代文度統衆，便道發新羅兵合勢以救仁願……俄而餘豐襲殺福信，又遣使往高麗及倭國請兵，以拒官軍。詔右威衛將軍孫仁師率兵浮海以爲之援。仁師既與仁軌等相合，兵士大振。於是諸將會議，或曰："加林城水陸之衝，請先擊之。"仁軌曰："加林險固，急攻則傷損戰士，固守則用日持久，不如先攻周留城。周留，賊之巢穴，羣兇所聚，除惡務本，須拔其源。若克周留，則諸城自下。"於是仁師、仁願及新羅王金法敏帥陸軍以進。仁軌乃別率杜爽、扶餘隆率水軍及糧船，自熊津江往白江，會陸軍同趣周留城。仁軌遇倭兵於白江之口，四戰捷，焚其舟四百艘，煙焰漲天，海水皆赤，賊衆大潰。餘豐脫身而走，獲其寶劍。僞王子扶餘忠勝、忠志等率士女及倭衆并耽羅國使，一時並降。百濟諸城，皆復歸順。賊帥遲受信據任存城不降。

——《舊唐書》卷84《列傳第三十四·劉仁軌》，

第2791—2792頁。

渡遼海軍人公私困弊

初，百濟經福信之亂，合境凋殘，殭屍相屬。仁軌始令收斂骸骨，瘞埋弔祭之。修錄戶口，署置官長，開通塗路，整理村落，建立橋梁，補葺堤堰，修復陂塘，勸課耕種，賑貸貧乏，存問孤老。頒宗廟忌諱，立皇家社稷。百濟餘衆，各安其業。於是漸營屯田，積糧撫士，以經略高麗。仁願既至京師，上謂曰："卿在海東，前後奏請，皆合事宜，而雅有文理。卿本武將，何得然也？"對曰："劉仁軌之詞，非臣所及也。"上深歎賞之，因超加仁軌六階，正授帶方州刺史，并賜京城宅一區，厚賚其妻子，遣使降璽書勞勉之。仁軌又上表曰：

"臣蒙陛下曲垂天獎，棄瑕錄用，授之刺舉，又加連率。材輕職重，憂責更深，常思報効，冀酬萬一，智力淺短，淹滯無成。久在海外，每從征役，軍旅之事，實有所聞。具狀封奏，伏願詳察。

臣看見在兵募，手脚沉重者多，勇健奮發者少，兼有老弱，衣服單寒，唯望西歸，無心展効。臣問：'往在海西，見百姓人人投募，爭欲征行，乃有不用官物，請自辦衣糧，投名義征。何因今日募兵，如此儜弱？'皆報臣云：'今日官府，與往日不同，人心又別。貞觀、永徽年中，東西征役，身死王事者，並蒙敕使弔祭，追贈官職，亦有迴亡者官爵與其子弟。從顯慶五年以後，征役身死，更不借問。往前渡遼海者，即得一轉勳官；從顯慶五年以後，頻經渡海，不被記錄。州縣發遣兵募，人身少壯，家有錢財，參逐官府者，東西藏避，並即得脫。無錢參逐者，雖是老弱，推背即來。顯慶五年，破百濟勳，及向平壤苦戰勳，當時軍將號令，並言與高官重賞，百方購募，無種不道。洎到西岸，唯聞枷鎖推禁，奪賜破勳，州縣追呼，求住不得，公私困弊，不可言盡。發海西之日，已有自害逃走，非獨海外始逃。又爲征役，蒙授勳級，將爲榮寵；頻年征役，唯取勳官，牽挽辛苦，與白丁無別。百姓不願征行，特由於此。'陛下再興兵馬，平定百濟，留兵鎮守，經略高麗。百姓有如此議論，若爲成就功業？臣聞琴瑟不調，改而更張，布政施化，隨時取適。自非重賞明罰，何以成功？

臣又問：'見在兵募，舊留鎮五年，尚得支濟；爾等始經一年，何因如此單露？'並報臣道：'發家來日，唯遣作一年裝束，自從離家，已經二年。在朝陽甕津，又遣來去運糧，涉海遭風，多有漂失。'臣勘責見在兵募，衣裳單露，不堪度冬者，給大軍還日所留衣裳，且得一冬充事。來年秋後，更無準擬。陛下若欲殄滅高麗，不可棄百濟土地。餘豐在北，餘勇在南，百濟、高麗，舊相黨援，倭人雖遠，亦相影響，若無兵馬，還成一國。既須鎮壓，又置屯田，事藉兵士，同心同德。兵士既有此議，不可膠柱因循，須還其渡海官勳及平百濟向平壤功効。除此之外，更相褒賞，明敕慰勞，以起兵募之心。

若依今日以前布置，臣恐師老且疲，無所成就。

臣又見晉代平吳，史籍具載。內有武帝、張華，外有羊祜、杜預，籌謀策畫，經緯諮詢，王濬之徒，折衝萬里。樓船戰艦，已到石頭，賈充、王渾之輩，猶欲斬張華以謝天下。武帝報云：‘平吳之計，出自朕意，張華同朕見耳，非其本心。’是非不同，乖亂如此。平吳之後，猶欲苦繩王濬，賴武帝擁護，始得保全。不逢武帝聖明，王濬不存首領。臣每讀其書，未嘗不撫心長歎。伏惟陛下既得百濟，欲取高麗，須外內同心，上下齊奮，舉無遺策，始可成功。百姓既有此議，更宜改調。臣恐是逆耳之事，無人爲陛下盡言。自顧老病日侵，殘生詎幾？奄忽長逝，銜恨九泉，所以披露肝膽，昧死聞奏。”

上深納其言。又遣劉仁願率兵渡海，與舊鎮兵交代，仍授扶餘隆熊津都督，遣以招輯其餘衆。扶餘勇者，扶餘隆之弟也，是時走在倭國，以爲扶餘豐之應，故仁軌表言之。於是仁軌浮海西還。

初，仁軌將發帶方州，謂人曰：“天將富貴此翁耳！”於州司請曆日一卷，并七廟諱，人怪其故，答曰：“擬削平遼海，頒示國家正朔，使夷俗遵奉焉。”至是皆如其言。

麟德二年，封泰山，仁軌領新羅及百濟、耽羅、倭四國酋長赴會，高宗甚悅，擢拜大司憲。乾封元年，遷右相，兼檢校太子左中護，累前後戰功，封樂城縣男。三年，爲熊津道安撫大使，兼浿江道總管，副司空李勣討平高麗。總章二年，軍迴，以疾辭職，加金紫光祿大夫，聽致仕。

——《舊唐書》卷84《列傳第三十四·劉仁軌》，
第 2792—2794 頁。

议邊遼軍人渡海漂沒事

總章元年，時有敕，征邊遼軍人逃亡限內不首及更有逃亡者，身並處斬，家口沒官。太子上表諫曰：“竊聞所司以背軍之人，身久不出，家口皆擬沒官。亦有限外出首，未經斷罪，諸州囚禁，人數至

多。或臨時遇病，不及軍伍，緣茲怖懼，遂卽逃亡；或因樵採，被賊
抄掠；或渡海來去，漂沒滄波；或深入賊庭，有被傷殺。軍法嚴重，
皆須相僦。若不給僦，及不因戰亡，卽同隊之人，兼合有罪。遂有無
故死失，多注爲逃。軍旅之中，不暇勘當，直據隊司通狀，將作眞
逃，家口令總沒官，論情實可哀愍。書曰：‘與其殺不辜，寧失不
經。’伏願逃亡之家，免其配沒。”制從之。

　　——《舊唐書》卷 86《列傳第三十六·高宗中宗諸子·
孝敬皇帝弘》，第 2829 頁。

陸元方涉海遇風濤

　　陸元方，蘇州吳縣人。世爲著姓。曾祖琛，陳給事黃門侍郎。伯
父柬之，以工書知名，官至太子司議郎。元方舉明經，又應八科舉，
累轉監察御史。則天革命，使元方安輯嶺外，將涉海，時風濤甚壯，
舟人莫敢舉帆。元方曰：“我受命無私，神豈害我？”遽命之濟，旣
而風濤果息。使還稱旨，除殿中侍御史。

　　——《舊唐書》卷 88《列傳第三十八·陸元方》，第 2875 頁。

廣州交市与南海崑崙舶

　　王方慶，雍州咸陽人也，周少司空石泉公褒之曾孫也。其先自琅
邪南度，居於丹陽，爲江左冠族。褒北徙入關，始家咸陽焉。……

　　方慶年十六，起家越王府參軍。嘗就記室任希古受史記、漢書，
希古遷爲太子舍人，方慶隨之卒業。永淳中，累遷太僕少卿。則天臨
朝，拜廣州都督。廣州地際南海，每歲有崑崙乘舶以珍物與中國交
市。舊都督路元睿冒求其貨，崑崙懷刃殺之。方慶在任數載，秋毫不
犯。又管內諸州首領，舊多貪縱，百姓有詣府稱冤者，府官以先受首
領參餉，未嘗鞠問。方慶乃集止府僚，絕其交往，首領縱暴者悉繩
之，由是境內清肅。當時議者以爲有唐以來，治廣州者無出方慶之

右。有制褒之曰："朕以卿歷職著稱，故授此官，既美化遠聞，實副朝寄。今賜卿雜綵六十段并瑞錦等物，以彰善政也。"

——《舊唐書》卷89《列傳第三十九·王方慶》，
第2896—2897頁。

南海太守清白者四人

盧奐，早修整，歷任皆以清白聞。開元中，爲中書舍人、御史中丞、陝州刺史。二十四年，玄宗幸京師，次陝城頓，審其能政，於廳事題贊而去，曰："專城之重，分陝之雄。人多惠愛，性實謙冲。亦既利物，在乎匪躬。斯爲國寶，不墜家風。"尋除兵部侍郎。天寶初，爲晉陵太守。時南海郡利兼水陸，環寶山積，劉巨鱗、彭杲相替爲太守、五府節度，皆坐贓鉅萬而死。乃特授奐爲南海太守，遐方之地，貪吏斂迹，人用安之。以爲自開元已來四十年，廣府節度清白者有四：謂宋璟、裴伷先、李朝隱及奐。中使市舶，亦不干法。加銀青光祿大夫。經三年，入爲尚書右丞，卒。弟弈，亦傳清白，歷御史中丞而死王事，見忠義傳。弈子杞，德宗朝位至宰輔，別有傳。

——《舊唐書》卷98《列傳第四十八·盧奐》，
第3069—3070頁。

布景南海郡海味等物

天寶元年三月，擢爲陝郡太守、水陸轉運使。自西漢及隋，有運渠自關門西抵長安，以通山東租賦。奏請於咸陽擁渭水作興成堰，截灞、滻水傍渭東注，至關西永豐倉下與渭合。於長安城東九里長樂坡下、滻水之上架苑牆，東面有望春樓，樓下穿廣運潭以通舟楫，二年而成。堅預於東京、汴、宋取小斛底船三二百隻置於潭側，其船皆署牌表之。若廣陵郡船，即於栿背上堆積廣陵所出錦、鏡、銅器、海味；丹陽郡船，即京口綾衫段；晉陵郡船，即折造官端綾繡；會稽郡船，即銅器、羅、吳綾、絳紗；南海郡船，即瑇瑁、眞珠、象牙、沉香；豫章郡船，即名瓷、酒器、茶釜、茶鐺、茶椀；宣城郡船，即空青石、紙筆、黃連；始安郡船，即蕉葛、蚺蛇膽、翡翠。船中皆有米，吳郡即三破糯米、方文綾。凡數十郡。駕船人皆大笠子、寬袖衫、芒屨，如吳、楚之制。先是，人間戲唱歌詞云："得丁糺反体都董反糺那也，糺囊得体耶？潭裏船車鬧，揚州銅器多。三郎當殿坐，看唱得体歌。"

——《舊唐書》卷 105《列傳第五十五·韋堅》，
第 3222—3223 頁。

楚州置常豐堰禦海潮屯田

李承，趙郡高邑人，吏部侍郎至遠之孫，國子司業畬之第二子也。承幼孤，兄曄鞠養之。既長，事兄以孝聞。舉明經高第，累至大理評事，充河南採訪使郭納判官。尹子奇圍汴州，陷賊，拘承送洛陽。承在賊庭，密疏姦謀，多獲聞達。兩京克復，例貶撫州臨川尉。數月除德清令，旬日拜監察御史。淮南節度使崔圓請留充判官，累遷檢校刑部員外郎、兼侍御史。圓卒，歷撫州、江州二刺史，課績連最。遷檢校考功郎中兼江州刺史，徵拜吏部郎中。尋爲淮南西道黜陟使，奏於楚州置常豐堰以禦海潮，屯田瘠鹵，歲收十倍，至今受其利。

——《舊唐書》卷 115《列傳第六十五·李承》，
第 3378—3379 頁。

商舶之徒因晃事被誅

路嗣恭，京兆三原人。始名劍客，歷仕郡縣，有能名，累至神烏令，考績上上，爲天下最，以其能，賜名嗣恭。歷工部尚書、兼御史大夫、靈州大都督府長史，充關內副元帥郭子儀副使，知朔方節度營田押諸蕃部落等使，嗣恭披荊棘以守之。大將御史中丞孫守亮握重兵，倔強不受制，嗣恭稱疾召至，因殺之，威信大行。永泰三年，檢校刑部尚書，知省事。大曆六年七月，爲江南西道都團練觀察使，在官恭恪，善理財賦。……

大曆八年，嶺南將哥舒晃殺節度使呂崇賁反，五嶺騷擾，詔加嗣恭兼嶺南節度觀察使。嗣恭擢流人孟瑤、敬冕，使分其務：瑤主大軍，當其衝；冕自間道輕入，招集義勇，得八千人，以撓其心腹。二人皆有全策詭計，出其不意，遂斬晃及誅其同惡萬餘人，築爲京觀，俚洞之宿惡者皆族誅之，五嶺削平。拜檢校兵部尚書，知省事。

嗣恭起於郡縣吏，以至大官，皆以恭恪爲理著稱。及平廣州，商舶之徒，多因晃事誅之，嗣恭前後沒其家財寶數百萬貫，盡入私室，不以貢獻。代宗心甚銜之，故嗣恭雖有平方面功，止轉檢校兵部尚書，無所酬勞。及德宗卽位，楊炎受其貨，始敍前功，除兵部尚書、東都留守。尋加懷鄭汝陝四州、河陽三城節度及東都畿觀察使。徵至京師卒，時年七十一，廢朝一日，贈左僕射。

——《舊唐書》卷122《列傳第七十二·路嗣恭》，

第 3499—3500 頁。

第五琦創立鹽法

第五琦，京兆長安人。少孤，事兄華，敬順過人。及長，有吏才，以富國強兵之術自任。天寶初，事韋堅，堅敗貶官。累至須江丞，時太守賀蘭進明甚重之。會安祿山反，進明遷北海郡太守，奏琦爲錄事參軍。祿山已陷河間、信都等五郡，進明未有戰功，玄宗大怒，遣中使封刀促之，曰："收地不得，卽斬進明之首。"進明惶懼，莫知所出，琦乃勸令厚以財帛募勇敢士，出奇力戰，遂收所陷之郡。令琦奏事，至蜀中，琦得謁見，奏言："方今之急在兵，兵之強弱在賦，賦之所出，江淮居多。若假臣職任，使濟軍須，臣能使賞給之資，不勞聖慮。"玄宗大喜，卽日拜監察御史，勾當江淮租庸使。尋拜殿中侍御史。尋加山南等五道度支使，促辦應卒，事無違闕。遷司金郎中、兼御史中丞，使如故。於是創立鹽法，就山海井竈收榷其鹽，官置吏出糶。其舊業戶并浮人願爲業者，免其雜徭，隸鹽鐵使，盜賣私市罪有差。百姓除租庸外，無得橫賦，人不益稅而上用以饒。

——《舊唐書》卷 123《列傳第七十三·第五琦》，第 3516—3517 頁。

樓船戰艦揚威海門

韓滉字太沖，太子少師休之子也。少貞介好學，以蔭解褐左威衛騎曹參軍，出爲同官主簿。至德初，青齊節度鄧景山辟爲判官，授監察御史、兼北海郡司馬……大曆中，改吏部郎中、給事中……滉弄權樹黨，皆此類也。俄改太常卿，議未息，又出爲晉州刺史。數月，拜蘇州刺史、浙江東西都團練觀察使。尋加檢校禮部尚書、兼御史大夫、潤州刺史、鎮海軍節度使。……

然自關中多難，滉卽於所部閉關梁，築石頭五城，自京口至玉山，禁馬牛出境；造樓船戰艦三十餘艘，以舟師五千人由海門揚威武，至申浦而還；毀撤上元縣佛寺道觀四十餘所，修塢壁，建業抵京峴，樓雉相屬，以佛殿材於石頭城繕置館第數十。時滉以國家多難，恐有永嘉渡江之事，以爲備預，以迎鑾駕，亦申儆自守也。

——《舊唐書》卷 129《列傳第七十九·韓滉》，第 3601 頁。

西域舶泛海至廣州者歲四十餘

李勉字玄卿，鄭王元懿曾孫也。……勉幼勤經史，長而沉雅清峻，宗於虛玄，以近屬陪位，累授開封尉。時昇平日久，且汴州水陸所湊，邑居庬雜，號爲難理，勉與聯尉盧成軌等，並有擒姦摘伏之名。

大曆四年，除廣州刺史，兼嶺南節度觀察使。番禺賊帥馮崇道、

桂州叛將朱濟時等阻洞爲亂，前後累歲，陷沒十餘州。勉至，遣將李
觀與容州刺史王翃併力招討，悉斬之，五嶺平。前後西域舶泛海至者
歲纔四五，勉性廉潔，舶來都不檢閱，故末年至者四十餘。在官累
年，器用車服無增飾。及代歸，至石門停舟，悉搜家人所貯南貨犀象
諸物，投之江中，耆老以爲可繼前朝宋璟、盧奐、李朝隱之徒。人吏
詣闕請立碑，代宗許之。十年，拜工部尚書。及滑亳永平軍節度令狐
彰卒，遺表舉勉自代，因除之。在鎮八年，以舊德清重，不嚴而理，
東諸侯雖暴驁者，亦宗敬之。

——《舊唐書》卷 131《列傳第八十一·李勉》，

第 3633—3635 頁。

賈耽繪大圖外薄四海

　　賈耽字敦詩，滄州南皮人。以兩經登第，調授貝州臨清縣尉。上
疏論時政，授絳州正平尉。從事河東，檢校膳部員外郎、太原少尹、
北都副留守。又檢校禮部郎中、節度副使。改汾州刺史，在郡七年，
政績茂異。入爲鴻臚卿，時左右威遠營隸鴻臚，耽仍領其使。大曆十
四年十一月，檢校左散騎常侍、兼梁州刺史、御史大夫、山南西道節
度使。……

　　耽好地理學，凡四夷之使及使四夷還者，必與之從容，訊其山川
土地之終始。是以九州之夷險，百蠻之土俗，區分指畫，備究源流。
自吐蕃陷隴右積年，國家守於內地，舊時鎮戍，不可復知。耽乃畫
《隴右、山南圖》，兼黃河經界遠近，聚其說爲書十卷，表獻曰：

　　“臣聞楚左史倚相能讀九丘，晉司空裴秀創爲六體；九丘乃成賦
之古經，六體則爲圖之新意。臣雖愚昧，夙嘗師範，累蒙拔擢，遂忝
台司。雖歷踐職任，誠多曠闕，而率土山川，不忘瘝瘝。其大圖外薄
四海，內別九州，必藉精詳，乃可摹寫，見更纘集，續冀畢功。然而
隴右一隅，久淪蕃寇，職方失其圖記，境土難以區分。輒扣課虛微，
採掇輿議，畫《關中隴右及山南九州等圖》一軸。伏以洮、湟舊墟，

連接監牧；甘、涼右地，控帶朔陲。岐路之偵候交通，軍鎮之備禦衝要，莫不匠意就實，依稀像眞。如聖恩遣將護邊，新書授律，則靈、慶之設險在目，原、會之封略可知。諸州諸軍，須論里數人額；諸山諸水，須言首尾源流。圖上不可備書，憑據必資記注，謹撰別錄六卷。又黃河爲四瀆之宗，西戎乃羣羌之帥，臣並研尋史牒，翦棄浮詞，馨所聞知，編爲四卷，通錄都成十卷。文義鄙朴，伏增慙悚。"

德宗覽之稱善，賜廐馬一匹、銀綵百匹、銀瓶盤各一。至十七年，又譔成《海內華夷圖》及《古今郡國縣道四夷述》四十卷，表獻之，曰：

"臣聞地以博厚載物，萬國棋布；海以委輸環外，百蠻繡錯。中夏則五服、九州，殊俗則七戎、六狄，普天之下，莫非王臣。昔冊丘出師，東銘不耐；甘英奉使，西抵條支；奄蔡乃大澤無涯，罽賓則懸度作險。或道理回遠，或名號改移，古來通儒，罕遍詳究。臣弱冠之歲，好聞方言，筮仕之辰，注意地理，究觀研考，垂三十年。絕域之比鄰，異蕃之習俗，梯山獻琛之路，乘舶來朝之人，咸究竟其源流，訪求其居處。闤闠之行賈，戎貊之遺老，莫不聽其言而掇其要；閭閻之瑣語，風謠之小說，亦收其是而芟其僞。

然殷、周以降，封略益明，承曆數者八家，渾區宇者五姓，聲教所及，惟唐爲大。秦皇罷侯置守，長城起於臨洮；孝武却地開邊，障塞限於雞鹿；東漢則哀牢請吏；西晉則神離結轍；隋室列四郡於卑和海西，創三州於扶南江北，遼陽失律，因而棄之。高祖神堯皇帝誕膺天命，奄有四方。太宗繼明重熙，柔遠能邇，踰大磧通道，北至仙娥，於骨利幹置玄闕州。高宗嗣守丕績，克廣前烈，遣單車齎詔，西越葱山，於波剌斯立疾陵府。中宗復配天之業，不失舊物。睿宗含先天之量，惟新永圖。玄宗以大孝清內，以無爲理外，大宛驒騄，歲充內廐，與貳師之窮兵黷武，豈同年哉！肅宗掃平氛祲，潤澤生人。代宗剗除殘孽，彝倫攸敍。伏惟皇帝陛下，以上聖之姿，當太平之運，敦信明義，履信包元，惠養黎蒸，懷柔遐裔。故瀘南貢麗水之金，漠北獻余吾之馬，玄化洋溢，率土霑濡。

臣幼切磋於師友，長趨侍於軒墀，自揣屑愚，叨榮非據，鴻私莫答，夙夜兢惶。去興元元年，伏奉進止，令臣修撰國圖，旋即充使魏州、汴州，出鎮東洛、東郡，間以衆務，不遂專門，績用尚虧，憂愧彌切。近乃力竭衰病，思殫所聞見，叢於丹青。謹令工人畫《海內華夷圖》一軸，廣三丈，從三丈三尺，率以一寸折成百里。別章甫左衽，莫高山大川；縮四極於纖縞，分百郡於作繪。宇宙雖廣，舒之不盈庭；舟車所通，覽之咸在目。并撰《古今郡國縣道四夷述》四十卷，中國以禹貢爲首，外夷以班史發源，郡縣紀其增減，蕃落敍其衰盛。前地理書以黔州屬酉陽，今則改入巴郡；前西戎志以安國爲安息，今則改入康居。凡諸疏舛，悉從釐正。隴西、北地，播棄於永初之中；遼東、樂浪，陷屈於建安之際。曹公棄陘北，晉氏遷江南，緣邊累經侵盜，故墟日致堙毀。舊史撰錄，十得二三，今書搜補，所獲太半。周禮職方，以淄、時爲幽州之浸，以華山爲荊河之鎮，既有乖於禹貢，又不出於淹中，多聞闕疑，詎敢編次。其古郡國題以墨，今州縣題以朱，今古殊文，執習簡易。臣學謝小成，才非博物。伏波之聚米，開示衆軍；鄭侯之圖書，方知阨塞。企慕前哲，嘗所寄心，輒罄庸陋，多慚紕繆。”

優詔答之，賜錦綵二百匹、袍段六、錦帳二、銀瓶盤各一、銀榼二、馬一匹，進封魏國公。順宗卽位，檢校司空，守左僕射，知政事如故。時王叔文用事，政出羣小，耽惡其亂政，屢移病乞骸，不許。耽性長者，不喜臧否人物。自居相位，凡十三年，雖不能以安危大計啓沃於人主，而常以檢身屬行以律人。每自朝歸第，接對賓客，終日無倦，至於家人近習，未嘗見其喜慍之色，古之淳德君子，何以加焉！永貞元年十月卒，時年七十六，廢朝四日，册贈太傅，諡曰元靖。

——《舊唐書》卷138《列傳第八十八·賈耽》，第3782—3787頁。

名將泛海至青齊

陽惠元，平州人。以材力從軍，隸平盧節度劉正臣。後與田神功、李忠臣等相繼泛海至青、齊間，忠勇多權略，稱爲名將。又以兵隸神策，充神策京西兵馬使，鎮奉天。

初，大曆中，兩河平定，事多姑息。李正己有淄、青、齊、海、登、萊、沂、密、德、棣、曹、濮、徐、兗、鄆十五州之地，養兵十萬；李寶臣有恆、易、深、趙、滄、冀、定七州之地，有兵五萬；田承嗣有魏、博、相、衞、洺、貝、澶七州之地，有兵五萬；梁崇義有襄、鄧、均、房、復、郢六州之地，其衆二萬。皆始因叛亂得侯，各擅土宇，雖泛稟朝旨，而威刑爵賞，生殺自專，盤根結固，相爲表裏。朝廷常示大信，不爲拘限，緩之則嫌釁自作，急之則合謀。或聞詔旨將增一城，浚一池，必皆怨怒有辭，則爲之罷役，而自於境内治兵繕壘以自固。凡歷三朝，殆二十年，國家不敢興拳石撮土之役。

——《舊唐書》卷 144《列傳第九十四·陽惠元》，第 3914 頁。

侯希逸過海至青徐

邢君牙，瀛州樂壽人也。少從軍於幽薊、平盧，以戰功歷果毅折衝郎將，充平盧兵馬使。安祿山反，隨平盧節度使侯希逸過海，至青、徐間。田神功之討劉展，君牙又從神功戰伐有功，歷將軍、試光祿卿。神功既爲兗鄆節度使，令君牙領防秋兵入鎮好時。屬吐蕃陵犯，代宗幸陝，君牙隸屬禁軍扈從。後又以戰功加鴻臚卿，累封河間郡公。

——《舊唐書》卷 144《列傳第九十四·邢君牙》，第 3925 頁。

兵馬使葦筏過海

李忠臣，本姓董，名秦，平盧人也，世家于幽州薊縣。……忠臣少從軍，在卒伍之中，材力冠異。事幽州節度薛楚玉、張守珪、安祿山等，頻委征討，積勞至折衝郎將、將軍同正、平盧軍先鋒使。及祿山反，與其倫輩密議，殺僞節度呂知誨，立劉正臣爲節度，以忠臣爲兵馬使。……正臣卒，又與衆議以安東都護王玄志爲節度使。

至德二載正月，玄志令忠臣以步卒三千自雍奴爲葦筏過海，賊將石帝庭、烏承洽來拒，忠臣與董竭忠退之，轉戰累日，遂收魯城、河間、景城等，大獲資糧，以赴本軍。復與大將田神功率兵討平原、樂安郡，下之，擒僞刺史臧瑜等，防河招討使李銑承制以忠臣爲德州刺史。

——《舊唐書》卷 145《列傳第九十五·李忠臣》，

第 3939—3940 頁。

使新羅者私貨規利海東

歸崇敬字正禮，蘇州吳郡人也。……天寶末，對策高第，授左拾遺，改秘書郎。遷起居郎、贊善大夫，兼史館修撰，又加集賢殿校理。以家貧求爲外職，歷同州、潤州長史，會玄宗、肅宗二帝山陵，參掌禮儀，遷主客員外郎。……

大曆初，以新羅王卒，授崇敬倉部郎中、兼御史中丞，賜紫金魚袋，充弔祭、册立新羅使。至海中流，波濤迅急，舟船壞漏，衆咸驚駭。舟人請以小艇載崇敬避禍，崇敬曰：“舟中凡數十百人，我何獨濟？”逡巡，波濤稍息，竟免爲害。故事，使新羅者，至海東多有所求，或攜資帛而往，貿易貨物，規以爲利；崇敬一皆絶之，東夷稱重其德。使還，授國子司業，兼集賢學士。與諸儒官同修通志，崇敬知禮儀志，衆稱允當。

——《舊唐書》卷 149《列傳第九十九·歸崇敬》，

第 4014—4016 頁。

廣州刺史盡沒海舶貨利

　　王鍔字昆吾，自言太原人。本湖南團練營將。初，楊炎貶道州司馬，鍔候炎於路，炎與言異之。後嗣曹王皋爲團練使，擢任鍔，頗便之。使招邵州武岡叛將王國良有功，表爲邵州刺史。及皋改江西節度使，李希烈南侵，皋請鍔以勁兵三千鎮尋陽。後皋自以全軍臨九江，既襲得蘄州，盡以衆渡，乃表鍔爲江州刺史、兼中丞，充都虞候，因以鍔從。小心習事，善探得軍府情狀，至於言語動靜，巨細畢以白皋。皋亦推心委之，雖家宴妻女之會，鍔或在焉。鍔感皋之知，事無所避。

　　後皋攻安州，使伊慎盛兵圍之，賊懼，請皋使至城中以約降，皋使鍔懸而入。既成約，殺不從者以出。明日城開，皋以其衆入。伊慎以賊恟懼，由其圍也，不下鍔，鍔稱疾避之。及皋爲荆南節度使，表鍔爲江陵少尹、兼中丞，欲列於賓倅。馬彝、裴泰鄙鍔請去，乃復以爲都虞候。

　　明年，從皋至京師，皋稱鍔於德宗曰："鍔雖文用小不足，他皆可以試驗。"遂拜鴻臚少卿。尋除容管經略使，凡八年，谿洞安之。遷廣州刺史、御史大夫、嶺南節度使。廣人與夷人雜處，地征薄而叢求於川市。鍔能計居人之業而權其利，所得與兩稅相埒。鍔以兩稅錢上供時進及供奉外，餘皆自入。西南大海中諸國舶至，則盡沒其利，由是鍔家財富於公藏。日發十餘艇，重以犀象珠貝，稱商貨而出諸境。周以歲時，循環不絕，凡八年，京師權門多富鍔之財。拜刑部尚書。時淮南節度使杜佑屢請代，乃以鍔檢校兵部尚書，充淮南副節度使。鍔始見佑，以趨拜悅佑，退坐司馬廳事。數日，詔杜佑以鍔代之。

——《舊唐書》卷 151《列傳第一百一·王鍔》，
第 4059—4060 頁。

準詔帥南海者禱南海神

孔戣字君嚴。登進士第，鄭滑節度使盧羣辟爲從事。羣卒，命戣權掌留務，監軍使以氣凌之，戣無所屈降。入爲侍御史，累轉尚書郎。元和初，改諫議大夫。侃然忠讜，有諫臣體。……

元和十二年，嶺南節度使崔詠卒，三軍請帥，宰相奏擬皆不稱旨。因入對，上謂裴度曰："嘗有上疏論南海進蚶菜者，詞甚忠正，此人何在，卿第求之。"度退訪之，或曰祭酒孔戣嘗論此事，度徵疏進之，即日授廣州刺史、兼御史大夫、嶺南節度使。戣剛正清儉，在南海，請刺史俸料之外，絕其取索。先是帥南海者，京師權要多託買南人爲奴婢，戣不受託。至郡，禁絕賣女口。先是準詔禱南海神，多令從事代祠。戣每受詔，自犯風波而往。韓愈在潮州，作詩以美之。時桂管經略使楊旻、桂仲武、裴行立等騷動生蠻，以求功伐，遂至嶺表累歲用兵。唯戣以清儉爲理，不務邀功，交、廣大理。穆宗即位，召爲吏部侍郎。長慶中，或告戣在南海時家人受略，上不之責，改右散騎常侍。二年，轉尚書左丞。累請老，詔以禮部尚書致仕，優詔褒美。仍令所司歲致羊酒，如漢禮徵士故事。長慶四年正月卒，時年七十三。

——《舊唐書》卷 154《列傳第一百四·孔戣》，
第 4097—4098 頁。

韓愈述潮州漲海颶風鱷魚

韓愈字退之，昌黎人。父仲卿，無名位。愈生三歲而孤，養於從父兄。愈自以孤子，幼刻苦學儒，不俟獎勵。大曆、貞元之間，文字多尚古學，效楊雄、董仲舒之述作，而獨孤及、梁肅最稱淵奧，儒林推重。……尋登進士第。宰相董晉出鎮大梁，辟爲巡官。府除，徐州張建封又請爲其賓佐。愈發言眞率，無所畏避，操行堅正，拙於世務。……元和十四年，貶爲潮州刺史。愈至潮陽，上表曰：

“臣今年正月十四日，蒙恩授潮州刺史，卽日馳驛就路。經涉嶺海，水陸萬里。臣所領州，在廣府極東，去廣府雖云二千里，然來往動皆踰月。過海口，下惡水，濤瀧壯猛，難計期程，颶風鱷魚，患禍不測。州南近界，漲海連天，毒霧瘴氛，日夕發作。臣少多病，年纔五十，髮白齒落，理不久長。加以罪犯至重，所處又極遠惡，憂惶慚悸，死亡無日。單立一身，朝無親黨，居蠻夷之地，與魑魅同羣。苟非陛下哀而念之，誰肯爲臣言者。

臣受性愚陋，人事多所不通，唯酷好學問文章，未嘗一日暫廢，實爲時輩推許。臣於當時之文，亦未有過人者，至於論述陛下功德，與詩、書相表裏，作爲歌詩，薦之郊廟，紀太山之封，鏤白玉之牒，鋪張對天之宏休，揚厲無前之偉跡，編於詩、書之策而無愧，措於天地之間而無虧。雖使古人復生，臣未肯多讓。伏以大唐受命有天下，四海之內，莫不臣妾，南北東西，地各萬里。自天寶之後，政治少懈，文致未優，武克不綱。孽臣姦隸，外順內悖，父死子代，以祖以孫，如古諸侯，自擅其地，不朝不貢，六七十年。四聖傳序，以至陛下，躬親聽斷，干戈所麾，無不從順。宜定樂章，以告神明，東巡泰山，奏功皇天，使永永萬年，服我成烈。當此之際，所謂千載一時不可逢之嘉會，而臣負罪嬰釁，自拘海島，戚戚嗟嗟，日與死迫，曾不得奏薄伎於從官之內、隸御之間，窮思畢精，以贖前過。懷痛窮天，死不閉目！瞻望宸極，魂神飛去。伏惟陛下，天地父母，哀而憐之。”

憲宗謂宰臣曰：“昨得韓愈到潮州表，因思其所諫佛骨事，大是愛我，我豈不知？然愈爲人臣，不當言人主事佛乃年促也。我以是惡其容易。”上欲復用愈，故先語及，觀宰臣之奏對。而皇甫鎛惡愈狷直，恐其復用，率先對曰：“愈終太狂疏，且可量移一郡。”乃授袁州刺史。

初，愈至潮陽，旣視事，詢吏民疾苦，皆曰：“郡西湫水有鱷魚，卵而化，長數丈，食民畜產將盡，以是民貧。”居數日，愈往視之，令判官秦濟炮一豚一羊，投之湫水，呪之曰：

"前代德薄之君，棄楚、越之地，則鱷魚涵泳於此可也。今天子神聖，四海之外，撫而有之。況揚州之境，刺史縣令之所治，出貢賦以共天地宗廟之祀，鱷魚豈可與刺史雜處此土哉？刺史受天子命，令守此土，而鱷魚睅然不安谿潭，食民畜熊鹿麞豕，以肥其身，以繁其卵，與刺史爭爲長。刺史雖駑弱，安肯爲鱷魚低首而下哉？今潮州大海在其南，鯨鵬之大，蝦蟹之細，無不容，鱷魚朝發而夕至。今與鱷魚約，三日乃至七日，如頑而不徙，須爲物害，則刺史選材伎壯夫，操勁弓毒矢，與鱷魚從事矣！"

呪之夕，有暴風雷起於湫中。數日，湫水盡涸，徙於舊湫西六十里。自是潮人無鱷患。袁州之俗，男女隸於人者，踰約則沒入出錢之家。愈至，設法贖其所沒男女，歸其父母。仍削其俗法，不許隸人。十五年，徵爲國子祭酒，轉兵部侍郎。

——《舊唐書》卷 160《列傳第一百一十·韓愈》，
第 4195—4203 頁。

廣州刺史積聚南海珍貨

鄭權，滎陽開封人也。登進士第，釋褐涇原從事。……穆宗即位，改左散騎常侍，充入迴鶻告哀使。憚其遠役，辭以足疾，不獲免，肩輿而行。權器度魁偉，有辭辯。既至虜廷，與虜主爭論曲直，言辭激壯，可汗深敬異之。長慶元年使還，出爲河南尹，入拜工部侍郎，遷本曹尚書。以家人數多，俸入不足，求爲鎮守。旬月，檢校右僕射、廣州刺史、嶺南節度使。初權出鎮，有中人之助，南海多珍貨，權頗積聚以遺之，大爲朝士所嗤。四年十月卒。

——《舊唐書》卷 162《列傳第一百一十二·鄭權》，
第 4245—4246 頁。

胡証蓄積廣州海舶之利

胡証字啟中，河東人。……敬宗卽位之初，檢校戶部尚書，守京兆尹。數月，遷左散騎常侍。寶曆初，拜戶部尚書、判度支，上表乞免，願效藩服。寶曆二年，檢校兵部尚書、廣州刺史，充嶺南節度使。大和二年，以疾上表求還京師。是歲十月卒于嶺南，時年七十一，廢朝一日，贈左僕射。

廣州有海舶之利，貨貝狎至。証善蓄積，務華侈，厚自奉養，童奴數百，於京城修行里起第，連亙閭巷。嶺表奇貨，道途不絕，京邑推爲富家。証素與賈餗善，及李訓事敗，禁軍利其財，稱証子溦匿餗，乃破其家。一日之內，家財並盡。軍人執溦入左軍，仇士良命斬之以徇。時溦弟湘爲太原從事，忽白晝見綠衣人無首，血流被地，入于室，湘惡之。翌日，溦凶問至，而湘獲免。

——《舊唐書》卷 163《列傳第一百一十三·胡証·胡溦·胡湘》，第 4259—4260 頁。

南海有蠻舶之利

盧鈞字子和，本范陽人。祖炅，父繼。鈞，元和四年進士擢第，又書判拔萃，調補校書郎，累佐諸侯府。大和五年，遷左補闕。與同職理宋申錫之枉，由是知名。歷尚書郎，出爲常州刺史。九年，拜給事中。開成元年，出爲華州刺史、潼關防禦、鎮國軍等使。

其年冬，代李從易爲廣州刺史、御史大夫、嶺南節度使。南海有蠻舶之利，珍貨輻湊。舊帥作法興利以致富，凡爲南海者，靡不梱載而還。鈞性仁恕，爲政廉潔，請監軍領市舶使，己一不干預。自貞元已來，衣冠得罪流放嶺表者，因而物故，子孫貧悴，雖遇赦不能自還。凡在封境者，鈞減俸錢爲營槥櫝。其家疾病死喪，則爲之醫藥殯殮，孤兒稚女，爲之婚嫁，凡數百家。由是山越之俗，服其德義，令不嚴而人化。三年將代，華蠻數千人詣闕請立生祠，銘功頌德。先是土人與蠻獠雜居，婚娶相通，吏或撓之，相誘爲亂。鈞至立法，俾華蠻異處，婚娶不通，蠻人不得立田宅，由是徼外肅清，而不相犯。

——《舊唐書》卷 177《列傳第一百二十七·盧鈞》，
第 4591—4592 頁。

南海有市舶之利

鄭畋字台文，滎陽人也。……畋年十八，登進士第。……乾符四年，遷吏部侍郎。……

乾符五年，黃巢起曹、鄆，南犯荆、襄，東渡江、淮，眾歸百萬，所經屢陷郡邑。六年，陷安南府據之，致書與浙東觀察使崔璆，求鄆州節鉞。璆言賊勢難圖，宜因授之，以絕北顧之患，天子下百僚議。初黃巢之起也，宰相盧攜以浙西觀察使高駢素有軍功，奏爲淮南節度使，令扼賊衝，尋以駢爲諸道行營都統。及崔璆之奏，朝臣議之。有請假節以紓患者，畋採羣議，欲以南海節制縻之。攜以始用高駢，欲立奇功以圖勝。攜曰："高駢將略無雙，淮土甲兵甚銳。今諸道之師方集，蕞爾纖寇，不足平殄。何事捨之示怯，而令諸軍解體耶！"畋曰："巢賊之亂，本因饑歲。人以利合，乃至實繁，江、淮以南，薦食殆半。國家久不用兵，士皆忘戰，所在節將，閉門自守，尚不能枝。不如釋咎包容，權降恩澤。彼本以饑年利合，一遇豐歲，孰不懷思鄉土？其眾一離，則巢賊几上肉耳，此所謂不戰而屈人兵也。若此際不以計攻，全恃兵力，恐天下之憂未艾也。"羣議然之，而左僕射于琮曰："南海有市舶之利，歲貢珠璣。如令妖賊所有，國藏漸當廢竭。"上亦望駢成功，乃依攜議。及中書商量制敕，畋曰："妖賊百萬，橫行天下，高公遷延玩寇，無意剪除，又從而保之，彼得計矣。國祚安危，在我輩三四人畫度。公倚淮南用兵，吾不知稅駕之所矣。"攜怒，拂衣而起，袂染於硯，因投之。僖宗聞之怒，曰："大臣相詬，何以表儀四海？"

二人俱罷政事，以太子賓客分司東都。

——《舊唐書》卷 178《列傳第一百二十八·鄭畋》，

第 4630—4633 頁。

滄州刺史引魚鹽於海

　　薛大鼎，蒲州汾陽人，周太子少傅博平公善孫也。父粹，隋介州長史。漢王諒謀反，授絳州刺史，諒敗伏誅。大鼎以年幼免死，配流辰州，後得還鄉里。義旗初建，於龍門謁高祖，因說："請勿攻河東，從龍門直渡，據永豐倉，傳檄遠近，則足食足兵。既總天府，據百二之所，斯亦拊背扼喉之計。"高祖深然之。時將士咸請先攻河東，遂從衆議。授大將軍府察非掾。

　　貞觀中，累轉鴻臚少卿、滄州刺史。州界有無棣河，隋末填廢，大鼎奏開之，引魚鹽於海。百姓歌之曰："新河得通舟楫利，直達滄海魚鹽至。昔日徒行今騁駟，美哉薛公德滂被。"大鼎又以州界卑下，遂決長蘆及漳、衡等三河，分洩夏潦，境內無復水害。時與瀛州刺史賈敦頤、曹州刺史鄭德本，俱有美政，河北稱爲"鐺脚刺史"。

——《舊唐書》卷 185 上《列傳第一百三十五上·良吏上·

薛大鼎》，第 4787—4788 頁。

高麗潛藏山海之間

龍朔三年，高宗將伐高麗，君球上疏諫曰：

　　"臣聞心之病者，不能緩聲；事之急者，不能安言；性之慈者，不能隱情。且食君之祿者，死君之事，今臣食陛下之祿矣，其敢愛身乎？臣聞司馬法曰："國雖大，好戰必亡；天下雖安，忘戰必危。"兵者凶器，戰者危事，故聖主明王重行之也。愛人力之盡，恐府庫之殫，懼社稷之危，生中國之患。故古人云："務廣德者昌，務廣地者亡。"昔秦始皇好戰不已，至于失國，是不愛其內而務其外故也。漢武遠討朔方，殆乎萬里，廣拓南海，分爲八郡，終於戶口減半，國用空虛，至於末年，方垂哀痛之詔，自悔其失。彼高麗者，辟側小醜，潛藏山海之間，得其人不足以彰聖化，棄其地不足以損天威，何至乎疲中國之人，傾府庫之實，使男子不得耕耘，女子不得蠶織。陛下爲人父母，不垂惻隱之心，傾其有限之貨，貪於無用之地。設令高麗旣滅，卽不得不發兵鎮守，少發則兵威不足，多發則人心不安，是乃疲於轉戍，萬姓無聊生也。萬姓無聊，卽天下敗矣。天下旣敗，陛下何以自安？故臣以爲征之不如不征，滅之不如不滅。"

書奏不納。尋遷蔚州刺史，未行，改爲興州刺史。累遷揚州大都督府長史，政尙嚴肅，人吏憚之，盜賊屛跡，高宗頻降書勞勉。

——《舊唐書》卷 185 上《列傳第一百三十五上·良吏上·李君球》，第 4790 頁。

穿平虜渠糧運避海艱

姜師度，魏人也。明經舉。神龍初，累遷易州刺史、兼御史中丞，爲河北道監察兼支度營田使。師度勤於爲政，又有巧思，頗知溝洫之利。始於薊門之北，漲水爲溝，以備奚、契丹之寇。又約魏武舊渠，傍海穿漕，號爲平虜渠，以避海艱，糧運者至今利焉。尋加銀靑光祿大夫，累遷大理卿。景雲二年，轉司農卿。

——《舊唐書》卷 185 下《列傳第一百三十五下·良吏下·姜師度》，第 4816 頁。

王義方致祭自誓於海神

王義方，泗州漣水人也。少孤貧，事母甚謹，博通五經，而謇傲獨行。初舉明經，因詣京師，中路逢徒步者，自云父爲潁上令，聞病篤，倍道將往焉，徒步不前，計無所出。義方解所乘馬與之，不告姓名而去。俄授晉王府參軍，直弘文館。特進魏徵甚禮之，將以姪女妻之，義方竟娶徵之姪女，告人曰："昔不附宰相之勢，今感知己之言故也。"轉太子校書。

無何，坐與刑部尚書張亮交通，貶爲儋州吉安丞。行至海南，舟人將以酒脯致祭，義方曰："黍稷非馨，義在明德。"乃酌水而祭，爲文曰："思帝鄉而北顧，望海浦而南浮。必也行愆諸己，義負前修。長鯨擊水，天吳覆舟。因忠獲戾，以孝見尤。四維霧廓，千里安流。靈應如響，無作神羞。"時當盛夏，風濤蒸毒，既而開霽，南渡吉安。蠻俗荒梗，義方召諸首領，集生徒，親爲講經，行釋奠之禮，清歌吹籥，登降有序，蠻酋大喜。

貞觀二十三年，改授洹水丞。時張亮兄子皎，配流在崖州，來依義方而卒，臨終託以妻子及致屍還鄉。義方與皎妻自誓於海神，使奴負柩，令皎妻抱其赤子，乘義方之馬，身獨步從而還。先之原武葬皎，告祭張亮，送皎妻子歸其家而往洹水。轉雲陽丞，擢爲著作佐郎。

——《舊唐書》卷187上《列傳第一百三十七上·忠義上·王義方》，第4874頁。

海夷頗重學問

朱子奢，蘇州吳人也。少從鄉人顧彪習春秋左氏傳，後博觀子史，善屬文。隋大業中，直祕書學士。及天下大亂，辭職歸鄉里，尋附于杜伏威。武德四年，隨伏威入朝，授國子助教。貞觀初，高麗、百濟同伐新羅，連兵數年不解，新羅遣使告急。乃假子奢員外散騎侍郎充使，喻可以釋三國之憾，雅有儀觀，東夷大欽敬之，三國王皆上表謝罪，賜遺甚厚。初，子奢之出使也，太宗謂曰："海夷頗重學問，卿爲大國使，必勿藉其束脩，爲之講說。使還稱旨，當以中書舍人待卿。"子奢至其國，欲悅夷虜之情，遂爲發春秋左傳題，又納其美女之贈。使還，太宗責其違旨，猶惜其才，不至深譴，令散官直國子學。轉諫議大夫、弘文館學士，遷國子司業，仍爲學士。子奢風流

...

蘊藉，頗滑稽，又輔之以文義，由是數蒙宴遇，或使論難於前。十五年卒。

——《舊唐書》卷189上《列傳第一百三十九上·儒學上·朱子奢》，第4948頁。

達摩齎衣鉢航海而來

僧神秀，姓李氏，汴州尉氏人。少遍覽經史，隋末出家爲僧。後遇蘄州雙峯山東山寺僧弘忍，以坐禪爲業，乃歎伏曰："此眞吾師也。"便往事弘忍，專以樵汲自役，以求其道。

昔後魏末，有僧達摩者，本天竺王子，以護國出家，入南海，得禪宗妙法，云自釋迦相傳，有衣鉢爲記，世相付授。達摩齎衣鉢航海而來，至梁，詣武帝，帝問以有爲之事，達摩不說。乃之魏，隱於嵩山少林寺，遇毒而卒。其年，魏使宋雲於葱嶺回，見之，門徒發其墓，但有衣履而已。達摩傳慧可，慧可嘗斷其左臂，以求其法；慧可傳璨；璨傳道信；道信傳弘忍。

——《舊唐書》卷191《列傳第一百四十一·方伎·神秀》，第5109—5110頁。

鄒待徵妻薄氏爲海賊所掠

鄒待徵妻薄氏。待徵，大曆中爲常州江陰縣尉，其妻爲海賊所掠。薄氏守節，出待徵官告於懷中，託付村人，使謂待徵曰："義不受辱。"乃投江而死。賊退潮落，待徵於江岸得妻屍焉。江左文士，多著節婦文以紀之。

——《舊唐書》卷193《列傳第一百四十三·列女·鄒待徵妻薄氏》，第5148—5149頁。

林邑東南海中婆利國

　　婆利國，在林邑東南海中洲上。其地延袤數千里，自交州南渡海，經林邑、扶南、赤土、丹丹數國乃至焉。其人皆黑色，穿耳附璫。王姓刹利耶伽，名護路那婆，世有其位。王戴花形如皮弁，裝以眞珠瓔珞，身坐金牀。侍女有金花寶縷之飾，或持白拂孔雀扇。行則駕象，鳴金擊鼓吹蠡爲樂。男子皆拳髮，被古貝布，橫幅以繞腰。風氣暑熱，恆如中國之盛夏。穀一歲再熟。有古貝草，緝其花以作布，粗者名古貝，細者名白氎。貞觀四年，其王遣使隨林邑使獻方物。

　　——《舊唐書》卷 197《列傳第一百四十七·南蠻·西南蠻·
婆利》，第 5270—5271 頁。

林邑西南海曲中盤盤國

　　盤盤國，在林邑西南海曲中，北與林邑隔小海，自交州船行四十日乃至。其國與狼牙修國爲鄰，人皆學婆羅門書，甚敬佛法。貞觀九年，遣使來朝，貢方物。

　　——《舊唐書》卷 197《列傳第一百四十七·南蠻·西南蠻·
盤盤》，第 5271 頁。

海中有大魚的眞臘國

　　眞臘國，在林邑西北，本扶南之屬國，“崑崙”之類。在京師南二萬七百里，北至愛州六十日行。其王姓刹利氏。有大城三十餘所，王都伊奢那城。風俗被服與林邑同。地饒瘴癘毒。海中大魚有時半出，望之如山。每五六月中，毒氣流行，即以牛豕祠之，不者則五穀不登。其俗東向開戶，以東爲上。有戰象五千頭，尤好者飼以飯肉。與鄰國戰，則象隊在前，於背上以木作樓，上有四人，皆持弓箭。國尚佛道及天神，天神爲大，佛道次之。

武德六年，遣使貢方物。貞觀二年，又與林邑國俱來朝獻。太宗嘉其陸海疲勞，錫賚甚厚。南方人謂眞臘國爲吉蔑國。自神龍以後，眞臘分爲二：半以南近海多陂澤處，謂之水眞臘；半以北多山阜，謂之陸眞臘，亦謂之文單國。高宗、則天、玄宗朝，並遣使朝貢。

水眞臘國，其境東西南北約員八百里，東至奔陀浪州，西至墮羅鉢底國，南至小海，北卽陸眞臘。其王所居城號婆羅提拔。國之東界有小城，皆謂之國。其國多象。元和八年，遣李摩那等來朝。

——《舊唐書》卷 197《列傳第一百四十七·南蠻·西南蠻·眞臘》，第 5271—5272 頁。

獻白鸚鵡的陀洹國

陀洹國，在林邑西南大海中，東南與墮和羅接，去交趾三月餘日行。賓服於墮和羅。其王姓察失利，字婆末婆那。土無蠶桑，以白氎朝霞布爲衣。俗皆樓居，謂之“干欄”。貞觀十八年，遣使來朝。二十一年，又遣使獻白鸚鵡及婆律膏，仍請馬及銅鐘，詔並給之。

——《舊唐書》卷 197《列傳第一百四十七·南蠻·西南蠻·陀洹》，第 5272 頁。

獻僧祇僮的訶陵國

訶陵國，在南方海中洲上居，東與婆利、西與墮婆登、北與眞臘接，南臨大海。豎木爲城，作大屋重閣，以棕櫚皮覆之，王坐其中，悉用象牙爲牀。食不用匙箸，以手而撮。亦有文字，頗識星曆。俗以椰樹花爲酒，其樹生花，長三尺餘，大如人膊，割之取汁以成酒，味甘，飲之亦醉。貞觀十四年，遣使來朝。大曆三年、四年皆遣使朝貢。元和十年，遣使獻僧祇僮五人、鸚鵡、頻伽鳥幷異種名寶。以其使李訶內爲果毅，訶內請迴授其弟，詔褒而從之。十三年，遣使進僧祇女二人、鸚鵡、玳瑁及生犀等。

——《舊唐書》卷197《列傳第一百四十七·南蠻·西南蠻·
訶陵》，第5273頁。

獻象牙的墮和羅國

墮和羅國，南與盤盤、北與迦羅舍佛、東與眞臘接，西鄰大海。去廣州五月日行。貞觀十二年，其王遣使貢方物。二十三年，又遣使獻象牙、火珠，請賜好馬，詔許之。

——《舊唐書》卷197《列傳第一百四十七·南蠻·西南蠻·
墮和羅》，第5273頁。

北界大海的墮婆登國

墮婆登國，在林邑南，海行二月，東與訶陵、西與迷黎車接，北界大海。風俗與訶陵略同。其國種稻，每月一熟。亦有文字，書之於貝多葉。其死者，口實以金，又以金釧貫於四肢，然後加以婆律膏及龍腦等香，積柴以燔之。貞觀二十一年，其王遣使獻古貝、象牙、白檀，太宗璽書報之，幷賜以雜物。

——《舊唐書》卷197《列傳第一百四十七·南蠻·西南蠻·
墮婆登》，第5273—5274頁。

天竺國

天竺國，卽漢之身毒國，或云婆羅門地也。在葱嶺西北，周三萬餘里。其中分爲五天竺：其一曰中天竺，二曰東天竺，三曰南天竺，四曰西天竺，五曰北天竺。地各數千里，城邑數百。南天竺際大海；北天竺拒雪山，四周有山爲壁，南面一谷，通爲國門；東天竺東際大海，與扶南、林邑鄰接；西天竺與罽賓、波斯相接；中天竺據四天竺之會，其都城週迴七十餘里，北臨禪連河。云昔有婆羅門領徒千人，肆業於樹下，樹神降之，遂爲夫婦。宮室自然而立，僮僕甚盛。於是使役百神，築城以統之，經日而就。此後有阿育王，復役使鬼神，累石爲宮闕，皆雕文刻鏤，非人力所及。阿育王頗行苛政，置炮烙之刑，謂之地獄，今城中見有其迹焉。

中天竺王姓乞利咥氏，或云刹利氏，世有其國，不相篡弑。厥土卑濕暑熱，稻歲四熟。有金剛，似紫石英，百鍊不銷，可以切玉。又有旃檀、鬱金諸香。通於大秦，故其寶物或至扶南、交趾貿易焉。百姓殷樂，俗無簿籍，耕王地者輸地利。以齒貝爲貨。人皆深目長鼻。致敬極者，舐足摩踵。家有奇樂倡伎。其王與大臣多服錦罽。上爲螺髻於頂，餘髮翦之使拳。俗皆徒跣。衣重白色，唯梵志種姓披白氎以爲異。死者或焚屍取灰，以爲浮圖；或委之中野，以施禽獸；或流之於河，以飼魚鼈。無喪紀之文。謀反者幽殺之，小犯罰錢以贖罪。不孝則斷手刖足，截耳割鼻，放流邊外。有文字，善天文算曆之術。其人皆學悉曇章，云是梵天法。書於貝多樹葉以紀事。不殺生飲酒。國中往往有舊佛跡。

隋煬帝時，遣裴矩應接西蕃，諸國多有至者，唯天竺不通，帝以爲恨。當武德中，其國大亂。其嗣王尸羅逸多練兵聚衆，所向無敵，象不解鞍，人不釋甲，居六載而四天竺之君皆北面以臣之，威勢遠振，刑政甚肅。貞觀十五年，尸羅逸多自稱摩伽陀王，遣使朝貢，太宗降璽書慰問，尸羅逸多大驚，問諸國人曰："自古曾有摩訶震旦使人至吾國乎？"皆曰："未之有也。"乃膜拜而受詔書，因遣使朝貢。太宗以其地遠，禮之甚厚，復遣衛尉丞李義表報使。尸羅逸多遣大臣郊迎，傾城邑以縱觀，焚香夾道，逸多率其臣下東面拜受敕書，復遣使獻火珠及鬱金香、菩提樹。

貞觀十年，沙門玄奘至其國，將梵本經論六百餘部而歸。先是遣右率府長史王玄策使天竺，其四天竺國王咸遣使朝貢。會中天竺王尸羅逸多死，國中大亂，其臣那伏帝阿羅那順篡立，乃盡發胡兵以拒玄策。玄策從騎三十人與胡禦戰，不敵，矢盡，悉被擒。胡並掠諸國貢獻之物。玄策乃挺身宵遁，走至吐蕃，發精銳一千二百人，并泥婆羅國七千餘騎，以從玄策。玄策與副使蔣師仁率二國兵進至中天竺國城，連戰三日，大破之，斬首三千餘級，赴水溺死者且萬人，阿羅那順棄城而遁，師仁進擒獲之。虜男女萬二千人，牛馬三萬餘頭匹。於是天竺震懼，俘阿羅那順以歸。二十二年至京師，太宗大悅，命有司告宗廟，而謂羣臣曰："夫人耳目玩於聲色，口鼻耽於臭味，此乃敗德之源。若婆羅門不劫掠我使人，豈爲俘虜耶？昔中山以貪寶取弊，蜀侯以金牛致滅，莫不由之。"拜玄策朝散大夫。是時就其國得方士那羅邇娑婆寐，自言壽二百歲，云有長生之術。太宗深加禮敬，館之於金飈門內，造延年之藥。令兵部尚書崔敦禮監主之，發使天下，採諸奇藥異石，不可稱數。延歷歲月，藥成，服竟不効，後放還本國。太宗之葬昭陵也，刻石像阿羅那順之形，列於玄闕之下。

　　五天竺所屬之國數十，風俗物產略同。有伽沒路國，其俗開東門以向日。王玄策至，其王發使貢以奇珍異物及地圖，因請老子像及道德經。那揭陀國，有醯羅城，中有重閣，藏佛頂骨及錫杖。貞觀二十年，遣使貢方物。天授二年，東天竺王摩羅枝摩、西天竺王尸羅逸多、南天竺王遮婁其拔羅婆、北天竺王婁其那那、中天竺王地婆西那，並來朝獻。景龍四年，南天竺國復遣使來朝。景雲元年，復遣使貢方物。開元二年，西天竺復遣使貢方物。八年，南天竺國遣使獻五色能言鸚鵡。其年，南天竺國王尸利那羅僧伽請以戰象及兵馬討大食及吐蕃等，仍求有及名其軍，玄宗甚嘉之，名軍爲懷德軍。九月，南天竺王尸利那羅僧伽寶多枝摩爲國造寺，上表乞寺額，敕以歸化爲名賜之。十一月，遣使冊利那羅伽寶多爲南天竺國王，遣使來朝。十七年六月，北天竺國三藏沙門僧密多獻質汗等藥。十九年十月，中天竺國王伊沙伏摩遣其大德僧來朝貢。二十九年三月，中天竺王子李承恩來朝，授游擊將軍，放還。天寶中，累遣使來。

　　　　——《舊唐書》卷198《列傳第一百四十八·西戎·天竺》，

第5306—5309頁。

乾元元年寇廣州的波斯

波斯國，在京師西一萬五千三百里，東與吐火羅、康國接，北鄰突厥之可薩部，西北拒拂菻，正西及南俱臨大海。戶數十萬。其王居有二城，復有大城十餘，猶中國之離宮。其王初嗣位，便密選子才堪承統者，書其名字，封而藏之。王死後，大臣與王之羣子共發封而視之，奉所書名者爲主焉。其王冠金花冠，坐獅子牀，服錦袍，加以瓔珞。俗事天地日月水火諸神，西域諸胡事火祆者，皆詣波斯受法焉。其事神，以麝香和蘇塗鬚點額，及於耳鼻，用以爲敬，拜必交股。文字同於諸胡。男女皆徒跣。丈夫翦髮，戴白皮帽，衣不開襟，并有巾帔，多用蘇方青白色爲之，兩邊緣以織成錦。婦人亦巾帔裙衫，辮髮垂後，飾以金銀。其國乘象而戰，每一象，戰士百人，有敗衄者則盡殺之。國人生女，年十歲已上有姿貌者，其王收而養之，以賞有功之臣。俗右尊而左卑。以六月一日爲歲首。

斷獄不爲文書約束，口決於庭。其繫囚無年限，唯王者代立則釋之。其叛逆之罪，就火祆燒鐵灼其舌，瘡白者爲理直，瘡黑者爲有罪。其刑有斷手、刖足、髡鉗、劓剕，輕罪翦鬚，或繫牌於項以志之，經時月而釋焉。其強盜一入獄，至老更不出，小盜罰以銀錢。死亡則棄之於山，制服一月而即吉。氣候暑熱，土地寬平，知耕種，多畜牧，有鳥形如橐駝，飛不能高，食草及肉，亦能噉犬攫羊，土人極以爲患。又多白馬、駿犬，或赤日行七百里者，駿犬今所謂波斯犬也。出驍及大驢、師子、白象、珊瑚樹高一二尺、琥珀、車渠、瑪瑙、火珠、玻瓈、琉璃、無食子、香附子、訶黎勒、胡椒、蓽撥、石蜜、千年棗、甘露桃。

隋大業末，西突厥葉護可汗頻擊破其國，波斯王庫薩和爲西突厥所殺，其子施利立，葉護因分其部帥監統其國，波斯竟臣於葉護。及葉護可汗死，其所令監統者因自擅於波斯，不復役屬於西突厥。施利立一年卒，乃立庫薩和之女爲王，突厥又殺之。施利之子單羯方奔拂蒜，於是國人迎而立之，是爲伊恆支，在位二年而卒。兄子伊嗣候立。二十一年，伊嗣候遣使獻一獸，名活褥蛇，形類鼠而色青，身長八九寸，能入穴取鼠。伊嗣候懦弱，爲大首領所逐，遂奔吐火羅，未至，亦爲大食兵所殺。其子名卑路斯，又投吐火羅葉護，獲免。卑路斯龍朔元年奏言頻被大食侵擾，請兵救援。詔遣隴州南由縣令王名遠充使西域，分置州縣，因列其地疾陵城爲波斯都督府，授卑路斯爲都督。是後數遣使貢獻。咸亨中，卑路斯自來入朝，高宗甚加恩賜，拜右武衛將軍。儀鳳三年，令吏部侍郎裴行儉將兵册送卑路斯爲波斯王，行儉以其路遠，至安西碎葉而還，卑路斯獨返，不得入其國，漸爲大食所侵，客於吐火羅國二十餘年，有部落數千人，後漸離散。至景龍二年，又來入朝，拜爲左威衛將軍，無何病卒，其國遂滅，而部衆猶存。

自開元十年至天寶六載，凡十遣使來朝，并獻方物。四月，遣使獻瑪瑙牀。九年四月，獻火毛繡舞筵、長毛繡舞筵、無孔眞珠。乾元元年，波斯與大食同寇廣州，劫倉庫，焚廬舍，浮海而去。大曆六年，遣使來朝，獻眞珠等。

——《舊唐書》卷 198《列傳第一百四十八·西戎·波斯》，

第 5311—5313 頁。

拂菻國在西海之上

拂菻國，一名大秦，在西海之上，東南與波斯接，地方萬餘里，列城四百，邑居連屬。其宮宇柱櫳，多以水精瑠璃爲之。有貴臣十二人共治國政，常使一人將囊隨王車，百姓有事者，即以書投囊中，王還宮省發，理其枉直。其王無常人，簡賢者而立之。國中災異及風雨不時，輒廢而更立。其王冠形如鳥舉翼，冠及瓔珞，皆綴以珠寶，著錦繡衣，前不開襟，坐金花牀。有一鳥似鵝，其毛綠色，常在王邊倚枕上坐，每進食有毒，其鳥輒鳴。其都城疊石爲之，尤絕高峻，凡有十萬餘戶，南臨大海。城東面有大門，其高二十餘丈，自上及下，飾以黃金，光輝燦爛，連曜數里。自外至王室，凡有大門三重，列異寶雕飾。第二門之樓中，懸一大金秤，以金丸十二枚屬於衡端，以候日之十二時焉，爲一金人，其大如人，立於側，每至一時，其金丸輒落，鏗然發聲，引唱以紀日時，毫釐無失。其殿以瑟瑟爲柱，黃金爲地，象牙爲門扇，香木爲棟梁。其俗無瓦，擣白石爲末，羅之塗屋上，其堅密光潤，還如玉石。至於盛暑之節，人厭嚣熱，乃引水潛流，上徧於屋宇，機制巧密，人莫之知。觀者惟聞屋上泉鳴，俄見四簷飛溜，懸波如瀑，激氣成涼風，其巧妙如此。

風俗，男子翦髮，披帔而右袒，婦人不開襟，錦爲頭巾。家資滿億，封以上位。有羊羔生於土中，其國人候其欲萌，乃築牆以院之，防外獸所食也。然其臍與地連，割之則死，唯人著甲走馬及擊鼓以駭之，其羔驚鳴而臍絕，便逐水草。俗皆髡而衣繡，乘輜軿白蓋小車，出入擊鼓，建旌旗幡幟。土多金銀奇寶，有夜光璧、明月珠、駭雞犀、大貝、車渠、瑪瑙、孔翠、珊瑚、琥珀，凡西域諸珍異多出其國。隋煬帝常將通拂菻，竟不能致。

貞觀十七年，拂菻王波多力遣使獻赤玻璃、綠金精等物，太宗降璽書答慰，賜以綾綺焉。自大食強盛，漸陵諸國，乃遣大將軍摩栧伐其都城，因約爲和好，請每歲輸之金帛，遂臣屬大食焉。乾封二年，遣使獻底也伽。大足元年，復遣使來朝。開元七年正月，其主遣吐火羅大首領獻獅子、羚羊各二。不數月，又遣大德僧來朝貢。

——《舊唐書》卷198《列傳第一百四十八·西戎·拂菻》，第5313—5315頁。

大食國破拂菻始有米麵之屬

大食國，本在波斯之西。大業中，有波斯胡人牧駝於俱紛摩地那之山，忽有獅子人語謂之曰："此山西有三穴，穴中大有兵器，汝可取之。穴中并有黑石白文，讀之便作王位。"胡人依言，果見穴中有石及稍刃甚多，上有文，教其反叛。於是糾合亡命，渡恆曷水，劫奪商旅，其衆漸盛，遂割據波斯西境，自立爲王。波斯、拂菻各遣兵討之，皆爲所敗。

永徽二年，始遣使朝貢。其王姓大食氏，名噉密莫末膩，自云有國已三十四年，歷三主矣。其國男兒色黑多鬚，鼻大而長，似婆羅門；婦人白晳。亦有文字。出駞馬，大於諸國。兵刃勁利。其俗勇於戰鬭，好事天神。土多沙石，不堪耕種，唯食駞馬等肉。俱紛摩地那山在國之西南，鄰於大海，其王移穴中黑石置之於國。又嘗遣人乘船，將衣糧入海，經八年而未及西岸。海中見一方石，石上有樹，幹赤葉青，樹上總生小兒，長六七寸，見人皆笑，動其手脚，頭著樹枝，其使摘取一枝，小兒便死，收在大食王宮。又有女國，在其西北，相去三月行。

龍朔初，擊破波斯，又破拂菻，始有米麪之屬。又將兵南侵婆羅門，吞併諸胡國，勝兵四十餘萬。長安中，遣使獻良馬。景雲二年，又獻方物。開元初，遣使來朝，進馬及寶鈿帶等方物。其使謁見，唯平立不拜，憲司欲糾之，中書令張說奏曰：“大食殊俗，慕義遠來，不可置罪。”上特許之。尋又遣使朝獻，自云在本國惟拜天神，雖見王亦無致拜之法，所司屢詰責之，其使遂請依漢法致拜。其時西域康國、石國之類，皆臣屬之，其境東西萬里，東與突騎施相接焉。

——《舊唐書》卷 198《列傳第一百四十八·西戎·大食》，

第 5315—5316 頁。

漢樂浪郡故地高麗

高麗者，出自扶餘之別種也。其國都於平壤城，即漢樂浪郡之故地，在京師東五千一百里。東渡海至於新羅，西北渡遼水至于營州，南渡海至于百濟，北至靺鞨。東西三千一百里，南北二千里。其官大者號大對盧，比一品，總知國事，三年一代，若稱職者，不拘年限。交替之日，或不相祗服，皆勒兵相攻，勝者爲之。其王但閉宮自守，不能制禦。次曰太大兄，比正二品。對盧以下官，總十二級。外置州縣六十餘城。大城置傉薩一，比都督。諸城置道使，比刺史。其下各有僚佐，分掌曹事。衣裳服飾，唯王五綵，以白羅爲冠，白皮小帶，其冠及帶，咸以金飾。官之貴者，則青羅爲冠，次以緋羅，插二鳥羽，及金銀爲飾，衫筒袖，袴大口，白韋帶，黃韋履。國人衣褐戴弁，婦人首加巾幗。好圍棊投壺之戲，人能蹴鞠。食用籩豆、簠簋、罇俎、罍洗，頗有箕子之遺風。

其所居必依山谷，皆以茅草葺舍，唯佛寺、神廟及王宮、官府乃用瓦。其俗貧窶者多，冬月皆作長坑，下燃熅火以取暖。種田養蠶，略同中國。其法：有謀反叛者，則集衆持火炬競燒灼之，爛備體，然後斬首，家悉籍沒；守城降敵，臨陣敗北，殺人行劫者斬；盜物者，十二倍酬贓；殺牛馬者，沒身爲奴婢。大體用法嚴峻，少有犯者，乃至路不拾遺。其俗多淫祀，事靈星神、日神、可汗神、箕子神。國城東有大穴，名神隧，皆以十月，王自祭之。俗愛書籍，至於衡門廝養之家，各於街衢造大屋，謂之扃堂，子弟未婚之前，晝夜於此讀書習射。其書有五經及《史記》、《漢書》、范曄《後漢書》、《三國志》、孫盛《晉春秋》、《玉篇》、《字統》、《字林》；又有《文選》，尤愛重之。

其王高建武，卽前王高元異母弟也。武德二年，遣使來朝。四年，又遣使朝貢。高祖感隋末戰士多陷其地，五年，賜建武書曰："朕恭膺寶命，君臨率土，祗順三靈，綏柔萬國。普天之下，情均撫字，日月所照，咸使乂安。王既統攝遼左，世居藩服，思稟正朔，遠循職貢。故遣使者，跋涉山川，申布誠懇，朕甚嘉焉。方今六合寧晏，四海清平，玉帛既通，道路無壅。方申輯睦，永敦聘好，各保疆場，豈非盛美。但隋氏季年，連兵構難，攻戰之所，各失其民。遂使骨肉乖離，室家分析，多歷年歲，怨曠不申。今二國通和，義無阻異，在此所有高麗人等，已令追括，尋卽遣送；彼處有此國人者，王可放還，務盡撫育之方，共弘仁恕之道。"於是建武悉搜括華人，以禮賓送，前後至者萬數，高祖大喜。

七年，遣前刑部尚書沈叔安往册建武爲上柱國、遼東郡王、高麗王，仍將天尊像及道士往彼，爲之講老子，其王及道俗等觀聽者數千人。高祖嘗謂侍臣曰：“名實之間，理須相副。高麗稱臣於隋，終拒煬帝，此亦何臣之有！朕敬於萬物，不欲驕貴，但據有土宇，務共安人，何必令其稱臣，以自尊大。卽爲詔述朕此懷也。”侍中裴矩、中書侍郎溫彥博曰：“遼東之地，周爲箕子之國，漢家玄菟郡耳！魏、晉已前，近在提封之內，不可許以不臣。且中國之於夷狄，猶太陽之對列星，理無降尊，俯同藩服。”高祖乃止。九年，新羅、百濟遣使訟建武，云閉其道路，不得入朝。又相與有隙，屢相侵掠。詔員外散騎侍郎朱子奢往和解之。建武奉表謝罪，請與新羅對使會盟。

貞觀二年，破突厥頡利可汗，建武遣使奉賀，幷上封域圖。五年，詔遣廣州都督府司馬長孫師往收瘞隋時戰亡骸骨，毀高麗所立京觀。建武懼伐其國，乃築長城，東北自扶餘城，西南至海，千有餘里。十四年，遣其太子桓權來朝，幷貢方物，太宗優勞甚至。

十六年，西部大人蓋蘇文攝職有犯，諸大臣與建武議欲誅之。事洩，蘇文乃悉召部兵，云將校閱，幷盛陳酒饌於城南，諸大臣皆來臨視，蘇文勒兵盡殺之，死者百餘人。焚倉庫，因馳入王宮，殺建武，立建武弟大陽子藏爲王。自立爲莫離支，猶中國兵部尚書兼中書令職也，自是專國政。蘇文姓泉氏，鬚貌甚偉，形體魁傑，身佩五刀，左右莫敢仰視。恆令其屬官俯伏於地，踐之上馬；及下馬，亦如之。出必先布隊仗，導者長呼以辟行人，百姓畏避，皆自投坑谷。

太宗聞建武死，爲之舉哀，使持節弔祭。十七年，封其嗣王藏爲遼東郡王、高麗王。又遣司農丞相里玄奬齎璽書往說諭高麗，令勿攻新羅。蓋蘇文謂玄奬曰：“高麗、新羅，怨隙已久。往者隋室相侵，新羅乘釁奪高麗五百里之地，城邑新羅皆據有之。自非反地還城，此兵恐未能已。”玄奬曰：“旣往之事，焉可追論？”蘇文竟不從。太宗顧謂侍臣曰：“莫離支賊弒其主，盡殺大臣，用刑有同坑穽，百姓轉動輒死，怨痛在心，道路以目。夫出師弔伐，須有其名，因其弒君虐下，敗之甚易也。”

十九年，命刑部尚書張亮爲平壤道行軍大總管，領將軍常何等率江、淮、嶺、硤勁卒四萬，戰船五百艘，自萊州汎海趨平壤；又以特進英國公李勣為遼東道行軍大總管，禮部尚書江夏王道宗為副，領將軍張士貴等率步騎六萬趨遼東；兩軍合勢，太宗親御六軍以會之。

夏四月，李勣軍渡遼，進攻蓋牟城，拔之，獲生口二萬，以其城置蓋州。五月，張亮副將程名振攻沙卑城，拔之，虜其男女八千口。是日，李勣進軍於遼東城。帝次遼澤，詔曰：“頃者隋師渡遼，時非天贊，從軍士卒，骸骨相望，徧於原野，良可哀歎。掩骼之義，誠為先典，其令並收瘞之。”國內及新城步騎四萬來援遼東，江夏王道宗率騎四千逆擊，大破之，斬首千餘級。帝渡遼水，詔撤橋梁，以堅士卒志。帝至遼東城下，見士卒負擔以填塹者，帝分其尤重者，親於馬上持之。從官悚動，爭齎以送城下。時李勣已率兵攻遼東城。高麗聞我有拋車，飛三百觔石於一里之外者，甚懼之，乃於城上積木為戰樓以拒飛石。勣列車發石以擊其城，所遇盡潰。又推撞車撞其樓閣，無不傾倒。帝親率甲騎萬餘，與李勣會，圍其城。俄而南風甚勁，命縱火焚其西南樓，延燒城中，屋宇皆盡。戰士登城，賊乃大潰，燒死者萬餘人，俘其勝兵萬餘口，以其城為遼州。初，帝自定州命每數十里置一烽，屬于遼城，與太子約，克遼東，當舉烽。是日，帝命舉烽，傳入塞。

師次白崖城，命攻之，右衛大將軍李思摩中弩矢，帝親為吮血，將士聞之，莫不感勵。其城因山臨水，四面險絕。李勣以撞車撞之，飛石流矢，雨集城中。六月，帝臨其西北，城主孫伐音潛遣使請降，曰：“臣已願降，其中有貳者。”詔賜以旗幟，曰：“必降，建之城上。”伐音舉幟於城上，高麗以為唐兵登也，乃悉降。初，遼東之陷也，伐音乞降，既而中悔，帝怒其反覆，許以城中人物分賜戰士。及是，李勣言於帝曰：“戰士奮屬爭先，不顧矢石者，貪虜獲耳。今城垂拔，奈何更許其降，無乃辜將士之心乎？”帝曰：“將軍言是也。然縱兵殺戮，虜其妻孥，朕所不忍也。將軍麾下有功者，朕以庫物賞之，庶因將軍贖此一城。”遂受降，獲士女一萬，勝兵二千四百，以其城置巖州，授孫伐音為巖州刺史。我軍之渡遼也，莫離支遣加尸城七百人戍蓋牟城，李勣盡虜之，其人並請隨軍自效。太宗謂曰：“誰不欲爾之力，爾家悉在加尸，爾爲吾戰，彼將爲戮矣！破一家之妻子，求一人之力用，吾不忍也。”悉令放還。

車駕進次安市城北，列營進兵以攻之。高麗北部傉薩高延壽、南部耨薩高惠貞率高麗、靺鞨之衆十五萬來援安市城。賊中有對盧，年老習事，謂延壽曰：“吾聞中國大亂，英雄並起。秦王神武，所向無敵，遂平天下，南面爲帝，北夷請服，西戎獻款。今者傾國而至，猛將銳卒，悉萃於此，其鋒不可當也。今爲計者，莫若頓兵不戰，曠日持久，分遣驍雄，斷其饋運，不過旬日，軍糧必盡，求戰不得，欲歸無路，此不戰而取勝也。”延壽不從，引軍直進。太宗夜召諸將，躬自指麾。遣李勣率步騎一萬五千於城西嶺爲陣；長孫無忌率牛進達等精兵一萬一千以爲奇兵，自山北於狹谷出，以衝其後；太宗自將步騎四千，潛鼓角，偃旌幟，趨賊營北高峯之上；令諸軍聞鼓角聲而齊縱。因令所司張受降幕於朝堂之側，曰：“明日午時，納降虜於此矣！”遂率軍而進。

明日，延壽獨見李勣兵，欲與戰。太宗遙望無忌軍塵起，令鼓角並作，旗幟齊舉。賊衆大懼，將分兵禦之，而其陣已亂。李勣以步卒長槍一萬擊之，延壽衆敗。無忌縱兵乘其後，太宗又自山而下，引軍臨之，賊因大潰，斬首萬餘級。延壽等率其餘寇，依山自保。於是命無忌、勣等引兵圍之，撤東川梁以斷歸路。太宗按轡徐行，觀賊營壘，謂侍臣曰：“高麗傾國而來，存亡所繫，一麾而敗，天佑我也。”因下馬再拜以謝天。延壽、惠眞率十五萬六千八百人請降，太宗引入轅門。延壽等膝行而前，拜手請命。太宗簡傉薩以下酋長三千五百人，授以戎秩，遷之內地。收靺鞨三千三百，盡坑之，餘衆放還平壤。獲馬三萬疋、牛五萬頭、明光甲五千領，他器械稱是。高麗國振駭，后黃城及銀城並自拔，數百里無復人烟。因名所幸山爲駐蹕山，令將作造破陣圖，命中書侍郎許敬宗爲文勒石以紀其功。授高延壽鴻臚卿，高惠眞司農卿。張亮又與高麗再戰於建安城下，皆破之，於是列長圍以攻焉。

　　八月，移營安市城東，李勣遂攻安市，擁延壽等降衆營其城下以招之。城中人堅守不動，每見太宗旄麾，必乘城鼓譟以拒焉。帝甚怒，李勣曰：“請破之日，男子盡誅。”城中聞之，人皆死戰。乃令江夏王道宗築土山，攻其城東南隅；高麗亦埤城增雉以相抗。李勣攻其西面，令拋石撞車壞其樓雉；城中隨其崩壞，卽立木爲栅。道宗以樹條苞壤爲土，屯積以爲山，其中間五道加木，被土於其上，不捨晝夜，漸以逼城。道宗遣果毅都尉傅伏愛領隊兵於山頂以防敵，土山自高而陟，排其城，城崩。會伏愛私離所部，高麗百人自頹城而戰，遂據有土山而塹斷之，積火縈盾以自固。太宗大怒，斬伏愛以徇。命諸將擊之，三日不能克。

　　太宗以遼東倉儲無幾，士卒寒凍，乃詔班師。歷其城，城中皆屏聲偃幟，城主登城拜手奉辭。太宗嘉其堅守，賜絹百疋，以勵事君之節。初，攻陷遼東城，其中抗拒王師，應沒爲奴婢者一萬四千人，並遣先集幽州，將分賞將士。太宗愍其父母妻子一朝分散，令有司準其直，以布帛贖之，赦爲百姓。其衆歡呼之聲，三日不息。高延壽自降後，常積歎，尋以憂死。惠眞竟至長安。

　　二十年，高麗遣使來謝罪，幷獻二美女。太宗謂其使曰：“歸謂爾主，美色者，人之所重。爾之所獻，信爲美麗。憫其離父母兄弟於本國，留其身而忘其親，愛其色而傷其心，我不取也。”並還之。

　　二十二年，又遣右武衛將軍薛萬徹等往靑丘道伐之，萬徹渡海入鴨綠水，進破其泊灼城，俘獲甚衆。太宗又命江南造大船，遣陝州刺史孫伏伽召募勇敢之士，萊州刺史李道裕運糧及器械，貯於烏胡島，將欲大舉以伐高麗。未行而帝崩。高宗嗣位，又命兵部尚書任雅相、左武衛大將軍蘇定方、左驍衛大將軍契苾何力等前後討之，皆無大功而還。

　　乾封元年，高藏遣其子入朝，陪位於太山之下。其年，蓋蘇文死，其子男生代爲莫離支，與其弟男建、男產不睦，各樹朋黨，以相攻擊。男生爲二弟所逐，走據國內城死守，其子獻誠詣闕求哀。詔令左驍衛大將軍契苾何力率兵應接之。男生脫身來奔，詔授特進、遼東大都督兼平壤道安撫大使,封玄菟郡公。十一月,命司空、英國公李勣爲遼東道行軍大總管,率裨將郭待封等以征高麗。二年二月,勣度遼至新城,謂諸將曰:"新城是高麗西境鎮城,最爲要害,若不先圖,餘城未易可下。"遂引兵於新城西南,據山築栅,且攻且守,城中窘迫,數有降者,自此所向克捷。高藏及男建遣太大兄男産將首領九十八人,持帛幡出降,且請入朝,勣以禮延接。男建猶閉門固守。總章元年九月,勣又移營於平壤城南,男建頻遣兵出戰,皆大敗。男建下捉兵總管僧信誠密遣人詣軍中,許開城門爲内應。經五日,信誠果開門,勣從兵入,登城鼓譟,燒城門樓,四面火起。男建窘急自刺,不死。十一月,拔平壤城,虜高藏、男建等。十二月,至京師,獻俘於含元宮。詔以高藏政不由己,授司平太常伯;男産先降,授司宰少卿;男建配流黔州;男生以鄉導有功,授右衛大將軍,封汴國公,特進如故。高麗國舊分爲五部,有城百七十六,戶六十九萬七千;乃分其地置都督府九、州四十二、縣一百,又置安東都護府以統之。擢其酋渠有功者授都督、刺史及縣令,與華人參理百姓。乃遣左武衛將軍薛仁貴總兵鎮之,其後頗有逃散。

儀鳳中,高宗授高藏開府儀同三司、遼東都督,封朝鮮王,居安東,鎮本蕃爲主。高藏至安東,潛與靺鞨相通謀叛。事覺,召還,配流邛州,并分徙其人,散向河南、隴右諸州,其貧弱者留在安東城傍。高藏以永淳初卒,贈衛尉卿,詔送至京師,於頡利墓左賜以葬地,兼爲樹碑。垂拱二年,又封高藏孫寶元爲朝鮮郡王。聖曆元年,進授左鷹揚衛大將軍,封爲忠誠國王,委其統攝安東舊戶,事竟不行。二年,又授高藏男德武爲安東都督,以領本蕃。自是高麗舊戶在安東者漸寡少,分投突厥及靺鞨等,高氏君長遂絕矣。

男生以儀鳳初卒於長安,贈并州大都督。子獻誠,授右衛大將軍,兼令羽林衛上下。天授中,則天嘗内出金銀寶物,令宰相及南北衙文武官内擇善射者五人共賭之。内史張光輔先讓獻誠爲第一,獻誠復讓右玉鈐衛大將軍薛吐摩支,摩支又讓獻誠,既而獻誠奏曰:"陛下令簡能射者五人,所得者多非漢官。臣恐自此已後,無漢官工射之名，伏望停寢此射。”則天嘉而從之。時酷吏來俊臣嘗求貨於獻誠，獻誠拒而不答，遂爲俊臣所構，誣其謀反，縊殺之。則天後知其冤，贈右羽林衛大將軍，以禮改葬。

—— 《舊唐書》卷 199 上《列傳第一百四十九上·東夷·高麗》，第 5319—5328 頁。

戰船五百艘汎海平壤

高麗者……在京師東五千一百里。東渡海至於新羅，西北渡遼水至于營州，南渡海至于百濟……貞觀十九年，命刑部尚書張亮爲平壤道行軍大總管，領將軍常何等率江、淮、嶺、硤勁卒四萬，戰船五百艘，自萊州汎海趨平壤；又以特進英國公李勣爲遼東道行軍大總管，禮部尚書江夏王道宗爲副，領將軍張士貴等率步騎六萬趨遼東；兩軍合勢，太宗親御六軍以會之。

—— 《舊唐書》卷 199 上《列傳第一百四十九上·東夷·高麗》，第 5322 頁。

太宗命江南造大船伐高麗

貞觀二十二年，又遣右武衛將軍薛萬徹等往青丘道伐之，萬徹渡海入鴨綠水，進破其泊灼城，俘獲甚衆。太宗又命江南造大船，遣陝州刺史孫伏伽召募勇敢之士，萊州刺史李道裕運糧及器械，貯於烏胡島，將欲大舉以伐高麗。未行而帝崩。高宗嗣位，又命兵部尚書任雅相、左武衛大將軍蘇定方、左驍衛大將軍契苾何力等前後討之，皆無大功而還。

—— 《舊唐書》卷 199 上《列傳第一百四十九上·東夷·高麗》，第 5326 頁。

大海之北的百濟國

　　百濟國，本亦扶餘之別種，嘗爲馬韓故地，在京師東六千二百里，處大海之北，小海之南。東北至新羅，西渡海至越州，南渡海至倭國，北渡海至高麗。其王所居有東西兩城。所置內官曰內臣佐平，掌宣納事；內頭佐平，掌庫藏事；內法佐平，掌禮儀事；衛士佐平，掌宿衛兵事；朝廷佐平，掌刑獄事；兵官佐平，掌在外兵馬事。又外置六帶方，管十郡。其用法：叛逆者死，籍没其家；殺人者，以奴婢三贖罪；官人受財及盜者，三倍追贓，仍終身禁錮。凡諸賦稅及風土所產，多與高麗同。其王服大袖紫袍，青錦袴，烏羅冠，金花爲飾，素皮帶，烏革履。官人盡緋爲衣，銀花飾冠。庶人不得衣緋紫。歲時伏臘，同於中國。其書籍有五經、子、史，又表疏並依中華之法。

　　武德四年，其王扶餘璋遣使來獻果下馬。七年，又遣大臣奉表朝貢。高祖嘉其誠款，遣使就册爲帶方郡王、百濟王。自是歲遣朝貢，高祖撫勞甚厚。因訟高麗閉其道路，不許來通中國，詔遣朱子奢往和之。又相與新羅世爲讎敵，數相侵伐。貞觀元年，太宗賜其王璽書曰：“王世爲君長，撫有東蕃。海隅遐曠，風濤艱阻，忠款之至，職貢相尋，尚想徽猷，甚以嘉慰。朕自祗承寵命，君臨區宇，思弘王道，愛育黎元。舟車所通，風雨所及，期之遂性，咸使乂安。新羅王金真平，朕之藩臣，王之鄰國，每聞遣師，征討不息，阻兵安忍，殊乖所望。朕已對王姪信福及高麗、新羅使人，具敕通和，咸許輯睦。王必須忘彼前怨，識朕本懷，共篤鄰情，即停兵革。”璋因遣使奉表陳謝，雖外稱順命，內實相仇如故。十一年，遣使來朝，獻鐵甲雕斧。太宗優勞之，賜綵帛三千段并錦袍等。

　　十五年，璋卒，其子義慈遣使奉表告哀。太宗素服哭之，贈光祿大夫，賻物二百段，遣使册命義慈爲柱國，封帶方郡王、百濟王。十六年，義慈興兵伐新羅四十餘城，又發兵以守之，與高麗和親通好，謀欲取党項城以絶新羅入朝之路。新羅遣使告急請救，太宗遣司農丞相里玄獎齎書告諭兩蕃，示以禍福。及太宗親征高麗，百濟懷二，乘虛襲破新羅十城。二十二年，又破其十餘城。數年之中，朝貢遂絕。

高宗嗣位，永徽二年，始又遣使朝貢。使還，降璽書與義慈曰：

"至如海東三國，開基自久，並列疆界，地實犬牙。近代已來，遂構嫌隙，戰爭交起，略無寧歲。遂令三韓之氓，命懸刀俎，尋戈肆憤，朝夕相仍。朕代天理物，載深矜愍。去歲王及高麗、新羅等使並來入朝，朕命釋茲讎怨，更敦款穆。新羅使金法敏奏書："高麗、百濟，脣齒相依，競舉兵戈，侵逼交至。大城重鎮，並爲百濟所併，疆宇日蹙，威力並謝。乞詔百濟，令歸所侵之城。若不奉詔，卽自興兵打取。但得故地，卽請交和。"朕以其言旣順，不可不許。昔齊桓列土諸侯，尚存亡國；況朕萬國之主，豈可不卹危藩。王所兼新羅之城，並宜還其本國；新羅所獲百濟俘虜，亦遣還王。然後解患釋紛，韜戈偃革，百姓獲息肩之願，三蕃無戰爭之勞。比夫流血邊亭，積屍疆場，耕織並廢，士女無聊，豈可同年而語矣。王若不從進止，朕已依法敏所請，任其與王決戰；亦令約束高麗，不許遠相救恤。高麗若不承命，卽令契丹諸蕃渡遼澤入抄掠。王可深思朕言，自求多福，審圖良策，無貽後悔。"

六年，新羅王金春秋又表稱百濟與高麗、靺鞨侵其北界，已沒三十餘城。顯慶五年，命左衛大將軍蘇定方統兵討之，大破其國。虜義慈及太子隆、小王孝演、僞將五十八人等送於京師，上責而宥之。其國舊分爲五部，統郡三十七，城二百，戶七十六萬。至是乃以其地分置熊津、馬韓、東明等五都督府，各統州縣，立其酋渠爲都督、刺史及縣令。命右衛郎將王文度爲熊津都督，總兵以鎮之。義慈事親以孝行聞，友于兄弟，時人號"海東曾、閔"。及至京，數日而卒。贈金紫光祿大夫、衛尉卿，特許其舊臣赴哭。送就孫皓、陳叔寶墓側葬之，并爲豎碑。

文度濟海而卒。百濟僧道琛、舊將福信率眾據周留城以叛。遣使往倭國，迎故王子扶餘豐立爲王。其西部、北部並翻城應之。時郎將劉仁願留鎮於百濟府城，道琛等引兵圍之。帶方州刺史劉仁軌代文度統衆，便道發新羅兵合契以救仁願，轉鬬而前，所向皆下。道琛等於熊津江口立兩柵以拒官軍，仁軌與新羅兵四面夾擊之，賊衆退走入柵，阻水橋狹，墮水及戰死萬餘人。道琛等乃釋仁願之圍，退保任存城。新羅兵士以糧盡引還，時龍朔元年三月也。於是道琛自稱領軍將軍，福信自稱霜岑將軍，招誘叛亡，其勢益張。使告仁軌曰："聞大唐與新羅約誓，百濟無問老少，一切殺之，然後以國付新羅。與其受死，豈若戰亡，所以聚結自固守耳！"仁軌作書，具陳禍福，遣使諭之。道琛等恃衆驕倨，置仁軌之使於外館，傳語謂曰："使人官職小，我是一國大將，不合自參。"不答書遣之。尋而福信殺道琛，併其兵衆，扶餘豐但主祭而已。

——《舊唐書》卷 199 上《列傳第一百四十九上·東夷·百濟》，第 5328—5332 頁。

劉仁軌焚倭國舟四百艘

麟德二年七月，仁願、仁軌等率留鎮之兵，大破福信餘衆於熊津之東，拔其支羅城及尹城、大山、沙井等柵，殺獲甚衆，仍令分兵以鎮守之。福信等以真峴城臨江高險，又當衝要，加兵守之。仁軌引新羅之兵乘夜薄城，四面攀堞而上，比明而入據其城，斬首八百級，遂通新羅運糧之路。仁願乃奏請益兵，詔發淄、青、萊、海之兵七千人，遣左威衛將軍孫仁師統衆浮海赴熊津，以益仁願之衆。時福信既專其兵權，與扶餘豐漸相猜貳。福信稱疾，臥於窟室，將候扶餘豐問疾，謀襲殺之。扶餘豐覺而率其親信掩殺福信，又遣使往高麗及倭國請兵以拒官軍。孫仁師中路迎擊，破之，遂與仁願之衆相合，兵勢大振。於是仁師、仁願及新羅王金法敏帥陸軍進，劉仁軌及別帥杜爽、扶餘隆率水軍及糧船，自熊津江往白江以會陸軍，同趨周留城。仁軌遇扶餘豐之衆於白江之口，四戰皆捷，焚其舟四百艘，賊衆大潰，扶餘豐脫身而走。偽王子扶餘忠勝、忠志等率士女及倭衆並降，百濟諸城皆復歸順，孫仁師與劉仁願等振旅而還。詔劉仁軌代仁願率兵鎮守。乃授扶餘隆熊津都督，遣還本國，共新羅和親，以招輯其餘眾。

——《舊唐書》卷 199 上《列傳第一百四十九上‧東夷‧百濟》，第 5332—5333 頁。

劉仁軌與新羅王刑白馬而盟

麟德二年八月，隆到熊津城，與新羅王法敏刑白馬而盟。先祀神祇及川谷之神，而後歃血。其盟文曰：

"往者百濟先王，迷於逆順，不敦鄰好，不睦親姻。結託高麗，交通倭國，共爲殘暴，侵削新羅，破邑屠城，略無寧歲。天子憫一物之失所，憐百姓之無辜，頻命行人，遣其和好。負險恃遠，侮慢天經。皇赫斯怒，恭行弔伐，旌旗所指，一戎大定。固可瀦宮污宅，作誡來裔；塞源拔本，垂訓後昆。然懷柔伐叛，前王之令典；興亡繼絕，往哲之通規。事必師古，傳諸曩冊。故立前百濟太子司稼正卿扶餘隆爲熊津都督，守其祭祀，保其桑梓。依倚新羅，長爲與國，各除宿憾，結好和親。恭承詔命，永爲藩服。仍遣使人右威衛將軍魯城縣公劉仁願親臨勸諭，具宣成旨，約之以婚姻，申之以盟誓。刑牲歃血，共敦終始；分災恤患，恩若弟兄。祗奉綸言，不敢失墜，既盟之後，共保歲寒。若有棄信不恆，二三其德，興兵動衆，侵犯邊陲，明神鑒之，百殃是降，子孫不昌，社稷無守，禋祀磨滅，罔有遺餘。故作金書鐵契，藏之宗廟，子孫萬代，無或敢犯。神之聽之，是饗是福。"

劉仁軌之辭也。歃訖，埋幣帛於壇下之吉地，藏其盟書於新羅之廟。

仁願、仁軌等既還，隆懼新羅，尋歸京師。儀鳳二年，拜光祿大夫、太常員外卿兼熊津都督、帶方郡王，令歸本蕃，安輯餘眾。時百濟本地荒毀，漸爲新羅所據，隆竟不敢還舊國而卒。其孫敬，則天朝襲封帶方郡王、授衛尉卿。其地自此爲新羅及渤海靺鞨所分，百濟之種遂絕。

——《舊唐書》卷199上《列傳第一百四十九上·東夷·百濟》，
第5333—5334頁。

漢樂浪之地新羅國

新羅國，本弁韓之苗裔也。其國在漢時樂浪之地，東及南方俱限大海，西接百濟，北鄰高麗。東西千里，南北二千里。有城邑村落。王之所居曰金城，周七八里。衛兵三千人，設獅子隊。文武官凡有十七等。其王金眞平，隋文帝時授上開府、樂浪郡公、新羅王。武德四年，遣使朝貢。高祖親勞問之，遣通直散騎侍郎庾文素往使焉，賜以璽書及畫屏風、錦綵三百段，自此朝貢不絕。其風俗、刑法、衣服，與高麗、百濟略同，而朝服尚白。好祭山神。其食器用柳桮，亦以銅及瓦。國人多金、朴兩姓，異姓不爲婚。重元日，相慶賀燕饗，每以其日拜日月神。又重八月十五日，設樂飲宴，賚羣臣，射其庭。婦人髮繞頭，以綵及珠爲飾，髮甚長美。

高祖既聞海東三國舊結怨隙，遞相攻伐，以其俱爲藩附，務在和睦，乃問其使爲怨所由，對曰："先是百濟往伐高麗，詣新羅請救，新羅發兵大破百濟國，因此爲怨，每相攻伐。新羅得百濟王，殺之，怨由此始。"七年，遣使冊拜金眞平爲柱國，封樂浪郡王、新羅王。

貞觀五年，遣使獻女樂二人，皆鬒髮美色。太宗謂侍臣曰："朕聞聲色之娛，不如好德。且山川阻遠，懷土可知。近日林邑獻白鸚鵡，尙解思鄉，訴請還國。鳥猶如此，況人情乎！朕愍其遠來，必思親戚，宜付使者，聽遣還家。"是歲，眞平卒，無子，立其女善德爲王，宗室大臣乙祭總知國政。詔贈眞平左光祿大夫，賻物二百段。九年，遣使持節冊命善德柱國，封樂浪郡王、新羅王。十七年，遣使上言："高麗、百濟，累相攻襲，亡失數十城，兩國連兵，意在滅臣社稷。謹遣陪臣，歸命大國，乞偏師救助。"太宗遣相里玄獎齎璽書賜高麗曰："新羅委命國家，不闕朝獻。爾與百濟，宜即戢兵。若更攻之，明年當出師擊爾國矣。"太宗將親伐高麗，詔新羅纂集士馬，應接大軍。新羅遣大臣領兵五萬人，入高麗南界，攻水口城，降之。

二十一年，善德卒，贈光祿大夫，餘官封並如故。因立其妹眞德爲王，加授柱國，封樂浪郡王。二十二年，眞德遣其弟國相、伊贊干金春秋及其子文王來朝。詔授春秋爲特進，文王爲左武衛將軍。春秋請詣國學觀釋奠及講論，太宗因賜以所制溫湯及晉祠碑并新撰晉書。將歸國，令三品以上宴餞之，優禮甚稱。

永徽元年，眞德大破百濟之衆，遣其弟法敏以聞。眞德乃織錦作五言太平頌以獻之，其詞曰："大唐開洪業，巍巍皇猷昌。止戈戎衣定，修文繼百王。統天崇雨施，理物體含章。深仁偕日月，撫運邁陶唐。幡旗既赫赫，鉦鼓何鍠鍠。外夷違命者，翦覆被天殃。淳風凝幽顯，遐邇競呈祥。四時和玉燭，七曜巡萬方。維岳降宰輔，維帝任忠良。五三成一德，昭我唐家光。"帝嘉之，拜法敏爲太府卿。

三年，眞德卒，爲舉哀。詔以春秋嗣，立爲新羅王、加授開府儀同三司、封樂浪郡王。六年，百濟與高麗、靺鞨率兵侵其北界，攻陷三十餘城，春秋遣使上表求救。顯慶五年，命左武衛大將軍蘇定方爲熊津道大總管，統水陸十萬。仍令春秋爲嵎夷道行軍總管，與定方討平百濟，俘其王扶餘義慈，獻于闕下。自是新羅漸有高麗、百濟之地，其界益大，西至于海。

龍朔元年，春秋卒，詔其子太府卿法敏嗣位，爲開府儀同三司、上柱國、樂浪郡王、新羅王。三年，詔以其國爲雞林州都督府，授法敏爲雞林州都督。法敏以開耀元年卒，其子政明嗣位。垂拱二年，政明遣使來朝，因上表請唐禮一部并雜文章，則天令所司寫吉凶要禮，并於文館詞林採其詞涉規誡者，勒成五十卷以賜之。

天授三年，政明卒，則天爲之舉哀，遣使弔祭，冊立其子理洪爲新羅王，仍令襲父輔國大將軍，行豹韜衛大將軍、雞林州都督。理洪以長安二年卒，則天爲之舉哀，輟朝二日，遣立其弟興光爲新羅王，仍襲兄將軍、都督之號。興光本名與太宗同，先天中則天改焉。

開元十六年，遣使來獻方物，又上表請令人就中國學問經教，上許之。二十一年，渤海靺鞨越海入寇登州。時興光族人金思蘭先因入朝留京師，拜爲太僕員外卿，至是遣歸國發兵以討靺鞨，仍加授興光爲開府儀同三司、寧海軍使。二十五年，興光卒，詔贈太子太保，仍遣左贊善大夫邢璹攝鴻臚少卿，往新羅弔祭，幷册立其子承慶襲父開府儀同三司、新羅王。璹將進發，上製詩序，太子以下及百僚咸賦詩以送之。上謂璹曰：“新羅號爲君子之國，頗知書記，有類中華。以卿學術，善與講論，故選使充此。到彼宜闡揚經典，使知大國儒教之盛。”又聞其人多善奕棋，因令善棋人率府兵曹楊季鷹爲璹之副。璹等至彼，大爲蕃人所敬。其國棋者皆在季鷹之下，於是厚賂璹等金寶及藥物等。

天寶二年，承慶卒，詔遣贊善大夫魏曜往弔祭之。册立其弟憲英爲新羅王，幷襲其兄官爵。大曆二年，憲英卒，國人立其子乾運爲王，仍遣其大臣金隱居奉表入朝，貢方物，請加册命。三年，上遣倉部郎中、兼御史中丞、賜紫金魚袋歸崇敬持節齎册書往弔册之。以乾運爲開府儀同三司、新羅王，仍册乾運母爲太妃。七年，遣使金標石來賀正，授衛尉員外少卿，放還。八年，遣使來朝，幷獻金、銀、牛黃、魚牙紬、朝霞紬等。九年至十二年，比歲遣使來朝，或一歲再至。

建中四年，乾運卒，無子，國人立其上相金良相爲王。貞元元年，授良相檢校太尉、都督雞林州刺史、寧海軍使、新羅王。仍令戶部郎中蓋塤持節册命。其年，良相卒，立上相敬信爲王，令襲其官爵。敬信即從兄弟也。十四年，敬信卒，其子先敬信亡，國人立敬信嫡孫俊邕爲王。十六年，授俊邕開府儀同三司、檢校太尉、新羅王。令司封郎中、兼御史中丞韋丹持節册命。丹至鄆州，聞俊邕卒，其子重興立，詔丹還。永貞元年，詔遣兵部郎中元季方持節册重興爲王。

元和元年十一月，放宿衛王子金獻忠歸本國，仍加試祕書監。三年，遣使金力奇來朝。其年七月，力奇上言：“貞元十六年，奉詔册臣故主金俊邕爲新羅王，母申氏爲太妃，妻叔氏爲王妃。册使韋丹至中路，知俊邕薨，其册却迴在中書省。今臣還國，伏請授臣以歸。”

敕：“金俊邕等册，宜令鴻臚寺於中書省受領，至寺宣授與金力奇，令奉歸國。仍賜其叔彥昇門戟，令本國準例給。”四年，遣使金陸珍等來朝貢。五年，王子金憲章來朝貢。

七年，重興卒，立其相金彥昇爲王，遣使金昌南等來告哀。其年七月，授彥昇開府儀同三司、檢校太尉、持節大都督雞林州諸軍事、兼持節充寧海軍使、上柱國、新羅國王，彥昇妻貞氏册爲妃，仍賜其宰相金崇斌等三人戟，亦令本國準例給。兼命職方員外郎、攝御史中丞崔廷持節弔祭册立，以其質子金士信副之。十一年十一月，其入朝王子金士信等遇惡風，飄至楚州鹽城縣界，淮南節度使李鄘以聞。是歲，新羅飢，其衆一百七十人求食於浙東。十五年十一月，遣使朝貢。

長慶二年十二月，遣使金柱弼朝貢。寶曆元年，其王子金昕來朝。大和元年四月，皆遣使朝貢。五年，金彥昇卒，以嗣子金景徽爲開府儀同三司、檢校太尉、使持節大都督雞林州諸軍事，兼持節充寧海軍使、新羅王；景徽母朴氏爲太妃，妻朴氏爲妃。命太子左諭德、兼御史中丞源寂持節弔祭册立。開成元年，王子金義琮來謝恩，兼宿衛。二年四月，放還藩，賜物遣之。五年四月，鴻臚寺奏：新羅國告哀，質子及年滿合歸國學生等共一百五人，並放還。會昌元年七月，敕：“歸國新羅官、前入新羅宣慰副使、前充兗州都督府司馬、賜緋魚袋金雲卿，可淄州長史。”

——《舊唐書》卷 199 上《列傳第一百四十九上·東夷·新羅》，第 5334—5339 頁。

新羅東南大海中的倭國

倭國者，古倭奴國也。去京師一萬四千里，在新羅東南大海中。依山島而居，東西五月行，南北三月行。世與中國通。其國，居無城郭，以木爲栅，以草爲屋。四面小島五十餘國，皆附屬焉。其王姓阿每氏，置一大率，檢察諸國，皆畏附之。設官有十二等。其訴訟者，匍匐而前。地多女少男。頗有文字，俗敬佛法。並皆跣足，以幅布蔽其前後。貴人戴錦帽，百姓皆椎髻，無冠帶。婦人衣純色裙，長腰襦，束髮於後，佩銀花，長八寸，左右各數枝，以明貴賤等級。衣服之制，頗類新羅。

貞觀五年，遣使獻方物。太宗矜其道遠，敕所司無令歲貢，又遣新州刺史高表仁持節往撫之。表仁無綏遠之才，與王子爭禮，不宣朝命而還。至二十二年，又附新羅奉表，以通起居。

——《舊唐書》卷 199 上《列傳第一百四十九上·東夷·倭國》，第 5339—5340 頁。

倭國別種日本國/朝臣眞人

日本國者，倭國之別種也。以其國在日邊，故以日本爲名。或曰：倭國自惡其名不雅，改爲日本。或云：日本舊小國，併倭國之地。其人入朝者，多自矜大，不以實對，故中國疑焉。又云：其國界東西南北各數千里，西界、南界咸至大海，東界、北界有大山爲限，山外卽毛人之國。

長安三年，其大臣朝臣眞人來貢方物。朝臣眞人者，猶中國戶部尚書，冠進德冠，其頂爲花，分而四散，身服紫袍，以帛爲腰帶。眞人好讀經史，解屬文，容止温雅。則天宴之於麟德殿，授司膳卿，放還本國。

開元初，又遣使來朝，因請儒士授經。詔四門助教趙玄默就鴻臚寺教之，乃遺玄默闊幅布以爲束修之禮，題云“白龜元年調布”。人亦疑其僞。所得錫賚，盡市文籍，泛海而還。其偏使朝臣仲滿，慕中國之風，因留不去，改姓名爲朝衡，仕歷左補闕、儀王友。衡留京師五十年，好書籍，放歸鄉，逗留不去。天寶十二年，又遣使貢。上元中，擢衡爲左散騎常侍、鎮南都護。貞元二十年，遣使來朝，留學生橘逸勢、學問僧空海。元和元年，日本國使判官高階眞人上言：“前件學生，藝業稍成，願歸本國，便請與臣同歸。”從之。開成四年，又遣使朝貢。

——《舊唐書》卷 199 上《列傳第一百四十九上·東夷·日本》，
第 5340—5341 頁。

東至於海的靺鞨

靺鞨，蓋肅愼之地，後魏謂之勿吉，在京師東北六千餘里。東至於海，西接突厥，南界高麗，北鄰室韋。其國凡爲數十部，各有酋帥，或附於高麗，或臣於突厥。而黑水靺鞨最處北方，尤稱勁健，每恃其勇，恆爲鄰境之患。俗皆編髮，性凶悍，無憂戚，貴壯而賤老。無屋宇，並依山水掘地爲穴，架木於上，以土覆之，狀如中國之塚墓，相聚而居。夏則出隨水草，冬則入處穴中。父子相承，世爲君長。俗無文字。兵器有角弓及楛矢。其畜宜猪，富人至數百口，食其肉而衣其皮。死者穿地埋之，以身襯土，無棺斂之具，殺所乘馬於屍前設祭。

——《舊唐書》卷 199 下《列傳第一百四十九下·北狄·靺鞨》，
第 5358 頁。

率海賊攻登州的渤海靺鞨

渤海靺鞨大祚榮者，本高麗別種也。高麗既滅，祚榮率家屬徙居營州。萬歲通天年，契丹李盡忠反叛，祚榮與靺鞨乞四比羽各領亡命東奔，保阻以自固。盡忠既死，則天命右玉鈐衛大將軍李楷固率兵討其餘黨，先破斬乞四比羽，又度天門嶺以迫祚榮。祚榮合高麗、靺鞨之衆以拒楷固，王師大敗，楷固脫身而還。屬契丹及奚盡降突厥，道路阻絕，則天不能討，祚榮遂率其衆東保桂婁之故地，據東牟山，築城以居之。

祚榮驍勇善用兵，靺鞨之衆及高麗餘燼，稍稍歸之。聖曆中，自立爲振國王，遣使通于突厥。其地在營州之東二千里，南與新羅相接。越熹靺鞨東北至黑水靺鞨，地方二千里，編戶十餘萬，勝兵數萬人。風俗與高麗及契丹同，頗有文字及書記。中宗即位，遣侍御史張行岌往招慰之。祚榮遣子入侍，將加册立，會契丹與突厥連歲寇邊，使命不達。睿宗先天二年，遣郎將崔訢往册拜祚榮爲左驍衞員外大將軍、渤海郡王，仍以其所統爲忽汗州，加授忽汗州都督，自是每歲遣使朝貢。

開元七年，祚榮死，玄宗遣使弔祭，乃册立其嫡子桂婁郡王大武藝襲父爲左驍衞大將軍、渤海郡王、忽汗州都督。

十四年，黑水靺鞨遣使來朝，詔以其地爲黑水州，仍置長史，遣使鎮押。武藝謂其屬曰："黑水途經我境，始與唐家相通。舊請突厥吐屯，皆先告我同去。今不計會，即請漢官，必是與唐家通謀，腹背攻我也。"遣母弟大門藝及其舅任雅發兵以擊黑水。門藝曾充質子至京師，開元初還國，至是謂武藝曰："黑水請唐家官吏，即欲擊之，是背唐也。唐國人衆兵强，萬倍於我，一朝結怨，但自取滅亡。昔高麗全盛之時，强兵三十餘萬，抗敵唐家，不事賓伏，唐兵一臨，掃地俱盡。今日渤海之衆，數倍少於高麗，乃欲違背唐家，事必不可。"武藝不從。門藝兵至境，又上書固諫。武藝怒，遣從兄大壹夏代門藝統兵，徵門藝，欲殺之。門藝遂棄其衆，間道來奔，詔授左驍衞將軍。武藝尋遣使朝貢，仍上表極言門藝罪狀，請殺之。上密遣門藝往安西，仍報武藝云："門藝遠來歸投，義不可殺。今流向嶺南，已遣去訖。"乃留其使馬文軌、葱勿雅，別遣使報之。俄有洩其事者，武藝又上書云："大國示人以信，豈有欺詐之理！今聞門藝不向嶺南，伏請依前殺却。"由是鴻臚少卿李道邃、源復以不能督察官屬，致有漏洩，左遷道邃爲曹州刺史，復爲澤州刺史。遣門藝暫向嶺南以報之。

二十年，武藝遣其將張文休率海賊攻登州刺史韋俊。詔遣門藝往幽州徵兵以討之，仍令太僕員外卿金思蘭往新羅發兵以攻其南境。屬山阻寒凍，雪深丈餘，兵士死者過半，竟無功而還。武藝懷怨不已，密遣使至東都，假刺客刺門藝於天津橋南，門藝格之，不死。詔河南府捕獲其賊，盡殺之。

二十五年，武藝病卒，其子欽茂嗣立。詔遣內侍段守簡往冊欽茂爲渤海郡王，仍嗣其父爲左驍衛大將軍、忽汗州都督。欽茂承詔赦其境內，遣使隨守簡入朝貢獻。大曆二年至十年，或頻遣使來朝，或間歲而至，或歲內二三至者。十二年正月，遣使獻日本國舞女一十一人及方物。四月、十二月，使復來。建中三年五月、貞元七年正月，皆遣使來朝，授其使大常靖爲衛尉卿同正，令還蕃。八月，其王子大貞翰來朝，請備宿衛。十年正月，以來朝王子大淸允爲右衛將軍同正，其下三十餘人，拜官有差。

十一年二月，遣內常侍殷志贍冊大嵩璘爲渤海郡王。十四年，加銀靑光祿大夫、檢校司空，進封渤海國王。嵩璘父欽茂，開元中，襲父位爲郡王左金吾大將軍，天寶中，累加特進、太子詹事、賓客，寶應元年，進封國王，大曆中，累加拜司空、太尉；及嵩璘襲位，但授其郡王、將軍而已，嵩璘遣使敍理，故再加冊命。

　　——《舊唐書》卷199下《列傳第一百四十九下·北狄·

渤海靺鞨》，第5360—5362頁。